GÉOMÉTRIE
DE DIRECTION.

PARIS. — IMPRIMERIE DE GAUTHIER-VILLARS,
Rue de Seine-Saint-Germain, 10, près l'Institut.

GÉOMÉTRIE

DE DIRECTION.

APPLICATION

DES COORDONNÉES POLYÉDRIQUES.

PROPRIÉTÉ

DE DIX POINTS DE L'ELLIPSOÏDE, DE NEUF POINTS D'UNE COURBE GAUCHE
DU QUATRIÈME ORDRE, DE HUIT POINTS D'UNE CUBIQUE GAUCHE,

PAR PAUL SERRET,

DOCTEUR ÈS SCIENCES, MEMBRE DE LA SOCIÉTÉ PHILOMATHIQUE.

Vobis non nisi magna ac egregia demonstrata placent. Paucis vero genium audax inventionis, paucioribus (ut reor) genium elegans demonstrationis; paucissimis utrumque. (PASCAL.)

PARIS,

GAUTHIER-VILLARS, IMPRIMEUR-LIBRAIRE

DU BUREAU DES LONGITUDES, DE L'ÉCOLE IMPÉRIALE POLYTECHNIQUE,

SUCCESSEUR DE MALLET-BACHELIER,

Quai des Augustins, 55.

1869

TABLE DES MATIÈRES.

CHAPITRE II.

APPLICATION DE L'IDENTITÉ $\sum_1^3 \lambda_1 P_1 Q_1 \equiv 0$ A LA THÉORIE DE L'INVOLUTION.

CHAPITRE III.

THÉORÈMES ET PROBLÈMES.

CHAPITRE IV.

THÉORÈMES GÉNÉRAUX.

CHAPITRE V.

DERNIÈRE GÉNÉRALISATION DES PRINCIPES PRÉCÉDENTS.

CHAPITRE VI.

TRIANGLES ET TÉTRAÈDRES CONJUGUÉS.

CHAPITRE VII.

QUADRILATÈRES ET HEXAÈDRES CONJUGUÉS.

CHAPITRE VIII.

QUADRANGLES ET OCTAÈDRES CONJUGUÉS.

CHAPITRE IX.

PROPRIÉTÉ DE HUIT POINTS ASSOCIÉS.

CHAPITRE X.

PROPRIÉTÉ DE HUIT PLANS ASSOCIÉS.

CHAPITRE XI.

PROPRIÉTÉ DE NEUF POINTS ASSOCIÉS.

CHAPITRE XII.

PROPRIÉTÉ DE NEUF PLANS ASSOCIÉS.

CHAPITRE XIII.

PROPRIÉTÉS GÉNÉRALES DES COURBES ET DES SURFACES DU SECOND DEGRÉ.

CHAPITRE XIV.

THÉORÈMES ET PROBLÈMES.

FIN DE LA TABLE DES MATIÈRES.

PRÉFACE.

On sait ce que fut la révolution cartésienne : le Nombre prenant possession de la Géométrie, acceptant l'héritage des Anciens, mais sous bénéfice d'inventaire et comme pour soumettre toutes les vérités reçues à ses vérifications; poussant ensuite au delà, avec nous, tantôt menant et infaillible, tantôt mené et n'oubliant rien derrière soi; nous abandonnant, il est vrai, le choix de nos problèmes, se réservant, lui, pour les résoudre : admirable Géomètre qui, portant la Géométrie à une impossible perfection, la supprimait du même coup si, capable comme il l'est de répondre à toutes nos questions, il ne devenait muet à la fin, se refusant à nous suppléer davantage et nous laissant l'interprétation de ses oracles. Ainsi fait le Nombre. Ce qu'il sait le mieux, c'est encore son commencement. Toutes les obscurités dont il nous délivre, de prime abord, il nous les laisse pour la fin, accumulées en un même point : quelquefois plus transparentes, s'il s'agit d'une chose simple, ou déjà connue, ou seulement supposée; plus opaques d'autres fois et d'une densité telle que, même en connaissant d'avance ce que l'on cherche, on ne le retrouve point. Le Nombre d'ailleurs, non plus que la Géométrie, ne peut vivre uniquement en soi. Les vérités, où il a pu atteindre, il a besoin de les répandre; et, pour qu'elles soient accueillies comme il convient à leur dignité, il doit prendre garde que le vêtement qu'il aura à leur donner ne les expose à quelque injure. Or Descartes n'avait point pourvu à cela, ne prétendant nous léguer que le nécessaire. Il nous restait à recevoir, de Bobillier (*), le superflu : une langue faite d'un tissu admirable, et dont l'ampleur convenait merveilleusement à l'essor que venaient de prendre nos conceptions géométriques (**).

Dans quelques pages, où l'on ira longtemps chercher le secret de cette lumière sobre qui fait toute l'élégance de l'Analyse, ce très-riche et très-obscur Géomètre nous montra l'utilité de ses nouvelles coordonnées : et que le calcul reçoit de cette manière surabondante de représenter un point mobile par ses distances à un nombre quelconque de droites ou de plans fixes, une facilité d'évolution, une clarté, une symétrie que l'on ne soupçonnait pas — pardessus tout, un ressort invincible qui, retenant unies les choses qui doivent l'être, et séparant les autres, prévient, dès l'origine, ces dispersions infinies où mène presque fatalement l'Analyse ordinaire.

Dans celle-ci, en effet, les premiers éléments de chaque question, loin de se conserver jusqu'à la fin, de manière à laisser apercevoir les vrais rapports des choses qui sont données à celles que l'on cherche, se brisent les uns par les autres dès l'origine ; se mêlent ensuite et s'agrégent au hasard pour former des éléments nouveaux, souvent étrangers à la question, et qui figureront seuls dans le résultat. Les problèmes numériques, sur quoi les écoliers passent de l'Arithmétique à l'Algèbre, présentent des difficultés toutes pareilles. Même avant Descartes, les écoliers en triomphaient par le seul secours des premières notations de l'Algèbre. Mais les Géomètres, qui leur avaient appris cela, rencontrant en un autre point de leur propre chemin les mêmes difficultés, mirent deux siècles à apercevoir qu'ils les pouvaient tourner de même; et sous la seule condition d'imiter leurs moindres disciples. C'est ce qui

(*) *Annales de Gergonne*, t. XVIII, p. 324; 1827.

(**) *Traité des Propriétés projectives*; 1822.

n'échappa pas à notre Auteur. Et l'on peut dire que toute cette force que l'Arithmétique reçoit de l'Algèbre, l'Analyse cartésienne la reçut aussi de Bobillier. Sans doute, toutes les formes concises qu'il nous apprit à interroger ne sont pas toujours la lumière même : il suffit qu'elles la renferment sous le moindre volume. Et s'il nous reste ensuite à faire violence à leur concision, pour tirer de leurs réticences toutes les clartés qu'il nous faut; cela exige, d'ordinaire, moins d'efforts que de réflexion : et l'habitude d'étudier les choses telles qu'elles se présentent à nous, de manière à déduire d'abord, de leurs caractères extérieurs les plus apparents, les notions, souvent décisives, qui y sont contenues et que nous demandons trop souvent à des transformations arbitraires; ou à des réductions que le calcul nous refuse dès que les données du problème viennent à se compliquer. C'est ainsi qu'ayant reconnu, *dans le plan* $X = 0$ *défini par l'identité*

$$\sum_1^7 \lambda_1 P_1^2 \equiv X,$$

le lieu des centres des surfaces du second ordre inscrites à l'heptaèdre $P_1 P_2 \ldots P_7 = 0$, nous pourrons ensuite déduire la construction du *plan des centres* X de la seule interprétation de l'identité qui lui sert de définition.

Toute française, comme son aînée, il ne paraît pas que la belle conception de Bobillier ait été aucunement remarquée en France. Elle apportait à la création de Descartes son complément et sa perfection; mais il est de l'essence des choses de se compléter d'elles-mêmes, un jour ou l'autre; et la perfection est peut-être ce que l'on remarque le moins, en de certaines hauteurs, parce que tout, de soi, y est parfait. De ce côté-là donc, on ne vit rien, on ne dit rien, on demeura neutre. Comme on n'apercevait pas la portée du perfectionnement que venait de recevoir l'Analyse, on négligea de s'en faire honneur; et Bobillier n'eut à subir aucun des procédés d'élimination à l'aide desquels les honnêtes gens de tous les temps et de tous les pays se substituent à un inventeur, quand ils ne préfèrent le supprimer; procédés, du reste, fort amplifiés depuis, et qui composent maintenant un corps de doctrine très-respectable, comme nous nous proposons de le faire voir quelque jour. Directeur de l'École des Arts et Métiers de Châlons, notre Géomètre conserva la place qui lui donnait à vivre. S'il n'eut pas la consolation de voir grandir beaucoup l'arbre qu'il avait planté, on lui permit du moins d'en cueillir lui-même les premiers fruits; et l'on n'appela point les Prussiens ou les Russes à réprimer ce désordre. C'était en 1827, il est vrai; en pleine Restauration : c'est tout dire. Les choses, aujourd'hui, ne se passeraient plus de la sorte. La centralisation dut ajouter son aiguillon à tous ces encouragements. Notre discipline fit le reste, associée à cette noble habitude, qui est la nôtre, de multiplier d'abord la valeur de toute idée nouvelle par un coefficient qui croît en raison de la hauteur apparente d'où elle descend, pour se réduire à rien, s'il s'agit de l'idée d'un homme de peu. Le plus spontané de nos philosophes positivistes négligea celle-ci, spontanément et positivement. Pour la faire oublier tout à fait, quantité de belles choses vinrent ensuite : oiseuses pour la plupart, les autres ineptes; toutes indispensables pour l'admission à nos grandes Écoles. La *Règle à calcul*, elle-même, n'eut qu'à se montrer : les rigidités de notre régime scientifique n'y purent tenir; et, toutes nos inerties s'ébranlant à la fois, nous nous vîmes tout à coup en pleine révolution. Des Académiciens, des Astronomes, rassemblés en une de ces Commissions *que l'Europe nous envie*, et qui naissent périodiquement en France, on ne sait de quoi, pour n'importe quelle besogne, jetaient bas les vieux Programmes; excluant le parfait, retenant le médiocre et, pour prévenir nos regrets, s'instaurant eux-mêmes entre ces ruines, avec tout le personnel de leurs formules et tout le cortége de leurs idées. Celle de Bobillier, naturellement, ne fut pas invitée à se produire. Incapable de faire tourner une roue, ou de graisser seulement une manivelle, on la relégua entre ces inutilités ruineuses dont on avait pour mission de délivrer le monde. Par bonheur le monde est bien grand pour être délivré de la sorte en quelques séances. Et, comme on n'en a point proclamé encore l'unité ni l'indivisibilité — lesquelles pourtant nous crèvent les yeux — un homme que l'on tue ici, par Commission, et selon toutes les règles, peut encore aller gagner sa vie aux antipodes. Condamné solennellement une première fois, en appel ensuite, puis en dernier ressort par toutes les classes de l'Institut, Fulton fut absous par l'Amérique. L'Allemagne et l'Angleterre ont absous de même Bobillier. Mais beaucoup de choses, qui seraient nôtres, leur appartiennent maintenant, qu'elles ont tirées de ces quelques pages lumineuses des *Annales de Gergonne*. Pour notre compte, nous avions dû feuilleter cela dans le temps, vers 1848, sur les bancs du collége. Professeur aujourd'hui, c'est-à-dire obligé moralement à nous retrancher toute lecture, et entièrement incapable d'aucune lointaine excursion à travers les livres, il a fallu l'initiative d'un libraire pour nous amener à ces maîtres étrangers que nous ne connaissions pas : Plucker, Hesse, Salmon; de ceux-là à Bobillier en qui ils prennent leur source, et de Bobillier à cet Ouvrage.

Il nous resterait à en indiquer l'objet général, le plan, les divisions; ce qui y est, ou emprunté d'autrui, ou entièrement nouveau; mais c'est à quoi nous croyons avoir pourvu, soit dans notre Table des matières, soit dans le cours même de cet Ouvrage. Il nous suffira de dire que nous nous y sommes proposé principalement l'étude des propriétés générales et la construction des courbes et des surfaces du second ordre — les propriétés directives de six points d'une conique, de dix points d'un ellipsoïde, de neuf points d'une courbe gauche du quatrième ordre, de huit d'une cubique gauche; la construction de ces courbes par points, la détermination de leurs tangentes, celle de leurs cercles osculateurs — la recherche des éléments principaux du cylindre parabolique ou du paraboloïde de révolution circonscrits à un octaèdre quelconque; du cône droit circonscrit à un octaèdre sphérique, du cylindre et de l'ellipsoïde de révolution circonscrits à l'hexaèdre, du paraboloïde défini par huit couples de plans conjugués, etc. — constructions ou propriétés entièrement nouvelles, qui résultent à peu près sans calcul, et en quelque sorte *à priori*, des deux principes nouveaux que nous avons pris pour guides : et que l'on peut rattacher au théorème de Desargues. On voit donc, abstraction faite de la méthode, que notre objet diffère peu de celui que s'était proposé déjà l'Auteur de la *Géométrie supérieure* et de la *Théorie des Sections coniques;* mais que, si l'on s'est borné dans ces deux Ouvrages, à ce que M. Terquem appelait le *rez de chaussée de la Géométrie*, nous avons essayé d'en édifier le premier étage, qui serait la théorie des surfaces du second ordre. Quant aux dernières conséquences que les deux principes qui nous ont servi de point de départ semblent comporter, et qui se rattacheraient au théorème de Pascal; nous avouons qu'elles nous échappent tout à fait : et ceux de nos lecteurs qui connaissent les servitudes de l'enseignement libre pourront admettre, depuis bientôt quatre ans que cet Ouvrage est sur le métier, que le temps nous ait manqué, tout au moins, pour en entreprendre la recherche. Mais ce que nous avons fait nous-même pour le théorème de Desargues, un autre le fera sans doute pour celui de Pascal. Et quoique cette seconde recherche paraisse infiniment plus difficile, par cela même qu'elle est à faire, nous ne la croyons pas au-dessus des forces de tel de nos jeunes Géomètres que des débuts exceptionnels désignent si bien pour des entreprises de cet ordre. Dans tous les cas, l'extension, à dix éléments d'une surface du second ordre, de l'une des propriétés générales de six éléments d'une conique, est maintenant un fait accompli ; et cette analogie dont Desargues avait scellé le premier anneau, il y a deux siècles, est aujourd'hui dans son intégrité.

Poinsot avait déjà remarqué que « la plupart des idées différentes, en Géométrie comme en Algèbre, ne sont que des transformations : les plus fécondes étant celles que l'esprit combine avec le plus de facilité dans le discours et dans le calcul. » Les deux principes nouveaux, sur lesquels repose notre théorie des courbes et des surfaces du second ordre, ne sont aussi que des transformations de l'équation ordinaire de ces courbes ou de ces surfaces ; et leur fécondité paraît effectivement liée à la facilité avec laquelle on peut les énoncer ou les écrire. L'équation à dix termes qui caractérise isolément chacun des points d'une surface du second ordre, par exemple, entraîne, en effet, l'existence d'une *relation linéaire et homogène entre les carrés des distances de dix points d'une telle surface à un plan quelconque :*

$$\sum_1^{10} \lambda_1 P_1^2 = 0.$$

Et cette proposition, qui subsiste dans les mêmes termes pour neuf points d'une courbe gauche du quatrième ordre et pour six points d'une conique, contient, comme on le verra, toute la théorie de ces courbes et de ces surfaces ; ainsi que la plupart des constructions qui s'y rattachent.

Enfin nous croyons aussi avoir apporté à la théorie des polyèdres, considérés au point de vue de leurs propriétés géométriques, quelques accroissements qui ne paraîtront pas sans intérêt si l'on observe le peu que l'on sait sur cette matière, et les difficultés qu'y rencontre le calcul. Lagrange aimait à répéter que « le véritable secret de l'Analyse consiste dans l'art de saisir les divers degrés d'indétermination dont la quantité est susceptible : » maxime assez obscure, comme le secret qu'elle nous voudrait apprendre; et dont Carnot se borne, en nous la rapportant, à admirer la profonde justesse : sans nous l'éclaircir d'aucun exemple. Le suivant que nous proposons, et qui est tiré de notre étude sur l'hexaèdre, y pourrait peut-être convenir. Que l'on imagine un système de six plans indéfinis

$$P_1 P_2 \ldots P_6 = 0,$$

et l'hexaèdre complet qu'ils déterminent. Si l'on pose l'équation

$$\lambda_1 P_1^2 + \ldots + \lambda_6 P_6^2 = 0, \tag{1}$$

on pourra remarquer que le nombre des paramètres indéterminés qu'elle renferme permet de lui faire représenter une *sphère* et une seule : et cette remarque nous met aussitôt en possession d'une analogie, jusqu'ici ignorée, entre le quadrilatère et l'hexaèdre. Toutes les surfaces contenues dans l'équation (1) divisant, en effet, harmoniquement chacune des diagonales de l'hexaèdre $P_1 \ldots P_6$; la sphère unique et déterminée qui fait partie de ces surfaces possède la même propriété. Et l'on en conclut sur-le-champ que *les dix sphères décrites sur les diagonales d'un hexaèdre complet, comme diamètres, admettent un même centre radical et sont orthogonales à une même sphère :* laquelle n'est autre que la sphère (1). Si nous ne nous trompons, on trouvera dans cet Ouvrage plusieurs autres exemples du même ordre. Et tout cela peut servir un jour à fonder cette véritable Analyse qui n'est ni l'entassement, ni la profondeur, ni la puissance, mais qui sera le discernement, l'ordre, la lumière : Analyse vraiment parfaite, que Bobillier entrevit, et que nous connaîtrons un jour, mais dont nous nous consolons, pour le moment, à force de calculs — à peu près comme nos architectes se consolent du Parthénon, à force de casernes.

Janvier 1869.

GÉOMÉTRIE

DE DIRECTION.

CHAPITRE PREMIER.

PRÉLIMINAIRES.

SOMMAIRE. — Des coordonnées *suffisantes*, ou coordonnées cartésiennes; et des coordonnées *surabondantes* introduites par Bobillier. — Coordonnées polygonales ou polyédriques d'un point mobile rapporté à un nombre quelconque de droites ou de plans fixes; équations de la tangente et du plan tangent (Plucker). — Des coordonnées tangentielles d'une droite ou d'un plan mobile rapportées à un nombre quelconque de points fixes; équation du point de contact d'une droite ou d'un plan mobile et de leur enveloppe. — Formes diverses de l'équation d'une courbe ou d'une surface du second ordre.

---

§ I. — *Des coordonnées triangulaires ou polygonales d'un point mobile rapporté à un nombre quelconque de droites fixes. Équation de la ligne droite.*

1. La représentation analytique d'une figure plane suppose, comme l'on sait, le tracé préalable de deux axes rectilignes ox, oy qui marquent, en quelque sorte, les deux dimensions de la figure que l'on veut construire, et dont un point quelconque est ensuite défini, relativement à ces axes, par les valeurs algébriques de ses deux coordonnées x, y, si ce point est fixe et isolé; ou, s'il est mobile et assujetti à parcourir une certaine courbe, par une certaine relation

$$f(x, y) = 0,$$

à laquelle doivent satisfaire les coordonnées de ce point considéré dans l'une quelconque de ses positions.

Tel est le principe, imaginé par Descartes, de la méthode des coordonnées que l'on pourrait appeler *suffisantes*, que Parent, Clairaut, Maclaurin, Euler étendirent ensuite aux figures à trois dimensions, mais en lui conservant son caractère initial et rejetant toujours, de la définition fondamentale du point, toute donnée qui ne serait pas indispensable pour en assurer la position. Or ce sont justement ces données *surabondantes* que Bobillier aperçut que l'on peut retenir, parfois avec infiniment d'utilité, en acceptant comme coordonnées de chacun des points d'une figure les distances de ce point à un nombre quelconque de droites ou de plans fixes. Et ce fut de cette heureuse exagération de l'idée première de Descartes que celle-ci reçut son couronnement et sa perfection.

Il ne paraît pas d'ailleurs que le rôle des coordonnées cartésiennes proprement dites puisse en être beaucoup amoindri; car de tous les progrès que leur doit la science de l'étendue, il n'en est peut-être aucun que l'on eût pu attendre des coordonnées nouvelles. Telle est effectivement l'alternative presque constante de leurs rôles, que partout où l'une des deux méthodes est en défaut, l'autre réussit. Et ce nous serait un avis, si nous savions l'entendre, de n'essayer pas de les plier toutes deux aux mêmes usages, mais de consulter quelquefois leurs affinités ou leurs répulsions, et, quand l'une ou l'autre s'est refusée quelque temps à nous aider, de n'insister pas davantage, parce que nous n'en retirerions vraisemblablement qu'un médiocre secours. Tel serait d'ailleurs le partage naturel de la géométrie entre les deux systèmes, que tout ce qui concerne les propriétés numériques de l'étendue relève plus directement du premier; le second retenant d'ordinaire tout ce qui concerne les propriétés descriptives.

2. Si une figure de géométrie se trouve tellement construite autour d'un polygone donné, que celui-ci en marque en quelque sorte le noyau et serve de support à tout le reste, il peut devenir avantageux de rapporter à ce polygone toutes les autres parties, ou tous les autres points 1, 2,... de la figure, par les distanees A_1, B_1, C_1,..., A_2, B_2, C_2,... de chacun de ces points aux divers côtés A.B.C... = o de ce polygone. Celui-ci est dit alors de *référence*, et les distances à ses côtés des divers points de la figure sont dites les *coordonnées* de ces points.

Ces distances, d'ailleurs, ou ces coordonnées, auront dans chaque cas des signes déterminés; de telle sorte, par exemple, que toutes négatives pour un point m situé dans l'intérieur du polygone de référence, chacune d'elles passe isolément par zéro et change ensuite de signe, lorsque le point considéré atteint dans son mouvement le côté correspondant du polygone et le dépasse. On peut remarquer que ces changements de signe, qui ont lieu *par définition* dans le cas où rien n'est explicité, doivent être démontrés lorsque l'on regarde les équations implicites

$$o = A = C = \ldots \quad \text{ou} \quad A.B.C\ldots = o$$

des côtés du polygone de référence comme tenant la place d'autant d'équations linéaires mises sous la forme explicite usuelle

$$o = ax + by + c = a'x + b'y + c' = \ldots$$

Dans ce cas, les coordonnées polygonales d'un point A_1, B_1, C_1,... ne sont autres que les nombres

$$ax_1 + by_1 + c, \quad a'x_1 + b'y_1 + c', \ldots,$$

résultant de la substitution des coordonnées cartésiennes de ce point dans les fonctions A, B,... relatives aux divers côtés du polygone de référence; et leurs signes varient avec la position du point, conformément à ce théorème :

Les coordonnées de deux points distincts 1, 2, *substi-*

tuées dans la fonction d'une droite

$$A = 0 \quad \text{ou} \quad ax + by + c = 0,$$

lui font acquérir des valeurs

$$ax_1 + by_1 + c, \quad ax_2 + by_2 + c$$

de même signe ou de signes contraires, suivant que ces points sont situés d'un même côté ou de part et d'autre de cette droite.

Imaginant, en effet, que le segment rectiligne 12 soit parcouru par un mobile m (*fig.* 1) qui parte du premier

Fig. 1.

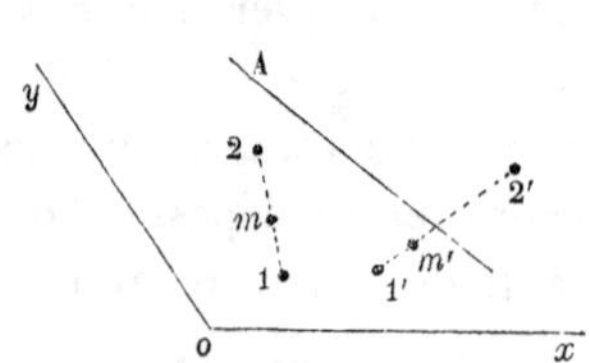

de ces points et qui s'arrête au second; substituons à chaque instant les coordonnées x, y du point mobile dans la fonction de la droite. Cette fonction variera d'une manière continue, depuis la valeur $ax_1 + by_1 + c$ qui convient au premier point 1, jusqu'à celle $ax_2 + by_2 + c$ qui convient au second, et ne pourra changer de signe dans l'intervalle qu'en passant par zéro ou par l'infini. Mais tout passage par l'infini se trouvant exclu par la nature de la fonction, qui est entière, celle-ci ne pourra changer de signe qu'en passant par zéro. Si donc le segment 12 ne coupe pas la droite considérée, le nombre $ax + by + c$ ne peut devenir nul et passe de l'une à l'autre de ses valeurs extrêmes en conservant le même signe : c'est le cas où les points considérés sont d'un même côté de la droite. Si, au contraire, le segment 1'2' rencontre la droite en un certain point, le nombre $ax + by + c$ devient nul en ce point, y change de signe; et ses valeurs extrêmes sont de signes contraires.

Remarque. — Nous avons admis que le nombre $ax + by + c$, devenant nul en un certain point, y change de signe, de manière que positif, par exemple, en delà, en deçà il devienne négatif. Cela résulte de ce que, le point mobile parcourant une droite déterminée, ses deux coordonnées sont liées par une relation de la forme $y = mx + n$, en vertu de laquelle l'expression $ax + by + c$ se réduit à une simple fonction de x, telle que $\alpha x + \beta$. Or, x variant toujours dans le même sens, il est bien clair maintenant que la fonction $\alpha x + \beta$ change de signe en passant par zéro.

3. Si les équations $0 = A = B = C = \ldots$ des côtés du polygone de référence sont de la forme

$$x \cos\alpha + y \sin\alpha - p = 0, \quad x \cos\beta + y \sin\beta - q = 0, \ldots,$$

et que les axes secondaires ox, oy soient d'ailleurs perpendiculaires entre eux, les coordonnées polygonales A_1, B_1, $C_1, \ldots$ d'un point quelconque mesurent les distances *orthogonales* de ce point aux différents côtés du polygone : distances positives pour un point situé dans la région opposée à l'origine o par rapport à chacun de ces côtés, négatives pour un point situé dans la même région que l'origine, dont les coordonnées $0 = x = y$ font acquérir aux différentes fonctions $A, B, \ldots$, les valeurs négatives $-p$, $-q, \ldots$

4. Les coordonnées polygonales d'un point ne sont pas indépendantes les unes des autres; mais, aussitôt que deux d'entre elles sont données, toutes les autres en résultent. Ainsi les coordonnées triangulaires (et *orthogonales*) A_1, B_1, C_1 d'un point quelconque m sont liées par la relation identique

$$(r) \qquad -aA_1 - bB_1 - cC_1 = 2S,$$

dans laquelle a, b, c et S désignent les longueurs des côtés et l'aire du triangle de référence; et qui n'est que la traduction de l'identité

$$(r') \qquad \text{triangle } m\text{BC} + \text{tri.}\, m\text{CA} + \text{tri.}\, m\text{AB} = \text{tri.ABC}$$

que l'on peut lire sur la figure.

On peut remarquer que les relations (r) ou (r') conservent la même forme pour toutes les positions du point considéré. Si l'on passe, en effet, du point m (*fig.* 2) au

Fig. 2.

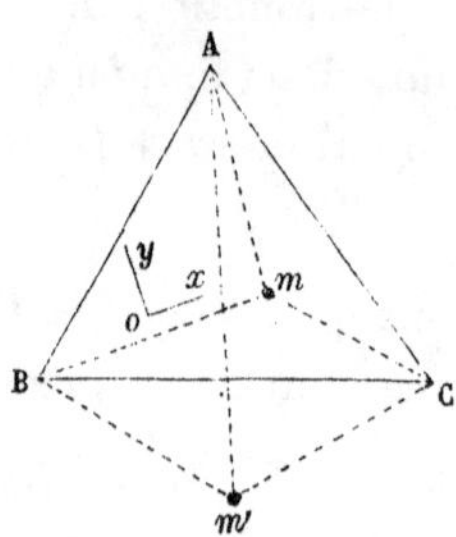

point m', par exemple, le terme $-a\text{A}_1$, positif d'abord, devient négatif [formule (r)]; mais, en même temps, le triangle mBC, qui comptait, dans la formule (r'), parmi les éléments additifs de l'aire totale ABC, est remplacé par l'élément soustractif m'BC.

L'expression

$$a\text{A} + b\text{B} + c\text{C}$$

n'est donc qu'une fonction *apparente* des deux variables x, y, et l'équation

$$a\text{A} + b\text{B} + c\text{C} = 0$$

se réduit en réalité à une constante égalée à zéro : $2\text{S} = 0$.

5. *Toute équation du premier degré,* par rapport aux *coordonnées triangulaires* ou *polygonales* d'un point, est aussi du premier degré par rapport aux coordonnées x, y du point mobile, et *représente* dès lors *une droite.*

Réciproquement, *toute droite* située dans le plan de la figure *peut être représentée par une équation homogène et du premier degré en* A, B, C, telle que

$$(1) \qquad m\text{A} + n\text{B} + p\text{C} = 0.$$

Car si l'on désigne par A', B', C'; A'', B'', C'' les coordonnées triangulaires de deux points de la droite donnée, et que l'on détermine les coefficients m, n, p à l'aide des relations

$$mA' + nB' + pC' = 0,$$
$$mA'' + nB'' + pC'' = 0;$$

l'équation (1), où l'on remplacera m, n, p par les valeurs résultantes, représentera une droite ayant deux points communs avec la droite donnée, ou la droite donnée elle-même. Les rapports $m:n:p$ sont d'ailleurs définis par cette double proportion

$$\frac{m}{B'C'' - C'B''} = \frac{n}{C'A'' - A'C''} = \frac{p}{A'B'' - B'A''}.$$

Si le nombre des côtés du polygone de référence est supérieur à trois, une droite quelconque peut être représentée d'une infinité de manières par une équation de la forme

$$\alpha A + \beta B + \gamma C + \delta D = 0.$$

Remarque I. — La forme générale

$$(1) \qquad mA + nB + pC = 0$$

de l'équation d'une droite quelconque D résulterait encore de l'identité

$$-a'A - bB - c'C - dD \equiv 2Q,$$

à laquelle donnent lieu les distances orthogonales A, B, C,

Fig. 3.

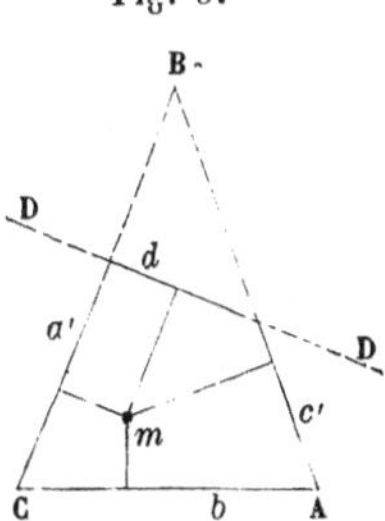

D d'un point *quelconque* m (*fig.* 3) aux côtés du triangle de référence et à cette droite; identité dans laquelle a', b, c', d et Q désignent les longueurs des côtés et la surface du quadrilatère intercepté, dans le triangle de référence, par la droite considérée. Si, en effet, *le point m*, au lieu d'être quelconque, *est pris sur cette droite*, l'identité précédente devient

$$-a'A - bB - c'C = 2Q.$$

Mais les coordonnées A, B, C du point m satisfaisant déjà à cette autre identité

$$-aB - bB - cC = 2S,$$

elles satisferont aussi à l'équation qui résulte de l'élimination des constantes Q et S entre les deux précédentes, équation de la forme

$$mA + nB + pC = 0.$$

Remarque II. — Si la droite considérée $D = 0$ passe par l'un des sommets A, B du triangle de référence; les équations équivalentes

$$D = 0, \quad \text{ou} \quad mA + nB = 0,$$

donnent naissance à l'identité

$$mA + nB + dD \equiv 0.$$

Il existe donc *une relation linéaire et homogène entre les distances* A, B, D *d'un point* quelconque *à trois droites concourantes.*

6. Si, dans l'équation d'une droite mobile

$$ax + by + c = 0,$$

on suppose, le coefficient c demeurant invariable, que les coefficients a et b tendent simultanément vers zéro, l'abscisse et l'ordonnée à l'origine de cette droite augmentent indéfiniment; et, si l'on passe à la limite, cette droite disparaît tout entière à l'infini, en même temps que son équation se réduit à une constante égalée à zéro : $c = 0$.

Une telle équation

$$c = 0$$

constitue donc, en quelque sorte, la trace analytique de toute droite mobile qui s'est éloignée indéfiniment : ou de la *droite à l'infini* du plan de la figure.

7. Si une certaine combinaison des équations de deux droites se réduit à une constante égalée à zéro, ces droites, en réalité, sont parallèles. Nous pourrons dire qu'elles se coupent en un point de la *droite à l'infini* représentée par cette constante égalée à zéro. Et ce sera, dès lors, exprimer le parallélisme de deux droites, que d'exprimer qu'une certaine combinaison de leurs équations se réduit à l'équation $c = 0$ de la droite à l'infini.

Il résulte de l'identité (r) du n° 4, que la droite à l'infini est représentée en coordonnées triangulaires orthogonales par l'équation

$$(1) \qquad aA + bB + cC = 0,$$

ou par celle-ci, qui lui est équivalente,

$$(1') \qquad A \sin A + B \sin B + C \sin C = 0.$$

Les droites suivantes

$$(2) \qquad a_1 A + b_1 B + c_1 C = 0,$$

$$(3) \qquad a_2 A + b_2 B + c_2 C = 0$$

seront donc parallèles entre elles, si l'une des combinaisons de leurs équations se réduit à l'équation (1) ; ou si les trois équations (1), (2), (3) admettent en A, B, C une solution commune : ce qui aura lieu si l'on a

$$a(b_1 c_2 - c_1 b_2) + b(c_1 a_2 - a_1 c_2) + c(a_1 b_2 - b_1 a_2) = 0.$$

Telle est la condition nécessaire et suffisante pour le parallélisme des droites (2) et (3).

8. Les équations

$$(f) \qquad A = 0, \quad B = 0$$

désignant deux rayons conjugués d'un *faisceau harmonique,* les deux autres rayons du faisceau sont représentés par les équations

$$(f') \qquad A - \lambda B = 0, \quad A + \lambda B = 0.$$

Si l'on prend, en effet, (*fig.* 4), les deux premiers rayons

Fig. 4.

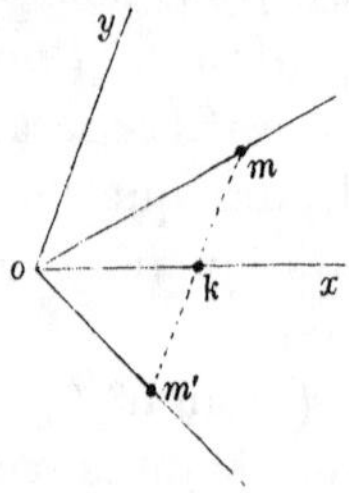

A et B pour axes des x et des y, les fonctions A et B se transforment identiquement en ax et by; et les équations (f') des deux derniers rayons deviennent en même temps

$$ax - \lambda by = 0, \quad ax + \lambda by = 0,$$

ou

$$y = \frac{a}{\lambda b} x, \quad y = -\frac{a}{\lambda b} x.$$

Une parallèle $x = k$ à l'un des rayons oy du faisceau est donc divisée par les trois autres en parties égales. Donc, etc.

9. Soient

$$P_1 . P_2 . P_3 . P_4 = 0$$

les *côtés d'un quadrilatère,* et λ_1, λ_2, λ_3, λ_4 des coefficients dont les rapports soient déterminés de telle manière que la fonction $\lambda_1 P_1 + \ldots + \lambda_4 P_4$ s'évanouisse identiquement, ou que l'on ait

$$(I) \qquad \lambda_1 P_1 + \lambda_2 P_2 + \lambda_3 P_3 + \lambda_4 P_4 \equiv 0.$$

Si nous considérons la droite représentée par l'équation

$$(1) \qquad \lambda_1 P_1 + \lambda_2 P_2 = 0,$$

nous verrons qu'il résulte de l'identité (I) que cette droite peut aussi être représentée par l'équation complémentaire

$$(1') \qquad \lambda_3 P_3 + \lambda_4 P_4 = 0,$$

obtenue en retranchant, de la première (1), l'expression identiquement nulle $\lambda_1 P_1 + \ldots + \lambda_4 P_4$. Les équations complémentaires (1), (1') représentent donc une seule et même droite laquelle passant par le sommet 12 d'après l'équation (1), par le sommet opposé 34 d'après l'équation (1'), n'est autre que la diagonale (12, 34) du quadrilatère proposé.

Si l'on désigne dès lors par

$$A.B.C = 0$$

les équations des trois diagonales menées respectivement des sommets 12, 23, 31 aux sommets opposés du quadrilatère, on aura identiquement

$$(a) \qquad \lambda_1 P_1 + \lambda_2 P_2 \equiv 2a.A,$$

$$(b) \qquad \lambda_2 P_2 + \lambda_3 P_3 \equiv 2b.B,$$

$$(c) \qquad \lambda_3 P_3 + \lambda_1 P_1 \equiv 2c.C;$$

et l'on en déduit d'abord

$$(1) \qquad \lambda_1 P_1 \equiv aA - bB + cC,$$

$$(2) \qquad \lambda_2 P_2 \equiv aA + bB - cC,$$

$$(3) \qquad \lambda_3 P_3 \equiv - aA + bB + cC;$$

ensuite

$$\lambda_1 P_1 + \lambda_2 P_2 + \lambda_3 P_3 \equiv aA + bB + cC,$$

ou encore, et en ayant égard à l'identité fondamentale (I),

$$(4) \qquad - \lambda_4 P_4 \equiv aA + bB + cC.$$

La représentation analytique d'un *quadrilatère complet*, rapporté au triangle formé de ses diagonales, résulte de ces formules ; et l'on voit, *les trois diagonales* étant représentées par les équations

$$A.B.C = o,$$

que *les quatre côtés* sont contenus dans la quadruple équation

$$aA \pm bB \pm cC = o,$$

où a, b, c désignent des nombres quelconques.

Les propriétés harmoniques du quadrilatère complet résultent aussi de cette analyse (*fig.* 5).

Fig. 5.

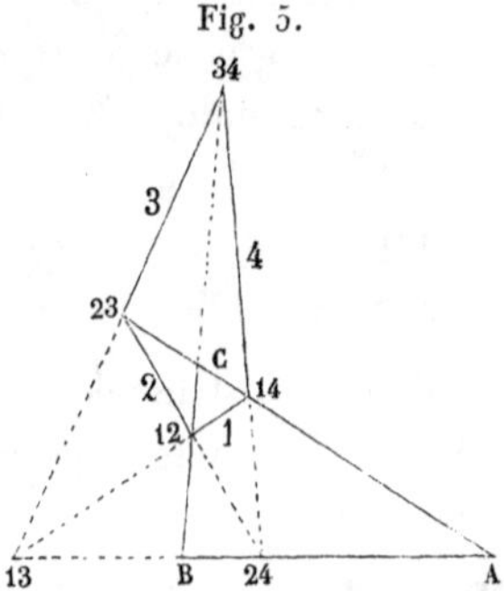

Car les traces des côtés 1, 3 ou P_1, P_3 du quadrilatère sur le côté $\overline{BC}$ ou $A = o$ du triangle diagonal, sont définies respectivement par les équations simultanées

$$o = P_1 = A, \quad o = P_3 = A,$$

c'est-à-dire

$$\left\{\begin{array}{r} A = o, \\ -bB + cC = o, \end{array}\right. \qquad \left\{\begin{array}{r} A = o, \\ bB + cC = o. \end{array}\right.$$

Les deux droites $\pm bB + cC = o$, menées du sommet A du triangle diagonal aux deux sommets 12, 34 du quadrilatère situés sur le côté opposé, sont donc harmoniquement conjuguées par rapport aux deux autres côtés $\overline{AB}$, $\overline{AC}$ de ce triangle. En d'autres termes, chacune des trois diagonales (12, 34) du quadrilatère est divisée harmoniquement (aux points B et C) par les deux autres.

§ II. — *De l'équation de la tangente en un point d'une courbe algébrique rapportée à un nombre quelconque de droites fixes.*

10. Une courbe plane quelconque rapportée, en premier lieu, au triangle de référence

$$o = A = B = C,$$

étant représentée par l'équation *homogène*

$$f(A, B, C) = o;$$

proposons-nous de former l'équation de la tangente pour le point (a, b, c) de la courbe. Et soit d'abord, avec trois coefficients indéterminés m, n, p,

$$mA + nB + pC = o$$

l'équation d'une corde variable menée du point (a, b, c) au point voisin $(a + \delta a, b + \delta b, c + \delta c)$. Les rapports $m:n:p$ seront définis par les relations

$$ma + nb + pc = o,$$

$$m(a + \delta a) + n(b + \delta b) + p(c + \delta c) = o;$$

ou par celles-ci,

1. $$ma + nb + pc = o,$$

2. $$m\delta a + n\delta b + p\delta c = o.$$

Or les coordonnées A, B, C d'un point *quelconque* du plan de la figure étant des fonctions déterminées des coordonnées cartésiennes y, x du même point; les coordonnées triangulaires a, b, c de chaque point de la courbe sont des fonctions déterminées de l'abscisse x de ce point; et leurs dérivées respectives par rapport à x, a', b', c' sont pareillement déterminées. Si donc on désigne par δx l'accroissement de l'abscisse dans le passage du point (a, b, c) de la courbe au point voisin $(a + \delta a, \ldots)$, on verra que les coefficients m, n, p, relatifs à l'équation de la corde résultante, sont définis par les équations

1'. $$ma + nb + pc = 0,$$

2'. $$m\frac{\delta a}{\delta x} + n\frac{\delta b}{\delta x} + p\frac{dc}{\delta x} = 0.$$

De là, en imaginant que δx décroisse indéfiniment et passant à la limite, on voit, l'équation

(0) $$m\mathrm{A} + n\mathrm{B} + p\mathrm{C} = 0$$

désignant actuellement la tangente au point (a, b, c) de la courbe, que les rapports $m:n:p$ seront définis par les équations

(1) $$am + bn + cp = 0,$$

(2) $$a'm + b'n + c'p = 0.$$

Mais le point (a, b, c) appartenant à la courbe, on a l'égalité

$$f(a, b, c) = 0,$$

que l'on peut écrire, d'après le théorème d'Euler sur les fonctions homogènes,

(1') $$af'_a(a, b, c) + bf'_b + cf'_c = 0.$$

Le point variable $(a + \delta a, \ldots)$ appartenant de même à la courbe, on a cette autre égalité

$$\frac{f(a + \delta a, b + \delta b, c + \delta c) - f(a, b, c)}{\delta x} = 0;$$

d'où, en passant à la limite et prenant la dérivée d'après la règle relative aux fonctions composées,

(2') $$a'f'_a(a, b, c) + b'f'_b + c'f'_c = 0.$$

La détermination des coefficients m, n, p, relatifs à l'équation (0) de la tangente, résulte maintenant des équations (1), (2) comparées aux égalités (1'), (2'); et, puisque l'on passe des unes aux autres en remplaçant, dans les premières, les inconnues m, n, p par les nombres $f'_a(a, b, c)$, f'_b, f'_c; ces nombres sont précisément les valeurs de ces inconnues; on peut poser

$$\frac{m}{f'_a(a, b, c)} = \frac{n}{f'_b} = \frac{p}{f'_c},$$

et l'*équation de la tangente* au point (a, b, c) est

$$A f'_a(a, b, c) + B f'_b + C f'_c = 0$$

11. Si la courbe considérée, rapportée à un polygone de référence quelconque

$$A.B.C.D\ldots = 0$$

est représentée par l'équation homogène

$$f(A, B, C, D, \ldots) = 0,$$

l'équation de la tangente pour le point $(a, b, c, d, \ldots)$ *de la courbe est encore*

$$A f'_a(a, b, c, d\ldots) + B f'_b + C f'_c + D f'_d + \ldots = 0.$$

(Plucker, *System der Analytischen Geometrie*, p. 119.)

La démonstration est toute semblable à la précédente, à une différence près qu'il est bon d'indiquer, et qui tient à ce que la tangente peut maintenant être représentée d'une infinité de manières par une équation de la forme

$$Am + Bn + Cp + Dq + \ldots = 0.$$

Reprenant dès lors la même analyse, on verrait que les nouvelles équations (1) et (2) ne sont plus déterminées, mais admettent, en $m, n, p, q, \ldots$, une infinité de solutions. Celle d'ailleurs de ces solutions qui résulte de la comparaison des équations (1) et (2) aux égalités (1') et (2'), et qui se traduit par cette série de proportions

$$\frac{m}{f'_a} = \frac{n}{f'_b} = \frac{p}{f'_c} = \frac{q}{f'_d} = \ldots,$$

subsiste toujours, et l'équation correspondante

$$A f'_a + B f'_b + C f'_c + D f'_d + \ldots = 0$$

est, non plus la seule forme possible, mais la seule utile de l'équation de la tangente.

La démonstration de l'auteur, fondée sur l'emploi des infiniment petits, est beaucoup plus rapide. (Plucker,..., p. 119). N'est-il pas remarquable qu'une aussi belle proposition, et dont les applications sont continuelles, n'ait pu passer encore dans aucun de nos Traités de Calcul infinitésimal? Les plus récents n'en disent rien.

12. *Application.* — Soient, avec six coefficients homogènes ou cinq rapports arbitraires,

$$f(A, B, C) = \alpha A^2 + \beta B^2 + \gamma C^2 + 2\alpha' BC + 2\beta' CA + 2\gamma' AB = 0$$

l'équation générale des courbes du second ordre; et

$$(t) \qquad A f'_a(a, b, c) + B f'_b + C f'_c = 0,$$

ou, en développant,

$$A(\alpha a + \beta' c + \gamma' b) + B(\beta b + \gamma' a + \alpha' c) + C(\gamma c + \alpha' b + \beta' a) = 0$$

l'équation de la tangente pour le point (a, b, c) de la courbe. Si l'on ordonne cette équation suivant les coefficients α, β, γ, α', β', γ', de cette manière,

$$\begin{aligned} &\alpha A a + \beta B b + \gamma C c \\ &+ \alpha'(Bc + Cb) + \beta'(Ca + Ac) + \gamma'(Ab + Ba) = 0, \end{aligned}$$

on reconnaît qu'elle est symétrique par rapport aux coordonnées courantes A, B, C et à celles a, b, c du point de contact. Ces coordonnées peuvent donc s'échanger les unes dans les autres, et l'équation de la tangente peut s'écrire

$$(t') \qquad a f'_A(A, B, C) + b f'_B + c f'_C = 0.$$

13. Théorème. — *L'équation de la* polaire *d'un point quelconque* (a, b, c), *par rapport à une courbe du second ordre*

$$f(A, B, C) = 0$$

est identique à l'équation de la tangente *pour ce même point* (a, b, c) *que l'on supposerait situé sur la courbe.*

Considérons d'abord un point extérieur à la courbe (*fig.* 6), et soit (a_1, b_1, c_1) le point de contact de l'une quel-

Fig. 6.

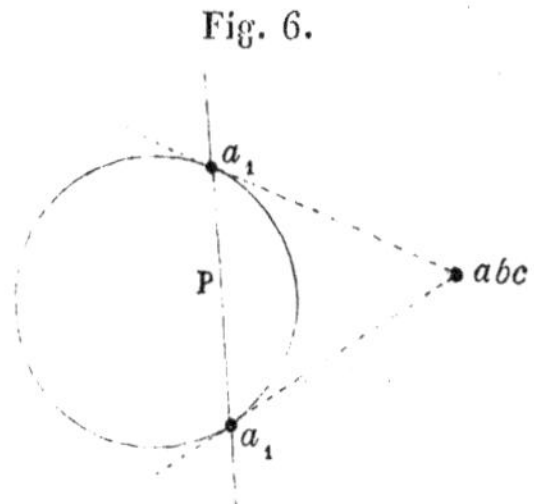

conque des tangentes issues de ce point. L'équation de cette tangente pourra s'écrire

$$(t') \qquad a_1 f'_A(A, B, C) + b_1 f'_B + c_1 f'_C = 0,$$

et comme le point (a, b, c) appartient à cette tangente, l'on aura

$$a_1 f'_a(a, b, c) + b_1 f'_b + c_1 f'_c = 0.$$

Or cette égalité exprime que la droite

$$(P) \qquad A f'_a(a, b, c) + B f'_b + C f'_c = 0$$

contient le point de contact (a_1, b_1, c_1) de chacune des tangentes menées à la courbe par le point (a, b, c). La droite (P) est donc la corde de contact de ces tangentes, ou la *polaire* de ce point.

Quelle que soit, en second lieu, la position intérieure ou extérieure du point (a, b, c), la droite (P) est le lieu géométrique des points de concours des tangentes menées à la courbe par les traces sur celle-ci d'une corde quelconque issue du point considéré : ou la polaire même de ce point.

Car, si (a_1, b_1, c_1) est l'un de ces points de concours

2

(*fig.* 7), la corde de contact des tangentes issues de ce point sera représentée par l'équation

$$\text{(P)} \qquad A f'_{a_1}(a_1, b_1, c_1) + B f'_{b_1} + C f'_{c_1} = 0,$$

que l'on peut ordonner par rapport à a_1, b_1, c_1 de cette manière

$$\text{(P')} \qquad a_1 f'_A(A, B, C) + b_1 f'_B + c_1 f'_C = 0.$$

Et puisque cette corde passe par le point (a, b, c), on a

$$a_1 f'_a(a, b, c) + b_1 f'_b + c_1 f'_c = 0.$$

Fig. 7.

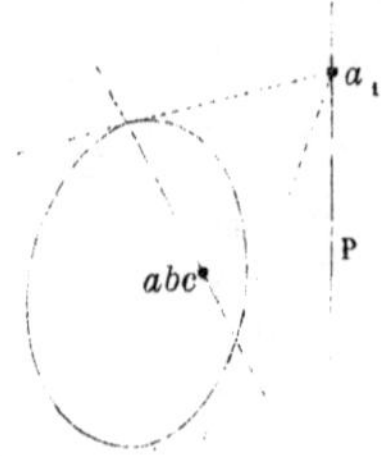

Or cette égalité exprime que la droite

$$\text{(P)} \qquad A f'_a(a, b, c) + B f'_b + C f'_c = 0$$

passe par chacun des points de concours, tels que (a_1, b_1, c_1). La droite représentée par cette équation est donc le lieu géométrique de ces points de concours, ou la polaire du point (a, b, c).

14. *L'équation de la* polaire *d'un point quelconque* $(a, b, c, d, \ldots)$, *par rapport à une courbe du second ordre représentée par l'équation homogène*

$$f(A, B, C, D, \ldots) = 0,$$

est identique à l'équation de la tangente *pour le point* $(a, b, c, d, \ldots)$ *que l'on supposerait situé sur la courbe; et peut s'écrire indifféremment*

$$A f'_a(a, b, c, d, \ldots) + B f'_b + C f'_c + D f'_d + \ldots = 0,$$

ou

$$a f'_A(A, B, C, D, \ldots) + b f'_B + c f'_C + d f'_D + \ldots = 0.$$

La démonstration ne diffère en rien de la première, et repose, comme celle-là, sur l'identité des deux formes précédentes pour toute fonction homogène et du second degré, f, d'un nombre quelconque de variables A, B, C, D,...

15. La polaire du point (a, b), par rapport au système de deux droites

$$AB = 0,$$

sera donc

$$Ab + Ba = 0,$$

ou

$$\frac{A}{a} + \frac{B}{b} = 0:$$

la polaire et la droite $\frac{A}{a} - \frac{B}{b} = 0$, menée du pôle au point de concours des deux proposées, sont harmoniquement conjuguées par rapport au système de ces droites.

§ III. — *Des coordonnées polyédriques d'un point mobile rapporté à un nombre quelconque de plans fixes. Équation du plan.*

16. La situation d'un point quelconque de l'espace, définie dans le système cartésien par les distances x, y, z de ce point aux plans des faces d'un trièdre fixe, peut encore être définie d'une manière plus générale par les distances A, B, C, D,... du point considéré aux plans des faces d'un *polyèdre* quelconque que l'on dit *de référence*. Ces distances sont alors les coordonnées polyédriques du point, et leurs signes sont tels, d'ordinaire, que, toutes négatives par exemple pour un point intérieur au polyèdre de réfé-

rence, chacune d'elles passe par zéro et change de signe, lorsque le point considéré atteint et dépasse le plan de la face correspondante du polyèdre.

17. Si les plans de ces diverses faces sont eux-mêmes représentés, par rapport à un certain système d'axes ox, oy, oz, par des équations telles que

$$A = ax + by + cz + d = 0, \quad B = a'x + b'y + c'z + d' = 0, \ldots,$$

les coordonnées polyédriques du point (x_1, y_1, z_1) ne seront autres que les nombres

$$A_1 = ax_1 + by_1 + cz_1 + d, \quad B_1 = a'x_1 + b'y_1 + c'z_1 + d', \ldots,$$

résultant de la substitution des coordonnées cartésiennes de ce point dans les fonctions A, B, C,... relatives aux plans des diverses faces du polyèdre de référence ; et leurs signes varieront, avec la position de ce point, conformément à ce théorème :

Les coordonnées de deux points distincts 1, 2, *substitués dans la fonction d'un plan*

$$A = ax + by + cz + d = 0,$$

lui font acquérir des valeurs $ax_1 + by_1 + cz_1 + d$, $ax_2 + by_2 + cz_2 + d$, *de même signe ou de signes contraires, suivant que les points considérés sont d'un même côté ou de part et d'autre de ce plan.*

18. Si le trièdre des axes auxiliaires ox, oy, oz est trirectangle, et si les fonctions A, B, C, D,... sont de la forme

$$A = x\cos\alpha + y\cos\beta + z\cos\gamma - \varpi,$$
$$B = x\cos\alpha' + y\cos\beta' + z\cos\gamma' - \varpi',$$
$$\cdots\cdots\cdots\cdots\cdots\cdots$$

les coordonnées polyédriques A_1, B_1, C_1,... d'un point quelconque mesurent ses distances *orthogonales* aux plans des diverses faces du polyèdre ; chacune de ces distances étant : positive pour un point situé du côté opposé à l'origine o par rapport au plan de chacune de ces faces; négative pour un point situé du même côté que l'origine dont les coordonnées $o = x = y = z$ font acquérir à toutes ces fonctions des valeurs négatives $-\varpi, -\varpi', \ldots$

19. Les coordonnées polyédriques d'un point ne sont pas indépendantes les unes des autres; mais, dès que trois d'entre elles sont données, toutes les autres en résultent.

Par exemple, les coordonnées tétraédriques (et orthogonales) A, B, C, D d'un point quelconque m sont liées par la relation

$$(r) \qquad -aA - bB - cC - dD = 3V,$$

dans laquelle a, b, c, d et V désignent les aires des faces et le volume du tétraèdre de référence. C'est ce qui résulte de l'égalité

$$\text{pyramide } m\text{BCD} + m\text{CDA} + m\text{DAB} + m\text{ABC} = \text{pyr. ABCD}.$$

L'expression $aA + bB + cC + dD$, où les lettres a, b, c, d conservent la signification précédente, n'est donc qu'une fonction apparente des trois variables x, y, z; et l'équation

$$aA + bB + cC + dD = o$$

se réduit, en réalité, à une constante égalée à zéro : $3V = o$.

20. *Toute équation du premier degré* par rapport aux *coordonnées polyédriques* d'un point est aussi du premier degré par rapport aux coordonnées x, y, z du point mobile, et *représente un plan*.

21. Réciproquement, un plan quelconque peut être représenté par une équation linéaire et *homogène* de la forme

$$mA + nB + pC + qD + \ldots = o.$$

Ce mode de représentation étant d'ailleurs unique, ou susceptible d'une infinité de déterminations, suivant que l'on y emploie un tétraèdre de référence, ou un polyèdre quelconque.

Dans le cas d'un tétraèdre (*fig.* 8), l'équation précédente

Fig. 8.

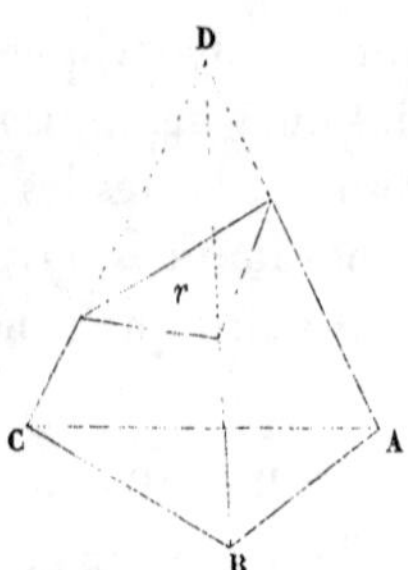

résulterait de l'élimination des constantes V, V′ entre l'identité

$$(r) \qquad -aA - bB - cC - dD = 3V,$$

et l'équation que l'on obtient en faisant $R = o$ dans la relation

$$(r') \qquad -a'A - b'B - c'C - dD - rR = 3V' :$$

relation existant entre les distances orthogonales A, B, C, D et R d'un point quelconque aux faces du tétraèdre de référence, ou au plan considéré R; et dans laquelle a', b', c', d, r et V′ désignent les aires des faces et le volume du tronc de pyramide détaché par ce plan dans le tétraèdre.

22. Si le plan $R = o$ passe par l'un des sommets (A.B.C) du tétraèdre de référence, les deux équations équivalentes

$$R = o \quad \text{et} \quad mA + nB + pC = o$$

entraînent l'identité

$$mA + nB + pC + rR \equiv o.$$

Il existe donc une relation linéaire et homogène *entre les distances d'un point quelconque de l'espace à quatre plans qui concourent en un même point.*

23. L'équation

$$aA + bB + cC + dD = 0,$$

où a, b, c, d ont la même signification qu'au n° 19, se réduit à *une constante égalée à zéro*. Ce sera donc exprimer le parallélisme de deux plans que d'exprimer qu'une combinaison de leurs équations se réduit à l'équation précédente. Et l'on peut dire que deux plans quelconques, parallèles entre eux, se coupent suivant une droite située dans le *plan à l'infini* représenté par l'équation

$$aA + bB + cC + dD = 0.$$

§ IV. — *De l'équation du plan tangent en un point d'une surface algébrique rapportée à un nombre quelconque de plans fixes.*

24. Soient d'abord

$$0 = A = B = C = D$$

les plans des faces du tétraèdre de référence,

$$(S) \qquad f(A, B, C, D) = 0$$

la surface donnée; et

$$(1) \qquad f(A, B, C, D) = 0, \quad \varphi(A, B, C, D) = 0$$

les équations respectivement *homogènes* d'une courbe passant par le point que l'on considère, et située tout entière sur la surface. Une corde variable, menée de ce point (a, b, c, d) à un point voisin $(a + \delta a, b + \delta b, \ldots)$ pris sur la même courbe, peut être représentée d'une infinité de manières par un système d'équations telles que

$$(2) \quad mA + nB + pC + qD = 0, \quad \mu A + \nu B + \varpi C + \chi D = 0,$$

dont les huit paramètres seront seulement assujettis aux quatre conditions

$$ma + nb + pc + qd = 0, \quad \mu a + \nu b + \varpi c + \chi d = 0,$$
$$m\delta a + n\delta b + p\delta c + q\delta d = 0; \quad \mu\delta a + \nu\delta b + \varpi\delta c + \chi\delta d = 0;$$

or, les coordonnées tétraédriques A, B, C, D d'un point quelconque de l'espace étant des fonctions déterminées des coordonnées rectilignes z, y, x du même point ; les coordonnées tétraédriques a, b, c, d d'un point quelconque de la courbe (1) sont des fonctions déterminées de l'abscisse x de ce point, et leurs dérivées respectives a', b',... par rapport à x sont pareillement déterminées. Si donc on désigne par δx l'accroissement de l'abscisse x dans le passage du point particulier (a, b, c, d) au point voisin $(a+\delta a, b+\delta b, \ldots)$, on verra que les conditions imposées aux coefficients des équations de la corde qu'ils déterminent peuvent être remplacées par celles-ci :

$$ma + nb + pc + dq = 0,$$

$$\mu a + \nu b + \varpi c + \chi d = 0,$$

$$m\frac{\delta a}{\delta x} + n\frac{\delta b}{\delta x} + p\frac{\delta c}{\delta x} + q\frac{\delta d}{\delta x} = 0,$$

$$\mu\frac{\delta a}{\delta x} + \nu\frac{\delta b}{\delta x} + \varpi\frac{\delta c}{\delta x} + \chi\frac{\delta d}{\delta x} = 0.$$

De là, en imaginant que δx décroisse indéfiniment, et passant à la limite ; on voit que la tangente au point (a, b, c, d) de la courbe considérée sera représentée par l'ensemble des équations (2), si les coefficients qui y figurent satisfont aux conditions suivantes :

$$am + bn + cp + dq = 0, \tag{3}$$

$$a\mu + b\nu + c\varpi + d\chi = 0, \tag{4}$$

$$a'm + b'n + c'p + d'q = 0, \tag{5}$$

$$a'\mu + b'\nu + c'\varpi + d'\chi = 0. \tag{6}$$

Mais le point (a, b, c, d) appartenant à chacune des deux surfaces (1), on a les égalités

$$f(a, b, c, d) = 0, \quad \varphi(a, b, c, d) = 0,$$

que l'on peut écrire, d'après le théorème des fonctions

homogènes,

$$(3') \qquad a f'_a(a, b, c, d) + b f'_b + c f'_c + d f'_d = 0,$$

$$(4') \qquad a \varphi'_a(a, b, c, d) + b \varphi'_b + c \varphi'_c + d \varphi'_d = 0.$$

Le point variable $(a + \delta a,\ b + \delta b, \ldots)$ appartenant de même à chacune de ces surfaces, on a aussi

$$\frac{f(a + \delta a,\ b + \delta b, \ldots) - f(a, b, \ldots)}{\delta x} = 0,$$

$$\frac{\varphi(a + \delta a,\ b + \delta b, \ldots) - \varphi(a, b, \ldots)}{\delta x} = 0;$$

d'où, en passant à la limite et prenant les dérivées d'après la règle relative aux fonctions composées,

$$(5') \qquad a' f'_a(a, b, c, d) + b' f'_b + c' f'_c + d' f'_d = 0,$$

$$(6') \qquad a' \varphi'_a(a, b, c, d) + b' \varphi'_b + c' \varphi'_c + d' \varphi'_d = 0.$$

Or, si l'on compare maintenant les *équations* (3), (4), (5), (6) aux *égalités* correspondantes (3'), (4'), (5'), (6'), on voit que l'on passe des unes aux autres en substituant aux inconnues

$$m,\ n,\ p,\ q;\quad \mu,\ \nu,\ \varpi,\ \chi,$$

qui figurent dans les premières, les nombres

$$f'_a(a, b, c, d),\ f'_b,\ f'_c,\ f'_d;\quad \varphi'_a(a, b, c, d),\ \varphi'_b,\ \varphi'_c,\ \varphi'_d.$$

Ces nombres forment donc l'un des systèmes de valeurs que l'on peut attribuer à ces inconnues, et leur substitution dans les équations (2) donne définitivement

$$(2') \quad \left\{ \begin{aligned} A f'_a(a, b, c, d) + B f'_b + C f'_c + D f'_d &= 0, \\ A \varphi'_a + B \varphi'_b + C \varphi'_c + D \varphi'_d &= 0. \end{aligned} \right.$$

Telle est, pour le point (a, b, c, d), la tangente à la courbe d'intersection des deux surfaces

$$f(A, B, C, D) = 0, \quad \varphi(A, B, C, D) = 0.$$

Et si, conservant le point (a, b, c, d) ainsi que la première de ces surfaces, on fait varier la seconde; on voit que le *lieu de toutes ces tangentes* est le *plan* représenté par l'équation

$$A f'_a(a, b, c, d) + B f'_b + C f'_c + D f'_d = 0.$$

25. Si l'on substitue au tétraèdre précédent un polyèdre quelconque, on passera de la même manière, et par une démonstration identique, de l'équation *homogène* de la surface à celle du *plan tangent* en l'un quelconque de ses points.

26. *Applications.* — Soient, avec dix coefficients homogènes ou neuf rapports arbitraires,

$$f(P_1, P_2, P_3, P_4) = \sum_1^4 \lambda_{11} P_1^2 + 2\sum_1^4 \lambda_{12} P_1 P_2 = 0,$$

l'équation générale des surfaces du second ordre rapportées, en vue d'une meilleure notation, au tétraèdre

$$0 = P_1 = P_2 = P_3 = P_4;$$

et

$$(\mathrm{T}) \qquad P_1 f'_{p_1}(p_1, p_2, p_3, p_4) + P_2 f'_{p_2} + P_3 f'_{p_3} + P_4 f'_{p_4} = 0,$$

ou en développant

$$(t) \qquad \sum_1^4 \lambda_{11} p_1 P_1 + 2\sum_1^4 \lambda_{12}(p_1 P_2 + p_2 P_1) = 0,$$

l'équation du plan tangent pour le point (p_1, p_2, p_3, p_4) de la surface. Comme cette dernière équation (t) est évidemment symétrique par rapport aux coordonnées courantes $P_1, \ldots, P_4$ et à celles $p_1, \ldots, p_4$ du point de contact, il en est de même de la précédente (T); et l'équation du plan tangent peut aussi s'écrire

$$(\mathrm{T}') \qquad p_1 f'_{P_1}(P_1, P_2, P_3, P_4) + p_2 f'_{P_2} + p_3 f'_{P_3} + p_4 f'_{P_4} = 0.$$

27. *L'équation du* plan polaire *d'un point quelconque de l'espace* $(p_1, \ldots, p_4)$ *par rapport à une surface du second ordre est identique à l'équation du* plan tangent

pour le même point regardé comme appartenant à la surface (*fig.* 9).

Fig. 9.

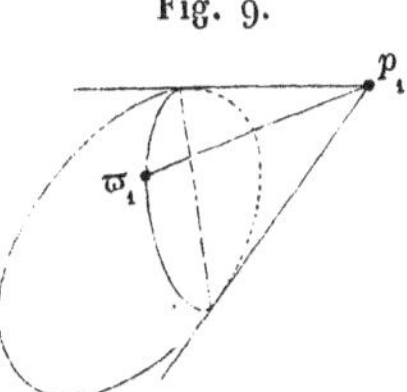

Que le point considéré soit d'abord *extérieur*, et soit $(\varpi_1, \ldots, \varpi_4)$ le point de contact de l'un quelconque des plans tangents menés, de ce point, à la surface. L'équation de ce plan pourra s'écrire

$$(\mathrm{T}_1) \qquad \varpi_1 f'_{\mathrm{P}_1}(\mathrm{P}_1, \ldots, \mathrm{P}_4) + \varpi_2 f'_{\mathrm{P}_2} + \varpi_3 f'_{\mathrm{P}_3} + \varpi_4 f'_{\mathrm{P}_4} = 0,$$

et puisqu'il passe par le point $(p_1, \ldots, p_4)$, on aura

$$\varpi_1 f'_{p_1}(p_1, \ldots, p_4) + \varpi_2 f'_{p_2} + \varpi_3 f'_{p_3} + \varpi_4 f'_{p_4} = 0.$$

Or cette égalité exprime que le plan

$$(\mathrm{P}) \qquad \mathrm{P}_1 f'_{p_1}(p_1, \ldots, p_4) + \mathrm{P}_2 f'_{p_2} + \mathrm{P}_3 f'_{p_3} + \mathrm{P}_4 f'_{p_4} = 0$$

contient le point de contact $(\varpi_1, \ldots, \varpi_4)$ de l'un quelconque des plans tangents issus du point considéré $(p_1, \ldots, p_4)$. L'équation (P) représente donc le plan de la courbe de contact du cône circonscrit à la surface et ayant pour sommet le point $(p_1, \ldots, p_4)$: ou le *plan polaire* de ce point.

Quel que soit enfin le point $(p_1, \ldots, p_4)$, *intérieur* ou *extérieur*, l'équation (P) représente le lieu géométrique des sommets des cônes circonscrits à la surface suivant les sections déterminées dans celle-ci par les divers plans issus du

Fig. 10.

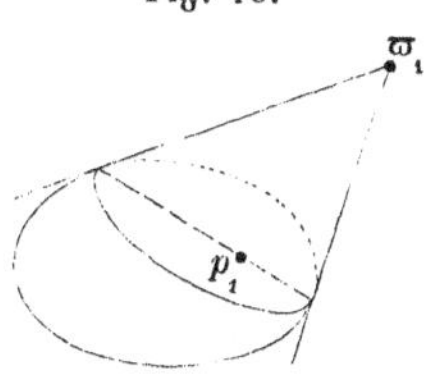

point $(p_1, \ldots, p_4)$, ou le plan polaire de ce point (*fig.* 10).

Car si $(\varpi_1, \ldots, \varpi_4)$ est l'un de ces sommets, le plan de la courbe de contact du cône correspondant et de la surface sera représenté par l'équation

$$(\mathrm{P}) \qquad P_1 f'_{\varpi_1}(\varpi_1, \ldots, \varpi_4) + P_2 f'_{\varpi_2} + P_3 f'_{\varpi_3} + P_4 f'_{\varpi_4} = 0,$$

que l'on peut ordonner, par rapport à $\varpi_1, \ldots, \varpi_4$, de cette manière

$$(\mathrm{P}') \qquad \varpi_1 f'_{P_1}(P_1, \ldots, P_4) + \varpi_2 f'_{P_2} + \varpi_3 f'_{P_3} + \varpi_4 f'_{P_4} = 0.$$

Et comme ce plan doit passer par le point $(p_1, \ldots p_4)$, on a

$$\varpi_1 f'_{p_1}(p_1, \ldots, p_4) + \varpi_2 f'_{p_2} + \varpi_3 f'_{p_3} + \varpi_4 f'_{p_4} = 0.$$

Or cette égalité exprime que le plan

$$P_1 f'_{p_1}(p_1, \ldots, p_4) + P_2 f'_{p_2} + P_3 f'_{p_3} + P_4 f'_{p_4} = 0$$

passe par chacun des sommets tels que $(\varpi_1, \ldots, \varpi_4)$. Le plan représenté par cette dernière équation est donc le lieu géométrique de tous ces sommets, ou le *plan polaire* du point $(p_1, \ldots, p_4)$.

28. *Une surface du second ordre étant définie relativement à un polyèdre quelconque* $(P_1, P_2, \ldots, P_n)$, par *l'équation* homogène

$$f(P_1, P_2, \ldots, P_n) = 0 :$$

le plan polaire *d'un point quelconque* $(p_1, p_2, \ldots, p_n)$, *par rapport à cette surface, est encore représenté par l'une ou l'autre de ces équations*

$$(\mathrm{P}) \qquad P_1 f'_{p} + P_2 f'_{p_2} + \ldots + P_n f'_{p_n} = 0,$$

ou

$$(\mathrm{P}') \qquad p_1 f'_{P_1} + \ldots + p_n f'_{P_n} = 0.$$

La démonstration, fondée sur l'identité des deux formes (P), (P') dans le cas d'une fonction du second degré, est identique à la précédente.

29. Le plan polaire du point (a, b), par rapport au système de deux plans

$$AB = 0,$$

sera donc

$$Ab + Ba = 0 \quad \text{ou} \quad \frac{A}{a} + \frac{B}{b} = 0.$$

Le plan polaire, et le plan $\frac{A}{a} - \frac{B}{b} = 0$ mené du pôle à l'intersection des deux proposés, sont harmoniquement conjugués par rapport au système de ces plans.

§ V. — *Des coordonnées tangentielles d'une droite ou d'un plan mobile rapportés aux sommets d'un polygone plan ou gauche.*

30. La connaissance du mouvement d'une droite qui se déplace dans un plan fixe suivant une loi quelconque, suppose que l'on soit en état de construire cette droite à une époque quelconque de son mouvement. Les données numériques qui permettent cette construction sont dites, en général, les *coordonnées* de la droite mobile, et seront ici, d'une manière spéciale, les distances A, B, C ... de cette droite à un nombre quelconque de points fixes A, B, C,... situés dans le plan de la figure : ou seulement les nombres, positifs ou négatifs, A : B : C : ... qui mesurent les rapports de toutes ces distances, moins une, à l'une d'entre elles. Le mouvement général de la droite sera d'ailleurs défini par une relation quelconque

$$F\left(\frac{B}{A}, \frac{C}{A}, \ldots\right) = 0$$

entre ces rapports, ou par une équation *homogène* quelconque

$$f(A, B, C, \ldots) = 0$$

entre ces distances.

Comme la droite, dans son mouvement, roule en général sur une certaine courbe à laquelle elle ne cesse point d'être tangente, et qui est dite son *enveloppe;* l'équation précédente, à l'aide de laquelle on pourra construire autant de tangentes que l'on voudra de cette *enveloppe*, en est dite l'*équation tangentielle.*

31. Le mouvement d'un plan dans l'espace donne lieu à des définitions toutes semblables. Les distances A, B, C, D,... du plan mobile à un nombre quelconque de points fixes, ou seulement les rapports A : B : C : D : ... de toutes ces distances, moins une, à l'une d'entre elles, sont encore les coordonnées de ce plan dont le mouvement demeure défini par une relation quelconque

$$f\left(\frac{B}{A}, \frac{C}{A}, \frac{D}{A}, \ldots,\right) = 0$$

entre ces rapports, ou par une équation quelconque, mais *homogène*

$$f(A, B, C, D, \ldots,) = 0$$

entre ces distances.

Et comme ce plan roule en général, durant tout son mouvement, sur une certaine surface à laquelle il ne cesse pas de demeurer tangent et qui est dite son *enveloppe;* l'équation précédente, à l'aide de laquelle on pourra construire les divers plans tangents de cette enveloppe, en sera dite encore l'*équation tangentielle.*

32. *Toute équation* linéaire et homogène *entre les coordonnées d'une droite, ou d'un plan mobile*, représente un point (Mœbius); ce qui veut dire que toutes les droites et tous les plans dont les coordonnées, ou les distances aux divers points fixes, satisfont à une telle équation, passent par un point déterminé, et que l'on dit, dans ce sens, représenté par cette équation.

La théorie géométrique du *centre des distances proportionnelles*, ou du *centre de gravité*, conduit naturellement à cette proposition. Pour la vérifier *à priori*, désignons par

(1) $$\alpha x + \beta y + \gamma = 0$$

ou

(1′) $$\alpha x + \beta y + \gamma z + \delta = 0$$

l'équation en coordonnées rectilignes ordinaires de la droite ou du plan mobile ; et soient x_1, y_1 ; $x_2, y_2, \ldots$, ou x_1, y_1, z_1 ; $x_2, y_2, z_2, \ldots$, les points fixes de référence. Nous aurons, par hypothèse,

$$\sum_1^n \lambda_1(\alpha x_1 + \beta y_1 + \gamma) = 0, \quad \sum_1^n \lambda_1(\alpha x_1 + \beta y_1 + \gamma z_1 + \delta) = 0,$$

ou, en développant et ordonnant par rapport aux paramètres variables α, β, . . .,

(2) $$\alpha \sum_1^n \lambda_1 x_1 + \beta \sum_1^n \lambda_1 y_1 + \gamma \sum_1^n \lambda_1 = 0,$$

(2′) $$\alpha \sum_1^n \lambda_1 x_1 + \beta \sum_1^n \lambda_1 y_1 + \gamma \sum_1^n \lambda_1 z_1 + \delta \sum_1^n \lambda_1 = 0.$$

De là, par l'élimination du paramètre γ entre l'équation (1) et l'égalité (2), du paramètre δ entre l'équation (1′) et l'égalité (2′) ; les équations (1), (1′) de la droite ou du plan mobile pourront s'écrire définitivement

(I) $$\alpha\left(x - \frac{\Sigma\lambda_1 x_1}{\Sigma\lambda_1}\right) + \beta\left(y - \frac{\Sigma\lambda_1 y_1}{\Sigma\lambda_1}\right) = 0,$$

(I′) $$\alpha\left(x - \frac{\Sigma\lambda_1 x_1}{\Sigma\lambda_1}\right) + \beta\left(y - \frac{\Sigma\lambda_1 y_1}{\Sigma\lambda_1}\right) + \gamma\left(z - \frac{\Sigma\lambda_1 z_1}{\Sigma\lambda_1}\right) = 0.$$

Or il est clair maintenant que la droite tourne autour du point représenté par les équations

$$x = \frac{\Sigma_1^n \lambda_1 x_1}{\Sigma_1^n \lambda_1}, \quad y = \frac{\Sigma_1^n \lambda_1 y_1}{\Sigma_1^n \lambda_1},$$

et le plan mobile autour du point

$$x = \frac{\Sigma_1^n \lambda_1 x_1}{\Sigma_1^n \lambda_1}, \quad y = \frac{\Sigma_1^n \lambda_1 y_1}{\Sigma_1^n \lambda_1}, \quad z = \frac{\Sigma_1^n \lambda_1 z_1}{\Sigma_1^n \lambda_1}.$$

33. Chacun de ces points disparaît à l'infini dans une direction déterminée

$$\frac{x}{y} = \frac{\Sigma\lambda_1 x_1}{\Sigma\lambda_1 y_1}, \quad x:y:z = \sum \lambda_1 x_1 : \sum \lambda_1 y_1 : \sum \lambda_1 z_1$$

si la somme algébrique des coefficients $\lambda_1, \ldots, \lambda_n$ est égale à zéro :

$$\sum_1^n \lambda_1 = 0.$$

La droite mobile se déplace, dans ce cas, parallèlement à elle-même; et le plan mobile, parallèlement à une droite fixe.

34. Réciproquement *il existe une relation* linéaire et homogène *entre les coordonnées de toutes les droites ou de tous les plans issus d'un même point*. En d'autres termes, *un point quelconque* M *peut être représenté par une équation* linéaire et homogène *entre les coordonnées* (*tangentielles*) *d'une droite ou d'un plan mobile*

$$aA + bB + cC = 0 \quad \text{ou} \quad aA + bB + cC + dD = 0.$$

Soient d'abord, dans le cas d'une figure plane, A, B, C les trois points de référence et M (*fig.* 11) le point consi-

Fig. 11.

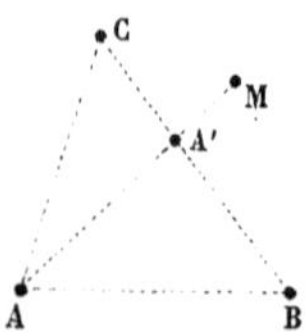

déré. Menons la droite MA qui coupe en A' la droite BC, et désignons par A, B, C, M, A' les distances des points de même nom à une droite menée dans le plan de la figure.

Les distances des points en ligne droite M, A et A'; ou A', B et C, à une droite quelconque étant liées par une relation linéaire et homogène, on aura

$$mM + aA + a'A' = 0,$$
$$-a'A' + bB + cC = 0;$$

et, par suite,

$$mM + aA + bB + cC = 0.$$

Les distances de quatre points situés dans un même plan à une droite quelconque de ce plan, ou à un plan quelconque, sont donc liées par une relation linéaire et homogène. De là, en supposant que la droite considérée passe par le point M, la relation qu'on voulait établir :

$$aA + bB + cC = 0.$$

Passant en second lieu au cas général où les points de référence et le point M sont situés d'une manière quelconque dans l'espace, nous joindrons le point M (*fig.* 12)

Fig. 12.

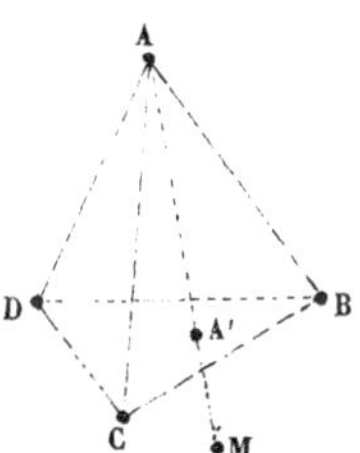

à l'un des quatre points de référence A, par une droite qui rencontre le plan BCD des trois autres, suivant le point A'. Et nous aurons, entre les distances à un plan quelconque, d'abord *des trois points en ligne droite* M, A, A', ensuite *des quatre points situés dans un même plan* A', B, C, D, les relations

$$mM + aA + a'A' = 0,$$
$$-a'A' + bB + cC + dD = 0;$$

entre lesquelles éliminant A', il vient

$$mM + aA + bB + cC + dD = 0.$$

De là, en supposant que le plan considéré passe par le point M, la relation que l'on voulait établir :

$$aA + bB + cC + dD = 0.$$

35. Il résulte implicitement de cette démonstration, ou plus explicitement de celle du n° 32, que deux quelconques des coordonnées d'une droite (ou d'un plan) sont de même signe ou de signes contraires, suivant que les points de référence correspondants sont d'un même côté ou de part et d'autre de cette droite (ou de ce plan).

36. Ainsi l'équation

$$A + B = 0$$

représentera le point milieu du segment $\overline{AB}$, et l'équation

$$A - B = 0$$

le point à l'infini dans la direction $\overline{AB}$.

37. Toute combinaison linéaire et homogène des équations de deux points représente un nouveau point situé sur la droite qui réunit les deux premiers.

L'équation (1) $mM + nN = 0$ est effectivement satisfaite par la double substitution $0 = M = N$. L'une des droites ou l'un des plans issus du point représenté par l'équation (1) passe donc en même temps par chacun des points représentés par les équations $M = 0$ et $N = 0$.

38. De même, dans l'espace, toute combinaison linéaire et homogène

$$mM + nN + pP = 0$$

des équations de trois points représente un nouveau point situé dans le plan défini par les trois premiers.

§ VI. — *De l'équation du point suivant lequel une droite ou un plan mobile, rapportés à un nombre quelconque de points fixes, touchent leur enveloppe.*

39. Soit, en premier lieu,

$$f(A, B, C) = 0 \qquad (0)$$

l'équation tangentielle d'une courbe plane quelconque, ou la relation homogène existant entre les distances A, B, C des trois points de même nom, considérés comme points de référence, à l'une quelconque des tangentes de cette courbe. L'une de ces tangentes étant définie par ses trois coordonnées a, b, c, proposons-nous d'obtenir l'équation de son point de contact.

Considérons, à cet effet, en même temps que la tangente (a, b, c), une tangente voisine $(a+\delta a, b+\delta b, c+\delta c)$, et soit

$$m\mathrm{A}+n\mathrm{B}+p\mathrm{C}=0$$

l'équation inconnue du point de concours de ces tangentes, ou la relation existant entre les coordonnées de toute droite issue de ce point. Deux de ces droites étant les tangentes (a, b, c), $(a+\delta a, b+\delta b, c+\delta c)$, l'on aura

$$ma+nb+pc=0, \quad m(a+\delta a)+n(b+\delta b)+p(c+\delta c)=0,$$

ou encore

$$ma+nb+pc=0,$$
$$m\delta a+n\delta b+p\delta c=0.$$

Mais, puisque la courbe que nous considérons est déterminée, les coordonnées a, b, c de chacune de ces tangentes sont des fonctions déterminées d'une même variable, par exemple, de l'abscisse x du point de contact; et leurs dérivées respectives par rapport à x, a', b', c' sont pareillement déterminées. Les coefficients m, n, p peuvent donc être définis par les équations

$$ma+nb+pc=0,$$
$$m\frac{\delta a}{\delta x}+n\frac{\delta b}{\delta x}+p\frac{\delta c}{\delta x}=0.$$

De là, en imaginant que δx décroisse indéfiniment, et passant à la limite, on voit que la limite du point d'intersection de deux tangentes consécutives, ou le point de contact de la tangente (a, b, c) sur son enveloppe sera représenté par l'équation

$$(1) \qquad \mathrm{A}m + \mathrm{B}n + \mathrm{C}p = 0$$

si les coefficients m, n, p sont choisis de manière à vérifier les équations

$$(2) \qquad am + bn + cp = 0,$$

$$(3) \qquad a'm + b'n + c'p = 0.$$

Or, la droite (a, b, c) étant l'une des tangentes de la courbe proposée (0), on a l'égalité

$$f(a, b, c) = 0,$$

que l'on peut écrire, la fonction f étant homogène :

$$(2') \qquad a f'_a(a, b, c) + b f'_b + c f'_c = 0.$$

La droite $(a + \delta a, b + \delta b, \ldots)$ étant une autre tangente de la même courbe, on a cette autre égalité

$$\frac{f(a + \delta a, b + \delta b, c + \delta c) - f(a, b, c)}{\delta x} = 0 :$$

d'où, en passant à la limite, et prenant la dérivée d'après la règle relative aux fonctions composées,

$$(3') \qquad a' f'_a(a, b, c) + b' f'_b + c' f'_c = 0.$$

Si l'on compare maintenant les *équations* (2) et (3) aux *égalités* correspondantes (2'), (3'), on voit que l'on peut passer des unes aux autres en remplaçant, dans les premières, les inconnues m, n, p respectivement par les nombres f'_a, f'_b, f'_c. Ces nombres forment donc l'un des systèmes de valeurs que l'on peut attribuer à ces inconnues, et leur substitution dans l'équation (1) donne enfin

$$(2') \qquad \mathrm{A} f'_a(a, b, c) + \mathrm{B} f'_b + \mathrm{C} f'_c = 0.$$

Telle est l'équation du point de contact de la tangente (a, b, c).

40. *Le nombre des points de référence étant quel-*

conque, et *l'équation tangentielle de la courbe*

$$f(\mathrm{A}, \mathrm{B}, \mathrm{C}, \mathrm{D}, \ldots) = 0 \tag{o'}$$

demeurant homogène, le point de contact de chaque tangente $(a, b, c, d, \ldots)$ *est encore représenté par l'équation*

$$\mathrm{A} f'_a(a, b, c, d, \ldots) + \mathrm{B} f'_b + \mathrm{C} f'_c + \mathrm{D} f'_d + \ldots = 0.$$

(PLUCKER, *System der Analyt. Geom.*, p. 119.)

41. *Si la fonction f est du second degré, la courbe correspondante est de la seconde classe et aussi* du second ordre. Dans ce cas spécial, l'équation du point de contact, symétrique par rapport aux coordonnées courantes A, B, C et à celles a, b, c de la tangente, peut s'écrire

$$\mathrm{A} f'_a(a, b, c) + \mathrm{B} f'_b + \mathrm{C} f'_c = 0, \tag{t}$$

ou

$$a f'_{\mathrm{A}}(\mathrm{A}, \mathrm{B}, \mathrm{C}) + b f'_{\mathrm{B}} + c f'_{\mathrm{C}} = 0. \tag{t'}$$

Et *si* a, b, c *désignent les coordonnées*, non plus d'une tangente, mais *d'une droite tracée arbitrairement dans le plan de la courbe, l'une quelconque des équations précédentes représentera* encore *le pôle de cette droite par rapport à la courbe.*

Soient, en effet, a_1, b_1, c_1 les coordonnées de la tangente menée à la courbe (*fig.* 13) par l'une quelconque

Fig. 13.

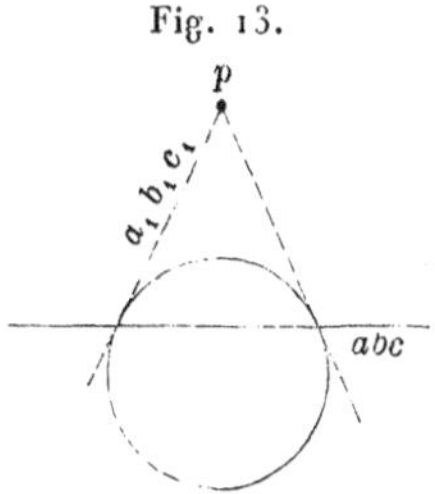

de ses traces sur la droite considérée (a, b, c). Le point de contact de cette tangente sera représenté par l'équation

$$(t') \qquad a_1 f'_A(A, B, C) + b_1 f'_B + c_1 f'_C = 0,$$

et puisque l'une des droites passant par ce point de contact est la droite (a, b, c) elle-même, les coordonnées de celle-ci vérifieront l'équation de ce point, et l'on aura

$$a_1 f'_a(a, b, c) + b_1 f'_b + c_1 f'_c = 0.$$

Or cette égalité exprime que la tangente (a, b, c) est l'une des droites passant par le point représenté par l'équation

$$(p) \qquad A f'_a(a, b, c) + B f'_b + C f'_c = 0.$$

Les deux tangentes menées à la courbe par ses traces sur la droite (a, b, c) passent donc l'une et l'autre par le point représenté par cette équation, et qui n'est autre que le point de concours de ces tangentes ou le pôle de la droite (a, b, c).

Si cette droite ne coupe pas la courbe, le point représenté par l'équation précédente est encore le point de concours des cordes de contact de toutes les couples de tangentes menées à la courbe par les divers points de la droite (a, b, c), ou le pôle de cette droite.

Car si a_1, b_1, c_1 désignent les coordonnées de l'une quelconque de ces cordes de contact, le pôle p de cette corde (*fig.* 14) pourra être représenté par l'équation

$$(p) \qquad a_1 f'_A(A, B, C) + b_1 f'_B + c_1 f'_C = 0,$$

Fig. 14.

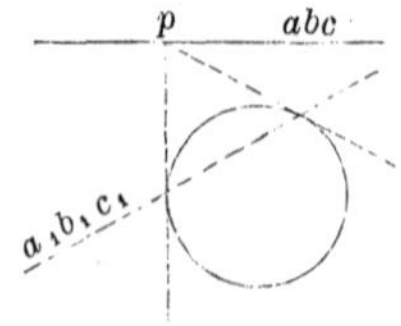

et comme le point p appartient, par définition, à la droite (a, b, c), les coordonnées de celle-ci doivent vérifier cette équation, et l'on a

$$a_1 f'_a(a, b, c) + b_1 f'_b + c_1 f'_c = 0.$$

Or cette égalité exprime que toutes les cordes de contact (a_1, b_1, c_1) passent par le point représenté par l'équation

$$A f'_a(a, b, c) + B f'_b + C f'_c = 0.$$

Donc, etc.

42. Le pôle d'une droite (a, b) par rapport à une conique évanouissante, réduite à un système de deux points $\dot{A}$, $\dot{B}$, et représentée par l'équation

$$AB = 0,$$

n'est autre que le conjugué harmonique, par rapport à ces deux points, de la trace de la droite considérée sur la droite qui les réunit. L'équation du pôle de la droite (a, b)

$$Ab + Ba = 0,$$

obtenue conformément à la règle précédente, peut s'écrire en effet

$$\frac{A}{a} + \frac{B}{b} = 0.$$

La trace de la droite (a, b) sur celle (AB) qui réunit les deux points de référence a, d'ailleurs, pour équation

$$\frac{A}{a} - \frac{B}{b} = 0,$$

et l'on voit que les deux points $\left(\frac{A}{a} \pm \frac{B}{b} = 0\right)$ sont harmoniquement conjugués par rapport aux deux points de référence A et B.

43. Nous avons admis qu'une courbe de la seconde classe est aussi du second ordre. En général, *toute courbe de la $m^{ième}$ classe*, ou à laquelle on ne peut mener, par un point quelconque, plus de m tangentes, *est de l'ordre $m(m-1)$*.

Pour le démontrer, soient a, b, c les coordonnées

d'une droite quelconque située dans le plan de la courbe

(o) $$f(A, B, C) = 0.$$

Considérons l'un quelconque des points de rencontre de cette droite et de la courbe, et soient (*voir* la *fig.* 13, p. 37) a_1, b_1, c_1 les coordonnées de la tangente en ce *point*, *représenté*, dès lors, *par l'équation*

$$A f'_{a_1}(a_1, b_1, c_1) + B f'_{b_1} + C f'_{c_1} = 0.$$

La droite primitive (a, b, c) passant par ce point, ses coordonnées vérifient cette équation ; l'on a

(1) $$a f'_{a_1}(a_1, b_1, c_1) + b f'_{b_1} + c f'_{c_1} = 0,$$

et puisque les coordonnées a_1, b_1, c_1 forment une solution de l'équation tangentielle de la courbe, l'on a également

(2) $$f(a_1, b_1, c_1) = 0.$$

Le nombre des traces de la courbe proposée sur la droite (a, b, c), ou le nombre des tangentes (a_1, b_1, c_1) menées à la courbe par ces différentes traces, est donc marqué par le nombre $m(m-1)$ des solutions communes aux équations (1) et (2) : l'une du degré $m-1$ en $\frac{a_1}{c_1}$, $\frac{b_1}{c_1}$; l'autre du degré m. Donc, etc.

44. Soit enfin

(1) $$f(A, B, C, D) = 0$$

l'équation tangentielle d'une surface quelconque, ou la relation *homogène* existant entre les distances A, B, C, D des sommets d'un quadrangle gauche de référence à l'un quelconque des plans tangents de la surface. L'un de ces plans étant défini par ses coordonnées a, b, c, d, proposons-nous d'obtenir l'équation de son point de contact t.

Menons, à cet effet, par ce point une courbe tt' située

tout entière sur la surface considérée S; et soient

$$(1)\qquad f(A, B, C, D) = 0,$$

$$(2)\qquad \varphi(A, B, C, D) = 0$$

les équations tangentielles homogènes de la proposée S et de la développable Σ circonscrite à la première suivant la ligne commune tt'. Désignons par a, b, c, d; $a + \delta a$, $b + \delta b, \ldots$ les cordonnées des plans tangents communs à l'une et à l'autre surface aux points t, t' de cette ligne; et cherchons d'abord les équations de la droite TT' commune intersection de ces plans, ou de deux points de cette droite, que nous pouvons représenter par les équations indéterminées

$$(3)\qquad Am + Bn + Cp + Dq = 0,$$

$$(4)\qquad A\mu + B\nu + C\varpi + D\chi = 0.$$

Comme chacun des plans tangents considérés (a, b, c, d), $(a + \delta a, \ldots)$ contient la droite TT' tout entière, et passe dès lors par chacun des points (3) et (4) de cette droite, les coordonnées de ces plans doivent vérifier les équations précédentes, et les coefficients $m, n, \ldots, \mu, \nu, \ldots$, jusqu'ici indéterminés, doivent satisfaire à ces quatre conditions

$$am + bn + cp + dq = 0, \qquad a\mu + b\nu + c\varpi + d\chi = 0,$$

$$m\delta a + n\delta b + p\delta c + q\delta d = 0, \quad \mu\delta a + \nu\delta b + \varpi\delta c + \chi\delta d = 0.$$

Or les plans (a, b, c, d), $(a + \delta a, \ldots)$ étant menés tangentiellement à une surface donnée S par les points t, t' d'une courbe déterminée tracée sur cette surface; les coordonnées a, b, c, d de chacun de ces plans sont des fonctions déterminées d'une seule variable indépendante, qui sera, par exemple, l'abscisse x du point de contact correspondant : et leurs dérivées respectives par rapport à x sont pareillement déterminées. Les précédentes équations de condition peuvent donc être remplacées par celles-ci

$$am + bn + cp + dq = 0,$$

$$a\mu + b\nu + c\varpi + d\chi = 0,$$

$$\frac{\delta a}{\delta x} m + \frac{\delta b}{\delta x} n + \frac{\delta c}{\delta x} p + \frac{\delta d}{\delta x} q = 0,$$

$$\frac{\delta a}{\delta x} \mu + \frac{\delta b}{\delta x} \nu + \frac{\delta c}{\delta x} \varpi + \frac{\delta d}{\delta x} \chi = 0.$$

De là, en imaginant que δx décroisse indéfiniment, et passant à la limite, on voit que la limite de la droite TT′ sera représentée par les équations

$$(3) \qquad \mathrm{A}m + \mathrm{B}n + \mathrm{C}p + \mathrm{D}q = 0,$$

$$(4) \qquad \mathrm{A}\mu + \mathrm{B}\nu + \mathrm{C}\varpi + \mathrm{D}\chi = 0,$$

si les coefficients m, n, ..., μ, ν, ..., satisfont aux conditions suivantes :

$$(5) \qquad am + bn + cp + dq = 0,$$

$$(6) \qquad a\mu + b\nu + c\varpi + d\chi = 0,$$

$$(7) \qquad a'm + b'n + c'p + d'q = 0,$$

$$(8) \qquad a'\mu + b'\nu + c'\varpi + d'\chi = 0.$$

Mais le plan (a, b, c, d) étant tangent aux deux surfaces (1) et (2), ses coordonnées vérifient leurs équations ; et l'on a les égalités

$$f(a, b, c, d) = 0, \quad \varphi(a, b, c, d) = 0,$$

que l'on peut écrire, puisque les fonctions f et φ sont homogènes,

$$(5') \qquad a f'_a(a, b, c, d) + b f'_b + c f'_c + d f'_d = 0,$$

$$(6') \qquad a \varphi'_a(a, b, c, d) + b \varphi'_b + c \varphi'_c + d \varphi'_d = 0.$$

Le plan $(a + \delta a, b + \delta b \ldots)$ étant de même tangent aux deux surfaces (1) et (2), l'on a aussi

$$\frac{f(a+\delta a,\ b+\delta b,\ldots)-f(a,\ b,\ldots)}{\delta x}=0,$$

$$\frac{\varphi(a+\delta a,\ b+\delta b,\ldots)-\varphi(a,\ b,\ldots)}{\delta x}=0.$$

D'où, en passant à la limite et prenant les dérivées d'après la règle relative aux fonctions composées,

$$(7')\qquad a'f'_a(a,\ b,\ c,\ d)+b'f'_b+c'f'_c+d'f'_d=0,$$

$$(8')\qquad a'\varphi'_a(a,\ b,\ c,\ d)+b'\varphi'_b+c'\varphi'_c+d'\varphi'_d=0.$$

Or, si l'on compare maintenant les *équations* (5), (6), (7), (8) aux *égalités* correspondantes (5'), (6'), (7'), (8'), on voit que l'on passe des unes aux autres en remplaçant, dans les premières, les inconnues

$$m,\ n,\ p,\ q,\quad \mu,\ \nu,\ \varpi,\ \chi,$$

respectivement par les nombres

$$f'_a(a,\ b,\ c,\ d),\ f'_b,\ f'_c,\ f'_d,\quad \varphi'_a,\ \varphi'_b,\ \varphi'_c,\ \varphi'_d.$$

Ces nombres forment donc l'un des systèmes de valeurs que l'on peut attribuer à ces inconnues, et leur substitution dans les équations (3), (4) donne définitivement

$$(3')\qquad \mathrm{A}f'_a(a,\ b,\ c,\ d)+\mathrm{B}f'_b+\mathrm{C}f'_c+\mathrm{D}f'_d=0,$$

$$(4')\qquad \mathrm{A}\varphi'_a+\mathrm{B}\varphi'_b+\mathrm{C}\varphi'_c+\mathrm{D}\varphi'_d=0.$$

Telles sont les équations tangentielles de la limite de la droite TT', ou de deux points particuliers de cette droite-limite. D'ailleurs, tandis que l'un de ces points (4') varie avec la surface Σ, ou avec la courbe tt' que l'on a menée arbitrairement par le point fixe t; l'autre, représenté par l'équation (3'), ou

$$(t)\qquad \mathrm{A}f'_a(a,\ b,\ c,\ d)+\mathrm{B}f'_b+\mathrm{C}f'_c+\mathrm{D}f'_d=0,$$

ne dépend que de la surface donnée S et de celui (a, b, c, d) de ses plans tangents dont on s'est proposé de définir le point de contact t. Et il est aisé de voir, par la géométrie, que le point $(3')$, ou (t), n'est autre que ce point de contact lui-même; car la limite de la trace TT', sur un premier plan tangent regardé comme fixe, d'un second plan tangent qui se rapproche indéfiniment du premier, est une droite dont l'orientation varie avec la courbe décrite par le point de contact du second de ces plans, mais qui passe invariablement par le point de contact du premier. Donc, etc.

45. *L'équation tangentielle et homogène d'une surface rapportée à un nombre quelconque de points fixes étant*

$$f(\mathrm{A}, \mathrm{B}, \mathrm{C}, \mathrm{D}, \mathrm{E}, \ldots) = 0,$$

le point de contact de la surface et de l'un quelconque de ses plans tangents $(a, b, c, d, e, \ldots)$ *est représenté par l'équation*

$$(t)\quad \mathrm{A} f'_a(a, b, c, d, e, \ldots) + \mathrm{B} f'_b + \mathrm{C} f'_c + \mathrm{D} f'_d + \mathrm{E} f'_e + \ldots = 0.$$

46. *Si la fonction f est du second degré, la surface correspondante est de la seconde classe* et aussi du second ordre; la classe d'une surface étant marquée, comme l'on sait, par le nombre des plans tangents que l'on peut mener à cette surface par une droite donnée.

Dans l'hypothèse actuelle, l'équation du point de contact, symétrique par rapport aux coordonnées courantes A, B, C, D et à celles a, b, c, d du plan tangent, peut s'écrire à volonté

$$(t)\qquad \mathrm{A} f'_a(a, b, c, d) + \mathrm{B} f'_b + \mathrm{C} f'_c + \mathrm{D} f'_d = 0,$$

ou

$$(t')\qquad a f'_{\mathrm{A}}(\mathrm{A}, \mathrm{B}, \mathrm{C}, \mathrm{D}) + b f'_{\mathrm{B}} + c f'_{\mathrm{C}} + d f'_{\mathrm{D}} = 0.$$

En outre, si a, b, c, d *désignent*, non plus *les coordonnées* de l'un des plans tangents de la surface, mais celles d'*un plan quelconque, l'équation précédente représentera le pôle de ce plan* par rapport à la surface.

Soient, en effet, a_1, b_1, c_1, d_1 les coordonnées du plan tangent mené à la surface par un point quelconque de sa trace sur le plan (a, b, c, d). Ce point, ou le point de contact de ce plan tangent, sera représenté par l'équation

$$(t') \qquad a_1 f'_{\text{A}}(\text{A, B, C, D}) + b_1 f'_{\text{B}} + c_1 f'_{\text{C}} + d_1 f'_{\text{D}} = 0,$$

et puisque l'un des plans passant par ce point est le plan (a, b, c, d) lui-même, les coordonnées de celui-ci vérifiant l'équation précédente, on aura

$$a_1 f'_a(a, b, c, d) + b_1 f'_b + c_1 f'_c + d_1 f'_d = 0.$$

Or cette égalité exprime que le plan (a_1, b_1, c_1, d_1) passe par le point représenté par l'équation

$$(p) \qquad \text{A} f'_a(a, b, c, d) + \text{B} f'_b + \text{C} f'_c + \text{D} f'_d = 0.$$

Tous les plans tangents menés à la surface par les divers points de sa trace sur le plan (a, b, c, d) passent donc par le point (p), et celui-ci n'est autre que le pôle du plan (a, b, c, d) par rapport à la surface.

Enfin le point (p) est aussi le point de concours des plans des courbes de contact de tous les cônes circonscrits à la surface et ayant leurs sommets aux divers points du plan (a, b, c, d) : ou le pôle même de ce plan.

Car, si (a_1, b_1, c_1, d_1) est l'un de ces plans de contact, le sommet du cône correspondant sera représenté par l'équation

$$(p) \qquad \text{A} f'_{a_1}(a_1, b_1, c_1, d_1) + \text{B} f'_{b_1} + \text{C} f'_{c_1} + \text{D} f'_d = 0,$$

que l'on peut écrire

$$(p') \qquad a_1 f'_{\text{A}}(\text{A, B, C, D}) + b_1 f'_{\text{B}} + c_1 f'_{\text{C}} + d_1 f'_{\text{D}} = 0;$$

et, comme l'un des plans menés par ce sommet est le plan

(a, b, c, d), on aura

$$a_1 f'_a(a, b, c, d) + b_1 f'_b + c_1 f'_c + d_1 f'_d = 0.$$

Or cette égalité exprime que le plan (a_1, b_1, c_1, d_1) passe par le point représenté par l'équation

$$(p) \qquad A f'_a(a, b, c, d) + B f'_b + C f'_c + D f'_d = 0.$$

Donc, etc.

47. Le pôle d'un plan (a, b, c, d), par rapport à une surface évanouissante réduite à une courbe de la seconde classe et représentée par l'équation à *trois* variables

$$f(A, B, C) = 0,$$

coïncide avec le pôle, pris relativement à cette courbe, de la trace de ce plan sur celui ABC des trois points de référence.

L'équation du pôle, déduite de la formule générale, est effectivement

$$A f'_a(a, b, c) + B f'_b + C f'_c = 0,$$

équation d'un point, situé dans le plan ABC des trois points de référence qui entrent seuls dans l'équation de la surface proposée, et dont la position dépend, non du plan même (a, b, c, d) que l'on considère, mais seulement de sa trace (a, b, c) sur le plan des points de référence.

48. Enfin, si par un accident encore plus particulier, une surface de la seconde classe se réduit à un système de deux points réels ou imaginaires, et représentés par l'équation à deux variables

$$f(A, B) = 0,$$

le pôle d'un plan quelconque (a, b, c, d) coïncidera avec le pôle, pris relativement à ce système de deux points, de la trace du plan considéré sur la droite AB qui les réunit.

L'équation du pôle, déduite de la formule générale, est

effectivement

$$Af'_a(a, b) + Bf'_b(a, b) = 0,$$

équation d'un point, situé sur la droite AB des deux points de référence qui entrent seuls dans l'équation de la surface proposée, et dont la position dépend, non du plan même (a, b, c, d) que l'on considère, mais seulement de sa trace (a, b) sur la droite qui réunit les deux points de référence.

49. Des réductions semblables à celles des n°s 47 et 48 se produisent encore, quel que soit le nombre des points de référence intervenant dans l'équation

$$f(A, B, C, D, E, \ldots) = 0$$

de la surface, si tous ces points appartiennent à un même plan.

§ VII. — *Des formes principales de l'équation d'une* courbe du second ordre *rapportée à un triangle, un quadrilatère, un hexagone* inscrits; *à un triangle, un quadrilatère, un pentagone* conjugués; *et de leurs corrélatives.*

50. Les côtés d'un triangle étant représentés par les équations

$$ABC = 0,$$

les côtés successifs d'un quadrilatère par

$$ABCD = 0,$$

l'équation de toute conique circonscrite à ce triangle, ou à ce quadrilatère, pourra s'écrire

$$aBC + bCA + cAB = 0; \tag{1}$$

ou

$$AC + \lambda BD = 0. \tag{2}$$

La forme (1) donne lieu, en particulier, à une élégante

démonstration du théorème de Carnot (BOBILLIER, *Annales de Gergonne*, t. XVIII, p. 324; 1827-28).

51. Les côtés successifs d'une hexagone inscriptible étant représentés, dans leur ordre, par les équations

$$\text{(H)}\quad (A+D)(B-D)(C+D)(A-D)(B+D)(C-D)=0,$$

l'équation de la conique circonscrite est

$$(3)\qquad D^2+AB+BC+CA=0.$$

52. Les diverses formes (1), (2), (3) conviennent aussi aux équations *tangentielles* d'une conique inscrite à un triangle, un quadrangle, un hexagone; et la dernière, (3), peut s'appliquer à la démonstration des théorèmes de *Steiner*, *Kirkmann*, *Hesse*, sur l'*hexagramme mystique*.

53. *Définitions*. — On sait que deux *points* sont dits *conjugués*, par rapport à une conique, lorsque la polaire de l'un quelconque de ces points, par rapport à la courbe, passe par l'autre; que deux *droites* sont dites *conjuguées* quand le pôle de l'une de ces droites est situé sur l'autre. Et l'on peut dire commodément, d'*un point* et d'*une droite*, qu'ils sont *conjugués* par rapport à une conique, au lieu de dire que ce point représente le pôle de cette droite par rapport à la courbe.

Un *triangle* défini par ses trois côtés

$$P_1P_2P_3=0$$

est dit *conjugué* à une conique lorsque deux quelconques de ses sommets sont conjugués par rapport à cette conique: chacun des sommets du triangle représente dans ce cas le pôle du côté opposé par rapport à la courbe, et celle-ci est représentée par une équation de la forme

$$(4)\qquad \sum_1^3 \lambda_1 P_1^2=0.$$

54. Si les sommets opposés d'un quadrilatère

$$P_1P_2P_3P_4=0$$

font deux couples de points conjugués par rapport à une conique, nous dirons de même que ce *quadrilatère* et cette *conique* sont *conjugués*; et nous verrons plus loin que l'équation de cette dernière peut s'écrire

$$(5) \qquad \sum_1^4 \lambda_1 P_1^2 = 0.$$

55. Enfin si chacun des sommets d'un pentagone

$$P_1 P_2 \ldots P_5 = 0$$

représente le pôle du côté opposé par rapport à une certaine conique, nous dirons encore que ce *pentagone* et cette *conique* sont *conjugués*; et nous verrons plus loin, ce qui n'est d'ailleurs que curieux, que l'équation de la courbe peut encore s'écrire

$$(6) \qquad \sum_1^5 \lambda_1 \Pi_1^2 = 0,$$

en désignant par

$$\Pi_1 \Pi_2 \ldots \Pi_5 = 0$$

les équations de cinq plans menés arbitrairement par chacun des côtés

$$P_1, P_2, \ldots, P_5$$

du pentagone donné.

56. Un *triangle*, un *quadrangle*, un *pentagone* étant définis, non plus par leurs côtés, mais par leurs sommets

$$P_1 P_2 P_3 = 0, \quad P_1 P_2 P_3 P_4 = 0, \quad P_1 P_2 \ldots P_5 = 0,$$

l'équation tangentielle d'une *conique conjuguée* sera encore comprise dans l'une des formes (4), (5), (6). Nous dirons d'ailleurs qu'un *quadrangle* et *une conique sont conjugués* lorsque les *côtés* opposés de l'un font deux couples de *droites conjuguées* par rapport à l'autre. Les définitions relatives au triangle et au pentagone ne souffrent aucun changement. Toutefois les lettres $\Pi_1, \ldots, \Pi_5$, qui figurent dans l'équation (6) changent ici de signification et ne se rapportent plus qu'aux sommets d'un pentagone gauche dont les côtés successifs s'appuieraient sur les sommets successifs $P_1, \ldots, P_5$ du pentagone proposé.

57. Notons enfin la forme

$$(7) \qquad AB + \lambda C^2 = 0$$

de l'équation d'une conique rapportée, soit à deux de ses tangentes $AB = 0$ et à leur corde de contact $C = 0$; soit à deux de ses points $AB = 0$ et au pôle $C = 0$ de la corde qui les réunit.

58. Les diverses formes quadratiques

$$(4) \qquad \sum_1^3 \lambda_i P_i^2 = 0,$$

$$(5) \qquad \sum_1^4 \lambda_i P_i^2 = 0,$$

dont la signification nous est actuellement connue, n'étant que des cas particuliers des suivantes

$$(4') \qquad \sum_1^3 \lambda_i P_i Q_i = 0,$$

$$(5') \qquad \sum_1^4 \lambda_i P_i Q_i = 0,$$

il serait naturel de rechercher la commune définition de toutes les courbes contenues dans l'une ou l'autre de ces dernières équations, les lignes droites ou circulaires qu'elles peuvent contenir, leur nombre, leurs propriétés, leur construction, etc. Toutes ces questions, et leurs analogues dans l'espace, traitées d'une manière convenable, ne présentent qu'une médiocre difficulté. Elles ont cependant des applications fort intéressantes, et nous donneront la clef d'un grand nombre d'analogies remarquables, jusqu'ici non remarquées, entre les polygones et les polyèdres, les courbes et les surfaces du second ordre. Mais nous y trouverons surtout divers exemples de cette expansion singulière, si souvent observée dans l'analyse, dont l'explication est peut-être dans la mobilité des signes qu'elle emploie ou dans l'indétermination de sa langue, et qui fait que toute la lumière qu'elle vient de réunir sur un objet, se réfléchit aussitôt sur un autre, souvent fort éloigné du premier. C'est ainsi, comme nous le verrons par la suite, qu'on ne peut connaître le sens de l'équation

$$\sum_1^3 \lambda_1 P_1 Q_1 = 0 \tag{4'}$$

et savoir que *toutes les coniques* qui y sont contenues *admettent trois couples* de points conjugués *communs* que l'on peut construire, sans se trouver par cela même en état de déterminer tous les éléments d'un ellipsoïde de révolution circonscrit à un hexaèdre. De même pour l'équation

$$\sum_1^4 \lambda_1 P_1 Q_1 = 0; \tag{5'}$$

et si l'on sait que toutes les courbes qu'elle renferme admettent deux couples de points conjugués communs que l'on peut définir, si l'on s'est mis en état de construire les lignes droites ou circulaires qui y sont contenues, on saura par cela même déterminer les éléments principaux :

D'un cylindre parabolique défini par six points;

D'un hyperboloïde, par six points et une génératrice rectiligne;

D'un ellipsoïde, par sept points et un plan cyclique;

D'un paraboloïde, par six points et un plan directeur, etc.

§ VIII. — *Des formes principales de l'équation d'une surface du second ordre rapportée à un tétraèdre, un pentagone gauche, un octaèdre, un hexaèdre* inscrits; *à un tétraèdre, un pentaèdre, un hexaèdre* conjugués; et de leurs corrélatives.

59. Toute surface du second ordre circonscrite au tétraèdre

$$P_1 P_2 P_3 P_4 = 0, \tag{1}$$

peut être représentée par une équation de la forme

$$(1') \quad a_{12}P_1P_2+a_{23}P_2P_3+a_{13}P_1P_3+a_{14}P_1P_4+a_{24}P_2P_4+a_{34}P_3P_4=0.$$

(Bobillier).

Et si, dans l'équation (1), P_1, P_2, P_3, P_4 désignent, *dans leur ordre de succession*, les plans des angles successifs d'un *quadrilatère gauche,* l'équation de tout hyperboloïde à une nappe passant *par les quatre côtés* de ce quadrilatère pourra s'écrire

$$(1'') \qquad P_1P_3+\lambda P_2P_4=0\,;$$

celle de tout *hyperboloïde* passant *par les deux diagonales* du quadrilatère

$$(1''') \qquad a_{12}P_1P_2+a_{23}P_2P_3+a_{34}P_3P_4+a_{41}P_4P_1=0.$$

60. Si

$$(2) \qquad P_1P_2P_3P_4P_5=0$$

désignent dans leur ordre de succession les plans des angles successifs d'un pentagone gauche, l'équation de toute surface du second ordre circonscrite à ce pentagone pourra s'écrire

$$(2') \quad a_{13}P_1P_3+a_{24}P_2P_4+a_{35}P_3P_5+a_{41}P_4P_1+a_{52}P_5P_2=0.$$

61. Toute surface circonscrite à un *octaèdre hexagonal,* dont les plans des *faces opposées* sont respectivement

$$(3) \qquad 0=P_1Q_1=P_2Q_2=P_3Q_3=P_4Q_4,$$

peut être représentée par une équation de la forme

$$(3') \qquad \sum_1^4 \lambda_i P_i Q_i=0\,;$$

toute surface circonscrite à l'*hexaèdre*

$$(4) \qquad 0=P_1Q_1=P_2Q_2=P_3Q_3,$$

par l'équation

$$(4') \qquad \sum_1^3 \lambda_i P_i Q_i=0\,;$$

enfin, toute surface circonscrite au *tronc de pyramide triangulaire* résultant de la section

(5) du trièdre $ABC = 0$ par les deux plans $DD' = 0$,

par l'équation

(5') $$aBC + bCA + cAB + DD' = 0.$$

62. Les différentes formes (1'), (2'), (3'), (4') relatives aux surfaces circonscrites au tétraèdre, au pentagone gauche, à l'octaèdre ou à l'hexaèdre, conviennent aussi aux équations tangentielles d'une surface inscrite au tétraèdre, au pentaèdre, à l'hexaèdre ou à l'octaèdre.

63. Nous aurons aussi à utiliser dans la suite l'équation générale des *surfaces du second ordre* tangentes *à deux plans donnés*

(6) $$PQ = 0,$$

suivant une corde de contact donnée

(6) $$0 = C = C'.$$

Soit donc

(6') $$2PQ + F(C, C') = 0$$

l'équation cherchée. Comme toute surface du second ordre est coupée par l'un quelconque de ses plans tangents suivant un système de deux droites, réelles ou imaginaires, qui se croisent au point de contact; l'un quelconque des systèmes suivants

(p) $$P = 0, \quad F(C, C') = 0,$$

(q) $$Q = 0, \quad F(C, C') = 0$$

doit représenter un système de deux droites réelles ou imaginaires qui se croisent au point $PCC' = 0$ pour le premier système, au point $QCC' = 0$ pour le second. Et ces deux conditions se trouveront remplies en même temps si la seule équation

$$F(C, C') = o$$

représente un système de deux plans, réels ou imaginaires, qui se croisent suivant la droite $CC' = o$. Nous poserons dès lors

$$F(C, C') \equiv cC^2 + c'C'^2 + 2\gamma CC',$$

et nous aurons pour l'équation cherchée

$$(6'') \qquad 2PQ + cC^2 + c'C'^2 + 2\gamma CC' = o.$$

Les surfaces proposées sont d'ailleurs assujetties à *six* conditions, et l'équation précédente contient *trois* paramètres indéterminés. Elle a donc toute la généralité que comporte la question.

64. La forme précédente $(6'')$ fournit encore l'*équation tangentielle d'une surface du second ordre rapportée à deux de ses points*

$$PQ = o$$

et à la polaire

$$o = C = C'$$

de la corde qui les réunit.

65. *Définitions.* — On dit que *deux points* sont *conjugués* par rapport à une surface du second ordre, lorsque le plan polaire de l'un de ces points, par rapport à la surface, passe par l'autre; que *deux plans* sont *conjugués*, lorsque le pôle de l'un de ces plans appartient à l'autre; que *deux droites* enfin sont *conjuguées* lorsque les plans polaires de deux points de l'une de ces droites passent par l'autre. Et l'on peut dire commodément d'un point et d'un plan, d'un point et d'une droite, d'une droite et d'un plan, qu'ils sont conjugués au lieu de dire que ce point représente le pôle de ce plan, que cette droite appartient au plan polaire de ce point ou contient le pôle de ce plan.

66. Un *tétraèdre* défini par ses différentes faces

$$(7) \qquad P_1 P_2 P_3 P_4 = 0$$

est dit *conjugué* à une surface du second ordre lorsque chacun des sommets de ce tétraèdre représente le pôle du plan de la face opposée par rapport à la surface, dont l'équation peut dès lors s'écrire

$$(7') \qquad \sum_1^4 \lambda_1 P_1^2 = 0.$$

67. Si le plan polaire de chacun des sommets d'un *pentaèdre*

$$(8) \qquad P_1 P_2 P_3 P_4 P_5 = 0,$$

par rapport à une surface, passe par l'arête opposée, nous dirons de même que le *pentaèdre* et *la surface* sont *conjugués;* et l'équation de celle-ci pourra s'écrire

$$(8') \qquad \sum_1^5 \lambda_1 P_1^2 = 0.$$

Les plans des diverses faces du pentaèdre précédent, considérés dans un ordre de succession déterminé, se coupant deux à deux consécutivement suivant les côtés d'un pentagone gauche, on peut dire encore, d'une manière équivalente, que ce *pentagone* est *conjugué* à la surface, ou que le plan polaire de chacun de ses sommets passe par le côté opposé ; et la surface est encore représentée par l'équation (8'), dans laquelle $P_1, P_2, \ldots P_5$ désignent les plans des angles successifs du pentagone considéré.

La surface (8') peut se réduire accidentellement à un *cône* : dans ce cas le pentagone gauche précédent projeté centralement, suivant le sommet du cône, sur un plan quelconque, donne naissance à un nouveau pentagone conjugué à la conique qui fait la trace du cône sur le plan considéré.

68. Enfin si deux sommets opposés quelconques d'un hexaèdre

$$(9)\qquad P_1 P_2 P_3 P_4 P_5 P_6 = 0$$

sont conjugués par rapport à une surface du second ordre, nous dirons encore que l'hexaèdre et la surface sont conjugués; et l'équation de cette dernière pourra s'écrire

$$(9')\qquad \sum_1^6 \lambda_1 P_1^2 = 0.$$

69. Les *sommets* d'un tétragone gauche ou d'un tétraèdre étant définis par les équations

$$(10)\qquad P_1 P_2 P_3 P_4 = 0,$$

l'équation *tangentielle* de toute surface *conjuguée* est encore

$$(10')\qquad \sum_1^4 \lambda_1 P_1^2 = 0.$$

Telle serait d'ailleurs la définition normale du *tétragone* ou *quadrangle gauche conjugué à une surface*, que chacun des sommets de ce tétragone représente le pôle correspondant du plan déterminé par les trois autres.

Toute surface conjuguée à un tétragone est aussi conjuguée au tétraèdre construit sur les mêmes sommets.

70. Les *sommets* d'un *pentagone gauche* étant définis par les équations

$$(11)\qquad P_1 P_2 P_3 P_4 P_5 = 0,$$

l'équation tangentielle de toute *surface conjuguée* est de même

$$(11')\qquad \sum_1^5 \lambda_1 P_1^2 = 0;$$

et nous dirons d'ailleurs qu'un pentagone gauche est conjugué à une surface du second ordre lorsque le pôle correspondant du plan de chacun des angles de ce pentagone est situé sur le côté opposé.

La surface représentée par l'équation tangentielle (10') peut perdre l'une de ses dimensions et se réduire accidentellement à une *conique*; la définition précédente subsiste toujours : le pôle du plan de chacun des angles du pentagone, par rapport à cette conique, appartient encore au côté opposé; le pentagone et la courbe sont encore conjugués. Toutefois, comme le pôle d'un plan quelconque par rapport à une conique n'est autre que le pôle de la trace de ce plan sur celui de la conique, on pourra dire d'une manière équivalente que *les traces*, sur le plan d'une conique conjuguée, *des côtés successifs d'un pentagone gauche déterminent les sommets successifs d'un pentagone* plan *conjugué à cette conique* (n° 55, p. 49).

Étant donné un pentagone gauche conjugué à une conique, cette courbe est déterminée en même temps que le plan qui doit la contenir.

71. Enfin les *sommets* (d'un hexagone gauche ou) d'un *octaèdre hexagonal* étant définis par les équations

$$P_1 P_2 P_3 P_4 P_5 P_6 = 0, \tag{12}$$

l'équation tangentielle de toute *surface conjuguée* est encore

$$\sum_1^6 \lambda_i P_i^2 = 0; \tag{12'}$$

et nous dirons qu'un octaèdre est conjugué à une surface du second ordre lorsque le pôle correspondant de chacune des faces de l'octaèdre est situé sur la face opposée, ou que deux faces opposées quelconques de l'octaèdre sont conjuguées par rapport à la surface.

Si la surface représentée par l'équation (12') se réduit à une conique, la même définition subsiste; mais l'on peut dire d'une manière équivalente, que les *traces des* faces opposées *d'un octaèdre sur le plan d'une* conique conjuguée *font quatre couples de* droites conjuguées par rapport à cette conique.

CHAPITRE II.

THÉORIE DE L'INVOLUTION.

SOMMAIRE. — Interprétation de l'identité $\sum_1^3 \lambda_1 P_1 Q_1 \equiv 0$, ou résumé analytique de la théorie de l'involution.

§ I. — *Faisceaux en involution.*

72. Soient, dans un même plan et autour d'une même origine, trois couples de droites

$$P_1 Q_1 = 0, \quad P_2 Q_2 = 0, \quad P_3 Q_3 = 0.$$

Nous dirons que ces droites sont *en involution* si elles se trouvent dans une telle dépendance mutuelle qu'il existe une *relation linéaire et homogène entre les produits des distances d'un point* quelconque *du plan de la figure aux deux droites de chaque couple :* de telle sorte que l'on ait identiquement

$$\lambda_1 P_1 Q_1 + \lambda_2 P_2 Q_2 + \lambda_3 P_3 Q_3 \equiv 0.$$

La fonction équivalente

$$\lambda_1 (y - m_1 x)(y - m'_1 x) + \lambda_2 (y - m_2 x)(y - m'_2 x) + \lambda_3 (y - m_3 x)(y - m'_3 x)$$

est alors identiquement nulle, quel que soit le point considéré (x, y); la direction de la sixième droite dépend de celles de toutes les autres; et les quatre premières demeurant fixes, si la cinquième

$$P_3 = 0$$

tourne d'une manière continue autour de l'origine, la droite *conjuguée*

$$Q_3 = 0$$

se déplace en même temps, et le *faisceau* des droites résultantes est dit *en involution.*

Il est à remarquer, le rayon mobile P_3 venant se placer sur l'une des droites P_1 ou P_2 des deux premières couples, que le rayon conjugué Q_3 se place en même temps sur la droite correspondante Q_1 ou Q_2; et c'est ce qui résulte des identités spéciales

$$\lambda_1 P_1 Q_1 + o.P_2 Q_2 + \lambda_3 P_3 Q_3 \equiv o, \quad o.P_1 Q_1 + \lambda_2 P_2 Q_2 + \lambda_3 P_3 Q_3 \equiv o,$$

lesquelles expriment la coïncidence des deux droites de la troisième couple avec celles de la première ou de la seconde.

Si, par exemple, *les rayons* $P_1 Q_1$, $P_2 Q_2$, $P_3 Q_3$,... *sont harmoniquement conjugués par rapport à un même système de deux droites* $AB = o$, l'on a

$$P_1 Q_1 \equiv (A + k_1 B)(A - k_1 B),$$

ou

$$P_1 Q_1 \equiv A^2 - k_1^2 B^2,$$
$$P_2 Q_2 \equiv A^2 - k_2^2 B^2,$$
$$P_3 Q_3 \equiv A^2 - k_3^2 B^2;$$

et par suite

$$\sum_1^3 \lambda_1 P_1 Q_1 \equiv \sum_1^3 \lambda_1 (A^2 - k_1^2 B^2).$$

Or cette dernière fonction, qui ne contient que deux termes distincts en A^2 et B^2, peut s'évanouir identiquement par une convenable détermination des rapports $\lambda_1 : \lambda_2 : \lambda_3$; et *les rayons considérés sont en involution.*

73. *Deux rayons conjugués coïncidants* forment l'un des *rayons doubles* du faisceau. Nous allons voir qu'un faisceau quelconque admet toujours deux rayons doubles, réels d'ailleurs, ou imaginaires, et qui sont l'une ou l'autre des deux droites distinctes $P_3 = o$ définies par l'identité

$$\lambda_1 P_1 Q_1 + \lambda_2 P_2 Q_2 + \lambda_3 P_3^2 \equiv o.$$

74. Théorème. — Si par le centre d'un faisceau en

involution l'on fait passer une conique quelconque

$$S = 0;$$

les différentes cordes, interceptées dans cette conique par les différentes couples de rayons conjugués du faisceau, concourent en un même point : le *pôle relatif* du faisceau et de la conique employée.

Soient, effectivement,

$$C_1, \quad C_2, \quad C_3$$

les cordes relatives aux trois couples de rayons conjugués

$$P_1 Q_1, \quad P_2 Q_2, \quad P_3 Q_3;$$

et

$$T = 0$$

la tangente menée à la conique auxiliaire, par l'origine du faisceau. L'équation de cette courbe pouvant s'écrire

$$(1) \qquad S \equiv P_1 Q_1 + C_1 T,$$

$$(2) \qquad S \equiv P_2 Q_2 + C_2 T,$$

$$(3) \qquad S \equiv P_3 Q_3 + C_3 T,$$

toutes ces formes sont équivalentes et entraînent, quels que soient les nombres λ_1, λ_2, λ_3, l'identité

$$(4) \quad (\lambda_1 + \lambda_2 + \lambda_3) S \equiv \sum_1^3 \lambda_1 P_1 Q_1 + T(\lambda_1 C_1 + \lambda_2 C_2 + \lambda_3 C_3).$$

Mais puisque les droites $P_1 Q_1, \ldots, P_3 Q_3$ sont en involution, l'on peut poser identiquement

$$(5) \qquad \sum_1^3 \lambda_1 P_1 Q_1 \equiv 0;$$

la relation précédente devient

$$(4') \qquad (\lambda_1 + \lambda_2 + \lambda_3) S \equiv T(\lambda_1 C_1 + \lambda_2 C_2 + \lambda_3 C_3);$$

et cette identité exige (la courbe auxiliaire S ne se réduisant pas à un système de deux droites) que l'on ait identiquement

$$\lambda_1 + \lambda_2 + \lambda_3 \equiv 0$$

et

$$\lambda_1 C_1 + \lambda_2 C_2 + \lambda_3 C_3 \equiv 0.$$

Les trois cordes C_1, C_2, C_3 se coupent donc en un même point.

75. Corollaire I. — *Un faisceau en involution étant défini par deux couples de rayons conjugués*

$$oa, oa'; \quad ob, ob',$$

les cordes

$$aa', \quad bb'$$

interceptées par les rayons de chaque couple, dans un cercle quelconque mené par l'origine, se coupent en un point ω qui représente le pôle relatif du faisceau. Et, ce pôle obtenu, on en déduit graphiquement (*fig.* 15) :

Fig. 15.

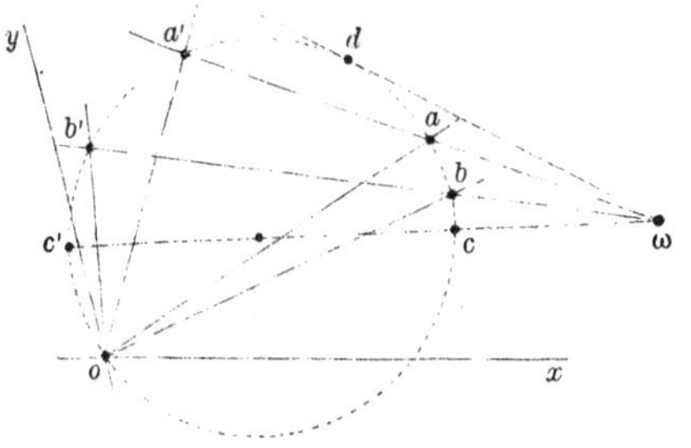

1° *Le rayon oc' conjugué à un rayon quelconque oc* : en réunissant au pôle ω la trace *c* de ce rayon sur le cercle, et joignant à l'origine *o* le second point d'intersection *c'* de la droite résultante ω*cc'* et du cercle;

2° Les *rayons doubles* du faisceau, *od*, *o*D : par les tangentes menées du pôle au cercle auxiliaire et les rayons menés de l'origine aux points de contact de ces tangentes;

3° Le système des *rayons conjugués orthogonaux* : lesquels aboutissent, dans le cercle, aux extrémités du diamètre passant par le pôle;

4° Les deux systèmes distincts de *rayons conjugués se coupant sous un angle donné* : et qui correspondent aux deux cordes que l'on peut mener, du pôle, à travers le cercle, de manière qu'elles soient vues, de l'origine, sous l'angle donné.

76. Corollaire II. — *Deux faisceaux en involution*, décrits autour de la même origine o, étant définis respectivement par deux couples de rayons conjugués

$$oa,\ oa'\ ;\ ob,\ ob'\ ; \quad \text{ou} \quad oa_1,\ oa'_1\ ;\ ob_1,\ ob'_1,$$

on pourra déterminer comme précédemment le pôle relatif

$$\omega \quad \text{ou} \quad \omega_1$$

de chacun de ces faisceaux, par rapport à un cercle quelconque issu de l'origine; et les droites menées, de l'origine, aux points de rencontre de ce cercle et de la droite des pôles $\omega\omega_1$, représenteront les *rayons conjugués communs aux deux faisceaux*.

§ II. — *Divisions en involution.*

77. Considérons encore *trois couples de points situés en ligne droite* et définis par les équations tangentielles

$$P_1 Q_1 = 0, \quad P_2 Q_2 = 0, \quad P_3 Q_3 = 0.$$

Nous dirons que ces points sont *en involution* s'ils se trouvent dans une telle dépendance mutuelle qu'il existe une *relation linéaire et homogène entre les produits des distances d'un point* quelconque *de la droite qui les réunit aux deux points de chaque couple*, de telle sorte que l'on ait identiquement

$$\lambda_1 P_1 Q_1 + \lambda_2 P_2 Q_2 + \lambda_3 P_3 Q_3 \equiv 0.$$

La fonction équivalente

$$\lambda_1 (x - p_1)(x - q_1) + \lambda_2 (x - p_2)(x - q_2) + \lambda_3 (x - p_3)(x - q_3)$$

est alors identiquement nulle quelle que soit la position du point (x) sur la droite considérée; la position du sixième point q_3 dépend de cellès de tous les autres; et les quatre premiers demeurant fixes, si le cinquième

$$p_3$$

décrit la droite donnée, d'un mouvement continu : le point *conjugué*

$$q_3$$

se déplace en même temps; et la *division* résultante est dite *en involution*.

78. Un *faisceau* en involution coupé par une droite quelconque donne naissance à une *division* en involution. Et réciproquement, les *points conjugués d'une telle division*, réunis à un point extérieur quelconque, donnent naissance aux *rayons conjugués d'un faisceau*. Tous les problèmes concernant une division en involution définie par deux couples de points conjugués, se peuvent donc ramener aux problèmes analogues, déjà résolus, touchant un faisceau défini par deux couples de rayons conjugués. On saura donc obtenir graphiquement, à l'aide de deux couples de points conjugués : les deux *points doubles* de la division; le point conjugué à un cinquième point quelconque; le *point central* de la division, ou le point conjugué au *point à l'infini*; et les *points conjugués communs à deux divisions* tracées sur la même droite.

79. *Scolie*. — L'identité fondamentale (n° 72, p. 58)

$$\sum_1^3 \lambda_1 P_1 Q_1 \equiv 0,$$

ou

$$(1)\quad \left\{ \begin{aligned} &\lambda_1(y-m_1x)(y-m'_1x)+\lambda_2(y-m_2x)(y-m'_2x)\\ &\qquad\qquad +\lambda_3(y-m_3x)(y-m'_3x)\equiv 0, \end{aligned} \right.$$

relative à six droites en involution, devant être vérifiée quel que soit le point (x, y); les coefficients des termes en x^2, xy, y^2 doivent s'y réduire séparément à zéro, et les équations suivantes

$$\lambda_1 m_1 m'_1 + \lambda_2 m_2 m'_2 + \lambda_3 m_3 m'_6 = 0,$$
$$\lambda(m_1 + m'_1) + \lambda_2(m_2 + m'_2) + \lambda_3(m_3 + m'_3) = 0,$$
$$\lambda_1 + \lambda_2 + \lambda_3 = 0$$

doivent admettre une solution commune en λ_1, λ_2, λ_3; ce qui entraîne la condition

$$\begin{vmatrix} m_1 m'_1 & m_2 m'_2 & m_3 m'_3 \\ m_1 + m'_1 & m_2 + m'_2 & m_3 + m'_3 \\ 1 & 1 & 1 \end{vmatrix} = 0,$$

que l'on peut aussi écrire

$$\begin{vmatrix} m_1 m'_2 & m_1 + m'_1 & 1 \\ m_2 m'_2 & m_2 + m'_2 & 1 \\ m_3 m'_3 & m_3 + m'_3 & 1 \end{vmatrix} = 0.$$

Or il résulte de cette dernière que les équations

$$2a . m_1 m'_1 + b(m_1 + m'_1) + 2c = 0,$$
$$2a . m_2 m'_2 + b(m_2 + m'_2) + 2c = 0,$$
$$2a . m_3 m'_3 + b(m_3 + m'_3) + 2c = 0,$$

admettent en a, b, c une solution commune différente de zéro; ou que *les coefficients angulaires* m, m' *des deux rayons de chaque couple sont liés par une relation* de cette forme

$$(1') \qquad 2a . mm' + b(m + m') + 2c = 0.$$

Il en résulte qu'un *faisceau en involution* ne diffère pas du *faisceau des diamètres d'une conique*

$$ay^2 + bxy + cx^2 = 1;$$

et que à deux *rayons conjugués* quelconques, ou *coïncidants*, ou *orthogonaux* de l'un, correspondent, dans l'autre, deux quelconques des *diamètres conjugués* de la courbe, ou l'une de ses *asymptotes*, ou ses *axes principaux*.

80. On verrait de même que l'identité

$$\sum_1^3 \lambda_i P_i Q_i = 0,$$

ou

$$\text{(II)} \quad \left\{ \begin{aligned} &\lambda_1(x-p_1)(x-q_1)+\lambda_2(x-p_2)(x-q_2) \\ &\qquad +\lambda_3(x-p_3)(x-q_3)\equiv 0, \end{aligned} \right.$$

relative à trois couples de points en involution, exprime que les distances x, x' des deux points de chaque couple à un point déterminé de la droite qui les réunit, sont liées par une relation de la forme

$$\text{(II')} \qquad 2a.xx' + b(x+x') + 2c = 0.$$

On sait d'ailleurs que le point conjugué du *point à l'infini* est dit le *point central* de la division. Sa distance x à l'origine, s'obtient en faisant $x' = \infty$ dans l'équation précédente, ce qui donne

$$2a.x + b = 0.$$

Si le point central est pris pour origine, le coefficient b devient nul, et la relation d'involution reçoit cette forme plus simple

$$\text{(II'')} \qquad x.x' = \text{const.}$$

CHAPITRE III.

THÉORÈMES ET PROBLÈMES.

SOMMAIRE. — Étude analytique du lieu des centres : des coniques tangentes à quatre droites, — des surfaces du second ordre inscrites à un système de sept plans. — Théorèmes de Newton, de Steiner, de M. J. Mention. — Détermination de la sphère et du plan représentés par les équations

$$(S) \qquad \sum_1^6 \lambda_1 P_1^2 = 0,$$

$$(P) \qquad \sum_1^7 \lambda_1 P_1^2 = 0.$$

---

§ I. — *Du lieu des centres des coniques inscrites au quadrilatère* $P_1 \ldots P_4 = 0$, *et de la droite représentée par l'équation*

$$\sum_1^4 \lambda_1 P_1^2 = 0.$$

81. Les problèmes qui font l'objet de ce Chapitre reçoivent un double intérêt des difficultés analytiques qu'ils présentent et de leur construction géométrique jusqu'ici inachevée. On connaît depuis longtemps cette analogie dont le premier terme est dû à Newton : « Le lieu des centres des ellipses inscrites à un quadrilatère étant une droite, le lieu des centres des ellipsoïdes inscrits à un système de sept plans est un plan ; » et cette autre, due pour la première moitié à Steiner, pour la seconde à M. Mention : « Le lieu des centres des ellipses inscrites à un triangle, et dont le cercle diagonal $(x^2+y^2=a^2+b^2)$ conserve un rayon constant, étant un cercle, le lieu des centres des ellipsoïdes inscrits à un système de six plans et dont la sphère diagonale ($x^2+y^2+z^2=a^2+b^2+c^2$) conserve un rayon constant, est une sphère. » Il restait à compléter ces analogies et, comme on sait construire dans le plan la droite ou le cercle des centres, à construire aussi dans l'espace le plan ou la sphère des centres à l'aide des plans donnés : question en apparence fort difficile, dont une solution imprévue pouvait naître, sans doute, de la géométrie ou du hasard, mais qui paraissait devoir se dérober longtemps au calcul. Si l'on aborde, en effet, par la voie analytique ordinaire la détermination de l'un quelconque des lieux géométriques précédents, on se trouve, dès le début, en présence d'éliminations à peu près irréalisables. Et, bien que l'on puisse en venir à bout à l'aide de certaines relations dites *d'identité*, calculées d'abord par M. Terquem pour les courbes du second ordre, par M. Mention pour les surfaces, l'extrême complication des calculs permet seulement de reconnaître, dans chaque cas, la nature du lieu. C'est ainsi que M. Mention a pu constater l'existence d'une sphère des centres analogue au cercle reconnu par Steiner, mais sans apercevoir la position du centre de cette sphère par rapport aux six plans donnés.

On peut traiter tous ces problèmes par une méthode directe n'exigeant que très-peu de calculs, et prenant son point de départ dans l'interprétation géométrique des équations de la tangente à l'ellipse, ou du plan tangent à l'ellipsoïde, rapportés à leurs axes de figure; équations que l'on peut transporter ensuite à des axes quelconques. Ainsi commencés, tous les calculs s'achèvent heureusement; et cette analogie qui existait au commencement entre les problèmes plans ou solides que l'on s'était proposés, se retrouve d'une manière frappante dans l'identité de forme des équations finales qui les résolvent et qui sont : d'une part,

$$\sum_1^4 \lambda_1 P_1^2 = 0, \quad \sum_1^3 \lambda_1 P_1^2 = a^2 + b^2;$$

de l'autre,

$$\sum_1^7 \lambda_1 P_1^2 = 0, \quad \sum_1^6 \lambda_1 P_1^2 = a^2 + b^2 + c^2.$$

On voit, d'ailleurs, par la forme de toutes ces équations, que chacune d'elles est la plus simple possible, eu égard au nombre des variables $P_1, P_2, \ldots, P_n$ qu'elle renferme, et qui n'y sont pas mêlées les unes aux autres, mais y figurent seulement par leurs carrés. De là une facilité d'interprétation à laquelle ajoute encore le parallélisme des équations correspondantes pour le plan et pour l'espace. Car les considérations à l'aide desquelles on peut, dans le plan, déduire de la seule forme de son équation la position du lieu que l'on étudie par rapport aux données géométriques de la question, se trouvent naturellement indiquées comme devant être essayées de même, quand on aura à étudier la position du lieu correspondant de l'espace. Or il arrive que cet essai réussit, et que ces mêmes considérations suffisent pour faire apparaître tous les détails de position, essentiels ici, qui étaient d'abord cachés dans l'équation du lieu. Mais, comme nous le verrons, beaucoup d'autres choses apparaissent en même temps auxquelles on ne songeait pas, que personne n'avait encore aperçues, et qui donnent : à la géométrie comparée des polygones et des polyèdres, plusieurs théorèmes nouveaux; à la théorie des lieux géométriques plans ou solides, de tous les ordres et de toutes les classes, un principe unique, jusqu'ici ignoré, et qui paraît contenir toute cette théorie.

82. L'ellipse $(2a, 2b)$ étant rapportée à ses axes de figure, l'une quelconque de ses tangentes peut être représentée par l'équation connue

$$x \cos\alpha + y \sin\alpha = P = \sqrt{a^2 \cos^2\alpha + b^2 \sin^2\alpha},$$

α désignant l'inclinaison, sur l'axe $2a$, de la normale correspondante N, et $P = \sqrt{a^2 \cos^2\alpha + b^2 \sin^2\alpha}$ la distance du centre de la courbe à la tangente considérée. Traduisant cette équation en langage ordinaire, on peut dire que *le carré de la distance du centre d'une conique à l'une quelconque de ses tangentes est égal à la somme des carrés des produits de chacun des demi-axes de la courbe par le cosinus de l'angle formé par la direction de cet axe avec la normale correspondante* N,

$$P^2 = a^2\cos^2(N, a) + b^2\cos^2(N, b);$$

et cette formule est ensuite applicable, comme nous l'allons voir, à un système quelconque d'axes coordonnés.

83. *Du lieu des centres des coniques inscrites à un quadrilatère.*

Soient, relativement à un système quelconque d'axes rectangulaires,

$$P_1 P_2 P_3 P_4 = 0$$

les côtés du quadrilatère donné; chacune des fonctions P_n étant de la forme

$$P_n = A_n x + B_n y - \varpi_n,$$

où A_n et B_n désignent les cosinus des angles formés avec ox, oy par la normale N au côté correspondant, ou les *cosinus directeurs* de cette normale.

Si l'on désigne de même par α et β, α' et β' les cosinus directeurs de chacun des axes $2a$ ou $2b$ d'une ellipse tangente aux quatre droites, on aura pour le carré de la distance du centre (x, y) de cette ellipse à chacune de ces droites, cette double expression

$$P^2 = (Ax + By - \varpi)^2 = a^2\cos^2(N, a) + b^2\cos^2(N, b);$$

ou, en développant les cosinus,

$$P^2 = (Ax + By - \varpi)^2 = a^2(A\alpha + B\beta)^2 + b^2(A\alpha' + B\beta')^2.$$

Appliquant cette relation à chacune des quatre tangentes

données, il vient

$$1^\circ\ P_1^2 = (A_1 x + B_1 y - \varpi_1)^2 = a^2(A_1\alpha + B_1\beta)^2 + b^2(A_1\alpha' + B_1\beta')^2,$$

$$2^\circ\ P_2^2 = (A_2 x + B_2 y - \varpi_2)^2 = a^2(A_2\alpha + B_2\beta)^2 + b^2(A_2\alpha' + B_2\beta')^2,$$

$$3^\circ\ P_3^2 = (A_3 x + B_3 y - \varpi_3)^2 = a^2(A_3\alpha + B_3\beta)^2 + b^2(A_3\alpha' + B_3\beta')^2,$$

$$4^\circ\ P_4^2 = (A_4 x + B_4 y - \varpi_4)^2 = a^2(A_4\alpha + B_4\beta)^2 + b^2(A_4\alpha' + B_4\beta')^2,$$

et la détermination du lieu des centres est ramenée à l'élimination, entre ces quatre équations, des trois paramètres indépendants auxquels se réduisent les six variables a, b, α, β, α', β'.

Or cette élimination se réalise aisément en vertu d'un mode particulier de symétrie que présentent les équations 1°, 2°, 3°, 4°, et d'après lequel les quantités

$$a^2\alpha^2 \text{ et } b^2\alpha'^2, \quad a^2\beta^2 \text{ et } b^2\beta'^2, \quad a^2\alpha\beta \text{ et } b^2\alpha'\beta'$$

entrant de la même manière dans toutes les combinaisons que l'on en pourra former; il suffira de rendre nuls les coefficients des termes en

$$a^2\alpha^2, \quad a^2\alpha\beta, \quad a^2\beta^2$$

dans l'équation résultant de cette combinaison, pour voir disparaître toutes les variables.

Si l'on désigne, dès lors, par λ_1, λ_2, λ_3, λ_4 quatre coefficients indéterminés dont les rapports soient définis par les relations suivantes

$$\lambda_1 A_1^2 + \lambda_2 A_2^2 + \lambda_3 A_3^2 + \lambda_4 A_4^2 = 0,$$

$$\lambda_1 B_1^2 + \lambda_2 B_2^2 + \lambda_3 B_3^2 + \lambda_4 B_4^2 = 0,$$

$$\lambda_1 A_1 B_1 + \lambda_2 A_2 B_2 + \lambda_3 A_3 B_3 + \lambda_4 A_4 B_4 = 0,$$

et qu'ayant multiplié les équations 1°, 2°, 3°, 4° respectivement par λ_1, λ_2, λ_3 λ_4, on les ajoute membre à membre : le second membre de l'équation résultante est identiquement nul, en vertu des relations (λ); tous les paramètres variables se trouvent éliminés, et l'équation du lieu est

$$(I)\quad \left\{\begin{aligned} &\lambda_1(A_1x+B_1y-\varpi_1)^2+\lambda_2(\ldots)^2+\lambda_3(\ldots)^2\\ &\qquad\qquad +\lambda_4(A_4x+B_4y-\varpi_4)^2=0,\\ &\text{ou}\\ &\qquad\qquad \sum_1^4\lambda_1 P_1^2=0.\end{aligned}\right.$$

D'ailleurs, en vertu des relations (λ), les termes en x^2, xy, y^2 disparaissent d'eux-mêmes du premier membre de cette équation, qui représente dès lors une droite; et l'on a ce théorème :

Le lieu des centres des coniques inscrites au quadrilatère $P_1P_2P_3P_4=0$ *est* la droite *représentée par l'équation*

$$(1)\qquad \lambda_1P_1^2+\lambda_2P_2^2+\lambda_3P_3^2+\lambda_4P_4^2=0,$$

rendue linéaire en x et y *par un choix convenable des coefficients* $\lambda_1,\ldots\lambda_4$.

84. *Remarque I.* — Quels que soient l'angle des axes ox, oy et la forme des fonctions P, la droite des centres demeure représentée par l'équation (1); ou, en prenant pour axes des x et des y deux des quatre droites données, par celle-ci :

$$(1')\quad \alpha x^2+\beta y^2+\lambda\left(\frac{x}{a}+\frac{y}{b}-1\right)^2+\lambda'\left(\frac{x}{a'}+\frac{y}{b'}-1\right)^2=0,$$

les coefficients α, β, λ, λ' étant toujours choisis de manière à produire la disparition des termes en x^2, xy, y^2. Il serait donc facile de vérifier, conformément au théorème de Newton, que *la ligne des centres se confond avec la droite des milieux des diagonales du quadrilatère formé par les quatre tangentes* (*Principes de la Philosophie naturelle*, liv. Ier, prop. 27). Mais cette vérification est rendue inutile par notre analyse, et la position de la droite des centres est en évidence dans l'équation (1).

Remarquons, en effet, les coefficients $\lambda_1,\ldots\lambda_4$ étant d'abord supposés quelconques et la ligne (1) étant traitée comme une courbe du second ordre, que la polaire prise par rapport à cette ligne d'un point quelconque (p_1, p_2, p_3, p_4) est représentée par l'équation (p. 18, n° 14);

$$\lambda_1 p_1 P_1 + \lambda_2 p_2 P_2 + \lambda_3 p_3 P_3 + \lambda_4 p_4 P_4 = 0;$$

et que celle-ci devient, par la double hypothèse $0 = p_1 = p_2$,

$$\lambda_3 p_3 P_3 + \lambda_4 p_4 P_4 = 0.$$

La polaire, prise par rapport à l'une quelconque des courbes (1), *de chacun des sommets* ($0 = p_1 = p_2$) *du quadrilatère considéré*, *passe donc par le sommet opposé* ($0 = P_3 = P_4$). Et *deux sommets opposés quelconques du quadrilatère sont* conjugués *par rapport à chacune de ces lignes* (*).

Or, dans toute courbe du second ordre, le segment qui réunit deux points conjugués est divisé harmoniquement par ces points et par la courbe. Si donc la courbe (1) se réduit à un système de deux droites D, D', celles-ci divisent harmoniquement le segment compris entre deux points conjugués quelconques; et si la courbe (1) se réduit enfin *à une droite unique* D, ou au *système formé de cette droite et de la* droite à l'infini, le segment compris entre deux points conjugués quelconques, étant encore divisé harmoniquement par la droite D et la droite à l'infini, se trouvera divisé en deux parties égales par la seule droite D. La droite D, représentée par l'équation (1), divise donc en parties égales le segment compris entre deux sommets opposés quelconques, ou chacune des diagonales du quadrilatère proposé.

85. *Remarque II.* — Cinq tangentes d'une conique étant données, le centre de la courbe est au point de concours des médianes des cinq quadrilatères formés par

(*) Deux points étant dits *conjugués* par rapport à une courbe du second ordre, lorsque la polaire de l'un de ces points, prise par rapport à la courbe, passe par l'autre.

quatre quelconques de ces tangentes :

$$\sum_{1}^{4} \lambda_1 P_1^2 = o, \quad \sum_{2}^{5} \lambda_2 P_2^2 = o, \ldots .$$

86. *Remarque III. — Une conique étant définie par les cinq tangentes*

$$P_1 P_2 P_3 P_4 P_5 = o,$$

l'équation

$$o = \sum_{1}^{5} \lambda_1 P_1^2 \equiv D,$$

abaissée au premier degré à l'aide des coefficients, *représente le faisceau des diamètres de cette conique.* Réciproquement, etc.

Soient en effet

$$(o) \qquad o = D \equiv \sum_{1}^{5} \mu_1 P_1^2$$

l'une des droites contenues dans l'équation précédente, et

$$(1) \qquad o = D_1 \equiv \sum_{(-1)} \lambda P^2,$$

$$(2) \qquad o = D_2 \equiv \sum_{(-2)} \lambda P^2,$$

$$(3 \ldots) \qquad o = D_3 \equiv \sum_{(-3)} \lambda P^2; \quad \ldots$$

les médianes des quadrilatères formés des cinq tangentes données, *moins* la première P_1, ou la seconde P_2, ou la troisième P_3; . . . .

Si entre les identités

$$(o) \qquad D \equiv \sum_{1}^{5} \mu_1 P_1^2$$

et

$$(1) \qquad D_1 \equiv \sum_{-1} \lambda P^2$$

on élimine le terme en P_2^2 qui figure au second membre de l'une et de l'autre, la comparaison de l'identité résultante

$$aD + a_1 D_1 \equiv \sum_{-2} \lambda P^2$$

à l'une des premières

(2) $$D_2 \equiv \sum_{-2} \lambda P^2$$

permet d'écrire identiquement

$$D_2 \equiv aD + a_1 D_1,$$

ou

(0, 1, 2) $$D \equiv m_1 D_1 + m_2 D_2.$$

La droite $D = 0$ passe donc par le point de commune intersection de deux quelconques des droites $D_1 D_2 \ldots D_5 = 0$, ou par le centre de la conique considérée.

Réciproquement, *un diamètre quelconque d'une conique définie par les cinq tangentes* $P_1 P_2 \ldots P_5 = 0$ *peut être représenté par une équation de la forme* $\sum_1^5 \lambda_1 P_1^2 = 0$; car deux des diamètres de la courbe étant représentés par les équations

$$0 = D \equiv \sum_1^4 \lambda_1 P_1^2, \quad 0 = D' \equiv \sum_2^5 \mu_2 P_2^2,$$

et tous les diamètres concourant en un même point, un troisième diamètre quelconque sera représenté par une combinaison homogène des deux équations précédentes

$$\alpha D + \alpha' D' = 0 \quad \text{ou} \quad \sum_1^5 \nu_1 P_1^2 = 0.$$

87. *Remarque IV. — La condition* nécessaire et suffisante *pour que six droites*

$$P_1 P_2 \ldots P_5 P_6 = 0$$

soient tangentes à une même conique est qu'il existe, entre les carrés des distances de toutes ces droites à un point quelconque *de leur plan*, une *relation linéaire et homogène*

$$\sum_1^6 \lambda_1 P_1^2 \equiv 0;$$

le signe $\equiv$ désignant toujours une identité.

Si les droites données sont d'abord six tangentes d'une même conique, l'un quelconque des diamètres $D = 0$ de cette dernière donnera lieu aux identités

$$D \equiv \sum_1^5 \lambda_1 P_1^2, \quad D \equiv \sum_2^6 \mu_2 P_2^2;$$

et celles-ci entraînent la relation identique

$$\sum_1^6 \nu_1 P_1^2 \equiv 0.$$

Et si, d'autre part, six droites donnent lieu à une telle identité, les six coniques tangentes à cinq de ces droites ont les mêmes diamètres

$$0 = \sum_1^5 \lambda_1 P_1^2 \equiv \sum_2^6 \mu_2 P_2^2 \equiv \ldots,$$

le même centre, et se confondent en une même courbe tangente aux six droites considérées.

88. On peut établir géométriquement le théorème de Newton à l'aide des considérations suivantes où interviennent quelques propriétés de l'hyperboloïde à une nappe que nous aurons à utiliser dans la suite.

1° Que l'on considère d'abord *le lieu des centres de tous les hyperboloïdes gauches menés par deux droites données*, non situées dans un même plan.

Les deux plans, parallèles entre eux, menés suivant ces droites, font un système de *deux plans tangents parallèles*, communs à tous les hyperboloïdes considérés dont les centres appartiennent dès lors à un même plan parallèle aux deux précédents et équidistant de l'un et de l'autre. *Le lieu actuel des centres est donc le plan parallèle à cha-*

cune des droites données et équidistant de l'une et de l'autre, ou le *plan médian* relatif à ces droites.

2° Il résulte de là que *le lieu des centres des hyperboloïdes à une nappe, menés par les quatre côtés d'un quadrilatère gauche*, n'est autre que la commune intersection des deux *plans médians* relatifs aux côtés pairs ou impairs, ou la médiane de ce quadrilatère : chacun de ces plans médians contient, en effet, les points milieux des deux diagonales, ainsi que la droite qui les réunit.

3° Si l'on revient maintenant à la figure primitive composée d'un quadrilatère plan *abcd* et de l'une quelconque des ellipses inscrites ; celle-ci pourra représenter l'ellipse de gorge d'un hyperboloïde auxiliaire passant par les quatre côtés d'un quadrilatère gauche ABCD, mené arbitrairement dans l'espace sous la seule condition que sa projection orthogonale sur le plan de cette ellipse coïncide avec le quadrilatère *abcd*. Or, le centre de cet hyperboloïde, ou le *centre même de l'ellipse considérée*, devant se trouver à la fois sur le plan de cette ellipse et sur la médiane du quadrilatère gauche ABCD ; ce centre n'est autre que la trace de cette médiane sur ce plan, c'est-à-dire un point de la projection sur le plan *abcd* de la médiane de ce quadrilatère gauche, ou *un point de la médiane du quadrilatère projeté abcd*. C. Q. F. D.

89. *Remarque*. — Le théorème général relatif au lieu des centres des hyperboloïdes menés par les côtés d'un quadrilatère gauche n'est donc qu'un corollaire immédiat de la situation du centre de toute surface du second ordre par rapport à deux plans tangents parallèles. La situation du centre d'une conique, à égales distances de deux tangentes parallèles, devrait donc suffire aussi à l'établissement direct du théorème de Newton. Cependant il n'en est rien, ou il paraît n'en être rien. Et la séparation que présentent, au point de vue de la démonstration, deux théorèmes

pourtant si voisins, subsiste comme une singularité géométrique dont l'explication est peut-être assez cachée, mais que l'analyse peut faire disparaître, comme on le verra, en ramenant ces deux théorèmes, et plusieurs autres semblables, à ce même principe dont nous venons de parler.

90. *Du lieu des centres des coniques inscrites à un triangle, et dont la somme des carrés des axes principaux est assujettie à demeurer constante.*

Les côtés du triangle étant représentés par les équations

$$P_1 P_2 P_3 = 0,$$

et toutes les notations du n° 83 étant conservées, la détermination du lieu actuel des centres $[(x, y)$ ou $(P_1, P_2, P_3)]$ dépendra de l'élimination des trois paramètres indépendants auxquels se réduisent les six variables a, b, α, β, α', β', entre ces quatre équations :

$$1^\circ \quad P_1^2 = (A_1 x + B_1 y - \varpi_1)^2 = a^2(A_1\alpha + B_1\beta)^2 + b^2(A_1\alpha' + B_1\beta')^2;$$

$$2^\circ \quad P_2^2 = (A_2 x + B_2 y - \varpi_2)^2 = a^2(A_2\alpha + B_2\beta)^2 + b^2(A_2\alpha' + B_2\beta')^2,$$

$$3^\circ \quad P_3^2 = (A_3 x + B_3 y - \varpi_3)^2 = a^2(A_3\alpha + B_3\beta)^2 + b^2(A_3\alpha' + B_3\beta')^2;$$

$$4^\circ \quad a^2 + b^2 = k^2 = \text{const.}$$

Or si, désignant par λ_1, λ_2, λ_3 trois coefficients définis par les conditions suivantes :

$$(\lambda) \qquad \begin{cases} \lambda_1 A_1^2 + \lambda_2 A_2^2 + \lambda_3 A_3^2 = 1, \\ \lambda_1 B_1^2 + \lambda_2 B_2^2 + \lambda_3 B_3^2 = 1, \\ \lambda_1 A_1 B_1 + \lambda_2 A_2 B_2 + \lambda_3 A_3 B_3 = 0, \end{cases}$$

l'on ajoute, membre à membre, les équations 1°, 2°, 3° après les avoir multipliées respectivement par les nombres λ_1, λ_2, λ_3 : le second membre de l'équation résultante devient, en vertu des relations (λ),

$$(a^2\alpha^2 + a^2\beta^2) + (b^2\alpha'^2 + b^2\beta'^2) = a^2(\alpha^2 + \beta^2) + b^2(\alpha'^2 + \beta'^2) = a^2 + b^2;$$

toutes les variables se trouvent éliminées, et il vient, pour l'équation du lieu,

$$\text{(II)}\left\{\begin{array}{l}\lambda_1(A_1x+B_1y-\varpi_1)^2+\lambda_2(A_2x+B_2y-\varpi_2)^2\\ \qquad\qquad +\lambda_3(A_3x+B_3y-\varpi_3)^2=a^2+b^2=\text{const.},\\ \text{ou}\\ \qquad\qquad \sum_1^3\lambda_1 P_1^2=a^2+b^2.\end{array}\right.$$

D'ailleurs, les termes du second degré de cette équation se réduisent à x^2+y^2, en vertu des relations (λ). Le lieu considéré est donc un cercle, et l'on a ce théorème :

Le lieu des centres des coniques inscrites au triangle

$$P_1P_2P_3=0,$$

et dont la somme des carrés des axes principaux demeure constante, est le cercle représenté par l'équation

$$(2)\qquad \sum_1^3\lambda_1 P_1^2=a^2+b^2=\text{const.}$$

ramenée à la forme circulaire $x^2+y^2+\ldots$ *par un choix convenable des coefficients.*

91. *Remarque I.* — Si les axes ox, oy se coupent sous un angle quelconque, l'équation précédente est encore applicable. On peut donc prendre pour axes deux des trois tangentes données, et le lieu des centres demeure représenté par l'équation

$$(2')\qquad \alpha x^2+\beta y^2+\lambda\left(\frac{x}{m}+\frac{y}{n}-1\right)^2=a^2+b^2$$

ramenée maintenant à la forme circulaire

$$x^2+y^2+2xy\cos(x,y)+\ldots$$

par un choix convenable des coefficients. La détermination du centre du cercle (2) ou (2′) en résulterait aisément, et l'on vérifierait, conformément au théorème de Steiner, qu'il coïncide avec le *point de rencontre des hauteurs* du triangle donné. Mais cette vérification serait ici superflue, la position du centre étant en évidence dans l'équation (2); aussitôt du moins que l'on y suppose nulle la constante a^2+b^2, ce qui ne change rien à la position du point cherché.

Posons, en effet,

$$a^2+b^2=0,$$

l'équation (2) prend la forme *homogène*

$$\sum_1^3 \lambda_1 P^2 = 0: \tag{2''}$$

et l'on voit bien maintenant, le *cercle* représenté par cette dernière équation étant *conjugué* au triangle $P_1 P_2 P_3 = 0$, que le centre de ce cercle coïncide avec le point de rencontre des hauteurs de ce triangle.

92. *Remarque II. — La somme des carrés des demi-axes d'une ellipse inscrite à un triangle est mesurée par la puissance du centre de la courbe par rapport au* cercle conjugué *à ce triangle.*

Les coordonnées x, y ou P_1, P_2, P_3 du centre de toute ellipse inscrite vérifient, en effet, l'équation (2)

$$a^2+b^2=\sum_1^3 \lambda_1 P_1^2 \equiv (x-A)^2+(y-B)^2-R^2;$$

et l'on peut dire que ces coordonnées, substituées dans la *fonction*

$$\sum_1^3 \lambda_1 P_1^2 \equiv (x-A)^2+(y-B)^2-R^2$$

du cercle conjugué au triangle, lui font acquérir une valeur simultanément égale à la somme a^2+b^2 des carrés des demi-axes de l'ellipse considérée, et à la puissance du centre de celle-ci par rapport à ce cercle.

Si l'on appelle *cercle diagonal* de l'ellipse

$$\frac{x^2}{a^2}+\frac{y^2}{b^2}=1$$

le cercle concentrique

$$x^2 + y^2 = a^2 + b^2$$

ayant pour rayon la diagonale du rectangle construit sur les demi-axes principaux de la courbe, le théorème précédent devient susceptible de cet autre énoncé :

Les cercles diagonaux *de toutes les coniques inscrites à un même triangle* sont orthogonaux *à un même cercle,* le cercle conjugué *à ce triangle.*

93. *Remarque III.* — Le lieu des centres des hyperboles équilatères

$$a^2 + b^2 = 0$$

inscrites à un triangle est le cercle conjugué à ce triangle. Ce cercle, d'ailleurs, est réel, se réduit à un point ou devient imaginaire, suivant que le triangle proposé est obtusangle, rectangle ou acutangle.

94. *Remarque IV.* — Les centres des hyperboles équilatères définies par quatre tangentes appartiennent à chacun des cercles conjugués des quatre triangles résultant de trois quelconques de ces tangentes. Ces quatre cercles se coupent dans les deux mêmes points, centres de deux hyperboles répondant à la question ; et la droite qui les réunit, ou l'axe radical de ces cercles, se confond avec la médiane du quadrilatère résultant des tangentes données.

95. *Remarque V.* — Le théorème de Newton peut être considéré comme une conséquence du théorème de Steiner.

Soit, en effet, $a^2 + b^2$ la somme des carrés des demi-axes de l'une quelconque des coniques tangentes aux quatre droites $P_1 P_2 P_3 P_4 = 0$. Le centre de cette conique, appartenant, d'après ce dernier théorème, à chacun des *cercles*

$$\lambda_1 P_1 + \lambda_2 P_2^2 + \lambda_3 P_3^2 = a^2 + b^2,$$
$$\mu_2 P_2^2 + \mu_3 P_3^2 + \mu_4 P_4^2 = a^2 + b^2,$$

appartiendra aussi à leur axe radical représenté par l'une des équations

$$\lambda_1 P_1^2 + (\lambda_2 - \mu_2) P_2^2 + (\lambda_3 - \mu_3) P_3^2 - \mu_4 P_4^2 = 0,$$

ou

$$\lambda'_1 P_1^2 + \lambda'_2 P_2^2 + \lambda'_3 P_3^2 + \lambda'_4 P_4^2 = 0:$$

et le lieu des centres n'est autre que la droite unique et déterminée représentée par cette équation.

96. *Remarque VI.* — Comme celui de Newton, le théorème de Steiner peut devenir évident à l'aide de quelques considérations empruntées de la Géométrie de l'espace.

D'après le théorème de Monge, le lieu décrit par le sommet d'un trièdre trirectangle circonscrit à l'ellipsoïde (a, b, c) est une sphère concentrique ayant pour rayon la diagonale du parallèlipipède construit sur les trois demi-axes de l'ellipsoïde : $R = \sqrt{a^2 + b^2 + c^2}$. Or, si l'un de ces demi-axes c diminue graduellement et tend vers zéro, le théorème subsiste toujours pour se transformer, à la limite, en celui-ci : *Le lieu décrit par le* sommet *d'un* trièdre trirectangle *circonscrit à l'ellipse* (a, b) *est une sphère* concentrique *ayant pour rayon la diagonale du rectangle construit sur les demi-axes de l'ellipse :* $R = \sqrt{a^2 + b^2}$. C'est, d'ailleurs, ce que l'on vérifierait, par un calcul direct, en formant l'équation générale des cônes menés suivant la courbe

$$z = 0, \quad \frac{x^2}{a^2} + \frac{y^2}{b^2} = 1,$$

et écrivant la condition nécessaire pour que trois des plans tangents de l'un de ces cônes forment un trièdre trirectangle. *La somme des carrés des demi-axes principaux d'une conique est donc représentée par le carré de la distance du centre de la courbe au sommet de l'un quelconque des trièdres trirectangles circonscrits :* $a^2 + b^2 = \overline{oM}^2$

Que l'on considère maintenant (*fig.* 16) le lieu des centres o des coniques inscrites au triangle donné ABC et dont les carrés des demi-axes principaux, a^2, b^2, conservent une somme constante : on verra, le triangle circonscrit ABC et le nombre $\sqrt{a^2+b^2}$ étant *donnés*, qu'il en est de même

Fig. 16.

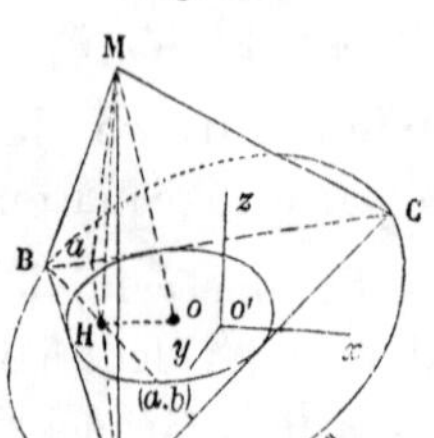

du sommet M du trièdre trirectangle construit sur ce triangle comme base, et de la distance $Mo = oM = \sqrt{a^2+b^2}$ de ce sommet M au centre de l'une quelconque des coniques de la série. Le lieu des centres de toutes ces coniques coïncide donc avec la section d'une sphère décrite du point M comme centre, avec un rayon égal à $\sqrt{a^2+b^2}$, par le plan ABC du triangle donné : et cette section est un cercle ayant pour centre la projection du point M sur ce plan, ou le point de rencontre H des trois hauteurs de ce triangle; ce qui est la partie essentielle du théorème de Steiner.

Mais on déduit encore, de l'égalité $a^2+b^2=\overline{oM}^2$,

$$a^2+b^2=\overline{oH}^2+\overline{HM}^2;$$

ou, en remarquant que le triangle aMA est rectangle en M, et que les segments Ha, HA sont, dans la figure, de sens opposés ou de signes contraires,

$$a^2+b^2=\overline{oH}^2-\overline{Ha}.\overline{HA}=\overline{oH}^2-\rho^2:$$

ρ désignant le rayon, imaginaire dans la figure, du cercle conjugué au triangle ABC ($\rho = r\sqrt{-1}$). Or le centre de ce cercle étant le point H lui-même, la relation

$$a^2+b^2=\overline{oH}^2-\rho^2$$

exprime que *la somme des carrés des demi-axes de toute ellipse inscrite à un triangle* est mesurée par *la puissance du centre o de la courbe par rapport au cercle conjugué au triangle.* Et c'est aussi, comme nous l'avons vu (Remarque II) la dernière conséquence de l'équation (2) (p. 78).

§ II. — *Du lieu des centres des surfaces du second ordre tangentes aux sept plans* $P_1 \ldots P_7 = 0$: *ou du plan représenté par l'équation* $\sum_1^7 \lambda_1 P_i^2 = 0$.

97. On sait que l'équation générale des plans tangents à l'ellipsoïde

$$\frac{x^2}{a^2} + \frac{y^2}{b^2} + \frac{z^2}{c^2} = 1,$$

rapporté à ses axes de figure, est

$$\alpha x + \beta y + \gamma z = P = \sqrt{a^2\alpha^2 + b^2\beta^2 + c^2\gamma^2}:$$

P désignant la distance du centre de la surface au plan tangent considéré; et α, β, γ les cosinus des inclinaisons, sur les axes $2a$, $2b$, $2c$ de l'ellipsoïde, de la normale correspondante N. Traduisant cette équation en langage ordinaire, on peut dire que *le carré de la distance du centre d'un ellipsoïde à l'un quelconque de ses plans tangents est égal à la somme des carrés des produits obtenus en multipliant chacun des demi-axes principaux a, b, c de la surface par le cosinus de l'angle formé par la direction de cet axe avec la normale correspondante* N :

$$P^2 = a^2 \cos^2(N, a) + b^2 \cos^2(N, b) + c^2 \cos^2(N, c).$$

98. *Du lieu des centres des surfaces du second ordre tangentes à sept plans donnés.*

Soient, relativement à un système quelconque d'axes rectangulaires,

$$P_1 P_2 \ldots P_6 P_7 = 0$$

les sept plans donnés; chacune des fonctions P étant de la forme

$$P = Ax + By + Cz - \varpi,$$

où A, B, C désignent les cosinus directeurs de la normale N menée de l'origine au plan considéré, et ϖ la distance de l'origine à ce plan.

Soient, en outre, (x, y, z) le centre d'un ellipsoïde tangent aux sept plans donnés; a, b, c les longueurs de ses demi-axes principaux; et

$$\begin{array}{lr} \alpha,\ \beta,\ \gamma \ \text{ les cosinus directeurs de l'axe} & 2a, \\ \alpha',\ \beta',\ \gamma' & 2b, \\ \alpha'',\ \beta'',\ \gamma'' & 2c. \end{array}$$

D'après la remarque précédente, on aura cette double expression de la distance du centre de l'ellipsoïde à l'un quelconque des sept plans tangents :

$$\begin{aligned} P^2 &= (Ax + By + Cz - \varpi)^2 \\ &= a^2\cos^2(N, a) + b^2\cos^2(N, b) + c^2\cos^2(N, c); \end{aligned}$$

ou, en développant les cosinus,

$$\begin{aligned} &(Ax + By + Cz - \varpi)^2 \\ &\quad = a^2(A\alpha + B\beta + C\gamma)^2 \\ &\quad + b^2(A\alpha' + B\beta' + C\gamma')^2 \\ &\quad + c^2(A\alpha'' + B\beta'' + C\gamma'')^2. \end{aligned}$$

De là, en appliquant cette équation à chacun des plans P_1, $P_2, \ldots, P_7$,

$$\begin{aligned} 1^\circ \qquad &(A_1 x + B_1 y + C_1 z - \varpi_1)^2 \\ &\quad = a^2(A_1\alpha + B_1\beta + C_1\gamma)^2 \\ &\quad + b^2(A_1\alpha' + B_1\beta' + C_1\gamma')^2 \\ &\quad + c^2(A_1\alpha'' + B_1\beta'' + C_1\gamma'')^2, \end{aligned}$$

$$\begin{aligned} 2^\circ \qquad &(A_2 x + B_2 y + C_2 z - \varpi_2)^2 \\ &\quad = a^2(A_2\alpha + B_2\beta + C_2\gamma)^2 \\ &\quad + b^2(A_2\alpha' + B_2\beta' + C_2\gamma')^2 \\ &\quad + c^2(A_2\alpha'' + B_2\beta'' + C_2\gamma'')^2, \end{aligned}$$

. . . .

$$\begin{aligned} 7^\circ \qquad &(A_7 x + B_7 y + C_7 z - \varpi_7)^2 \\ &\quad = a^2(A_7\alpha + B_7\beta + C_7\gamma)^2 \\ &\quad + b^2(A_7\alpha' + B_7\beta' + C_7\gamma')^2 \\ &\quad + c^2(A_7\alpha'' + B_7\beta'' + C_7\gamma'')^2, \end{aligned}$$

et la détermination du lieu des centres (x, y, z) serait ramenée à l'élimination des *douze* variables

$$a,\ b,\ c;\quad \alpha,\ \beta,\ \gamma;\quad \alpha',\ \beta',\ \gamma';\quad \alpha'',\ \beta'',\ \gamma''$$

entre les *sept* équations que l'on vient d'écrire et les *six* relations que l'on sait exister entre les neuf cosinus relatifs à trois directions rectangulaires (a, b, c). Mais il arrive ici que l'élimination peut s'effectuer indépendamment de ces six relations. C'est ce qui résulte, au point de vue analytique, d'un mode particulier de symétrie que présentent les équations 1°, 2°,..., 7°, et d'après lequel les quantités

$$\begin{array}{llll}
a^2\alpha^2, & b^2\alpha'^2 & \text{et} & c^2\alpha''^2, \\
a^2\beta^2, & b^2\beta'^2 & \text{et} & c^2\beta''^2, \\
a^2\gamma^2, & b^2\gamma'^2 & \text{et} & c^2\gamma''^2; \\
a^2\alpha\beta, & b^2\alpha'\beta' & \text{et} & c^2\alpha''\beta'', \\
a^2\beta\gamma, & b^2\beta'\gamma' & \text{et} & c^2\beta''\gamma'', \\
a^2\alpha\gamma, & b^2\alpha'\gamma' & \text{et} & c^2\alpha''\gamma''
\end{array}$$

entrant de la même manière dans toute combinaison de ces équations, il suffira de rendre nuls les coefficients des termes en

$$a^2\alpha^2,\ a^2\beta^2,\ a^2\gamma^2;\quad a^2\alpha\beta,\ a^2\beta\gamma,\ a^2\alpha\gamma$$

dans l'équation résultant de cette combinaison, pour voir disparaître toutes les variables.

Égalant donc à zéro le coefficient de chacune de ces quantités dans l'équation qui résulterait de l'addition membre à membre des relations 1°, 2°,..., 7° après leur multiplication respective par les nombres indéterminés $\lambda_1, \lambda_2, \ldots, \lambda_7$, il vient

$$(\lambda)\quad \left\{\begin{array}{l}
\lambda_1 A_1^2 + \lambda_2 A_2^2 + \ldots + \lambda_7 A_7^2 = 0, \\
\lambda_1 B_1^2 + \lambda_2 B_2^2 + \ldots + \lambda_7 B_7^2 = 0, \\
\lambda_1 C_1^2 + \lambda_2 C_2^2 + \ldots + \lambda_7 C_7^2 = 0; \\
\lambda_1 A_1 B_1 + \lambda_2 A_2 B_2 + \ldots + \lambda_7 A_7 B_7 = 0, \\
\lambda_1 B_1 C_1 + \lambda_2 B_2 C_2 + \ldots + \lambda_7 B_7 C_7 = 0, \\
\lambda_1 A_1 C_1 + \lambda_2 A_2 C_2 + \ldots + \lambda_7 A_7 C_7 = 0.
\end{array}\right.$$

Or si, multipliant les équations 1°, 2°,..., 7° respectivement par les nombres actuellement déterminés $\lambda_1, \lambda_2, \ldots, \lambda_7$, on les ajoute membre à membre; le second membre de l'équation résultante, ordonné par rapport aux dix-huit quantités telles que $a^2\alpha^2$, $a^2\beta^2$, $a^2\gamma^2$; $a^2\alpha\beta$, $a^2\beta\gamma$, $a^2\alpha\gamma$,..., a tous ses coefficients nuls, en vertu des relations (λ), et s'annule lui-même identiquement. L'élimination des douze variables se trouve donc effectuée, et le lieu des centres est défini par l'équation

$$\begin{aligned} &\lambda_1 (A_1 x + B_1 y + C_1 z - \varpi_1)^2 \\ &+ \lambda_2 (A_2 x + B_2 y + C_2 z - \varpi_2)^2 \\ &\ldots\ldots\ldots\ldots\ldots\ldots \\ &+ \lambda_7 (A_7 x + B_7 y + C_7 z - \varpi_7)^2 = 0 \end{aligned}$$

ou

$$\sum_1^7 \lambda_1 P_1^2 = 0.$$

Il résulte, d'ailleurs, des mêmes relations (λ), que les carrés et les rectangles des coordonnées courantes x, y, z disparaissent d'eux-mêmes de cette équation, qui s'abaisse au premier degré et nous donne ce théorème :

Le lieu des centres des surfaces du second ordre tangentes aux sept plans

$$P_1 P_2 \ldots P_7 = 0$$

est le plan *représenté par l'équation*

$$\text{(I)} \quad \left\{ \begin{array}{l} \lambda_1 P_1^2 + \lambda_2 P_2^2 + \ldots + \lambda_7 P_7^2 = 0, \\ \text{ou} \\ \qquad \sum_1^7 \lambda_1 P_1^2 = 0, \end{array} \right.$$

rendue linéaire en x, y, z par un choix convenable des coefficients.

99. *Remarque I.* — On peut établir que le lieu des centres des ellipsoïdes inscrits à un octaèdre hexagonal est le plan mené par les points milieux des trois diagonales. Ce plan, rapporté à sept quelconques des faces de l'octaèdre,

peut donc être représenté, de huit manières différentes, par une équation de la forme $\sum_1^7 \lambda_1 P_1^2 = 0$.

100. *Remarque II.* — Développant l'équation du plan général des centres, on trouve

$$\begin{aligned} & x(\lambda_1 \varpi_1 A_1 + \ldots + \lambda_7 \varpi_7 A_7) \\ & + y(\lambda_1 \varpi_1 B_1 + \ldots + \lambda_7 \varpi_7 B_7) \\ & + z(\lambda_1 \varpi_1 C_1 + \ldots + \lambda_7 \varpi_7 C_7) + H = 0; \end{aligned}$$

d'où, pour la normale même de l'origine à ce plan,

$$\frac{x}{\lambda_1 \varpi_1 A_1 + \ldots + \lambda_7 \varpi_7 A_7} = \frac{y}{\lambda_1 \varpi_1 B_1 + \ldots + \lambda_7 \varpi_7 B_7} = \frac{z}{\lambda_1 \varpi_1 C_1 + \ldots + \lambda_7 \varpi_7 C_7}.$$

La normale menée de l'origine au plan des centres coïncide donc avec la résultante d'un contour polygonal dont les côtés successifs seraient représentés, en grandeur, direction et sens, par les perpendiculaires $\varpi_1, \varpi_2, \ldots, \varpi_7$ menées de l'origine à chacun des plans donnés, multipliées respectivement par les membres $\lambda_1, \lambda_2, \ldots, \lambda_7$.

Il est remarquable que les changements apportés dans ce contour par le déplacement de l'origine laissent invariable la direction de sa résultante.

101. *Remarque III.* — L'équation

$$\sum_1^7 \lambda_1 P_1^2 = 0$$

conserve la même signification quelle que soit l'obliquité des axes. Si l'on choisit, par exemple, trois des sept plans donnés pour plans des x, y, z, le plan général des centres demeure représenté par l'équation

$$\alpha x^2 + \beta y^2 + \gamma z^2 + \sum_1^4 \lambda_1 \left(\frac{x}{a_1} + \frac{y}{b_1} + \frac{z}{c_1} - 1\right)^2 = 0,$$

rendue linéaire en x, y, z à l'aide des coefficients.

102. *Remarque IV.* — La *droite des centres* de toutes les surfaces du second ordre tangentes à *huit* plans donnés

$$P_1 P_2 \ldots P_8 = 0$$

est définie par les équations

$$\sum_1^7 \lambda_1 P_1^2 = 0, \quad \sum_2^8 \lambda_2 P_2^2 = 0, \ldots;$$

et il est aisé de voir que *l'équation*

$$0 = \sum_1^8 \lambda_1 P_1^2 \equiv Q,$$

abaissée au premier degré à l'aide des coefficients, *représente tous les plans menés*, en nombre infini, *par la droite générale des centres ; ou le système des plans diamétraux communs à toutes les surfaces de la série.*

Soient, effectivement,

$$(0) \qquad 0 = Q \equiv \sum_1^8 \mu_1 P_1^2$$

l'un quelconque des plans contenus dans l'équation précédente ; et

$$(1) \qquad 0 = Q_1 \equiv \sum_{-1} \lambda P^2,$$

$$(2) \qquad 0 = Q_2 \equiv \sum_{-2} \lambda P^2,$$

$$(3) \qquad 0 = Q_3 \equiv \sum_{-3} \lambda P^2, \ldots$$

les plans des centres des surfaces du second ordre tangentes aux huit plans donnés, *moins* le premier P_1, ou le second P_2, ou le troisième P_3 ; . . .

Si entre les deux identités

$$(0) \qquad Q \equiv \sum_1^8 \mu_1 P_1^2,$$

$$(1) \qquad Q_1 \equiv \sum_{-1} \lambda P^2$$

on élimine le terme en P_2^2 qui figure au second membre de l'une et de l'autre; et que l'on compare l'identité résultante

$$(0,1) \qquad aQ + a_1 Q_1 \equiv \sum_{-2} \lambda P^2$$

à l'une des premières

$$(2) \qquad Q_2 \equiv \sum_{-2} \lambda P^2;$$

on a encore identiquement

$$aQ + a_1 Q_1 \equiv Q_2,$$

ou

$$(0,1,2) \qquad Q \equiv m_1 Q_1 + m_2 Q_2.$$

Le plan $Q = 0$ passe donc par la commune intersection de deux quelconques des plans $Q_1 Q_2 \ldots Q_8 = 0$ ou par la droite des centres de toutes les surfaces considérées.

Réciproquement, un plan quelconque mené par la droite des centres peut être représenté par une équation de la forme

$$\sum_1^8 \lambda_1 P_1^2 = 0.$$

Car deux des plans menés par cette droite étant déjà représentés par les équations

$$0 = Q \equiv \sum_1^7 \lambda_1 P_1^2, \quad 0 = Q' \equiv \sum_2^8 \lambda_2 P_2^2,$$

un troisième plan mené par la même droite sera représenté par une combinaison homogène des deux précédentes

$$\alpha Q + \alpha' Q' = 0, \quad \text{ou} \quad \sum_1^8 \mu_1 P_1^2 = 0.$$

103. *Remarque V.* — On démontrerait de même que *l'équation*

$$0 = \sum_1^9 \lambda_1 P_1^2 \equiv Q,$$

abaissée au premier degré à l'aide des coefficients, *représente tous les plans menés par le centre de la surface du second ordre définie par les neuf plans tangents*

$$P_1 P_2 \ldots P_9 = 0,$$

ou *le système des plans diamétraux de cette surface.*

104. *Remarque VI. — La condition* nécessaire et suffisante *pour que* dix *plans*

$$P_1 P_2 \ldots P_9 P_{10} = 0,$$

soient tangents à une même surface du second ordre, est qu'il existe, entre les carrés de leurs distances à un point quelconque, *une relation linéaire et homogène*

$$(a) \qquad \sum_1^{10} \lambda_1 P_1^2 \equiv 0,$$

le signe $\equiv$ désignant une identité.

Et *si certains plans*, au nombre de *neuf*, ou de *huit*, *se trouvent dans de telles dépendances qu'ils donnent lieu à l'une des identités*

$$(b) \qquad \sum_1^{9} \lambda_1 P_1^2 \equiv 0,$$

ou

$$(c) \qquad \sum_1^{8} \lambda_1 P_1^2 \equiv 0,$$

toute surface du second ordre menée tangentiellement à tous ces plans, moins un, *sera d'elle-même tangente au plan que l'on avait omis.*

En effet, il résulte d'abord de l'identité (a) que tout plan

$$0 = Q \equiv \sum_1^{9} \lambda_1 P_1^2$$

mené par le centre de la surface $(1, 2, \ldots, 8, 9)$ peut aussi s'écrire

$$0 = Q \equiv \sum_2^{10} \lambda'_2 P_2^2$$

et passe, dès lors, par le centre de la surface $(2, 3, \ldots, 9, 10)$:

ces deux surfaces ont le même centre et huit plans tangents communs ; elles coïncident.

Il résulte, de même, de l'identité (b), que tout plan

$$o = Q \equiv a X^2 + \sum_1^8 \lambda_1 P_1^2$$

mené par le centre de la surface $(P_1, \ldots, P_8, X)$ peut aussi s'écrire

$$o = Q \equiv a X^2 + \sum_2^9 \lambda'_2 P_2^2$$

et contient le centre de la surface $(P_2, \ldots, P_9, X)$: ces deux surfaces ont le même centre et huit plans tangents communs $(P_2, \ldots, P_8, X)$; elles coïncident.

Il résulte enfin de l'identité (c) que tout plan

$$o = Q \equiv a X^2 + b Y^2 + \sum_1^7 \lambda_1 P_1^2$$

mené par le centre de la surface $(P_1, \ldots, P_7, X, Y)$ peut aussi s'écrire

$$o = Q \equiv a X^2 + b Y^2 + \sum_2^8 \lambda'_2 P_2^2$$

et contient le centre de la surface $(P_2, \ldots, P_8, X, Y)$: ces deux surfaces ont le même centre et huit plans tangents communs $(P_2, \ldots, P_7, X$ et $Y)$; elles coïncident.

Réciproquement, dix plans tangents d'une surface du second ordre donnent toujours lieu à l'identité (a).

Car l'un quelconque des plans diamétraux $Q = o$ de la surface donne lieu aux identités

$$Q \equiv \sum_1^9 \lambda_1 P_1^2, \quad Q \equiv \sum_2^{10} \lambda'_2 P_2^2,$$

et celles-ci entraînent la relation identique

$$\sum_1^{10} \lambda''_1 P_1^2 \equiv o.$$

105. *Remarque VII.* — Il resterait maintenant à dé-

duire de l'équation principale

$$(I) \qquad \sum_1^7 \lambda_i P_i^2 = 0,$$

convenablement interprétée, la construction même du plan général des centres.

Que si, essayant, comme le veut l'analogie, les considérations utilisées déjà dans le problème semblable relatif au lieu des centres des coniques tangentes à quatre droites, on forme l'équation du plan polaire d'un point quelconque $(p_1, p_2, \ldots, p_7)$ par rapport au plan des centres (I) assimilé à une surface du second ordre par l'adjonction du *plan à l'infini* : on trouvera toujours ce plan polaire représenté par l'équation

$$\lambda_1 p_1 P_1 + \lambda_2 p_2 P_2 + \ldots + \lambda_7 p_7 P_7 = 0,$$

et l'on reconnaîtra encore que les rayons vecteurs menés du pôle à ce plan sont divisés en deux parties égales par le plan général des centres. Mais si, plaçant le pôle en l'un des sommets du solide formé par les sept plans donnés, on pose, par exemple,

$$0 = p_5 = p_6 = p_7,$$

l'équation du plan polaire correspondant

$$\lambda_1 p_1 P_1 + \lambda_2 p_2 P_2 + \lambda_3 p_3 P_3 + \lambda_4 p_4 P_4 = 0$$

n'admet plus aucune solution connue. Bien que toujours parallèle au plan des centres, le plan polaire ne nous laisse apercevoir aucun de ses points, et nous n'avons plus, comme précédemment, dans le milieu de la droite qui réunirait ce point au pôle, un point du lieu que nous cherchons. L'analogie paraît donc interrompue ; mais nous allons voir que l'on peut la rétablir et déduire géométriquement le plan des centres $X = 0$ de sa seule équation

$$\sum_1^7 \lambda_i P_i^2 = 0,$$

ou de l'*identité* équivalente

$$(i_0) \qquad \sum_1^7 \lambda_1 P_1^2 \equiv X,$$

à laquelle il doit satisfaire : pourvu que l'on rompe préalablement la symétrie qu'elle présente par rapport aux sept plans donnés.

A cet effet, et en vue d'une notation plus avantageuse pour la suite du calcul, substituons d'abord, à la fonction P_7 du septième des plans donnés, la fonction équivalente P,

$$P_7 \equiv P;$$

et désignant toujours par $X = 0$ le plan *inconnu* des centres, écrivons, au lieu de l'identité initiale (i_0),

$$\sum_1^6 \lambda_1 P_1^2 - P^2 \equiv -2mX$$

ou

$$(i) \qquad \sum_1^6 \lambda_1 P_1^2 \equiv P^2 - 2mX.$$

Il résulte de cette dernière que le *cylindre parabolique* représenté par l'une ou l'autre des équations équivalentes

$$(1) \qquad 0 = \sum_1^6 \lambda_1 P_1^2 \equiv P^2 - 2mX,$$

est *conjugué* à l'hexaèdre $abcd\,a'b'c'd'$ résultant des six premiers plans donnés : de telle façon que le plan polaire, pris par rapport à ce cylindre, de chacun des sommets a, b, ... de l'hexaèdre $(P_1, \ldots, P_6)$ passe par le sommet opposé a', b', ... Et l'on voit en effet, le plan polaire, pris par rapport à la surface (1), d'un point quelconque $(p_1, \ldots, p_6)$ de l'espace étant représenté par l'équation générale (p. 28, n° 28)

$$\sum_1^6 \lambda_1 p_1 P_1 = 0 \quad \text{ou} \quad \lambda_1 p_1 P_1 + \lambda_2 p_2 P_2 + \ldots + \lambda_6 p_6 P_6 = 0,$$

que l'équation du plan polaire de l'un quelconque des

sommets $o = p_1 = p_2 = p_3$ de l'hexaèdre est simplement

$$\lambda_4 p_4 P_4 + \lambda_5 p_5 P_5 + \lambda_6 p_6 P_6 = o :$$

équation d'un plan passant par le sommet opposé $o = P_4 = P_5 = P_6$.

Deux sommets opposés quelconques a et a', b et b', ... de l'hexaèdre $(P_1 \ldots P_6)$ sont donc *conjugués* par rapport au cylindre

$$P^2 - 2mX = o.$$

Et si l'on désigne par P_a, $P_{a'}$, P_b, $P_{b'}$, ... les distances de ces sommets au plan donné $P = o$, par X_a, $X_{a'}$, X_b, $X_{b'}$, ... les distances des mêmes sommets au plan inconnu $X = o$; on aura, entre ces distances et le paramètre m, les relations

$$(2)\quad \begin{cases} P_a P_{a'} = m(X_a + X_{a'}), \\ P_b P_{b'} = m(X_b + X_{b'}), \\ P_c P_{c'} = m(X_c + X_{c'}), \\ P_d P_{d'} = m(X_d + X_{d'}), \end{cases}$$

entre lesquelles, éliminant ce paramètre, on obtient ces trois équations distinctes

$$(3)\quad \frac{X_a + X_{a'}}{P_a P_{a'}} = \frac{X_b + X_{b'}}{P_b P_{b'}} = \frac{X_c + X_{c'}}{P_c P_{c'}} = \frac{X_d + X_{d'}}{P_d P_{d'}}.$$

Or les nombres P_a, $P_{a'}$, P_b, $P_{b'}$, ..., qui figurent dans ces équations, étant connus et désignant les distances des sommets opposés a et a', b et b', ... de l'hexaèdre au plan donné P; on voit qu'il existe, entre les distances X_a, $X_{a'}$ et X_b, $X_{b'}$, ... de quatre de ces sommets au plan *inconnu* ou *variable* $X = o$, trois équations homogènes du premier degré : *équations tangentielles* qui caractérisent, prises isolément, tous les plans issus d'un point déterminé x_1, ou x_2, ou x_3; et, collectivement, le plan mené par ces trois points ou le plan même X que l'on cherche.

Le problème n'est donc plus que de la définition géométrique du point (enveloppe du plan mobile X) représenté par l'équation tangentielle

$$(4) \qquad \frac{X_a + X_{a'}}{P_a P_{a'}} = \frac{X_b + X_{b'}}{P_b P_{b'}},$$

ou [en appelant o, o' (*fig.* 17) les traces des arêtes opposées ab, $a'b'$ sur le plan donné P, et posant

$$(n) \quad P_a = \overline{ao} = a, \ P_b = \overline{bo} = b; \quad P_{a'} = \overline{a'o'} = a', \ P_{b'} = \overline{b'o'} = b'],$$

par celle-ci

$$(5) \qquad \frac{\alpha + \alpha'}{a . a'} = \frac{\beta + \beta'}{b . b'},$$

dans laquelle α, α', β, β' désignent les distances, aux points de référence $\dot{a}$, $\dot{a}'$, $\dot{b}$, $\dot{b}'$, du plan variable X, ou les coordonnées tangentielles X_a, $X_{a'}$, X_b, $X_{b'}$ de ce plan.

Fig. 17.

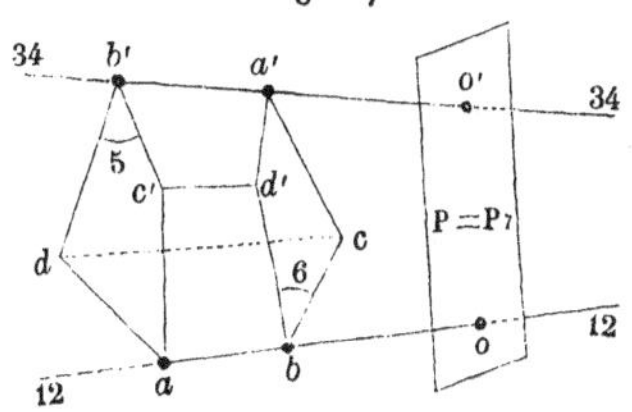

Or l'équation (5) est premièrement satisfaite par la double substitution

$$0 = \alpha + \alpha' = \beta + \beta'.$$

Tout plan mené par le *point milieu* $\alpha + \alpha' = 0$ de la diagonale aa', et par celui $\beta + \beta' = 0$ de la diagonale bb', vérifie donc l'équation (5) et contient le point représenté par cette équation. *Le point* (5) *est donc situé sur la médiane du quadrilatère gauche* $aba'b'$.

Pour trouver ensuite un autre lieu géométrique de ce point, essayons d'un changement de *points coordonnés;* et puisque le plan $P = 0$ (ou P_7) entrait d'abord dans les données du problème de la même manière que les plans des diverses faces de l'hexaèdre actuel $abcd\,a'b'c'd'$, substituons aux deux points de référence b, a', traces des arêtes

ab, $a'b'$ sur le plan $bca'd'$ ou $P_6 = 0$ de l'une de ces faces, les traces o, o' des mêmes arêtes sur le plan P_7 ou $P = 0$ (*fig.* 18).

Fig. 18.

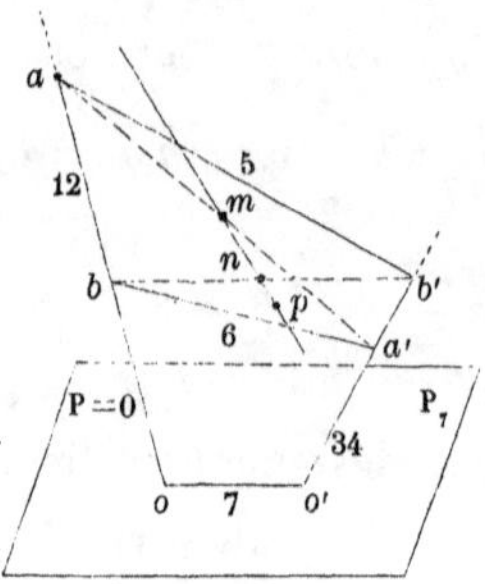

Les formules de transformation, empruntées de la relation que l'on sait exister entre les distances mutuelles de trois points en ligne droite (a, b, o, ou b', a', o') et leurs distances respectives (α, β, ω ou β', α', ω') à un même plan, seront les suivantes [*voir* la notation (n)] :

$$a.\beta = b.\alpha + (a-b)\,\omega, \quad b'.\alpha' = a'.\beta' + (b'-a')\,\omega';$$

et si l'on transporte les valeurs résultantes de β et α' dans l'équation (5), elle devient successivement

$$\frac{\alpha + \dfrac{a'.\beta' + (b'-a')\,\omega'}{b'}}{a.a'} = \frac{\dfrac{b.\alpha + (a-b)\,\omega}{a} + \beta'}{b.b'},$$

$$\frac{b'(\alpha+\omega') + a'(\beta'-\omega')}{a.b'.a'} = \frac{a(\beta'+\omega) + b(\alpha-\omega)}{a.b'.b},$$

$$\frac{b'}{a'}(\alpha+\omega') + \beta' - \omega' = \frac{a}{b}(\beta'+\omega) + \alpha - \omega,$$

$$\frac{b'}{a'}(\alpha+\omega') - (\alpha+\omega') = \frac{a}{b}(\beta'+\omega) - (\beta'+\omega),$$

ou enfin

$$(5') \qquad (\alpha+\omega')\left(\frac{b'}{a'} - 1\right) = (\beta'+\omega)\left(\frac{a}{b} - 1\right).$$

Le point représenté par l'une ou l'autre des équations équivalentes (5), (5'), *est donc situé* aussi *sur la médiane* $o = \alpha + \omega' = \beta' + \omega$ *du quadrilatère* $aoo'b'$. Et *l'on a un premier point du plan général des centres* $X = o$ *dans le point de concours des* médianes *des deux quadrilatères gauches* $aba'b'$, $aoo'b'$. Or, il suffit de jeter un coup d'œil sur la figure pour reconnaître leur mode de formation.

On voit, en effet, que deux arêtes opposées de l'hexaèdre, $\overline{abo}$ et $\overline{b'a'o'}$, intersections des plans P_1, P_2 et P_3, P_4, reçoivent deux côtés opposés ab et $b'a'$, ao et $b'o'$ de chacun de ces quadrilatères : les deux autres côtés opposés du premier, ab' et ba', réunissant les traces sur ces arêtes des plans P_5 et P_6 ; tandis que les deux autres côtés opposés du second, ab' et oo', réunissent les traces des mêmes arêtes sur les plans P_5 et P_7 ou $P = o$.

Telle est donc la construction par points du plan des centres de toutes les surfaces du second ordre inscrites au système $(P_1, P_2, \ldots, P_7)$, et qui rappelle, autant que le permet la diversité des choses, la construction de la droite des centres des coniques inscrites à un quadrilatère :

Les droites 12 *et* 34, *intersections respectives des plans*

Fig. 19.

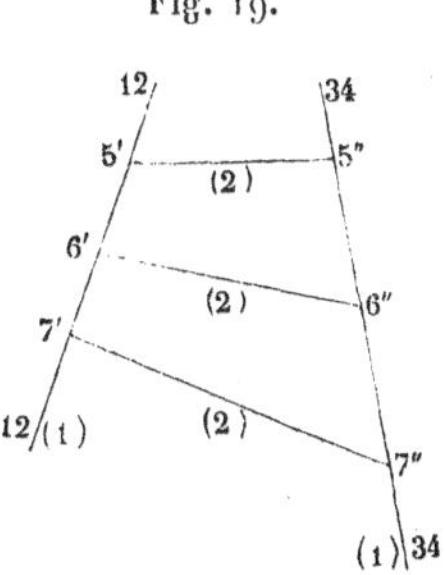

P_1 *et* P_2, P_3 *et* P_4 (*fig.* 19) *étant coupées par chacun des trois autres* P_5, P_6, P_7, *suivant les points* $5'$ *et* $5''$, $6'$ *et* $6''$,

7′ *et* 7″, *on construit les* médianes (droites des points-milieux des diagonales) *de deux quelconques des trois quadrilatères gauches résultants* 5′5″6″6′, 5′5″7″7′, 6′6″7″7′; *et l'on a, dans le point de concours de ces droites, un premier point du plan général des centres.* Le nombre des points distincts, que l'on peut obtenir de la sorte, en permutant de toutes les manières possibles les éléments de cette construction, est égal au triple du nombre des combinaisons de sept lettres prises quatre à quatre, ou trois à trois :

$$3C_{\frac{3}{7}} = 3 \cdot \frac{7.6.5}{1.2.3} = 3.35 = 105.$$

106. *Remarque VIII.* — Le centre p de l'hyperboloïde à une nappe mené par les trois droites ab', ba', oo', ou le point de concours des médianes des deux quadrilatères $ab'a'b$, $ab'o'o$, étant défini (p. 95) par l'équation

$$(5) \qquad \frac{\alpha + \alpha'}{a.a'} = \frac{\beta + \beta'}{b.b'} \quad \text{ou} \quad \frac{\alpha + \alpha'}{ao.a'o'} = \frac{\beta + \beta'}{bo.b'o'},$$

on peut substituer à celle-ci la proportion équivalente (*fig.* 18)

$$\frac{\overline{pm}}{\overline{ao}.\overline{a'o'}} = \frac{\overline{pn}}{\overline{bo}.\overline{b'o'}}$$

ou cette autre

$$\frac{pm}{pn} = \frac{ao : bo}{b'o' : a'o'}.$$

Tel est donc, sur la médiane mn du quadrilatère gauche $ab'a'b$, le centre p de l'hyperboloïde défini par les trois génératrices rectilignes ab', ba', oo'. Et si, en vue d'une notation plus symétrique, on échange l'une dans l'autre les lettres a', b' de la figure et de la proportion précédentes, on voit (*fig.* 20) que le centre de l'hyperboloïde à une

Fig. 20.

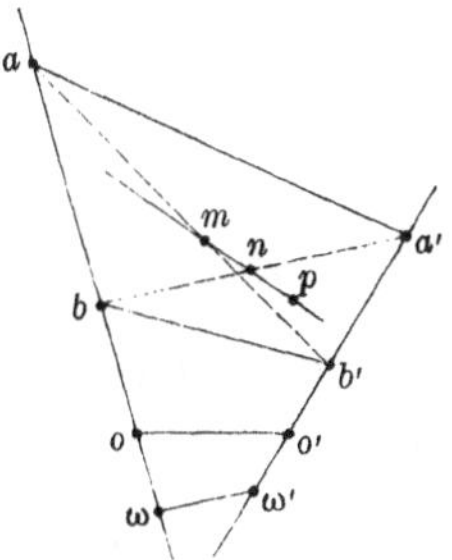

nappe déterminé par les trois génératrices rectilignes

$$aa', \quad bb', \quad oo'$$

coïncide avec le point p défini, sur la médiane mn du quadrilatère $abb'a'$, par la proportion

$$(g) \qquad \frac{mp}{np} = \frac{ao : bo}{a'o' : b'o'}.$$

Le théorème relatif aux divisions homographiques, ou proportionnelles, déterminées sur deux génératrices rectilignes d'un hyperboloïde à une nappe, ou d'un paraboloïde hyperbolique, par les génératrices de l'autre système, est contenu dans cette formule.

Pour le paraboloïde, d'abord, le centre p de la surface disparaît à l'infini ; et les rapports $\frac{mp}{np}$, $\frac{ao : bo}{a'o' : b'o'}$ devenant simultanément égaux à l'unité, l'on a

$$(P) \qquad \frac{ao}{bo} = \frac{a'o'}{b'o'}.$$

Et s'il s'agit ensuite d'un hyperboloïde, on déduit, de la relation (g), appliquée à une quatrième génératrice $\omega\omega'$,

$$(\gamma) \qquad \frac{mp}{np} = \frac{a\omega : b\omega}{a'\omega' : b'\omega'},$$

et de la relation (g) elle-même, l'égalité

$$(\mathrm{H}) \qquad \frac{ao : bo}{a'o' : b'o'} = \frac{a\omega : b\omega}{a'\omega' : b'\omega'}.$$

On voit que la formule (g) fournit une transformation élégante du rapport anharmonique $\frac{ao : bo}{a'o' : b'o'}$ dans le rapport équivalent $\frac{mp}{np}$, dont la construction exige seulement le tracé des médianes $(mnp, m'n'p)$ des deux quadrilatères plans ou gauches $abb'a'$, $aoo'a'$.

107. *Remarque IX.* — La construction du plan des centres peut aussi se déduire de quelques considérations de géométrie.

Reprenons, en effet, les plans donnés 1, 2, ..., 7 (*fig.* 19), et imaginons un hyperboloïde à une nappe H assujetti à passer par la droite 12, par la droite 34, et à être tangent, en outre, à chacun des plans non encore employés 5, 6, 7. Assujetti de la sorte à neuf conditions, cet hyperboloïde est déterminé; et il est aisé de voir que son centre appartient au plan général des centres de toutes les surfaces du second ordre tangentes aux sept plans donnés. En effet, l'hyperboloïde H est d'abord explicitement assujetti à toucher chacun des plans 5, 6, 7. Comme il passe, en outre, par chacune des droites 12 et 34, il se trouve tangent à tous les plans menés par chacune de ces droites, et, en particulier, aux plans 1 et 2, 3 et 4; il est donc tangent aux sept plans donnés. Son centre, d'ailleurs, peut être construit bien aisément. Si l'on regarde, en effet, les droites 12 et 34 comme deux génératrices rectilignes du premier mode de génération de cet hyperboloïde, chacun des plans tangents 5, 6, 7 renfermera une génératrice du deuxième mode de génération, rencontrant les génératrices 12 et 34 du premier en des points que l'on peut construire; car ils coïncident avec les traces, sur chacun des plans 5,

6, 7, des droites 12 et 34. Construisant donc toutes ces traces et les réunissant deux à deux par les droites $5'5''$, $6'6''$, $7'7''$; on a dans celles-ci trois autres génératrices de l'hyperboloïde H dont le centre se trouve dès lors soit au centre du parallélipipède construit sur ces trois dernières génératrices; soit, par un théorème antérieur (*voir* p. 75, n° 88) au point de concours des médianes de deux quelconques des quadrilatères gauches $5'5''6''6'$, $6'6''7''7'$, $5'5''7''7'$; et c'est aussi la conclusion où l'analyse nous avait menés déjà.

108. *Remarque X*. — Nous verrons plus loin que la *sphère conjuguée* d'un hexaèdre $P_1P_2\ldots P_6 = 0$, laquelle est représentée par l'équation

$$\sum_1^6 \lambda_1 P_1^2 = 0, \quad \text{ou} \quad \sum_{-7} \lambda P^2 = 0,$$

est orthogonale aux dix sphères décrites sur les diagonales de cet hexaèdre comme diamètres, ainsi qu'à la *sphère diagonale* $x^2 + y^2 + z^2 = a^2 + b^2 + c^2$ de toute surface du second ordre $\frac{x^2}{a^2} + \frac{y^2}{b^2} + \frac{z^2}{c^2} = 1$ inscrite à l'hexaèdre; et que les sphères

$$\sum_{-7} \lambda P^2 = 0, \quad \sum_{-6} \lambda P^2 = 0, \quad \sum_{-5} \lambda P^2 = 0, \ldots,$$

conjuguées aux sept hexaèdres déterminés par un système de sept plans, admettent un même cercle radical dont le plan, représenté par l'équation

$$0 = \sum_1^7 \lambda_1 P_1^2 \equiv Q,$$

coïncide avec le lieu des centres de toutes les surfaces inscrites.

Ces propriétés étant admises, revenons aux deux quadrilatères gauches $5'5''6''6'$, $5'5''7''7'$ du numéro précédent (*fig.* 21); et soit toujours p le point de concours de leurs médianes respectives mn, $m'n'$: ou le centre de l'hyperboloïde H. Si nous considérons le cercle radical des

Fig. 21.

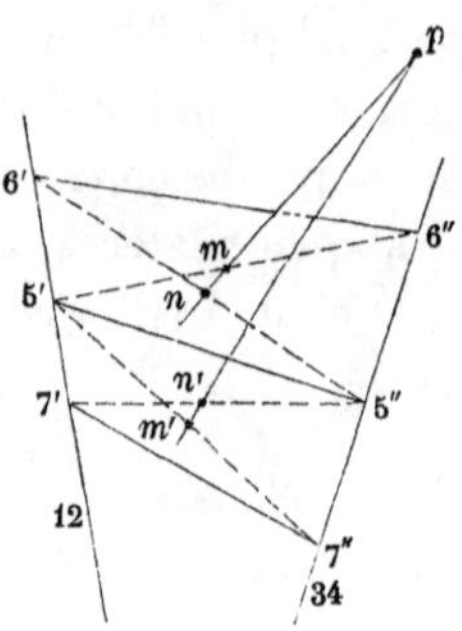

sphères décrites sur les diagonales $5'6''$, $6'5''$ comme diamètres, et celui des sphères analogues décrites sur les diagonales $5'7''$, $7'5''$; le premier ayant pour axe la médiane mn, le second la médiane $m'n'$; nous verrons que ces deux cercles appartiennent à une même sphère ayant pour centre le point p, et qui n'est autre que la sphère diagonale de l'hyperboloïde. La sphère de centre p, et qui passe par le premier cercle, est effectivement orthogonale à la sphère conjuguée de l'hexaèdre $P_1 \ldots P_6$; mais la sphère diagonale de l'hyperboloïde possède la même propriété; elle est d'ailleurs décrite autour du même point p, comme centre, et se confond avec la précédente. On peut donc énoncer ce théorème : « La sphère diagonale d'un hyperboloïde gauche passe par le cercle radical des sphères ayant pour diamètres les diagonales du quadrilatère formé de quatre quelconques des génératrices rectilignes de la surface. » Ces diagonales, d'ailleurs, représentent deux *cordes conjuguées* par rapport à l'hyperboloïde; et l'on peut rendre à ce théorème toute sa généralité en disant que « la sphère diagonale de toute surface du second ordre passe par le cercle radical des sphères décrites sur deux cordes conjuguées quelconques de la surface, comme diamètres. » Dans le plan, le théorème analogue consiste en ce que « le cercle diagonal d'une conique, le cercle décrit sur l'une quelconque des cordes de la courbe comme diamètre, et le cercle de rayon nul ayant pour centre le pôle de cette corde, se coupent suivant les deux mêmes points. »

109. *Remarque XI.* — L'étude précédente du plan des centres $X = 0$, considéré comme satisfaisant à l'identité

$$\sum^{6} \lambda_1 P_1^2 \equiv P_7^2 - 2mX,$$

contient aussi la solution de ce problème : *construire* un cylindre parabolique *qui divise* harmoniquement *les diagonales d'un hexaèdre donné* $P_1 \ldots P_6$, *et dont les plans diamétraux soient parallèles à un plan donné* $P_7 = 0$.

Si l'on se reporte, en effet, à la figure et à l'analyse du n° 105, p. 91, on voit que les six points représentés par les équations (3), p. 94, appartiennent au plan $X = 0$ mené tangentiellement au cylindre cherché par la génératrice relative au plan diamétral donné $P_7 = 0$. Et chacun de ces points est fourni par l'intersection des médianes des trois quadrilatères gauches interceptés sur deux arêtes opposées quelconques de l'hexaèdre, telles que 12 (ab) et 34 ($a'b'$), par deux quelconques des trois plans 5, 6, 7 ou $P_5 P_6 P_7 = 0$ (*fig.* 17, p. 95).

§ III. — *Théorème de M. J. Mention, et détermination de la sphère représentée par l'équation*

$$\sum_1^{6} \lambda_1 P_1^2 = 0.$$

110. *Du lieu des centres des surfaces du second ordre tangentes à six plans donnés, et dont les carrés* des axes principaux *conservent une somme constante.*

Si l'on applique au problème actuel l'analyse et toutes les notations du n° 76, on sera conduit à éliminer les *douze* variables $a, b, c, \alpha, \beta, \gamma, \alpha', \beta', \gamma', \alpha'', \beta'', \gamma''$ entre les équations

1°
$$\begin{aligned} P_1^2 &= (A_1 x + B_1 y + C_1 z - \varpi_1)^2 \\ &= a^2(A_1\alpha + B_1\beta + C_1\gamma)^2 \\ &+ b^2(A_1\alpha' + B_1\beta' + C_1\gamma')^2 \\ &+ c^2(A_1\alpha'' + B_1\beta'' + C_1\gamma'')^2, \end{aligned}$$

2°
$$\begin{aligned} P_2^2 &= (A_2 x + B_2 y + C_2 z - \varpi_2)^2 \\ &= a^2(A_2\alpha + B_2\beta + C_2\gamma)^2 \\ &+ b^2(A_2\alpha' + B_2\beta' + C_2\gamma')^2 \\ &+ c^2(A_2\alpha'' + B_2\beta'' + C_2\gamma'')^2, \end{aligned}$$

. . . .

6°
$$\begin{aligned} P_6^2 &= (A_6 x + B_6 y + C_6 z - \varpi_6)^2 \\ &= a^2(A_6\alpha + B_6\beta + C_6\gamma)^2 \\ &+ b^2(A_6\alpha' + B_6\beta' + C_6\gamma')^2 \\ &+ c^2(A_6\alpha'' + B_6\beta'' + C_6\gamma'')^2, \end{aligned}$$

7°
$$a^2 + b^2 + c^2 = k^2 = \text{const.},$$

et les *six* relations existant entre les neuf cosinus α, β, γ; α', β', γ'; $\alpha'', \beta'', \gamma''$. Or l'élimination peut encore s'effectuer indépendamment de celles de ces dernières relations qui résultent de l'orthogonalité des axes principaux de l'ellipsoïde.

Soient, en effet, $\lambda_1, \lambda_2, \ldots, \lambda_6$ six coefficients définis par les conditions suivantes :

$$(\lambda)\quad \begin{cases} \lambda_1 A_1^2 + \lambda_2 A_2^2 + \ldots + \lambda_6 A_6^2 = 1, \\ \lambda_1 B_1^2 + \lambda_2 B_2^2 + \ldots + \lambda_6 B_6^2 = 1, \\ \lambda_1 C_1^2 + \lambda_2 C_2^2 + \ldots + \lambda_6 C_6^2 = 1, \\ \lambda_1 A_1 B_1 + \lambda_2 A_2 B_2 + \ldots + \lambda_6 A_6 B_6 = 0, \\ \lambda_1 B_1 C_1 + \lambda_2 B_2 C_2 + \ldots + \lambda_6 B_6 C_6 = 0, \\ \lambda_1 A_1 C_1 + \lambda_2 A_2 C_2 + \ldots + \lambda_6 A_6 C_6 = 0. \end{cases}$$

Si l'on ajoute membre à membre les équations 1°, 2°,..., 6°, après les avoir multipliées respectivement par les nombres λ_1,

$\lambda_2, \ldots, \lambda_6$ ainsi déterminés; les neuf termes, tels que $a^2\alpha\beta$, $a^2\beta\gamma$, $a^2\alpha\gamma$, disparaissent d'eux-mêmes du second membre de l'équation résultante, en vertu des trois dernières conditions imposées aux multiplicateurs λ. En même temps, et en vertu des trois premières, les termes en $a^2\alpha^2$, $a^2\beta^2$, $a^2\gamma^2$, dont les coefficients deviennent égaux à l'unité, s'y réduisent à $a^2(\alpha^2+\beta^2+\gamma^2)=a^2$; les termes en $b^2\alpha'^2$, $b^2\beta'^2$, $b^2\gamma'^2$ s'y réduisent à b^2; les termes en $c^2\alpha''^2$, $c^2\beta''^2$, $c^2\gamma''^2$ à c^2; et l'ensemble de ces termes à $a^2+b^2+c^2$, ou k^2, en vertu de la relation 7°. Les douze variables se trouvent donc éliminées, et le lieu des centres est défini par l'équation

$$\lambda_1(A_1x+B_1y+C_1z-\varpi_1)^2+\ldots+\lambda_6(A_6x+B_6y+C_6z-\varpi_6)^2$$
$$=a^2+b^2+c^2=\text{const.},$$

ou

$$\sum_1^6 \lambda_1 P_1^2 = a^2+b^2+c^2=\text{const.}$$

D'ailleurs, les rectangles des coordonnées courantes x, y, z disparaissent d'eux-mêmes de cette équation en vertu des conditions (λ); les coefficients de x^2, y^2, z^2 y sont égaux à l'unité, et le lieu des centres est une *sphère* dont le centre est indépendant de la valeur assignée à la constante $a^2+b^2+c^2$ (J. MENTION, *Nouvelles Annales de Mathém.*, 1857, t. XVI, p. 228). On peut donc énoncer ce théorème:

Le lieu des centres des surfaces du second ordre tangentes aux six plans $P_1P_2\ldots P_6=0$, *et dont les carrés des axes principaux conservent une somme constante, est* la sphère *représentée par l'équation*

$$(\text{I})\qquad \sum_1^6 \lambda_1 P_1^2 = a^2+b^2+c^2=\text{const.}$$

ramenée à la forme

$$x^2+y^2+z^2+2mx+2ny+2pz+q=a^2+b^2+c^2$$

par un choix convenable des coefficients.

111. *Remarque I.* — On trouve pour les coordonnées du centre

$$\xi = \lambda_1 \varpi_1 A_1 + \ldots + \lambda_6 \varpi_6 A_6,$$
$$\eta = \lambda_1 \varpi_1 B_1 + \ldots + \lambda_6 \varpi_6 B_6,$$
$$\zeta = \lambda_1 \varpi_1 C_1 + \ldots + \lambda_6 \varpi_6 C_6.$$

Le centre de la sphère (I) coïncide donc avec l'extrémité d'un contour polygonal dont le point de départ serait à l'origine, et dont les côtés successifs seraient représentés en grandeur, direction et sens par les perpendiculaires ϖ_1, $\varpi_2, \ldots, \varpi_6$ menées de l'origine aux six plans donnés, multipliées respectivement par les nombres $\lambda_1, \lambda_2, \ldots, \lambda_6$: les changements apportés dans ce contour par le déplacement de l'origine, laissant son extrémité immobile au même point.

112. *Remarque II.* — L'équation (I) subsiste quelle que soit l'obliquité des axes. Ainsi l'on peut prendre pour plans des x, y, z trois des six plans tangents donnés, et la sphère des centres demeure représentée par l'équation

$$\alpha x^2 + \beta y^2 + \gamma z^2 + \sum_1^3 \lambda_1 \left(\frac{x}{m_1} + \frac{y}{n_1} + \frac{z}{p_1} - 1\right)^2$$
$$= a^2 + b^2 + c^2 = \text{const.}$$

ramenée toujours à la forme $x^2 + y^2 + z^2 + 2xy\cos(xy) + \ldots$ par un choix convenable des coefficients.

113. *Remarque III.* — Le théorème relatif au lieu des centres des surfaces inscrites à un système donné de sept plans (n° 98) peut se déduire du présent théorème.

Soit, en effet, $a^2 + b^2 + c^2$ la somme des carrés des demi-axes principaux de l'un quelconque des ellipsoïdes inscrits au système $P_1 P_2 \ldots P_7 = 0$. Le centre de cet ellipsoïde devant appartenir, en particulier, à chacune des sphères

$$x^2 + y^2 + z^2 + \ldots \equiv \sum_1^6 \lambda_1 P_1^2 = a^2 + b^2 + c^2,$$

et

$$x^2 + y^2 + z^2 + \ldots \equiv \sum_2^7 \mu_2 P_2^2 = a^2 + b^2 + c^2,$$

appartiendra aussi à leur plan radical représenté par l'équation

$$\sum_1^6 \lambda_1 P_1^2 - \sum_2^7 \mu_2 P_2^2 = 0,$$

ou au plan unique et déterminé

$$\sum_1^7 \lambda'_1 P_1^2 = 0;$$

ce qui est le théorème du n° 98, p. 86.

114. *Remarque IV.* — Toutes les *sphères* représentées, en nombre infini, par l'une des équations

$$\sum_1^7 \lambda_1 P_1^2 = 0,$$

$$\sum_1^8 \lambda_1 P_1^2 = 0,$$

$$\sum_1^9 \lambda_1 P_1^2 = 0$$

ont le même *plan*, le même *axe* ou le même *centre radical:* le plan ou la droite des centres des ellipsoïdes tangents aux plans donnés; ou le centre unique de l'ellipsoïde tangent aux neuf plans $P_1 P_2 \ldots P_9 = 0$.

115. *Remarque V.* — Revenons à la sphère principale

$$\text{(I)} \qquad \sum_1^6 \lambda_1 P_1^2 = a^2 + b^2 + c^2 = \text{const.},$$

et cherchons à en déterminer le centre.

Toutes les sphères répondant aux diverses valeurs de la constante étant concentriques, on peut supposer cette constante nulle. La sphère correspondante est alors le lieu spécial des centres des hyperboloïdes *équilatères*

$$\frac{x^2}{a^2} \pm \frac{y^2}{b^2} - \frac{z^2}{c^2} = 1, \quad a^2 \pm b^2 - c^2 = 0$$

à une ou à deux nappes, tangents aux six plans donnés; et

toute la question est de déterminer le centre particulier de cette sphère représentée par l'équation *homogène*

$$\text{(II)} \qquad \sum_1^6 \lambda_1 P_1^2 = 0.$$

Or le plan polaire, pris relativement à la sphère (II), d'un point quelconque $(p_1, p_2, \ldots, p_6)$, a pour équation

$$\lambda_1 p_1 . P_1 + \lambda_2 p_2 . P_2 + \ldots + \lambda_6 p_6 . P_6 = 0;$$

et si, au lieu de laisser ce point indéterminé, on le place en l'un quelconque des sommets de l'hexaèdre formé par les six plans donnés, en posant, par exemple,

$$0 = p_1 = p_2 = p_3;$$

le plan polaire correspondant

$$\lambda_4 p_4 . P_4 + \lambda_5 p_5 . P_5 + \lambda_6 p_6 . P_6 = 0$$

passe par le *sommet opposé* $0 = P_4 = P_5 = P_6$.

Deux sommets opposés quelconques de l'hexaèdre formé par les six plans sont donc *conjugués* par rapport à la sphère (II).

Mais *la droite qui réunit deux points conjugués* relativement à une sphère, *étant prise pour diamètre d'une seconde sphère,* on sait que *ces deux sphères sont orthogonales.* La sphère (II) est donc orthogonale à toutes celles que l'on peut décrire sur chacune des diagonales de l'hexaèdre $P_1 \ldots P_6$ comme diamètre; son centre est un point de commune puissance par rapport à toutes ces sphères, et le carré de son rayon est mesuré par cette commune puissance. La détermination que l'on avait en vue se trouve donc réalisée, et l'on a cette suite de théorèmes :

I. *Les dix sphères décrites sur chacune des diagonales* d'un hexaèdre complet, *comme diamètre*, ont un même centre radical et une même sphère orthogonale : la *sphère conjuguée* de l'hexaèdre, représentée par l'équation

$$\sum_1^6 \lambda_1 P_1^2 = 0.$$

II. *Le lieu des centres des hyperboloïdes* équilatères

$$a^2 \pm b^2 - c^2 = 0$$

à une ou à deux nappes inscrits à un même système de six plans est la sphère conjuguée *de l'hexaèdre qu'ils déterminent et se trouve représenté par l'équation*

$$\sum_1^6 \lambda_1 P_1^2 = 0.$$

III. *Sept plans étant donnés, les* sphères conjuguées *des sept hexaèdres qu'ils déterminent se coupent suivant un même cercle dont la* circonférence *représente le lieu particulier des centres des* hyperboloïdes équilatères *inscrits aux sept plans donnés : le lieu* général *des centres de toutes les surfaces du second ordre tangentes aux mêmes plans étant donné* par le plan même de ce cercle (le *cercle conjugué* des sept plans du système) *et représenté par l'équation*

$$\sum_1^7 \lambda_1 P_1^2 = 0.$$

IV. *Huit plans étant donnés, les* sphères conjuguées *des vingt-huit hexaèdres qu'ils déterminent se coupent suivant les deux mêmes points ; ces points sont les centres* des deux hyperboloïdes équilatères *inscriptibles aux huit plans donnés; la droite, toujours réelle, qui les réunit, ou l'*axe conjugué des huit plans, *représente le lieu général des centres de toutes les surfaces inscrites, et coïncide avec la commune intersection de tous les plans contenus dans l'équation*

$$\sum_1^8 \lambda_1 P_1^2 = 0.$$

V. *Neuf plans étant donnés, les* sphères conjuguées *des*

quatre-vingt-quatre hexaèdres qu'ils déterminent ont un même centre radical : le centre de la surface du second ordre tangente aux neuf plans donnés, et le point de commune intersection de tous les plans contenus dans l'équation

$$\sum_1^9 \lambda_1 P_1^2 = 0.$$

On voit que ces théorèmes contiennent une seconde construction du problème résolu au n° 105 (p. 91).

116. *Remarque VI. — La somme des carrés des demi-axes principaux d'une surface du second ordre inscrite à un hexaèdre est mesurée par la puissance du centre de la surface par rapport à la sphère conjuguée de l'hexaèdre*
$\sum_1^6 \lambda_1 P_1^2 = 0.$

Les coordonnées x, y, z ou $P_1, P_2, \ldots, P_6$ du centre de toute surface inscrite S_2 vérifient effectivement l'équation

$$\text{(I)} \quad a^2 + b^2 + c^2 = \sum_1^6 \lambda_1 P_1^2 \equiv (x - A)^2 + (y - B)^2 + (z - C)^2 - R^2,$$

et l'on peut dire que ces cordonnées, substituées dans la fonction

$$\sum_1^6 \lambda_1 P_1^2, \quad \text{ou} \quad (x - A)^2 + (y - B)^2 + (z - C)^2 - R^2$$

de la *sphère conjuguée* de l'hexaèdre, lui font acquérir une valeur simultanément égale à la puissance du *point substitué* par rapport à cette sphère, et à la somme $a^2 + b^2 + c^2$ des carrés des demi-axes principaux de la surface considérée.

117. Si l'on appelle *sphère diagonale* de l'ellipsoïde

$$\frac{x^2}{a^2} + \frac{y^2}{b^2} + \frac{z^2}{c^2} = 1,$$

la sphère concentrique

$$x^2 + y^2 + z^2 = a^2 + b^2 + c^2,$$

ayant pour rayon la diagonale du parallélipipède construit sur ses demi-axes principaux, le théorème précédent sera susceptible de cet autre énoncé :

Les sphères diagonales *de toutes les surfaces du second ordre inscrites à un hexaèdre sont orthogonales à une même sphère, la sphère* conjuguée *de l'hexaèdre.*

118. *Remarque VII.* — On peut obtenir par la géométrie la définition, que vient de nous fournir le calcul, de la sphère lieu des centres des hyperboloïdes équilatères, à une ou à deux nappes, inscrits à un hexaèdre donné.

Les plans des diverses faces de cet hexaèdre étant désignés par les n°s 1, 2,..., 6, construisons, en effet, le quadrilatère gauche $abcd$ intercepté par les plans 5 et 6 sur les droites 12 et 34, intersections des plans 1 et 2, 3 et 4 (*fig.* 22); et considérons d'une manière spéciale les hyperboloïdes à une nappe menés en nombre infini par les côtés de ce quadrilatère. Tous ces hyperboloïdes se trouveront inscrits à l'hexaèdre proposé; leurs centres seront distribués sur la médiane mn du quadrilatère précédent, et leur équation générale pourra s'écrire

$$(1)\qquad AC + \lambda BD = 0,$$

ou

$$(1')\qquad \frac{(A + cC)^2}{4c} - \frac{(A - cC)^2}{4c} + \lambda\frac{(B + dD)^2}{4d} - \lambda\frac{(B - dD)^2}{4d} = 0;$$

les équations

$$0 = A = B = C = D$$

désignant les plans des angles successifs du quadrilatère $abcd$.

Il résulte de la forme de l'équation (1′) que tous ces hyperboloïdes sont *conjugués* au tétraèdre déterminé par les plans

$$A \pm cC = 0, \quad B \pm dD = 0.$$

La puissance, par rapport à la sphère Σ circonscrite à ce tétraèdre, du centre de l'un quelconque de ces hyperboloïdes, mesure donc la somme des carrés de ses demi-axes principaux (*voir* Chap. VI) : cette somme $a^2+b^2+c^2$ devenant nulle, et cet hyperboloïde devenant équilatère lorsque le centre correspondant, situé d'ailleurs sur la médiane mn, est en l'une des traces o ou o' de celle-ci sur la sphère Σ.

Fig. 22.

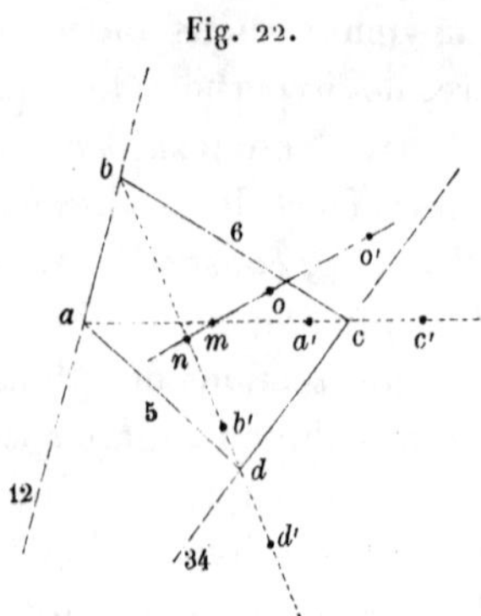

Or, il est aisé de voir que le tétraèdre

$$o = A \pm cC = B \pm dD,$$

susceptible d'une infinité de déterminations, a pour sommets deux couples quelconques de points a' et c', b' et d', situés respectivement sur l'une ou l'autre des diagonales ac, bd du quadrilatère gauche primitif, et les divisant harmoniquement.

Si o, o' désignent dès lors les traces de la médiane mn sur la sphère circonscrite au tétraèdre $a'b'c'd'$, l'on aura :

Par la division harmonique $(a, c; a', c')$ et les *cordes* oo', $a'c'$ issues du point milieu m du segment ac,

$$mo.mo' = ma'.mc' = \overline{ma}^2 = \overline{mc}^2 = \frac{\overline{ac}^2}{4} = R^2;$$

Par la division harmonique $(b, d; b', d')$ et les cordes

oo', $b'd'$ issues du point-milieu n du segment bd,

$$no.no' = nb'.nd' = \overline{nb}^2 = \overline{nd}^2 = \frac{\overline{bd}^2}{4} = R'^2.$$

Or il résulte de ces égalités que *toute sphère menée par les points* o, o', centres des deux hyperboloïdes équilatères déjà définis, *est orthogonale à chacune de celles que l'on peut décrire sur les diagonales ac ou bd comme diamètres.* Mais les diagonales du quadrilatère gauche *abcd* font deux des dix diagonales de l'hexaèdre primitif 12...6; et la sphère, lieu des centres des hyperboloïdes équilatères inscrits à cet hexaèdre, passe, en particulier, par les points o, o' : *La sphère*, lieu des centres, *est donc orthogonale à chacune des* sphères diagonales *de l'hexaèdre.*

Il est aisé de voir que l'on peut obtenir de la sorte autant de couples de points o, o' appartenant à la sphère des centres, qu'il est marqué par le triple du nombre des combinaisons de six lettres deux à deux :

$$3\,C_{\frac{2}{6}} = 3.\frac{6.5}{1.2} = 3.15 = 45.$$

§ IV. — *De deux séries de cercles déduites du quadrilatère et formant un double système orthogonal.*

119. 1). Si l'on considère l'un quelconque des cercles contenus, en nombre infini, dans l'équation

$$\text{(I)} \qquad \sum_1^4 \lambda_i P_i^2 = 0,$$

on trouve que la polaire, par rapport à ce cercle, de l'un quelconque des sommets du quadrilatère $P_1 \ldots P_4 = 0$, passe par le sommet opposé. Deux quelconques des sommets opposés du quadrilatère sont dès lors conjugués par rapport à chacun des cercles de la série (I), et ses trois diagonales se trouvent divisées harmoniquement par chacun de ces *cercles* que l'on peut dire *conjugués* au quadrilatère.

D'ailleurs, réciproquement, tout cercle conjugué au quadrilatère, ou qui en divise les diagonales harmoniquement, fait partie des cercles de la série (I), parmi lesquels on doit remarquer :

Les *cercles conjugués des quatre triangles* résultant des côtés du quadrilatère,

$$o = \sum_1^3 \lambda_1 P_1^2 \equiv (x-\alpha)^2 + (y-\beta)^2 - \rho^2,$$

$$o = \sum_2^4 \lambda'_2 P_2^2 \equiv (x-\alpha')^2 + (y-\beta')^2 - \rho'^2,$$

. . . . ;

Le cercle circonscrit au triangle formé de ses trois diagonales, et qui divise harmoniquement chacune d'elles : comme cela résulte de la division harmonique déterminée sur chacune de ces droites par les deux autres;

Les deux *points cycliques* du quadrilatère; ou les deux cercles de rayon nul contenus dans l'équation générale (I), et donnant lieu à l'identité spéciale

$$\sum_1^4 \lambda_1 P_1^2 \equiv (x-\alpha)^2 + (y-\beta)^2 \equiv X^2 + Y^2.$$

Soient actuellement

$$o = \sum_1^4 \lambda_1 P_1^2 \equiv (x-\alpha)^2 + (y-\beta)^2 - \rho^2,$$

$$o = \sum_1^4 \lambda'_1 P_1^2 \equiv (x-\alpha')^2 + (y-\beta')^2 - \rho'^2$$

deux quelconques des cercles de la série (I). L'équation

$$o = \sum_1^4 \lambda''_1 P_1^2 \equiv Ax + By + Cz + D,$$

résultant des deux précédentes retranchées l'une de l'autre, représente à la fois l'axe radical des deux cercles considérés et la médiane du quadrilatère.

Tous les cercles de la série (I), ou les cercles conjugués

à un quadrilatère, admettent donc un même axe radical (*la médiane*); leurs centres sont distribués sur la *droite des hauteurs* (*voir* le Chapitre VII), et les *points limites* (*) des cercles de cette série coïncident avec les *deux points cycliques du quadrilatère*.

2). Si ces derniers points sont réels, la *série orthogonale* à la précédente est immédiatement déterminée et *se compose de tous les cercles menés par les deux points cycliques*. Dans le cas contraire, les cercles décrits sur les trois diagonales comme diamètres représentent encore trois cercles de la série orthogonale et la déterminent. C'est ce que l'on voit en remarquant que deux quelconques des sommets opposés du quadrilatère sont conjugués par rapport à chacun des cercles de la série (I), et se rappelant ce théorème : Le segment qui réunit deux points conjugués par rapport à un premier cercle étant pris pour diamètre d'un second cercle, ces deux cercles sont orthogonaux.

3). Mais cette nouvelle série est susceptible d'une autre définition, et l'on peut dire que *la série des cercles conjugués à un quadrilatère* et *la série des* cercles diagonaux *de toutes les coniques inscrites* forment un *double système orthogonal*.

En effet, l'on a vu déjà que le cercle diagonal de toute conique inscrite à un triangle coupe orthogonalement le cercle conjugué de ce triangle (*voir* p. 79, n° 92). Les cercles conjugués des quatre triangles résultant des côtés du quadrilatère actuel, et avec eux tous les cercles de la série (I) à laquelle ils appartiennent, seront dès lors coupés orthogonalement par le cercle diagonal de chacune des coniques inscrites. Les cercles diagonaux de ces coniques forment donc une nouvelle série orthogonale à la précédente (I) et passant par les *points limites* des cercles

(*) *Propriétés projectives*, p. 41.

de cette série ou par les points cycliques du quadrilatère. De là ce théorème :

Les cercles diagonaux *de toutes les coniques inscrites à un quadrilatère passent par les deux mêmes points : les* points cycliques *du quadrilatère. Et chacune de ces coniques est vue, de l'un quelconque de ces points, sous un angle droit* (PLUCKER, *Geom. Analyt. Entwick.*, t. II, p. 198).

C'est aussi ce que l'on peut déduire *à priori* de la définition

$$\sum_1^4 \lambda_1 P_1^2 \equiv (x-\alpha)^2 + (y-\beta)^2 \equiv X^2 + Y^2$$

de chacun des deux points cycliques, ou de l'identité

$$\sum_1^4 \lambda_1 P_1^2 - X^2 - Y^2 \equiv 0$$

qui en résulte. Cette dernière, en effet, exprime que les quatre côtés d'un quadrilatère $P_1 \ldots P_4 = 0$ et deux droites *rectangulaires* quelconques $XY = 0$, menées par l'un de ses points cycliques, font six tangentes d'une même conique (*voir* p. 74, n° 87). Et comme la première de ces dernières droites $X.Y = 0$ peut être menée tangentiellement à l'une quelconque des coniques inscrites, l'une quelconque de ces courbes est vue sous un angle droit de chacun des points cycliques.

120. *Tous les cercles contenus en nombre doublement infini dans l'équation*

$$\text{(II)} \qquad 0 = \sum_1^5 \lambda_1 P_1^2 \equiv (x-\alpha)^2 + (y-\beta)^2 - \rho^2$$

ont un même centre radical, le centre de la conique inscrite au pentagone $P_1 \ldots P_5 = 0$; *et tous les* points limites *des cercles de cette série,* ou points cycliques *du pentagone,*

$$\text{(II')} \qquad 0 = \sum_1^5 \lambda_1 P_1^2 \equiv (x-\alpha)^2 + (y-\beta)^2$$

sont distribués sur un même cercle, le cercle diagonal *de cette conique.*

Car si l'on retranche, membre à membre, les équations

$$o = \sum_1^5 \lambda_1 P_1^2 \equiv (x-\alpha)^2 + (y-\beta)^2 - \rho^2,$$

$$o = \sum_1^5 \lambda'_1 P_1^2 \equiv (x-\alpha')^2 + (y-\beta')^2 - \rho'^2,$$

de deux quelconques de ces cercles, l'équation résultante

$$o = \sum_1^5 \lambda''_1 P_1^2 \equiv Ax + By + C$$

représente à la fois l'axe radical de ces cercles et l'un des diamètres de la conique inscrite au pentagone (*voir* p. 73, n° 86). Le centre de cette conique est donc un point de commune puissance pour tous les cercles (II) qui admettent dès lors un même centre radical et un même cercle orthogonal décrit autour de ce point comme centre. D'ailleurs, les cercles conjugués des divers triangles ou quadrilatères qui résultent des côtés du pentagone, faisant partie de la série (II); le cercle diagonal de la conique inscrite coupe orthogonalement, avec chacun de ces cercles conjugués, tous ceux de la série à laquelle ils appartiennent, et passe en outre par chacun des points limites de la série ou par tous les points cycliques du pentagone considéré.

121. *Étant donné un triangle conjugué* $P_1 P_2 P_3 = o$ *et l'un des foyers* (α, β), ou *l'une des directrices* $P_4 = o$, *d'une conique*, proposons-nous, comme application de la notion des points cycliques d'un système de droites, de *construire la directrice* ou *le foyer correspondant.*

L'équation de la courbe considérée pouvant s'écrire sous ces deux formes équivalentes

$$(x-\alpha)^2 + (y-\beta)^2 = \lambda_4 P_4^2 \quad \text{ou} \quad \sum_1^3 \lambda_1 P_1^2 = o,$$

on a l'identité

$$\sum_1^4 \lambda_1 P_1^2 \equiv (x-\alpha)^2 + (y-\beta)^2.$$

Le foyer (α, β) est donc l'un des deux points cycliques du quadrilatère formé des côtés du triangle donné et de la directrice correspondante. Il sera donc bien facile de construire la directrice à l'aide du foyer, ou, inversement, le foyer à l'aide de la directrice.

122. *Une série de coniques* conjuguées au quadrilatère $P_1 \ldots P_4 = 0$ *ayant une directrice commune* $P_5 = 0$, *quel est le lieu du foyer correspondant?*

L'équation de l'une quelconque de ces courbes pourra s'écrire encore

$$(x-\alpha)^2 + (y-\beta)^2 = \lambda_5 P_5^2 \quad \text{ou} \quad \sum_1^4 \lambda_1 P_1^2 = 0,$$

et l'on aura encore l'identité

$$\sum_1^5 \lambda_1 P_1^2 \equiv (x-\alpha)^2 + (y-\beta)^2.$$

Le foyer (α, β) est donc l'un des points cycliques du pentagone $P_1 \ldots P_4 P_5$, et *le lieu de tous ces foyers coïncide avec le* cercle diagonal *de la conique inscrite à ce pentagone.*

Inversement, *étant donnés le quadrilatère* $P_1 \ldots P_4 = 0$ *et l'un des foyers f d'une conique conjuguée*, ce foyer f et les deux points cycliques du quadrilatère sont trois points du cercle diagonal d'une conique tangente aux quatre droites $P_1, \ldots, P_4$ et à la directrice $P_5 = 0$ qui correspond au foyer donné. Le centre de ce cercle diagonal est donc déterminé, *et la directrice* P_5 *roule sur une conique concentrique*, inscrite *au quadrilatère proposé.*

§ V. — *De deux séries de sphères orthogonales déduites d'un groupe de sept plans.*

123. 1) Considérons toutes les sphères contenues en nombre infini dans l'équation

$$\text{(I)} \qquad \sum_1^7 \lambda_1 P_1^2 = 0.$$

Les équations de deux quelconques d'entre elles étant

$$(1) \quad 0 = \sum_1^7 \lambda_1 P_1^2 \equiv (x-\alpha)^2 + (y-\beta)^2 + (z-\gamma)^2 - \rho^2,$$

$$(2) \quad 0 = \sum_1^7 \lambda'_1 P_1^2 \equiv (x-\alpha')^2 + (y-\beta')^2 + (z-\gamma')^2 - \rho'^2,$$

l'équation

$$(1,2) \qquad 0 = \sum_1^7 \lambda''_1 P_1^2 \equiv Ax + By + Cz + D,$$

qui résulte de la soustraction des deux précédentes, représente à la fois le plan du centre radical des deux sphères considérées, et le plan général des centres de toutes les surfaces du second ordre inscrites aux sept plans $P_1 P_2 \ldots P_7 = 0$. Toutes les sphères de la série (I) possèdent donc un même *cercle* et un même *plan radical :* le plan général des centres ou le *plan conjugué* des sept plans du système.

Mais le cercle radical des sphères de cette série peut aussi se construire. Et comme les sphères conjuguées

$$0 = \sum_1^6 \lambda_1 P_1^2 \equiv (x-\alpha)^2 + (y-\beta)^2 + (z-\gamma)^2 - \rho^2,$$

$$0 = \sum_2^7 \lambda'_1 P_1^2 \equiv (x-\alpha')^2 + (y-\beta') + (z-\gamma')^2 - \rho'^2$$

des sept hexaèdres déterminés par les plans $P_1 \ldots P_7 = 0$, font partie de la série (I) ; le *cercle conjugué* des sept plans, qui fait leur commune intersection, représente le *cercle radical* commun à toutes les sphères de la série.

2). Il est facile maintenant de définir les deux *points sphériques* des sept plans donnés ou les deux sphères, de rayon nul,

$$o = \sum_1^7 \lambda_1 P_1^2 \equiv (x-\alpha)^2 + (y-\beta)^2 + (z-\gamma)^2,$$

qui marquent les *points limites* de la série considérée.

Car le cercle radical commun à toutes les sphères (I) étant représenté par les équations

$$z = o, \quad x^2 + y^2 - r^2 = o,$$

leur équation générale

$$(\text{I}') \qquad x^2 + y^2 + z^2 - 2\gamma z - r^2 = o$$

pourra s'écrire

$$x^2 + y^2 + (z-\gamma)^2 = \gamma^2 + r^2 :$$

d'où, pour les *points limites* de la série,

$$x = o, \quad y = o, \quad z = \gamma = \pm r\sqrt{-1}.$$

Ces points limites, ou les deux points sphériques des sept plans donnés, se trouvent donc sur l'axe du cercle ($x^2 + y^2 = r^2$) conjugué des sept plans, de part et d'autre de son centre, et à une distance de celui-ci mesurée par $r\sqrt{-1}$. Ces points sont donc réels et distincts, se confondent en un seul ou deviennent imaginaires, suivant que le cercle conjugué des sept plans est imaginaire, se réduit à un point ou acquiert un rayon fini.

3). On a vu précédemment que la sphère diagonale ($x^2 + y^2 + z^2 = a^2 + b^2 + c^2$) de l'une quelconque des surfaces du second ordre $\left(\frac{x^2}{a^2} + \frac{y^2}{b^2} + \frac{z^2}{c^2} = 1\right)$ inscrites à un hexaèdre, est orthogonale à la sphère conjuguée de cet hexaèdre (*voir* p. 110, n° 117). La sphère diagonale de l'une quelconque des surfaces du second ordre inscrites aux sept plans $P_1 \ldots P_7 = o$ du système actuel, est donc orthogonale aux sphères conjuguées des sept hexaèdres qu'ils déterminent, comme à toutes celles que l'on peut mener par leur cercle radical, ou à toutes les sphères de la série (I). Or, il résulte immédiatement de là que les sphères diagonales de toutes les surfaces inscrites passent par les deux mêmes points qui sont les points sphériques des sept points considérés ou les points limites des sphères de la série. Et c'est aussi ce que l'on peut déduire du calcul suivant.

Les sphères (I) étant représentées avec leur cercle radical en évidence

$$z=0, \quad x^2+y^2-r^2=0,$$

par l'équation

$$\text{(I')} \qquad x^2+y^2+z^2-2\gamma z-r^2=0;$$

chacune d'elles, ou au moins chacune des sept sphères conjuguées qui y sont comprises, sera coupée orthogonalement par toutes les suivantes :

$$\text{(II')} \quad x^2+y^2+z^2-2\alpha' x-2\beta' y-2\gamma' z+\varpi'=0,$$

si la condition connue

$$\varpi+\varpi'-2\alpha\alpha'-2\beta\beta'-2\gamma\gamma'=0,$$

ou, ici,

$$(c) \qquad -r^2+\varpi'-2\gamma\gamma'=0$$

est vérifiée, quelle que soit la valeur attribuée au paramètre γ; ou au moins pour sept valeurs distinctes de ce paramètre. Dans l'un et l'autre cas on doit avoir simultanément

$$(C) \qquad \gamma'=0 \quad \text{et} \quad \varpi'=r^2=\text{const.}$$

Or il résulte de ces conditions que toutes les sphères de la série orthogonale (II') passent par les deux mêmes points, représentés par les équations

$$(2') \qquad x=0, \quad y=0, \quad z=\pm\sqrt{-\varpi}=\pm r\sqrt{-1};$$

et coïncidant, comme l'on voit, avec les points sphériques des sept plans donnés.

De là cette première analogie au théorème déjà mentionné de Plucker :

Les sphères diagonales *de toutes les surfaces du second ordre inscrites à un système de sept plans passent par les deux mêmes points situés sur l'*axe *du* cercle conjugué $(x^2+y^2=r^2)$ des sept plans du système, *de part et d'autre du centre de ce cercle, et à une distance mesurée par* $r\sqrt{-1}$.

124. C'est aussi ce que l'on peut déduire, *à priori*, de la définition

$$o=\sum_1^7 \lambda_i P_i^2 \equiv (x-\alpha)^2+(y-\beta)^2+(z-\gamma)^2 \equiv X^2+Y^2+Z^2$$

des points sphériques d'un système de sept plans, ou de l'identité

$$\sum_1^7 \lambda_i P_i^2 - X^2 - Y^2 - Z^2 \equiv o$$

qui en résulte. Celle-ci exprime, en effet, que les sept plans donnés $P_1 \ldots P_7 = o$ et trois plans rectangulaires quelconques $X.Y.Z=o$, menés par l'un ou l'autre des deux points sphériques qu'ils déterminent, font dix plans tangents d'une même surface du second ordre. Cette surface, d'ailleurs, est l'une quelconque de celles que l'on peut inscrire aux sept plans du système, et à laquelle on pourra toujours mener, par celui des deux points sphériques que l'on aura choisi, deux nouveaux plans tangents $X.Y=o$ perpendiculaires entre eux. Chacun des deux points sphériques d'un système de sept plans est donc le sommet d'une infinité de trièdres tri-rectangles $X.Y.Z=o$, circonscrits à l'une quelconque des surfaces du second ordre inscrites aux sept plans du système ; et ces deux points, d'après le théorème de Monge, appartiennent aux sphères diagonales de toutes ces surfaces.

§ VI. — *De deux autres séries de sphères déduites d'un groupe de huit plans, et formant un double système orthogonal.*

125. 1). Considérons encore un système de huit plans

$$P_1 \ldots P_8 = 0,$$

et les sphères, en nombre doublement infini, contenues dans l'équation

$$\text{(II)} \qquad \sum_1^8 \lambda_1 P_1^2 = 0.$$

Deux quelconques d'entre elles étant représentées par les équations

$$0 = \sum_1^8 \lambda_1 P_1^2 \equiv (x - \alpha)^2 + (y - \beta)^2 + (z - \gamma)^2 - \rho^2,$$

$$0 = \sum_1^8 \lambda'_1 P_1^2 \equiv (x - \alpha')^2 + (y - \beta')^2 + (z - \gamma')^2 - \rho'^2,$$

l'équation résultant de la soustraction des deux précédentes,

$$0 = \sum_1^8 \lambda''_1 P_1^2 \equiv Ax + By + Cz + D,$$

représente simultanément le plan radical des deux sphères considérées, et l'un des plans menés par la droite générale des centres de toutes les surfaces du second ordre inscrites aux huit plans $P_1 \ldots P_8 = 0$ (*voir* p. 88, n° 102). Tous les points de cette droite sont dès lors des points de commune puissance par rapport à toutes les sphères considérées. Les sphères de la série (II) ont donc un même *axe radical* (la droite des centres de toutes les surfaces inscrites aux huit plans donnés, ou l'*axe conjugué* de ces plans, que l'on sait construire); et une même corde radicale dirigée suivant cet axe, et dont les extrémités que l'on peut construire font les deux points communs à toutes les sphères de la série. Les sphères conjuguées.

$$\sum_1^6 \lambda_1 P_1^2 = 0, \quad \sum_2^7 \lambda'_2 P_2^2 = 0, \quad \sum_3^8 \lambda''_3 P_3^2 = 0, \ldots$$

des vingt-huit hexaèdres qui résultent des huit plans donnés appartiennent, en effet, à la série (II), et trois quelconques d'entre elles suffisent à la construction simultanée de la corde radicale et de l'axe radical commun à toutes les sphères de la série.

2). Les deux extrémités de la corde radicale commune à toutes les sphères précédentes étant représentées par les équations

$$(a) \qquad x = 0, \quad y = 0, \quad z = \pm r,$$

leur équation générale

$$(\text{II}) \qquad x^2 + y^2 + z^2 - 2\alpha x - 2\beta y - r^2 = 0$$

pourra s'écrire

$$(x - \alpha)^2 + (y - \beta)^2 + z^2 = \alpha^2 + \beta^2 + r^2.$$

Le lieu géométrique de tous les *points limites* de la série est donc un *cercle* $z = 0$, $\alpha^2 + \beta^2 = - r^2$ ou

$$(\text{A}) \qquad z = 0, \quad x^2 + y^2 = - r^2$$

ayant pour axe la *corde radicale* des sphères de la série ou l'*axe conjugué* des huit plans. Le centre de ce cercle est au milieu de cette corde, et son rayon est mesuré par sa demi-longueur multipliée par $\sqrt{-1}$.

3). Les sphères diagonales de toutes les surfaces du second ordre inscrites aux huit plans du système actuel, devant couper orthogonalement les sphères conjuguées des vingt-huit hexaèdres qu'ils déterminent, couperont de la même manière toutes celles de la série (II) à laquelle elles appartiennent, et se couperont mutuellement suivant le cercle (A), lieu géométrique de tous les points limites de la série.

En effet, chacune des sphères

(II') $$x^2 + y^2 + z^2 - 2\alpha x - 2\beta y - r^2 = 0,$$

ou, au moins, chacune des vingt-huit sphères conjuguées qui y sont comprises sera coupée orthogonalement par toutes les sphères de la série suivante :

(III') $$x^2 + y^2 + z^2 - 2\alpha' x - 2\beta' y - 2\gamma' z + \varpi' = 0,$$

si la condition connue

$$\varpi + \varpi' - 2\alpha\alpha' - 2\beta\beta' - 2\gamma\gamma' = 0,$$

c'est-à-dire ici

(c) $$-r^2 + \varpi' - 2\alpha\alpha' + 2\beta\beta' = 0,$$

est vérifiée, quelles que soient les valeurs des paramètres α, β, ou au moins pour toutes les valeurs de ces paramètres qui correspondent aux vingt-huit sphères conjuguées; et comme les centres ($z = 0$, $x = \alpha, y = \beta$) de ces dernières ne sont pas situés en ligne droite, on doit poser simultanément, pour l'un et l'autre cas,

(C) $$\alpha' = 0, \quad \beta' = 0 \quad \text{et} \quad \varpi' = r^2.$$

Or il résulte de ces conditions que toutes les sphères de la série orthogonale (III') se coupent suivant un même cercle représenté par les équations

(A) $$z = 0, \quad x^2 + y^2 = -\varpi' = -r^2;$$

de là cette seconde analogie au théorème de Plucker :

Les sphères diagonales *de toutes les surfaces du second ordre, inscrites à un système de huit plans, se coupent suivant un même cercle ayant pour* axe *l'axe conjugué des huit plans du système* ($0 = x = y$, $z = \pm r$). *Le centre de ce cercle est au point milieu de cet axe, et son rayon est égal à sa demi-longueur multipliée par* $\sqrt{-1}$.

La première idée de ces analogies paraît encore devoir être attribuée à M. Mention (*Nouvelles Annales de Mathématiques,* 1857, p. 232), bien qu'il ait considéré seulement le cas limite des paraboloïdes inscrits à un système de sept plans.

126. *Les sphères contenues en nombre triplement infini dans l'équation*

$$(\text{III}) \qquad \sum_1^9 \lambda_i P_i^2 = 0$$

ont un même centre radical : le *centre de la surface du second ordre inscrite aux neuf plans* $P_1 \ldots P_9 = 0$. *Et les* points limites *des sphères de cette série sont distribués sur une même sphère : la* sphère diagonale *de cette surface.*

127. Connaissant *un hexaèdre conjugué* $P_1 \ldots P_6 = 0$ et *l'un des plans directeurs* $P_7 = 0$ *d'un ellipsoïde de révolution,* le *foyer correspondant* est l'un des deux points sphériques des sept plans $P_1 \ldots P_6\, P_7 = 0$; c'est ce qui résulte, des équations équivalentes

$$\sum_1^6 \lambda_i P_i^2 = 0, \quad (x-\alpha)^2 + (y-\beta)^2 + (z-\gamma)^2 = \lambda_7 P_7^2$$

de la surface considérée, et de l'identité résultante

$$\sum_1^7 \lambda_i P_i^2 \equiv (x-\alpha)^2 + (y-\beta)^2 + (z-\gamma)^2.$$

CHAPITRE IV.

THÉORÈMES GÉNÉRAUX.

SOMMAIRE. — De deux théorèmes généraux sur les *lieux plans* ou *solides* de tous les ordres et de toutes les classes; et de leur application à quelques-uns des problèmes antérieurs.

---

§ I. — *De l'identité normale* $\sum_1^{\mu+1} \lambda_1 P_1^m = 0$, *ou de la propriété de* $\mu + 1$ *éléments* associés *suivant le module m.*

128. C'est l'une des richesses de la géométrie et sans doute aussi l'une de ses imperfections que, n'ayant d'autres limites que celles de l'espace et s'y pouvant répandre dans tous les sens, elle puisse aussi se réduire à de telles dimensions que l'on veut et croître encore, sans limite, dans l'espace le plus limité. Les problèmes nouveaux, qu'elle nous propose de loin en loin, excitent surtout notre intérêt; cependant, si l'on y fait attention, aucune des questions qu'elle nous posait autrefois n'est épuisée, aucun de ses plus anciens problèmes n'a vieilli : ce qui a pu vieillir, c'est notre manière de les envisager; car, à peine venons-nous à changer de point de vue, que tout change en même temps. C'est une autre lumière, une hiérarchie meilleure, et, dans cet ordre nouveau qui commence, la nature même des choses semble renouvelée. Les choses pourtant sont demeurées les mêmes, et cette dernière forme qu'elles viennent de recevoir est peut-être infiniment éloignée de leur forme dernière.

Ainsi nous apparaît encore aujourd'hui cette grande théorie des coniques, presque aussi vieille que le monde, édifiée en quelque sorte de la main des siècles, mais toujours inachevée, et dont la reconstruction récente comptera parmi les travaux du nôtre. Mais sans méconnaître la grandeur de cette nouvelle mise en œuvre, ni les beaux accroissements qu'en a reçus la géométrie générale, on peut se demander si cette reconstruction doit être définitive; et, pour le cas où ce bel édifice serait un jour achevé, quel sera, en regard du principe unique qui y supporte déjà toute la théorie des coniques, le principe assez puissant pour soutenir de même toutes les propriétés des surfaces du second ordre.

Tel est, du reste, l'intérêt qui s'attache aux plus hautes entreprises, comme aux œuvres où l'on découvre d'abord le plus de perfection, que notre anxiété devance toujours leur achèvement; et que, ni les plus heureux commencements ne nous rassurent tout à fait sur leur issue, ni la perfection des détails que nous pouvons saisir déjà sur la perfection définitive de l'ensemble. Nous voyons bien ici toutes les propriétés des courbes du second ordre découler, avec une plénitude merveilleuse, d'un principe unique ou de deux principes parallèles, eux-mêmes tirés de la seule définition de ces courbes regardées, en quelque sorte, à travers le cercle dont elles font la perspective. Mais, si nous essayons de passer de là aux surfaces du second ordre, ces deux principes généraux, où était précédemment le nœud de tout le reste, nous demeurent cachés; et cette première définition, qui nous les découvrait tout à l'heure, nous fait absolument défaut. Ou elle existe, et nous l'ignorons; ou, ce qui est plus vraisemblable, il ne peut en exister de quelque ressemblance avec l'autre; puisque l'analogie voudrait que, comme on a fait intervenir pour celle-là cette troisième dimension que possède l'étendue, une quatrième, qui lui manque, intervînt de même dans celle-ci. La géométrie est donc muette sur ce point, et, si nous pouvons apercevoir quelque chose des dépendances qui existent entre dix éléments d'une surface du second ordre, c'est, sans doute, de la définition analytique de ces surfaces, ou de l'équation à dix termes

$$(1)\quad \begin{cases} ax^2 + a'y^2 + a''z^2 + 2byz + 2b'zx + 2b''xy \\ \qquad\qquad + 2cx \ + 2c'y \ + 2c''z \ + d = 0, \end{cases}$$

que nous viendra quelque lumière; bien que cette équation paraisse d'abord assez obscure, et d'une exactitude si diffuse que nous n'apercevons d'une manière distincte aucun des points qu'elle nous désigne. Mais il en est ici comme de beaucoup de vérités dont une moitié, obscure, importe peu et nous préoccupe exclusivement; tandis que l'autre moitié qui n'est que lumière, et qui est tout, nous échappe. Cette équation, il est vrai, ne nous donne que des indications fort embrouillées sur chacun des points dont nous voudrions saisir l'ordre et la distribution dans l'espace. Mais ces indications d'abord sont les seules possibles; et pût-elle nous les donner en des termes plus simples, cela importerait peu et ne remplirait ni nos vues, ni son véritable rôle, qui est de nous mener, par cette définition obscure de chacun des points de la surface, à une notion d'une simplicité inattendue, touchant les dépendances mutuelles de dix quelconques de ces points. Telle est, effectivement, la *condition nécessaire et suffisante* pour que *dix points de l'espace appartiennent à une même surface du second ordre*, que *les carrés de leurs distances à un plan quelconque* $Ax + By + Cz + 1 = 0$, *soient liés par une relation* linéaire et homogène

$$(1')\qquad \sum_1^{10} \lambda_1 P_1^2 = \sum_1^{10} \lambda_1 (Ax_1 + By_1 + Cz_1 + 1)^2 \equiv 0,$$

de telle manière que la fonction $\sum_1^{10} \lambda_1 P_1^2$ soit nulle identiquement, quel que soit le plan considéré. Toutefois, comme il y a toujours dans les spéculations même les plus indépendantes de l'observation quelque point que la théorie ne tire pas d'elle-même, mais d'un fait extérieur qu'elle aura recueilli et dont elle aura cherché l'explication; nous avons dû rencontrer au dehors cette propriété des dix points et la créer, en quelque sorte, où elle n'était pas, avant de la reconnaître où elle est réellement : dans l'équation (1), c'est-à-dire dans quelques signes de cet alphabet merveilleux où Descartes nous apprit à lire, et que, peut-être, nous ne posséderons jamais entièrement.

D'ailleurs, ce principe isolé, ainsi recueilli par l'observation, suggère naturellement l'idée d'une loi générale embrassant les courbes et les surfaces de tous les ordres et de toutes les classes, et que l'on peut comprendre dans les deux énoncés suivants :

Si μ désigne le nombre des points nécessaires pour la détermination d'une courbe plane ou d'une surface de l'ordre m, les puissances m des distances de $\mu+1$ points d'une telle courbe ou d'une telle surface, à un plan quelconque, *sont liées par une relation linéaire et homogène :*

Si μ désigne le nombre des tangentes ou plans tangents nécessaires pour la détermination d'une courbe plane ou d'une surface de la classe m, les puissances m des distances de $\mu+1$ tangentes ou plans tangents d'une telle courbe ou d'une telle surface, à un point quelconque *du plan de la courbe ou de l'espace, sont liées par une relation linéaire et homogène :*

$$\sum_{1}^{\mu+1} \lambda_1 P_1^m \equiv 0;$$

et la même propriété subsiste pour un groupe quelconque de $\mu'+1$ points associés suivant le module *m; c'est-à-dire tels que toute courbe plane ou toute surface de l'ordre m, qui serait menée par tous ces points moins un, passe d'elle-même par le point que l'on avait omis.*

et la même propriété subsiste pour un groupe de $\mu'+1$ droites, ou de $\mu'+1$ plans associés suivant le module *m; c'est-à-dire tels que toute courbe plane ou toute surface de la classe m qui serait menée tangentiellement à toutes ces droites moins une, ou à tous ces plans moins un, soit d'elle-même tangente à la droite ou au plan que l'on avait omis.*

Ces deux principes ne contiendraient-ils pas, pour les

lieux géométriques, plans ou solides de tous les ordres et de toutes les classes, cette première définition que nous demandions tout à l'heure à la géométrie pour les seules surfaces du second ordre? Nous croyons qu'il en est ainsi; et si l'on doit juger de leur rôle, dans l'étude des lieux géométriques d'ordres supérieurs, d'après tout ce qu'ils donnent, comme d'eux-mêmes, pour les lieux plans ou solides du second ordre, on est conduit à leur attribuer une importance qu'il restera à vérifier, mais qui, dès à présent, ne paraît pas en désaccord avec leur simplicité. Si, par exemple, l'on traduit en langage algébrique ces deux énoncés :

Il existe une relation linéaire et homogène entre les carrés des distances de six points d'une conique, ou de dix points d'une surface du second ordre à une droite menée arbitrairement dans le plan de la courbe, ou à un plan arbitraire;	*Il existe une relation linéaire et homogène entre les carrés des distances de six tangentes d'une conique, ou de dix plans tangents d'une surface du second ordre à un point pris arbitrairement dans le plan de la courbe, ou dans l'espace;*

les identités correspondantes

$$(1)\qquad \sum_1^6 \lambda_1 P_1^2 \equiv 0,$$

$$(2)\qquad \sum_1^{10} \lambda_1 P_1^2 \equiv 0$$

contiennent en quelque sorte la loi de symétrie ou d'équilibre de six éléments d'une conique, de dix éléments d'une surface du second ordre. Et si l'on vient à rompre la symétrie, en écrivant

$$(1')\qquad \sum_1^4 \lambda_1 P_1^2 \equiv \lambda_5 P_5^2 + \lambda_6 P_6^2,$$

$$(2')\qquad \sum_1^6 \lambda_1 P_1^2 \equiv \lambda_7 P_7^2 + \ldots + \lambda_{10} P_{10}^2;$$

l'équilibre est rompu de même, et le mouvement qui se

produit laisse à découvert, d'un côté le théorème de Pappus, celui de Desargues et leurs corrélatifs, de l'autre les théorèmes analogues, jusqu'ici ignorés, de la géométrie de l'espace. Ajoutons que le théorème de Pascal et son corrélatif résultent aussi des deux identités contenues dans la formule (1). Mais ces théorèmes ne peuvent plus se lire, à première vue, dans ces identités; il y faut quelque calcul, et cette différence suffit pour que les propriétés correspondantes des surfaces du second ordre nous demeurent cachées. Pour incomplets qu'ils soient encore, ces résultats, rapprochés des tentatives de plusieurs géomètres peu habitués cependant à voir leurs recherches infructueuses, permettent de juger des services que peut attendre la géométrie du principe que nous proposons, lorsque, passé en de nouvelles mains, il aura reçu quelques-uns des accroissements dont il paraît susceptible.

129. Occupons-nous maintenant de la démonstration de nos deux théorèmes, et, pour nous borner au cas qui exige le moins d'espace, établissons seulement que *pour que six points appartiennent à une même courbe du second ordre, il faut et il suffit qu'il existe une relation* linéaire et homogène

$$\sum_1^6 \lambda_1 P_1^2 \equiv 0, \quad \text{ou} \quad \sum_1^6 \lambda_1 (Ax + By_1 + C)^2 \equiv 0,$$

entre les carrés de leurs distances à une droite menée d'une manière quelconque dans le plan qu'ils déterminent.

Soient, à cet effet (x_1, y_1), (x_2, y_2), ..., (x_6, y_6), les points considérés. S'ils appartiennent à la courbe du second ordre représentée par l'équation

$$(I) \qquad ax^2 + bxy + cy^2 + dy + ex + f = 0,$$

les six égalités suivantes :

$$(1) \qquad ax_1^2 + bx_1y_1 + cy_1^2 + dy_1 + ex_1 + f = 0,$$

$$(2) \qquad ax_2^2 + bx_2y_2 + \ldots \qquad + f = 0,$$

....

$$(6) \qquad ax_6^2 + bx_6y_6 + \ldots \qquad + f = 0$$

feront, par rapport aux six coefficients a, b, c, d, e, f, considérés comme inconnus, un *système d'équations* linéaires et homogènes *compatibles entre elles,* puisqu'elles sont vérifiées déjà par les coefficients de la courbe proposée (I). Le déterminant du système est donc égal à zéro, et l'on peut écrire

$$(\mathrm{C}) \qquad \begin{vmatrix} x_1^2 & x_1 y_1 & y_1^2 & x_1 & y_1 & 1 \\ x_2^2 & x_2 y_2 & & & y_2 & 1 \\ \dots & \dots & \dots & \dots & \dots & \dots \\ x_6^2 & x_6 y_6 & & & y_6 & 1 \end{vmatrix} = 0.$$

D'un autre côté, pour qu'il existe une même relation linéraire et homogène

$$(\mathrm{I}') \qquad \sum_1^6 \lambda_1 \mathrm{P}_1^2 \equiv 0, \quad \text{ou} \quad \sum_1^6 \lambda_1 (\mathrm{A} x_1 + \mathrm{B} y_1 + \mathrm{C})^2 \equiv 0,$$

entre les carrés des distances des six points $(x_1, y_1), \ldots, (x_6, y_6)$ à une droite *quelconque*

$$\mathrm{A}x + \mathrm{B}y + \mathrm{C} = 0,$$

il faut que les coefficients des termes en

$$\mathrm{A}^2, \quad \mathrm{AB}, \quad \mathrm{B}^2, \quad \mathrm{AC}, \quad \mathrm{BC}, \quad \mathrm{C}^2$$

du premier membre de la relation (I′) développée soient séparément nuls; ou que les six équations suivantes

$$\begin{array}{llllr}
(1') & \lambda_1 x_1^2 & + \lambda_2 x_2^2 & + \lambda_3 x_3^2 + \lambda_4 x_4^2 + \lambda_5 x_5^2 + \lambda_6 x_6^2 & = 0, \\
(2') & \lambda_1 x_1 y_1 + \lambda_2 x_2 y_2 + \ldots & & + \lambda_6 x_6 y_6 & = 0, \\
(3') & \lambda_1 y_1^2 & + \lambda_2 y_2^2 & + \ldots & = 0, \\
(4') & \lambda_1 x_1 & + \lambda_2 x_2 & + \ldots & = 0, \\
(5') & \lambda_1 y_1 & + \lambda_2 y_2 & + \ldots & = 0, \\
(6') & \lambda_1 & + \lambda_2 & + \ldots \qquad + \lambda_6 & = 0,
\end{array}$$

linéaires et homogènes, par rapport aux coefficients inconnus $\lambda_1, \ldots, \lambda_6$, admettent une solution commune; ce qui exige que le déterminant de ce nouveau système soit égal à zéro, ou que l'on ait

$$(C')\qquad \begin{vmatrix} x_1^2 & x_2^2 & x_3^2 & x_4^2 & x_5^2 & x_6^2 \\ x_1 y_1 & x_2 y_2 & & & & x_6 y_6 \\ y_1^2 & y_2^2 & & & & y_6^2 \\ x_1 & x_2 & & & & x_6 \\ y_1 & y_2 & & & & y_6 \\ 1 & 1 & & & & 1 \end{vmatrix} = 0.$$

Or on passe, de l'un à l'autre des déterminants (C), (C'), par l'échange des lignes horizontales ou verticales de l'un dans les lignes verticales ou horizontales de l'autre. Ces déterminants sont dès lors identiques, et l'une quelconque des équations de condition (C) ou (C') entraîne l'autre. *Six points situés* d'une manière quelconque *sur une même courbe du second ordre vérifient donc l'identité* $\sum_1^6 \lambda_1 P_1^2 \equiv 0$; et, réciproquement, *six points qui satisfont à une telle identité appartiennent à une courbe du second ordre.*

Le cas général d'une courbe ou d'une surface de l'ordre m se traiterait exactement de la même manière.

130. *Scolie.* — La démonstration peut aussi se faire en dehors des déterminants. Il suffit, pour cela, d'établir que les six équations (1'), (2'), ..., (6') se réduisent à cinq en vertu des *égalités* (1), (2), ..., (6); ou, inversement, que les six équations (1), (2), ..., (6) se réduisent à cinq en vertu des égalités (1'), (2'), ..., (6').

Or, si nous considérons (1), ..., (6) comme des égalités, chacune des fonctions numériques (1), ..., (6) est identiquement nulle, et l'on a aussi identiquement

$$(1).\lambda_1 + (2).\lambda_2 + \ldots + (6).\lambda_6 \equiv 0;$$

d'ailleurs, cette identité, ordonnée par rapport aux coefficients a, b, c, d, e, f, peut s'écrire

$$(1').a + (2').b + (3').c + (4').d + (5').e + (6').f \equiv 0.$$

Une combinaison des équations (1′),..., (6′) se réduit donc à une identité; et ces équations, réduites à cinq, admettent, en $\lambda_1, \ldots, \lambda_6$, une solution commune.

131. Inversement, si nous considérons (1′),..., (6′) comme des égalités, chacune des fonctions numériques (1′),..., (6′) étant déjà identiquement nulle, l'on a aussi identiquement

$$(1').a + (2').b + (3').c + (4').d + (5').e + (6')f \equiv 0.$$

Mais cette identité, ordonnée par rapport aux coefficients $\lambda_1, \ldots, \lambda_6$, peut s'écrire

$$(1).\lambda_1 + (2).\lambda_2 + \ldots + (6).\lambda_6 \equiv 0.$$

Une combinaison des équations (1),.... (6) se réduit donc à une identité; ces équations, réduites à cinq, admettent, en $a, b, \ldots, f$, une solution commune. Donc, etc.

132. Passons maintenant à la proposition corrélative, et, pour nous borner encore au cas qui exige le moins de calcul, établissons seulement que *pour que six droites touchent une même courbe de la seconde classe, il faut et il suffit qu'il existe une relation* linéaire et homogène *entre les carrés de leurs distances à un point quelconque du plan qu'elles déterminent.*

Soient, à cet effet,

$$a_1 x + b_1 y + 1 = 0, \quad a_2 x + b_2 y + 1 = 0, \ldots,$$
$$a_6 x + b_6 y + 1 = 0$$

les six droites données. Pour exprimer, en premier lieu, qu'elles touchent une même courbe de la seconde classe, ou l'enveloppe des droites

$$ax + by + 1 = 0,$$

dont les paramètres a, b vérifient l'équation du second degré

$$\text{(I)} \quad f(a, b) = Aa^2 + Bab + Cb^2 + Da + Eb + F = 0;$$

on devra poser les six relations

(1) $$f(a_1, b_1) = 0,$$

(2) $$f(a_2, b_2) = 0,$$

. . . .

(6) $$f(a_6, b_6) = 0;$$

et remarquant qu'elles forment autant d'équations linéaires et homogènes, par rapport aux coefficients A, B, C, D, E, F considérés comme inconnus, exprimer que ces équations admettent en A, B, . . ., F une solution commune : ou égaler à zéro le déterminant

(C) $$\begin{vmatrix} a_1^2 & a_1 b_1 & b_1^2 & a_1 & b_1 & 1 \\ a_2^2 & a_2 b_2 & & & b_2 & 1 \\ \cdots & \cdots & \cdots & \cdots & \cdots & \cdots \\ a_6^2 & a_6 b_6 & & & b_6 & 1 \end{vmatrix} = 0.$$

Si, d'autre part, on veut exprimer l'existence d'une relation linéaire et homogène entre les carrés des distances des mêmes droites à un point quelconque (x, y); on devra, développant l'identité

$$\sum_1^6 \lambda_1 P_1^2 \equiv 0, \quad \text{ou} \quad \sum_1^6 \lambda_1 (a_1 x + b_1 y + 1)^2 \equiv 0,$$

et égalant à zéro les coefficients de chacun des termes en

$$x^2, \quad xy, \quad y^2, \quad x, \quad y, \quad x^0 \quad \text{ou} \quad 1,$$

exprimer que les six équations résultantes

(1') $$\sum_1^6 \lambda_1 a_1^2 = 0,$$

(2') $$\sum_1^6 \lambda_1 a_1 b_1 = 0,$$

(3') $$\sum_1^6 \lambda_1 b_1^2 = 0,$$

(4') $$\sum_1^6 \lambda_1 a_1 = 0,$$

(5') $$\sum_1^6 \lambda_1 b_1 = 0,$$

(6') $$\sum_1^6 \lambda_1 = 0,$$

admettent en $\lambda_1, \ldots, \lambda_6$ une solution commune; ou égaler à zéro le déterminant

$$(\mathrm{C}') \qquad \begin{vmatrix} a_1^2 & a_2^2 & \ldots & a_6^2 \\ a_1 b_1 & a_2 b_2 & \ldots & a_6 b_6 \\ b_1^2 & b_2^2 & \ldots & b_6^2 \\ a_1 & a_2 & \ldots & a_6 \\ b_1 & b_2 & \ldots & b_6 \\ 1 & 1 & \ldots & 1 \end{vmatrix} = 0.$$

Or les déterminants (C), (C′) sont identiques et l'une quelconque des équations de condition (C) ou (C′), entraîne l'autre. Donc, etc.

Le cas général d'une courbe ou d'une surface de classe m se traiterait de la même manière.

133. Le théorème précédent peut encore s'établir en dehors de la notion des déterminants, et il suffit pour cela de remarquer, quelles que soient celles des relations

$$(1), (2), \ldots, (6), \quad \text{ou} \quad (1'), (2'), \ldots, (6'),$$

que l'on regarde comme des *égalités* déjà vérifiées, que ces égalités entraînent la réduction des six *équations* restantes en cinq équations distinctes (n°s 130 et 131, p. 134).

134. *Cinq tangentes* $P_1, \ldots, P_5$ d'une parabole, *neuf plans tangents* $P_1, \ldots, P_9$ *d'un paraboloïde* donnent lieu aux identités spéciales

$$\sum_1^5 \lambda_1 P_1^2 \equiv \text{const}, \quad \sum_1^9 \lambda_1 P_1^2 \equiv \text{const}.$$

Toute parabole, en effet, touche la *droite à l'infini*; tout paraboloïde, le *plan à l'infini* représenté, ainsi que cette droite, par l'équation

$$C = \text{const.} = 0.$$

§ II. — *De l'identité* réduite $\sum_1^{\mu'+1} \lambda_1 P_1^m \equiv 0$, *ou de la propriété d'un groupe* d'éléments associés, *en nombre inférieur au nombre normal.*

135. *Pour que des points, au nombre de $\mu'+1$, soient associés suivant le module m (et dans ce cas toute courbe plane ou toute surface de l'ordre m, que l'on aura menée par tous ces points, moins un, passera d'elle-même par le point que l'on avait omis), il faut et il suffit qu'il existe une relation linéaire et homogène*

Pour que des droites ou des plans, au nombre de $\mu'+1$, soient associés suivant le module m, c'est-à-dire pour que toute courbe plane, ou toute surface de la $m^{ième}$ classe qui sera menée tangentiellement à toutes ces droites, moins une, ou à tous ces plans, moins un, touche d'elle-même la droite ou le plan que l'on avait omis, il faut et il suffit qu'il existe une relation linéaire et homogène

$$\sum_1^{\mu'+1} \lambda_1 P_1^m \equiv 0$$

entre les puissances m des distances de tous les points considérés à un plan quelconque.

entre les puissances m des distances des droites ou des plans considérés à un point quelconque du plan de la courbe ou de l'espace.

136. Prenons, comme premier exemple, un *système de neuf points* 1, 2, ..., 9 *dont les distances à un plan* quelconque P, *vérifient l'identité*

$$(i) \qquad \sum_1^9 \lambda_1 P_1^2 \equiv 0;$$

et faisons voir que *ces neuf points sont* associés *suivant le module* 2 : ou que *toute surface du second ordre* que l'on aura menée par huit d'entre eux *passera d'elle-même par le dernier.*

Soit, à cet effet, S l'une de ces surfaces, menée par les points 1, 2, ..., 7, 8, et sur laquelle nous prendrons au hasard deux nouveaux points x, y. Si X, Y désignent leurs distances au plan P, les distances à ce plan des dix points

1, 2,..., 8, x et y donneront lieu, par le théorème fondamental, à l'identité

$$\text{(I)} \qquad \sum_1^8 \mu_1 P_1^2 + aX^2 + bY^2 \equiv 0;$$

et si, entre cette identité et la précédente (i), on élimine le terme en P_1^2, on aura encore identiquement

$$\text{(I')} \qquad \sum_2^9 \nu_2 P_2^2 + a'X^2 + b'Y^2 \equiv 0.$$

De là, par la réciproque du même théorème, la conclusion que les dix points

(S') 2, 3,..., 8, 9, x et y

appartiennent à une même surface du second ordre S'. Mais déjà les dix points

(S) 1, 2,..., 7, 8, x et y

appartiennent à la surface S. Les deux surfaces S, S' ont neuf points communs

2, 3,..., 7, 8, x et y

indépendants les uns des autres; elles coïncident, et la surface S que l'on avait menée par les huit premiers points 1,..., 8 passe d'elle-même par le dernier 9.

Observation. — L'identité des deux surfaces S, S' se peut conclure légitimement de l'existence de neuf points

2, 3,..., 7, 8; x, y

communs à ces surfaces, pourvu que ces neuf points n'appartiennent pas à une même courbe gauche du quatrième ordre. Or cette condition négative résulte ici de la définition même des points x, y, lesquels ont été pris au hasard sur une surface menée par

1, 2,..., 7, 8.

Les deux courbes gauches du quatrième ordre déterminées

par les deux groupes

$$2, 3, \ldots, 7, 8, x, \quad \text{ou} \quad 2, 3, \ldots, 7, 8, y,$$

bien que tracées sur la même surface, seront dès lors distinctes en général ; et l'on peut, d'ailleurs, les supposer telles explicitement.

137. Inversement, *neuf points étant tels que toute surface du second ordre* S *que l'on aura menée* par huit d'entre eux *passe d'elle-même par le dernier : les distances de ces points à un plan* quelconque P *vérifieront l'identité*

$$(i) \qquad \sum_1^9 \lambda_1 P_1^2 \equiv 0.$$

Menons, en effet, par les points 1, 2, . . ., 7, 8, et dès lors aussi par les neuf points donnés 1, 2, . . ., 7, 8, 9, *onze* surfaces distinctes du second ordre, sur chacune desquelles nous prendrons un dixième point quelconque x_1, ou $x_2, \ldots$, ou x_{11}. Les distances de ces nouveaux points au plan P étant désignés par $X_1, X_2, \ldots, X_{11}$: ou bien la fonction $\sum_1^9 \lambda_1 P_1^2$ sera nulle identiquement ; ou nous aurons, par le théorème fondamental, les onze identités suivantes

$$\sum_1^9 \alpha_1 P_1^2 \equiv X_1^2,$$
$$\sum_1^9 \beta_1 P_1^2 \equiv X_2^2,$$
$$\ldots\ldots\ldots\ldots,$$
$$\sum_1^9 \mu_1 P_1^2 \equiv X_{11}^2.$$

D'ailleurs, les distances de *onze* points quelconques de l'espace à un plan quelconque donnent lieu à la relation identique

$$a_1 X_1^2 + a_2 X_2^2 + \ldots + a_{11} X_{11}^2 \equiv 0;$$

et si, entre cette identité et les précédentes, on élimine les onze carrés $X_1^2, \ldots, X_{11}^2$, on a identiquement

$$\sum_1^9 \lambda_1 P_1^2 \equiv 0.$$

Donc, etc.

Nous verrons que l'identité spéciale (i), relative à neuf points de l'espace associés suivant le module 2, contient la théorie des courbes gauches du quatrième ordre, la construction géométrique de ces courbes par points, de leurs tangentes, de leurs plans osculateurs, de leurs traces sur un plan quelconque, etc.

Scolie. — Les théorèmes corrélatifs pour un groupe de *neuf plans associés* s'établiraient de la même manière.

138. *Si les distances de* huit points de *l'espace à un plan* quelconque P *vérifient l'identité*

$$(i) \qquad \sum_1^8 \lambda_1 P_1^2 \equiv 0,$$

ces huit points sont encore associés suivant le module 2; *et toute surface du second ordre que l'on aura menée* par sept d'entre eux *passera d'elle-même par le dernier.*

Soit, effectivement, S l'une de ces surfaces, menée par les points 1, ..., 7, et sur laquelle nous prendrons au hasard trois nouveaux points x, y, z. Les distances des dix points

$$(S) \qquad 1, 2, \ldots, 6, 7; x, y, z$$

à un plan quelconque P, vérifiant l'identité

$$(I) \qquad \sum_1^7 \mu_1 P_1^2 + aX^2 + bY^2 + cZ^2 \equiv 0;$$

si, entre cette dernière et la précédente (i), nous éliminons le terme en P_1^2, nous aurons encore identiquement

$$(I') \qquad \sum_2^8 \nu_2 P_2^2 + a'X^2 + b'Y^2 + c'Z^2 \equiv 0.$$

Les dix points

$$(S') \qquad 2, 3, \ldots, 7, 8; x, y, z$$

appartiennent donc à une même surface du second ordre S'. Les deux surfaces S, S' ont d'ailleurs neuf points communs

$$2, 3, \ldots, 7; x, y, z$$

indépendants les uns des autres; elles coïncident, et la surface S que l'on avait menée par les sept premiers 1, 2,..., 7 passe d'elle-même par le dernier 8.

Observation. — L'identité des deux surfaces S, S' suppose que les neuf points

$$2, 3, \ldots,, 6\ 7; x, y, z,$$

qui leur sont communs, n'appartiennent pas à une même courbe gauche du quatrième ordre; et cette supposition est effectivement comprise dans la définition des points x, y, z, lesquels ont été pris au hasard sur une surface menée par 1, 2,..., 6, 7. Le point z, en général, sera donc extérieur à la courbe gauche du quatrième ordre déterminée par

$$2, 3, \ldots, 6, 7; x, y,$$

et l'on peut, d'ailleurs, le supposer tel explicitement.

139. Inversement, *si huit points de l'espace sont* associés suivant le module 2, ou *tels que toute surface du second ordre que l'on aura menée par sept d'entre eux passe d'elle-même par le dernier : leurs distances à un plan* quelconque P *vérifieront l'identité*

$$(i) \qquad \sum_1^8 \lambda_i P_i^2 \equiv 0.$$

Menons, en effet, par les points 1, 2,..., 7 et dès lors par les huit points donnés 1, 2,..., 8, onze courbes gauches distinctes du quatrième ordre, intersections d'autant de couples de surfaces du second, passant les unes et les autres par tous les points donnés; et prenons sur chacune de ces courbes un neuvième point x_1, ou $x_2, \ldots,$ ou x_{11}. Chacun de ceux-ci formant avec les premiers $1, 2, \ldots, 8$ un groupe de neuf points associés : ou bien la fonction $\sum_1^8 \lambda_1 P_1^2$ sera nulle identiquement, ou l'on aura les onze identités

$$\sum_1^8 \alpha_1 P_1^2 \equiv X_1^2,$$

$$\sum_1^8 \beta_1 P_1^2 \equiv X_2^2,$$

$$\ldots\ldots\ldots\ldots$$

$$\sum_1^8 \mu_1 P_1^2 \equiv X_{11}^2.$$

D'ailleurs les distances de onze points à un plan quelconque satisfaisant à la relation identique

$$a_1 X_1^2 + a_2 X_2^2 + \ldots + a_{11} X_{11}^2 \equiv 0,$$

l'élimination des onze carrés $X_1^2, \ldots, X_{11}^2$, entre cette dernière et les précédentes, entraîne l'identité

$$(i) \qquad \sum_1^8 \lambda_1 P_1^2 \equiv 0.$$

Scolie. — Les théorèmes corrélatifs pour un groupe de *huit plans associés* s'établiraient de la même manière.

§ III. — *Premières applications des principes précédents.*

140. *Le lieu des centres des coniques inscrites au quadrilatère* $P_1, \ldots, P_4$, *n'est autre que* la droite $Q = 0$ *définie par l'identité*

$$(i) \qquad \sum_1^4 \lambda_1 P_1^2 \equiv Q.$$

On a, en effet, quel que soit le nombre indéterminé h,

$$(i') \qquad Q \equiv \frac{(Q+h)^2 - (Q-h)^2}{4h}.$$

L'identité qui sert de définition à la droite $Q = 0$ peut donc s'écrire

$$(i'') \qquad \sum_1^4 \lambda_1 P_1^2 - \frac{(Q+h)^2}{4h} + \frac{(Q-h)^2}{4h} \equiv 0;$$

et l'on en conclut que les côtés du quadrilatère proposé et les deux droites $Q \pm h = 0$ sont tangentes à une même conique, dont le centre équidistant des deux *tangentes parallèles* $Q \pm h = 0$, appartient à la droite Q, équidistante de l'une et de l'autre. Or tel est le cas de l'une quelconque des coniques inscrites au quadrilatère proposé; car si l'on mène à l'une quelconque de ces courbes une tangente parallèle à la droite Q, et représentée par une équation de la forme $Q + h = 0$; l'identité (i), qui est donnée, montre que la droite $Q - h = 0$ en est une sixième tangente. Donc, etc.

On peut remarquer l'analogie de la démonstration actuelle et de celle du nº 88, fondées l'une et l'autre sur la situation du centre d'une courbe, ou d'une surface du second ordre, à égale distance de deux tangentes, ou de deux plans tangents parallèles.

Corollaire I. — Soient

$$XY = 0, \qquad X'Y' = 0;$$
$$X^2 + Y^2 = 0, \quad X'^2 + Y'^2 = 0;$$

et

$$X^2 + Y^2 - X'^2 - Y'^2 \equiv Q,$$

les côtés de deux angles droits circonscrits à une conique $\frac{x^2}{a^2} + \frac{y^2}{b^2} = 1$; les cercles de rayon nul ayant leurs centres respectifs aux sommets de ces angles; et enfin l'*axe radical* de ces cercles, *perpendiculaire sur le milieu de la droite qui réunit ces mêmes sommets*. D'après le théorème précédent, cet axe radical, ou la droite $Q = 0$, est le lieu des centres des coniques inscrites au quadrilatère XY X'Y'. Le centre de la conique considérée, qui est un point de cette droite, est donc équidistant des deux points XY, X'Y', ou équidistant des sommets de deux angles droits quelconques circonscrits à la courbe; et le lieu géométrique de tous ces sommets est le *cercle concentrique* $x^2+y^2=a^2+b^2$.

Corollaire II. — *Si une droite se trouve représentée par une équation de la forme*

$$0=Q\equiv\sum_1^5\lambda_1 P_1^2,$$

cette droite est l'un des diamètres de la conique inscrite au pentagone $P_1 P_2 \ldots P_5 = 0$ (n° 86, p. 73).

Corollaire III. — *Le lieu des centres des coniques inscrites au triangle* $P_1 P_2 P_3$, *et dont les carrés des demi-axes principaux conservent une somme constante, est le cercle représenté par l'équation*

$$\sum_1^3\lambda_1 P_1^2 = a^2+b^2.$$

Imaginons, en effet, une conique déterminée, mais d'ailleurs quelconque, satisfaisant à ces conditions; et soient

$$0=X=x\cos\alpha+y\sin\alpha-p,\quad 0=Y=-x\sin\alpha+y\cos\alpha-q$$

les côtés d'un angle droit auxiliaire, circonscrit à cette conique, dont cinq tangentes

$$P_1 P_2 P_3 = 0 \quad \text{et} \quad XY=0$$

se trouvent de la sorte en évidence. Si $Q=0$ désigne l'axe radical du cercle $\sum_1^3 \lambda_1 P_1^2 = 0$, conjugué au triangle $P_1 P_2 P_3$, et du cercle de rayon nul $X^2+Y^2=0$ ayant pour centre le sommet de cet angle droit; les deux fonctions *cycliques* $\sum_1^3 \lambda_1 P_1^2$ et X^2+Y^2, retranchées l'une de l'autre, fournissent l'identité

$$(i)\qquad \sum_1^3\lambda_1 P_1^2 - X^2 - Y^2 \equiv Q.$$

La droite $Q = 0$ est donc, en vertu du corollaire précédent, l'un des diamètres de la conique considérée; et les coordonnées du centre de cette courbe, vérifiant l'équation $Q = 0$ de ce diamètre, vérifieront de même l'équation équivalente

$$\sum_1^3 \lambda_1 P_1^2 - X^2 - Y^2 = 0.$$

Mais ces coordonnées, substituées dans la fonction partielle $X^2 + Y^2$ lui font acquérir une valeur égale à la constante donnée $a^2 + b^2$; ainsi que cela résulte de l'orthogonalité des deux tangentes X, Y, et du théorème relatif au lieu décrit par le sommet d'un angle droit circonscrit à une conique. Le centre de chacune des coniques considérées appartient donc au cercle représenté par l'équation

$$\sum_1^3 \lambda_1 P_1^2 - a^2 - b^2 = 0,$$

où $\sum_1^3 \lambda_1 P_1^2$ désigne la fonction $(x-\alpha)^2 + (y-\beta)^2 - \rho^2$ du cercle conjugué au triangle $P_1 P_2 P_3$. Et c'est aussi ce que nous avions trouvé déjà par d'autres considérations.

141. *Le lieu des centres des surfaces du second ordre tangentes aux sept plans* $P_1 P_2 \ldots P_7 = 0$ *coïncide avec le plan* $Q = 0$ *défini par l'identité*

$$(i) \qquad \sum_1^7 \lambda_1 P_1^2 \equiv Q.$$

On a en effet, identiquement, et quel que soit le nombre indéterminé h,

$$(i') \qquad Q \equiv \frac{(Q+h)^2}{4} - \frac{(Q-h)^2}{4}.$$

L'identité qui sert de définition au plan Q peut donc s'écrire

$$(i'') \qquad \sum_1^7 \lambda_1 P_1^2 - \frac{(Q+h)^2}{4h} + \frac{(Q-h)^2}{4h} \equiv 0.$$

On en conclut que les deux plans $Q \pm h = o$ et les sept proposés forment un groupe de neuf plans associés (nº 137, p. 140), de telle manière que toute surface du second ordre que l'on aura menée tangentiellement à huit de ces plans, $P_1 \ldots P_7$ et $Q + h = o$, touche d'elle-même le dernier, $Q - h = o$: le centre de cette surface, situé à égale distance des deux plans tangents parallèles $Q \pm h = o$, appartenant, dès lors, au plan Q, équidistant de l'un et de l'autre. Or tel est le cas de l'une quelconque des surfaces menées tangentiellement aux sept plans proposés. Car si l'on mène à l'une d'elles un plan tangent, parallèle au plan Q, et représenté par une équation de la forme $Q + h = o$, l'identité (i'''), qui est donnée, montre que cette surface est encore tangente au plan $Q - h = o$. Donc, etc.

Corollaire I. — Tout plan représenté par une équation de la forme

$$o = \sum_1^9 \lambda_1 P_1^2 \equiv Q$$

est l'un des plans diamétraux de la surface du second ordre définie par les neuf plans tangents $P_1 P_2 \ldots P_9 = o$ (nº 103, p. 89).

Corollaire II. — *Le lieu des centres des surfaces du second ordre inscrites à l'hexaèdre* $P_1 \ldots P_6$, *et dont la somme des carrés des demi-axes principaux conserve une valeur constante, est* la sphère *représentée par l'équation*

$$\sum_1^6 \lambda_1 P_1^2 = a^2 + b^2 + c^2.$$

Imaginons, en effet, une surface déterminée, mais d'ailleurs quelconque, satisfaisant à ces conditions ; et soient

$$\begin{aligned}
o = X &= x\cos\alpha + y\cos\beta + z\cos\gamma - p,\\
o = Y &= x\cos\alpha' + y\cos\beta' + z\cos\gamma' - p',\\
o = Z &= x\cos\alpha'' + y\cos\beta'' + z\cos\gamma'' - p''
\end{aligned}$$

les plans des faces d'un trièdre trirectangle auxiliaire, circonscrit à cette surface, dont *neuf plans tangents*

$$P_1 P_2 \ldots P_6 = 0 \quad \text{et} \quad XYZ = 0$$

se trouvent de la sorte en évidence. Nous avons vu déjà, et il est évident, *à priori*, que l'on peut disposer des cinq rapports arbitraires $\lambda_1 : \lambda_2 : \ldots : \lambda_6$ de telle sorte, que l'équation $\sum_1^6 \lambda_1 P_1^2 = 0$ représente une sphère, la *sphère conjuguée* de l'hexaèdre $P_1 \ldots P_6$. Si donc $Q = 0$ désigne le plan radical de cette sphère, $\sum_1^6 \lambda_1 P_1^2 = 0$, et de la sphère de rayon nul, $X^2 + Y^2 + Z^2 = 0$, ayant pour centre le sommet du trièdre trirectangle déjà défini; les deux fonctions *sphériques* $\sum_1^6 \lambda_1 P_1^2$ et $X^2 + Y^2 + Z^2$, retranchées l'une de l'autre, donneront naissance à l'identité

$$\sum_1^6 \lambda_1 P_1^2 - X^2 - Y^2 - Z^2 \equiv Q.$$

Le plan $Q = 0$ est donc, par le corollaire précédent, l'un des plans diamétraux de la surface considérée. Et les coordonnées du centre de cette surface, vérifiant l'équation $Q = 0$ de ce plan, vérifieront de même l'équation équivalente

$$\sum_1^6 \lambda_1 P_1^2 - X^2 - Y^2 - Z^2 = 0.$$

Mais ces coordonnées, substituées dans la fonction partielle $X^2 + Y^2 + Z^2$, la rendent égale à la somme donnée $a^2 + b^2 + c^2$ des carrés des demi-axes principaux de la surface : ainsi que cela résulte de l'orthogonalité des plans X, Y, Z, et du théorème de Monge sur le lieu décrit par le sommet d'un trièdre trirectangle circonscrit à l'ellipsoïde. Les coordonnées du centre de chacune des surfaces considérées vérifient donc l'équation

$$\sum_1^6 \lambda_1 P_1^2 - a^2 - b^2 - c^2 = 0,$$

où $\sum_1^6 \lambda_1 P_1^2$ désigne la fonction

$$[(x-\alpha)^2+(y-\beta)^2+(z-\gamma)^2-\rho^2]$$

relative à la sphère conjuguée de l'hexaèdre $P_1 \ldots P_6$. Et c'est le résultat que l'on avait obtenu par d'autres considérations (n° **110**, p. 103).

142. *Le lieu des pôles d'une droite* Q *par rapport à toutes les coniques inscrites au quadrilatère* $P_1 \ldots P_4$, *est la droite* $Q' = 0$ *définie par l'identité*

$$\sum_1^4 \lambda_1 P_1^2 \equiv QQ'. \tag{1}$$

Soit, en effet, $Q + cQ' = 0$ (*fig.* 23) une cinquième tangente menée, à l'une quelconque de ces coniques, par le

Fig. 23.

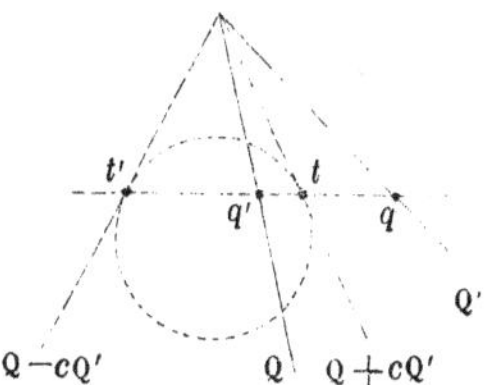

point de concours des droites Q, Q'. L'identité précédente pouvant s'écrire

$$\sum_1^4 \lambda_1 P_1^2 - \frac{(Q+cQ')^2}{4c} + \frac{(Q-cQ')^2}{4c} = 0,$$

la droite $Q - cQ' = 0$ sera d'elle-même tangente à cette conique. Et il résulte, du faisceau harmonique formé par les quatre droites

$$QQ' = 0, \quad Q \pm cQ' = 0,$$

ou de la division harmonique

$$q', q, \quad t, t'$$

déterminée par leurs traces sur la polaire du point QQ',

que le pôle de chacune des droites Q ou Q', par rapport à la conique considérée, est situé sur l'autre. Chacune de ces droites représente donc le lieu géométrique des pôles de l'autre par rapport à toutes les coniques de la série.

Le quadrilatère $P_1 \ldots P_4$ et la droite Q étant donnés, la droite Q' s'en déduit aisément. Il résulte, en effet, de la relation (1), que les droites Q, Q' sont conjuguées par rapport au quadrilatère proposé, dont elles divisent harmoniquement les trois diagonales. On pourra donc déduire géométriquement, des traces de l'une de ces droites sur ces diagonales, les traces de l'autre.

143. L'identité *tangentielle*

$$\sum_1^4 \lambda_i P_i^2 \equiv QQ'$$

définirait de même le *point enveloppe* Q' *des polaires du point* Q *par rapport au faisceau de coniques qui aurait pour base le quadrangle* $P_1 \ldots P_4 = 0$.

144. *Le lieu des pôles d'un plan* Q *par rapport à toutes les surfaces du second ordre inscrites à un même système de sept plans* $P_1 \ldots P_7 = 0$, *n'est autre que* le plan $Q' = 0$ *défini par l'identité*

$$(1) \qquad \sum_1^7 \lambda_i P_i^2 \equiv QQ'.$$

Soit, en effet, $Q + cQ' = 0$, un huitième plan tangent mené, à *l'une* quelconque des surfaces de la série, par la droite $0 = Q = Q'$. L'identité précédente pouvant s'écrire

$$(1') \qquad \sum_1^7 \lambda_i P_i^2 - \frac{(Q + cQ')^2}{4c} + \frac{(Q - cQ')^2}{4c} \equiv 0,$$

le plan $Q - cQ' = 0$ sera de lui-même tangent à cette surface dont neuf plans tangents

$$P_1 \ldots P_7 = 0 \quad \text{et} \quad Q \pm cQ' = 0$$

se trouvent de la sorte en évidence. Or il résulte du faisceau harmonique formé par les quatre plans

$$QQ' = 0, \quad Q \pm cQ' = 0,$$

ou de la division harmonique

$$q', q, \quad t, t',$$

déterminée par leurs traces sur la polaire de la droite QQ' que le pôle de chacun des plans Q, Q', par rapport à la surface considérée, est situé sur l'autre. Chacun de ces plans représente donc le lieu géométrique des pôles de l'autre par rapport à toutes les surfaces de la série, et ces plans sont *conjugués* par rapport à l'une quelconque de ces surfaces.

L'heptaèdre $P_1 \ldots P_7$ et le plan Q étant donnés, nous verrons plus loin que la construction du plan conjugué Q' peut se déduire de la définition analytique de ce plan, ou de l'identité (1).

145. L'identité *tangentielle*

$$\sum_1^7 \lambda_1 P_1^2 \equiv QQ'$$

définirait de même le point enveloppe Q' des plans polaires du point Q par rapport à toutes les surfaces du second degré que l'on peut circonscrire à l'heptagone gauche $P_1 P_2 \ldots P_7 = 0$.

CHAPITRE V.

DERNIÈRE GÉNÉRALISATION DES PRINCIPES PRÉCÉDENTS.

SOMMAIRE. — Généralisation de quelques propositions antérieures. — Propriété de six couples de droites ou de points conjugués par rapport à une conique, de dix couples de points ou de plans conjugués par rapport à une surface du second ordre. — Applications.

§ I. — *Du lieu des centres des coniques conjuguées à quatre couples de droites, ou de la droite définie par l'équation*

$$\sum_1^4 \lambda_1 P_1 P'_1 = 0.$$

146. Les propriétés générales de six éléments d'une conique, de dix éléments d'une surface du second ordre, dont nous avons donné précédemment l'expression analytique, sont susceptibles d'une dernière généralisation, et qui nous les va montrer avec toute l'étendue qu'elles comportent et qu'exigent d'ailleurs leurs applications. Nous verrons, en effet, que les problèmes fondamentaux, relatifs à la détermination d'une *surface du second ordre* définie par neuf éléments de même nature, sont immédiatement résolubles *dans le plan* où ils se ramènent, en dernière analyse, à la détermination d'une *conique* que l'on pourrait appeler *résolvante*, et qui se trouve définie par un nombre convenable de données. Mais ces données ne sont plus, comme à l'ordinaire, des droites ou des points par lesquels devrait passer la conique résolvante ou qu'elle devrait toucher, mais des couples *de droites* ou *de points conjugués* par rapport à cette courbe. De là, la convenance de réunir d'abord les notions nécessaires pour la construction d'une conique définie, non plus par cinq points ou cinq tangentes, mais par cinq couples de droites ou de points conjugués. Et comme la construction d'une conique, d'après cinq de ses points ou de ses tangentes, résulte de la propriété de six points ou de six tangentes d'une telle courbe, il convient d'abord de rechercher quelque propriété analogue de six couples de droites ou de points conjugués par rapport à une conique. Et c'est à quoi l'on est conduit par les problèmes que nous allons résoudre. Nous rencontrerons d'ailleurs, chemin faisant, diverses propositions de quelque intérêt en elles-mêmes, et qui nous permettront un peu plus loin de construire, par la règle et le compas, le cercle osculateur d'une courbe gauche du quatrième ordre, le cercle osculateur et la sphère osculatrice d'une cubique gauche.

147. *Du lieu des centres des coniques conjuguées à trois couples de droites, et dont les carrés des demi-axes principaux conservent une somme constante.*

1). *Lemme.* Le produit des distances du centre d'une conique à deux droites conjuguées quelconques est égal à la somme des produits obtenus en multipliant le carré de chacun des demi-axes principaux de la courbe par le produit des cosinus des inclinaisons sur cet axe des normales à ces droites :

$$(\text{I}) \quad \text{PP}' = a^2\cos(\text{N}, a)\cos(\text{N}', a) + b^2\cos(\text{N}, b)\cos(\text{N}', b).$$

Rapportant, en effet, ces droites aux axes de la conique conjuguée

$$\frac{x^2}{a^2} + \frac{y^2}{b^2} = 1$$

par les équations

$$x\cos\text{A} + y\sin\text{A} - \varpi = 0, \quad x\cos\text{A}' + y\sin\text{A}' - \varpi' = 0;$$

et exprimant que le pôle de l'une d'elles, par rapport à la courbe, appartient à l'autre, on obtient la condition

$$(\text{I}') \qquad \varpi\varpi' = a^2\cos\text{A}\cos\text{A}' + b^2\sin\text{A}\sin\text{A}'.$$

Or, les relations (I), (I′) sont équivalentes, et la première (I) est applicable à un système quelconque d'axes coordonnés.

2). Soient donc, par rapport à des axes rectangulaires quelconques, ox, oy,

$$P_1 P'_1 = 0, \quad P_2 P'_2 = 0, \quad P_3 P'_3 = 0$$

les trois couples de droites données; chacune des fonctions P_n, P'_n étant de la forme

$$P_n = a_n x + b_n y - \varpi_n, \quad P'_n = a'_n x + b'_n y - \varpi'_n;$$

où a_n et b_n, a'_n et b'_n désignent les cosinus des inclinaisons respectives sur ox et oy des normales N, N′ aux droites considérées, ou les cosinus directeurs de ces normales.

Si α et β, α' et β' désignent de même les cosinus directeurs de chacun des axes principaux $2a$, $2b$ d'une ellipse conjuguée aux deux droites de chaque couple, on aura, pour le produit des distances du centre (x, y) de cette ellipse à ces droites, cette double expression

$$P_n P'_n = a^2 \cos(N, a) \cos(N', a) + b^2 \cos(N, b) \cos(N', b);$$

ou, en développant les cosinus,

$$(n) \qquad P_n P'_n = a^2 (a_n \alpha + b_n \beta)(a'_n \alpha + b'_n \beta) + b^2 (a_n \alpha' + b_n \beta')(a'_n \alpha' + b'_n \beta').$$

Appliquant cette relation aux trois couples droites $P_1 P'_1$, $P_2 P'_2$, $P_3 P'_3$, il vient

$$(1) \qquad P_1 P'_1 = \ldots,$$

$$(2) \qquad P_2 P'_2 = \ldots,$$

$$(3) \qquad P_3 P'_3 = \ldots,$$

et l'on aura le lieu des centres (x, y) de toutes les ellipses analogues en éliminant les trois paramètres indépendants auxquels se réduisent les six variables a, b; α, β; α', β', entre ces trois équations et la suivante :

$$(4) \qquad a^2 + b^2 = k^2 = \text{const.}$$

Or si, désignant par $\lambda_1, \lambda_2, \lambda_3$ trois coefficients définis par les conditions

$$(\lambda)\left\{\begin{array}{r} \lambda_1 a_1 a'_1 + \lambda_2 a_2 a'_2 + \lambda_3 a_3 a'_3 = 1, \\ \lambda_1 b_1 b'_1 + \lambda_2 b_2 b'_2 + \lambda_3 b_3 b'_3 = 1, \\ \lambda_1(a_1 b'_1 + b_1 a'_1) + \lambda_2(a_2 b'_2 + b_2 a'_2) + \lambda_3(a_3 b'_3 + b_3 a'_3) = 0, \end{array}\right.$$

on ajoute, membre à membre, les équations (1), (2), (3) après les avoir multipliées respectivement par les nombres $\lambda_1, \lambda_2, \lambda_3$: le second membre de l'équation résultante devient, en vertu des relations que l'on vient d'écrire,

$$\begin{aligned} &(a^2\alpha^2 + a^2\beta^2) + (b^2\alpha'^2 + b^2\beta'^2) \\ &\quad = a^2(\alpha^2 + \beta^2) + b^2(\alpha'^2 + \beta'^2) = a^2 + b^2; \end{aligned}$$

toutes les variables se trouvent éliminées, et l'on obtient cette équation du lieu

$$(\text{I}) \qquad \lambda_1 P_1 P'_1 + \lambda_2 P_2 P'_2 + \lambda_3 P_3 P'_3 = a^2 + b^2.$$

D'ailleurs, les termes du second degré de cette équation se réduisent à $x^2 + y^2$ en vertu des relations (λ); le lieu considéré est donc un cercle, et l'on a ce théorème :

Théorème I. — *Le lieu des centres des coniques* conjuguées aux trois couples de droites $P_1 P'_1, P_2 P'_2, P_3 P'_3$, *et dont les carrés des demi-axes principaux conservent une somme constante,* est le cercle *représenté par l'équation*

$$(\text{I}) \qquad \sum_1^3 \lambda_i P_i P'_i = a^2 + b^2.$$

148. Corollaire I. — Si l'on appelle *cercle associé des trois couples de droites* $P_1 P'_1, P_2 P'_2, P_3 P'_3$, le cercle déterminé, représenté par l'équation

$$(\text{II}) \qquad \sum_1^3 \lambda_i P_i P'_i = 0;$$

on pourra dire que *la somme des carrés des demi-axes principaux d'une conique conjuguée à trois couples de droites est égale à la puissance du centre de la courbe par rapport au* cercle associé *de ces droites;* ou encore que *le cercle diagonal* d'une conique conjuguée à trois couples de droites et *le cercle associé* de ces droites *se coupent orthogonalement.*

149. Corollaire II. — Si les droites conjuguées P_1 et P'_1, P_2 et P'_2, P_3 et P'_3 se confondent deux à deux, le lieu précédent se transforme dans le lieu des centres des coniques *inscrites* au triangle $P_1 P_2 P_3$ et soumises à la condition $a^2 + b^2 =$ const. On retrouve ainsi le *cercle*

$$(\mathrm{I}') \qquad \sum_1^3 \lambda_1 P_1^2 = a^2 + b^2 \text{ (n}^{\text{o}}\text{ 90, p. 77).}$$

150. Corollaire III. — Les trois couples P_1 et P'_1, P_2 et P'_2, P_3 et P'_3 contiennent seulement trois droites distinctes P_1, P_2, P_3, si l'on a identiquement $P'_1 \equiv P_2, P'_2 \equiv P_3, P'_3 \equiv P_1$. Le *cercle* représenté par l'équation correspondante

$$(\mathrm{I}'') \qquad \lambda_1 P_1 P_2 + \lambda_2 P_2 P_3 + \lambda_3 P_3 P_1 = a^2 + b^2$$

est donc le lieu géométrique des centres des coniques soumises à la condition $a^2 + b^2 =$ const. et *conjuguées au triangle* $P_1 P_2 P_3$ ou aux trois couples de droites $P_1 P_2$, $P_2 P_3$, $P_3 P_1$. Le cercle circonscrit au triangle 123 et le cercle (I″) sont concentriques.

151. *Scolie.* — Il nous reste à construire le cercle (I), ou le *cercle concentrique*

$$(\mathrm{II}) \qquad \sum_1^3 \lambda_1 P_1 P'_1 = 0,$$

lieu spécial des centres des hyperboles équilatères *conjuguées aux trois* couples $P_1 P'_1, \ldots, P_3 P'_3$.

Soient, à cet effet $(p_1, p'_1; p_2, p'_2; p_3, p'_3)$ les coordonnées d'un point quelconque du plan de la figure, et

$$(2) \quad \lambda_1 (p_1 P'_1 + p'_1 P_1) + \lambda_2 (p_2 P'_2 + p'_2 P_2) + \lambda_3 (p_3 P'_3 + p'_3 P_3) = 0$$

la polaire de ce point par rapport au cercle inconnu (II). Si l'on pose

$$(1) \qquad 0 = p_1 = p'_1,$$

le point dont il s'agit n'est autre que le sommet de l'angle $\widehat{P_1 P'_1}$ formé par les droites de la première couple; et sa polaire, représentée par l'équation

$$\lambda_2(p_2 P'_2 + p'_2 P_2) + \lambda_3(p_3 P'_3 + p'_3 P_3) = 0,$$

passe par l'intersection des polaires $p_2 P'_2 + p'_2 P_2 = 0$, $p_3 P'_3 + p'_3 P_3 = 0$ de ce même point (1) par rapport aux angles $\widehat{P_2 P'_2}$, $\widehat{P_3 P'_3}$ des deux couples restantes.

Les points d'intersection

$$1 = P_1 P'_1, \quad 2 = P_2 P'_2, \quad 3 = P_3 P'_3$$

des deux droites de chaque couple, et les points de concours

$$1', \quad 2', \quad 3'$$

des polaires des précédents 1, 2, 3 *par rapport aux angles formés des deux droites de chacune des couples restantes, déterminent donc trois systèmes*

$$1,1', \quad 2,2', \quad 3,3'$$

de points conjugués *par rapport au cercle* (II). Et celui-ci n'est autre que le *cercle orthogonal aux trois cercles décrits sur les segments*

$$11', \quad 22', \quad 33'$$

comme diamètres.

152. Théorème II. — *Le lieu des centres des coniques* conjuguées aux quatre couples $P_1 P'_1, \ldots, P_4 P'_4$ *n'est autre que la* droite déterminée *représentée par l'équation*

$$\sum_1^4 \lambda_1 P_1 P'_1 = 0 \tag{1}$$

ou *l'axe radical commun à tous les cercles contenus, en nombre infini, dans cette même équation, et parmi lesquels se trouvent, au nombre de quatre, les* cercles associés *de trois quelconques des quatre couples données.*

La somme des carrés des demi-axes principaux de l'une

quelconque des coniques actuelles est effectivement mesurée (n° **148**, p. 155) par la puissance du centre de cette conique par rapport à l'un quelconque de ces derniers cercles

$$(2) \qquad \sum_1^3 \lambda_1 P_1 P'_1 = 0,$$

$$(3) \qquad \sum_2^4 \mu_2 P_2 P'_2 = 0.$$

Le centre de l'une quelconque de ces coniques appartient donc à l'axe radical de ces cercles ou à la droite représentée par l'équation (1). Et puisque l'on sait construire (n° **151**, p. 157) chacun des cercles (2), (3), on saura de même construire leur axe radical, ou la *droite associée* des quatre couples données représentée par l'équation (1).

153. La droite associée de quatre couples de droites, $A = 0$, représente encore la corde commune, située à distance finie, de deux coniques homothétiques respectivement circonscrites à deux quadrilatères dont les couples de côtés opposés, reproduiraient, dans un ordre quelconque, les quatre couples données. La définition de cette droite entraîne effectivement l'identité

$$(1') \qquad (\lambda_1 P_1 P'_1 + \lambda_2 P_2 P'_2) + (\lambda_3 P_3 P'_3 + \lambda_4 P_4 P'_4) \equiv A,$$

et sa construction, la construction de ce problème :

Circonscrire à deux quadrangles donnés un système de deux coniques homothétiques.

154. Les deux cercles de rayon nul, ou les *points limites* des cercles de la série (1), représentés par l'équation particulière

$$(1'') \qquad 0 = \sum_1^4 \lambda_1 P_1 P'_1 \equiv (x - A)^2 + (y - B)^2,$$

seront fournis par les points de commune intersection des quatre cercles associés de trois quelconques des couples données.

Dans le cas spécial où trois des quatre couples sont formées de droites coïncidentes, ces points limites

$$(1''') \qquad 0 = \sum_1^3 \lambda_1 P_1^2 + \lambda_4 P_4 P'_4 \equiv (x - A)^2 + (y - B)^2$$

se peuvent déterminer *à priori*, et leur situation sur trois cercles, qu'il est facile d'apercevoir, entraîne le théorème suivant :

Si 1, 2, 3 *désignent les sommets d'un triangle quelconque* $P_1 P_2 P_3 = 0$ *et* 1′, 2′, 3′ *les traces, sur les côtés opposés, des polaires de ces sommets par rapport à un même système de deux droites* $P_4 P'_4 = 0$: *les cercles décrits sur les segments* 11′, 22′, 33′ *comme diamètres, se coupent suivant les deux mêmes points.*

155. Théorème III. — *Le centre d'une conique définie par cinq couples de* droites conjuguées $P_1 P'_1, \ldots, P_5 P'_5$, *n'est autre que le point de concours de toutes les* droites ou *le centre radical de tous les* cercles contenus en nombre infini dans l'équation

$$\sum_1^5 \lambda_1 P_1 P'_1 = 0.$$

Et le cercle diagonal $x^2 + y^2 = a^2 + b^2$ *de cette conique* $\frac{x^2}{a^2} + \frac{y^2}{b^2} = 1$ *coupe orthogonalement tous les cercles de la série.*

On pourra donc construire, par la règle et le compas, le centre et le cercle diagonal d'une conique définie par cinq couples de droites conjuguées. Nous verrons plus loin que la détermination du cercle osculateur en un point quelconque d'une courbe gauche du quatrième ordre dépend de cette seule construction.

156. Considérons six couples

$$P_1 P'_1 = 0, \ldots, P_6 P'_6 = 0$$

de droites conjuguées par rapport à une même conique. En vertu du théorème précédent, chacun des diamètres de la courbe pourra être représenté par l'une ou l'autre des équations

$$\sum_1^5 \lambda_1 P_1 P'_1 \equiv 0, \quad \sum_2^6 \mu_2 P_2 P'_2 = 0;$$

et celles-ci étant équivalentes, on aura l'identité

$$\sum_1^6 \lambda_1 P_1 P'_1 \equiv 0.$$

Telle est donc l'expression analytique des *dépendances existant entre* six couples *de* droites conjuguées *par rapport à une même conique,* que *les produits des distances d'un point* quelconque *du plan de la courbe aux deux droites de chaque couple soient liés par une même relation* linéaire et homogène

$$\sum_1^6 \lambda_1 P_1 P'_1 \equiv 0.$$

157. Réciproquement, *six couples de droites qui donnent lieu à* l'identité

$$(1) \qquad \sum_1^6 \lambda_1 P_1 P'_1 \equiv 0,$$

font toujours six couples conjuguées *à une même conique.*

Le centre de la courbe définie par les cinq couples de droites conjuguées 1, 2, 3, 4, 5 se trouve en effet au point de concours de toutes les droites contenues dans l'équation

$$(2) \qquad \sum_1^5 \lambda_1 P_1 P'_1 = 0;$$

le centre de la courbe définie par les couples 2, 3, 4, 5, 6 au point de concours de toutes les droites

$$(3) \qquad \sum_2^6 \mu_2 P_2 P'_2 = 0.$$

Or ces deux séries de droites coïncident, en vertu de l'identité supposée (1). Et les deux coniques précédentes, ayant le même centre et quatre couples de droites conjuguées communes, se confondent.

158. Corollaire. — Pour que l'on puisse circonscrire à trois quadrilatères donnés trois coniques qui se coupent suivant les quatre mêmes points, il faut et il suffit que les côtés opposés de ces quadrilatères forment six couples de droites conjuguées par rapport à une même conique.

159. *Lorsque* cinq couples de droites *donnent lieu à l'identité*

$$\sum_1^5 \lambda_1 P_1 P'_1 \equiv 0, \tag{1}$$

toute conique conjuguée aux deux droites de quatre *de ces couples est par cela même conjuguée aux deux droites de la* cinquième.

Car si l'on imagine l'une quelconque des coniques conjuguées aux quatre couples $P_1 P'_1, \ldots, P_4 P'_4$, et que AA', BB', désignent deux autres couples de droites conjuguées à cette conique, on aura identiquement, par le théorème du n° 156, p. 160,

$$\sum_1^4 \mu_1 P_1 P'_1 + AA' + BB' \equiv 0. \tag{2}$$

Et si, entre cette identité et la précédente (1), on élimine le rectangle $P_1 P'_1$, on aura encore identiquement

$$\sum_2^5 \nu_2 P_2 P'_2 + AA' + BB' \equiv 0. \tag{3}$$

Les deux droites P_5, P'_5, qui n'entraient point dans l'identité (2), mais qui figurent dans celle-ci, se trouvent donc conjuguées par rapport à cette conique particulière que nous avions considérée d'abord et qui n'était autre que l'une quelconque des coniques conjuguées aux quatre couples $P_1 P'_1, \ldots, P_4 P'_4$. Donc, etc.

160. De là un théorème important, et dont nous rencontrerons, par la suite, de nombreuses applications.

Le lieu géométrique des pôles *d'une droite fixe*

$$A = 0,$$

par rapport à toutes les coniques conjuguées *aux quatre couples de droites*

$$P_1 P'_1 = 0, \ldots, \quad P_4 P'_4 = 0,$$

n'est autre que la droite $A' = 0$ *définie par l'identité*

$$(1) \qquad \sum_1^4 \lambda_i P_i P'_i + A A' \equiv 0.$$

§ II. — *Théorème corrélatif, ou propriété de six couples de points conjugués par rapport à une conique.*

161. La propriété de six couples de droites conjuguées se peut établir *à priori*, d'une manière synthétique, et indépendamment des problèmes qui nous y avaient conduit. C'est aussi la seule marche que nous ayons à suivre pour l'établissement du théorème corrélatif qui est le suivant.

Théorème. — *La condition nécessaire et suffisante pour que les douze points représentés par les équations* tangentielles

$$P_1 P'_1 = 0, \ldots, \quad P_6 P'_6 = 0,$$

fassent six couples de points conjugués *par rapport à une même conique est qu'il existe une relation* linéaire et homogène

$$(I) \qquad \sum_1^6 \lambda_i P_i P'_i \equiv 0$$

entre les produits des distances des deux points de chaque couple à une droite tracée d'une manière quelconque *dans le plan de la courbe.*

Soient, en effet,

$$\frac{x^2}{a^2} + \frac{y^2}{b^2} = 1$$

la conique considérée, et (x_1, y_1), (x'_1, y'_1); ...; (x_6, y_6), (x'_6, y'_6) six couples de points conjugués par rapport à cette courbe; on aura les égalités suivantes :

$$(1) \qquad \frac{x_1 x'_1}{a^2} + \frac{y_1 y'_1}{b^2} = 1,$$

$$\dots\dots\dots\dots\dots$$

$$(6) \qquad \frac{x_6 x'_6}{a^2} + \frac{y_6 y'_6}{b^2} = 1.$$

D'ailleurs, pour que les distances de ces points à une droite quelconque

$$Ax + Bx + C = 0$$

vérifient l'identité (I), il faut et il suffit que la relation

$$(\text{I}') \qquad \sum_1^6 \lambda_1 (Ax_1 + By_1 + C)(Ax'_1 + By'_1 + C) \equiv 0$$

soit vérifiée indépendamment des valeurs de A, B, C; ou que les *six* équations obtenues en égalant à zéro les coefficients des termes en

$$A^2, \quad B^2, \quad C^2, \quad AB, \quad BC, \quad AC$$

admettent en $\lambda_1, \dots, \lambda_6$ une solution commune; ou enfin que ces six équations se réduisent à *cinq* par la réduction à la forme identique $0 = 0$ de l'une de leurs combinaisons. Or c'est justement ce qui se produit ici, aussitôt du moins que l'on a égard aux relations données (1), ..., (6).

Trois des six équations en $\lambda_1, \dots, \lambda_6$ sont effectivement

$$\sum_1^6 \lambda_1 x_1 x'_1 = 0, \quad \sum_1^6 \lambda_1 y_1 y'_1 = 0, \quad \sum_1^6 \lambda_1 = 0$$

dont la combinaison

$$\frac{\Sigma_1^6 \lambda_1 x_1 x'_1}{a^2} + \frac{\Sigma_1^6 \lambda_1 y_1 y'_1}{b^2} - \Sigma_1^6 \lambda_1 = 0,$$

se réduit à l'identité

$$0 = 0,$$

ainsi que cela résulte des égalités (1), (2), ..., (6) multipliées respectivement par les nombres $\lambda_1, \lambda_2, \ldots, \lambda_6$ et ajoutées membre à membre. Donc, etc.

La proposition réciproque s'établirait d'une manière analogue.

162. *Lorsque cinq couples de points donnent lieu à l'identité* tangentielle

$$\sum_1^5 \lambda_1 P_1 P'_1 \equiv 0,$$

toute conique conjuguée *aux deux points de quatre de ces couples est par cela même conjuguée aux deux points de la cinquième* (p. 161, n° 159).

Scolie. — L'enveloppe *des polaires d'un point fixe* $A = 0$ *par rapport à toutes les coniques conjuguées aux quatre couples de points* $P_1 P'_1, \ldots, P_4 P'_4$, *n'est autre que* le point $A' = 0$ *défini par l'identité* tangentielle

$$\sum_1^4 \lambda_1 P_1 P'_1 + A A' \equiv 0.$$

§ III. — *Du lieu des centres des hyperboloïdes équilatères conjugués à six couples de plans, ou de la sphère définie par l'équation*

$$\sum_1^6 \lambda_1 P_1 P'_1 = 0.$$

Théorèmes.

163. *Du lieu des centres des surfaces du second ordre* conjuguées *à six couples de plans, et dont les carrés des demi-axes principaux conservent une somme constante.*

1). *Lemme.* — Le produit des distances du centre d'un ellipsoïde à deux plans conjugués quelconques est égal à la somme des produits obtenus en multipliant le carré de chacun des demi-axes principaux de la surface par le produit des cosinus des inclinaisons de cet axe sur les normales aux deux plans conjugués dont il s'agit :

$$(\mathrm{I})\qquad \left\{\begin{aligned} \mathrm{P.P'} = a^2\cos(\mathrm{N}, a)\cos(\mathrm{N}', a)\\ + b^2\cos(\mathrm{N}, b)\cos(\mathrm{N}', b)\\ + c^2\cos(\mathrm{N}, c)\cos(\mathrm{N}', c). \end{aligned}\right.$$

Rapportant, en effet, ces deux plans aux axes de la surface conjuguée

$$\frac{x^2}{a^2} + \frac{y^2}{b^2} + \frac{z^2}{c^2} = 1,$$

par les équations

$$x\cos\mathrm{A} + y\cos\mathrm{B} + z\cos\mathrm{C} - \varpi = 0,$$
$$x\cos\mathrm{A}' + y\cos\mathrm{B}' + z\cos\mathrm{C}' - \varpi' = 0;$$

et exprimant que le pôle de l'un de ces plans, par rapport à la surface, appartient à l'autre, on obtient la condition

$$(\mathrm{I}')\qquad \varpi.\varpi' = a^2\cos\mathrm{A}\cos\mathrm{A}' + b^2\cos\mathrm{B}\cos\mathrm{B}' + c^2\cos\mathrm{C}\cos\mathrm{C}'.$$

Or les relations (I), (I') sont équivalentes, et la première est applicable à un système quelconque d'axes coordonnés.

2). Soient donc, par rapport à des axes rectangulaires quelconques ox, oy, oz,

$$\mathrm{P}_1\mathrm{P}'_1 = 0,\quad \mathrm{P}_2\mathrm{P}'_2 = 0,\ldots,\quad \mathrm{P}_6\mathrm{P}'_6 = 0,$$

six couples de plans; chacune des fonctions P_n, P'_n étant de la forme

$$\mathrm{P}_n = a_n x + b_n y + c_n z - \varpi_n,\qquad \mathrm{P}'_n = a'_n x + b'_n y + c'_n z - \varpi'_n;$$

et a_n, b_n, c_n, a'_n, b'_n, c'_n désignant les cosinus des inclinaisons respectives, sur ox, oy, oz, des normales N, N' aux plans considérés, ou les cosinus directeurs de ces normales.

Si α, β, γ, α', β', γ', α'', β'', γ'' désignent de même les cosinus directeurs de chacun des axes principaux $2a$, $2b$, $2c$ d'un ellipsoïde conjugué aux deux plans de chaque couple ; on aura, pour le produit des distances du centre (x, y, z) de cet ellipsoïde à ces deux plans, cette double expression :

$$\begin{aligned} P_n P'_n = & a^2 \cos(N, a) \cos(N', a) \\ & + b^2 \cos(N, b) \cos(N', b) \\ & + c^2 \cos(N, c) \cos(N', c), \end{aligned}$$

ou, en développant les cosinus,

$$(n) \quad \left\{ \begin{aligned} P_n P'_n = & a^2 (a_n \alpha + b_n \beta + c_n \gamma)(a'_n \alpha + b'_n \beta + c'_n \gamma) \\ & + b^2 (a_n \alpha' + b_n \beta' + c_n \gamma')(a'_n \alpha' + b'_n \beta' + c'_n \gamma') \\ & + c^2 (a_n \alpha'' + b_n \beta'' + c_n \gamma'')(a'_n \alpha'' + b'_n \beta'' + c'_n \gamma''). \end{aligned} \right.$$

Appliquant successivement cette relation aux deux plans P_1 et $P'_1, \ldots, P_6$ et P'_6 de chaque couple, il vient

$$(1) \qquad P_1 P'_1 = \ldots,$$

$$(2) \qquad P_2 P'_2 = \ldots,$$

$$\ldots\ldots\ldots\ldots$$

$$(6) \qquad P_6 P'_6 = \ldots.$$

Et l'on aura le lieu des centres (xyz) de tous les ellipsoïdes analogues en éliminant les six paramètres indépendants auxquels se réduisent les douze variables $a, b, c, \alpha, \beta, \gamma, \alpha', \beta', \gamma', \alpha'', \beta'', \gamma''$ entre ces six équations et la suivante :

$$(7) \qquad a^2 + b^2 + c^2 = \text{const.}$$

Or si l'on désigne par $\lambda_1, \lambda_2, \ldots, \lambda_6$ six coefficients définis par les conditions

$$(\lambda) \quad \left\{ \begin{aligned} & \sum_1^6 \lambda_1 a_1 a'_1 = 1, \\ & \sum_1^6 \lambda_1 b_1 b'_1 = 1, \\ & \sum_1^6 \lambda_1 c_1 c'_1 = 1; \\ 0 = & \sum_1^6 \lambda_1 (a_1 b'_1 + b_1 a'_1) = \sum_1^6 \lambda_1 (b_1 c'_1 + c_1 b'_1) \\ & = \sum_1^6 \lambda_1 (a_1 c'_1 + c_1 a'_1), \end{aligned} \right.$$

et que l'on ajoute, membre à membre, les équations

(1), (2), ..., (6), multipliées respectivement par les nombres $\lambda_1, \lambda_2, \ldots, \lambda_6$: le second membre de l'équation résultante devient, en vertu des conditions (λ),

$$a^2(\alpha^2+\beta^2+\gamma^2)+b^2(\alpha'^2+\beta'^2+\gamma'^2)+c^2(\alpha''^2+\beta''^2+\gamma''^2) \equiv a^2+b^2+c^2;$$

toutes les variables se trouvent donc éliminées ; et il vient, pour l'équation du lieu,

$$\sum_1^6 \lambda_1 P_1 P'_1 = a^2+b^2+c^2.$$

D'ailleurs les termes du second degré de cette équation se réduisent à $x^2+y^2+z^2$, en vertu des relations (λ) ; le lieu trouvé est une sphère, et l'on a cette proposition :

Théorème I. — *Le lieu des centres des ellipsoïdes, conjugués aux six couples de plans* $P_1 P'_1, \ldots, P_6 P'_6$, *et dont les carrés des demi-axes principaux conservent une somme constante, n'est autre que la* sphère déterminée, *représentée par l'équation*

$$\text{(I)} \qquad \sum_1^6 \lambda_1 P_1 P'_1 = a^2+b^2+c^2.$$

164. Corollaire I. — Si l'on appelle *sphère associée* des six couples de plans $P_1 P'_1, \ldots, P_6 P'_6$ la sphère unique et déterminée, représentée par l'équation

$$\text{(II)} \qquad \sum_1^6 \lambda_1 P_1 P'_1 = 0:$$

on pourra dire que *la somme des carrés des demi-axes principaux d'un ellipsoïde conjugué à six couples de plans est égale à la puissance du centre de cet ellipsoïde par rapport à la sphère associée de ces plans* ; ou encore que la *sphère diagonale d'un ellipsoïde conjugué à six couples de plans et la sphère associée de ces plans sont orthogonales.*

165. Corollaire II. — Si les deux plans de chaque couple se confondent, $P_1 \equiv P'_1, \ldots, P_6 \equiv P'_6$, le lieu précédent se transforme dans le lieu des centres des ellipsoïdes *inscrits à l'hexaèdre* $P_1 \ldots P_6$, et soumis à la condition $a^2 + b^2 + c^2 = \text{const}$. On retrouve ainsi la sphère $\sum_1^6 \lambda_1 P_1^2 = a^2 + b^2 + c^2$ (n° 110, p. 105).

Et si les douze plans des six couples données se réduisent à quatre plans distincts, $P_1, \ldots, P_4$, lesquels, combinés deux à deux, forment en effet les six couples $P_1 P_2$, $P_1 P_3$, $P_1 P_4$, $P_2 P_3$, $P_3 P_4$, $P_4 P_2$; le lieu précédent se transforme dans le lieu des centres des *ellipsoïdes*, *conjugués au tétraèdre* $P_1 \ldots P_4$, et soumis à la condition $a^2 + b^2 + c^2 = \text{const}$. On trouve ainsi la *sphère circonscrite au tétraèdre*, si la constante est nulle; ou *une sphère concentrique* $\sum \lambda_{12} P_1 P_2 = a^2 + b^2 + c^2$, dans le cas contraire.

166. *Scolie*. — Il resterait à construire la sphère (I), ou seulement la sphère concentrique $\sum_1^6 \lambda_1 P_1 P'_1 = 0$; et c'est à quoi l'on peut parvenir de deux manières différentes dont l'une offre quelque analogie avec la méthode *par élimination* usitée en algèbre.

1). Supposons d'abord que cinq des six couples données soient formées de plans coïncidents, ou que l'on ait à construire la sphère représentée par l'équation

$$\sum_1^5 \lambda_1 P_1^2 + PP' = 0. \tag{1}$$

On reconnaîtra aussitôt que le *plan polaire*, *relatif à la surface* (1), de chacun des dix *sommets* du pentaèdre

$$P_1 P_2 P_3 P_4 P_5 = 0,$$

passe par la trace de l'*arête opposée* sur le *plan polaire* du même sommet *par rapport au dièdre* $\widehat{P, P'}$:

$$0 = p_1 = p_2 = p_3, \quad \lambda_4 p_4 P_4 + \lambda_5 p_5 P_5 + (pP' + p'P) = 0.$$

On connaît donc ici *dix* couples de *points conjugués*, ou

dix sphères orthogonales à la sphère cherchée; et l'on a en même temps ce théorème :

Si l'on nomme diagonales *de la* figure formée d'un pentaèdre et d'un dièdre *chacune des droites menées de l'un quelconque des* sommets *du pentaèdre à la trace de l'*arête opposée *sur le plan polaire de ce sommet par rapport au dièdre donné*; on pourra dire que *les* dix *sphères décrites sur chacune des diagonales d'une telle figure comme diamètre sont* orthogonales *à une même sphère:* la sphère (1), lieu géométrique *des centres des hyperboloïdes équilatères* inscrits *au pentaèdre et* conjugués *au dièdre donnés.*

La sphère précédente peut d'ailleurs se réduire à un plan : le *plan médian* de la figure, et qui contient alors, en même temps que les points milieux de toutes les diagonales, les centres de toutes les surfaces du second ordre inscrites au pentaèdre et conjuguées au dièdre donnés. Dans ce cas, *les divers plans de la figure, transportés parallèlement à eux-mêmes en un même point de l'espace, y déterminent* cinq plans tangents et un dièdre conjugué *à un même cône du second ordre.*

2). Supposons, en second lieu, que quatre des six couples données soient formées de plans coïncidents; ou que l'on ait à construire la sphère

$$\sum_1^4 \lambda_1 P_1^2 + PP' + QQ' = 0. \tag{2}$$

On reconnaît encore que le plan polaire, relatif à la surface (2), de chacun des sommets du tétraèdre $P_1 P_2 P_3 P_4$ passe par le point de concours de la face opposée et des plans polaires de ce même sommet par rapport aux dièdres $\widehat{P,P'}$, $\widehat{Q,Q'}$:

$$0 = p_1 = p_2 = p_3, \quad \lambda_4 p_4 P_4 + (pP' + p'P) + (qQ' + q'Q) = 0.$$

On connaît donc quatre couples de points conjugués, ou quatre segments conjugués, par rapport à la sphère que l'on cherche, et qui n'est autre, dès lors, que la sphère orthogonale aux quatre sphères décrites sur chacun de ces segments comme diamètre.

3). Supposons encore qu'il s'agisse de la sphère représentée par l'équation

$$(3) \qquad \sum_1^3 \lambda_1 P_1^2 + PP' + QQ' + RR' = 0;$$

et faisant intervenir, en même temps qu'un plan auxiliaire quelconque $P_4 = 0$, la sphère suivante que nous savons construire,

$$(2) \qquad \sum_1^4 \mu_1 P_1^2 + m.PP' + m'.QQ' = 0:$$

éliminons le rectangle PP' entre les équations (2) et (3). L'équation résultante

$$(2') \qquad \sum_1^4 \nu_1 P_1^2 + n.QQ' + n'.RR' = 0$$

représentera une sphère ayant un même cercle radical avec les précédentes (2), (3), et que nous saurions construire comme la sphère (2). Construisant dès lors chacune des sphères (2), (2') et leur cercle radical; nous aurions, dans celui-ci, un premier cercle appartenant à la sphère (3) que nous cherchons. Un autre cercle, appartenant à la même sphère, résulterait encore, par des considérations toute semblables, de l'élimination du rectangle QQ' entre les équations (2), (3); et ainsi de suite.

167. Mais la sphère générale $\sum_1^6 \lambda_1 P_1 P'_1 = 0$ est susceptible d'une détermination directe dont la simplicité contraste d'une manière remarquable avec la multiplicité des données de la question.

Que l'on coupe, en effet, la sphère inconnue

$$(1) \qquad \sum_1^6 \lambda_1 P_1 P'_1 = 0$$

par l'un des plans P_6 ou $P'_6 = 0$: la section résultante sera l'un des *cercles contenus* en nombre infini *dans l'équation*

$$\sum_1^5 \lambda_i \Pi_i \Pi'_i = 0. \tag{1'}$$

Or tous les cercles (1') sont orthogonaux à un cercle déterminé que nous avons appris à construire, car il n'est autre que le cercle diagonal de l'ellipse conjuguée aux cinq couples de droites $\Pi_1 \Pi'_1, \ldots, \Pi_5 \Pi'_5$ (n° 155, p. 159).

On pourra donc construire le centre ω_6 et le rayon ρ_6 de ce cercle diagonal; et l'on aura, dans la sphère de même centre et de même rayon, une première sphère Ω_6 orthogonale à celle que l'on cherche.

Cette même construction répétée nous pourra fournir quatre sphères analogues, orthogonales à la sphère cherchée, et qui suffisent à sa détermination.

Si la sphère précédente se réduit accidentellement à un plan, la trace de celui-ci sur l'un quelconque des plans donnés, tels que P_6 ou P'_6, sera l'une des droites contenues en nombre infini dans l'équation

$$\sum_1^5 \lambda_i \Pi_i \Pi'_i = 0.$$

Mais toutes ces droites, comme l'on sait, concourent en un même point que l'on peut construire : car il n'est autre que le centre de la conique conjuguée aux cinq couples de droites résultant des traces du plan P_6 ou P'_6, que l'on aura choisi, sur les plans $P_1.P'_1, \ldots, P_5.P'_5$ des cinq autres couples. On pourra donc obtenir de la sorte 6×2 ou 12 points du plan cherché dont la détermination est d'ailleurs comprise dans celle de la sphère précédente. Car si les quatre sphères orthogonales, à l'aide desquelles on déterminait celle-là, ont leurs centres sur un même plan, ce plan se substitue à la sphère cherchée; et telle est d'ailleurs la condition nécessaire et suffisante pour que cette réduction se produise, que les douze plans donnés, transportés parallèlement à eux-mêmes en un même point de l'espace, y déterminent six couples de plans conjugués à un même cône du second ordre.

168. Théorème II. — *Le lieu des centres des surfaces du second ordre conjuguées aux n couples de plans* $P_1 P'_1, \ldots, P_n P'_n$ ($n = 7, = 8$); *ou le centre unique de la surface qu'ils déterminent* ($n = 9$), *coïncident avec le* plan, *l'axe ou le* centre radical *de toutes les* sphères *contenues dans l'équation*

$$\sum_1^n \lambda_1 P_1 P'_1 = 0;$$

et le plan déterminé *que représente cette équation pour* $n = 7$, *la* droite *ou* le point d'intersection *de tous les plans qui y sont contenus pour* $n = 8$ *ou* $n = 9$, *ont la même signification.*

169. Théorème III. — *La condition nécessaire et suffisante pour que dix couples de plans soient conjuguées à une même surface du second ordre est qu'il existe une* relation linéaire et homogène

$$\sum_1^{10} \lambda_1 P_1 P'_1 \equiv 0$$

entre les produits des distances d'un point quelconque de l'espace aux deux plans de chaque couple (n° 104, p. 90); *et, si n couples de plans donnent lieu à l'identité analogue*

$$\sum_1^n \lambda_1 P_1 P'_1 \equiv 0,$$

toute surface du second ordre conjuguée aux deux plans de $n - 1$ *de ces couples sera d'elle-même conjuguée aux deux plans de la* $n^{\text{ième}}$ (n° 159, p. 161).

Scolie. — Le lieu des pôles d'un plan fixe $A = 0$ *par rapport à toutes les surfaces du second ordre conjuguées aux sept couples de plans* $P_1 P'_1, \ldots, P_7 P'_7$, *n'est autre que le plan* $A' = 0$ *défini par l'identité*

$$\sum_1^7 \lambda_1 P_1 P'_1 + AA' \equiv 0.$$

§ IV. — *Théorèmes corrélatifs, ou propriété de dix couples de points conjugués par rapport à une surface du second ordre.*

170. Théorème I. — *La condition* nécessaire et suffisante *pour que* dix couples de points *définies par les équations tangentielles*

$$P_1 P'_1 = 0, \ldots, \quad P_{10} P'_{10} = 0,$$

soient conjuguées *à une même surface du second ordre, est qu'il existe une même relation* linéaire et homogène

$$\sum_1^{10} \lambda_1 P_1 P'_1 \equiv 0$$

entre les produits des distances des deux points de chaque couple à un plan quelconque

Dix couples de points conjugués par rapport à la surface

$$\frac{x^2}{a^2} + \frac{y^2}{b^2} + \frac{z^2}{c^2} = 1$$

donnent naissance aux égalités

$$(1) \qquad \frac{x_1 x'_1}{a^2} + \frac{y_1 y'_1}{b^2} + \frac{z_1 z'_1}{c^2} = 1,$$

$$\ldots \qquad \ldots\ldots\ldots\ldots\ldots\ldots,$$

$$(10) \qquad \frac{x_{10} x'_{10}}{a^2} + \frac{y_{10} y'_{10}}{b^2} + \frac{z_{10} z'_{10}}{c^2} = 1;$$

et celles-ci, quels que soient les multiplicateurs employés, entraînent la relation

$$(\mathrm{I}) \qquad \frac{\Sigma_1^{10} \lambda_1 x_1 x'_1}{a^2} + \frac{\Sigma_1^{10} \lambda_1 y_1 y'_1}{b^2} + \frac{\Sigma_1^{10} \lambda_1 z_1 z'_1}{c^2} = \Sigma_1^{10} \lambda_1.$$

D'un autre côté, pour que les produits des distances des deux points de chaque couple à un plan *quelconque*

$$Ax + By + Cz + H = 0$$

soient liés par une relation linéaire et homogène

$$\sum_1^{10} \lambda_1 (Ax_1 + By_1 + Cz_1 + H)(Ax'_1 + By'_1 + Cz'_1 + H) \equiv 0,$$

il faut et il suffit que les *dix* équations *homogènes* obtenues en égalant à zéro les coefficients des termes en

$$A^2,\ B^2,\ C^2,\ H^2,\quad AB,\ BC,\ AC,\quad AH,\ BH,\ CH,$$

se réduisent à *neuf* par la réduction à la forme identique $0 = 0$ de l'une de leurs combinaisons; et c'est justement ce qui se produit ici.

Quatre des dix équations en $\lambda_1, \ldots, \lambda_{10}$ sont, en effet,

$$\sum_1^{10} \lambda_1 x_1 x'_1 = 0, \quad \sum_1^{10} \lambda_1 y_1 y'_1 = 0,$$
$$\sum_1^{10} \lambda_1 z_1 z'_1 = 0, \quad \sum_1^{10} \lambda_1 = 0,$$

dont la combinaison

$$\frac{\Sigma_1^{10} \lambda_1 x_1 x'_1}{a^2} + \frac{\Sigma_1^{10} \lambda_1 y_1 y'_1}{b^2} + \frac{\Sigma_1^{10} \lambda_1 z_1 z'_1}{c^2} - \Sigma_1^{10} \lambda_1 = 0$$

se réduit à l'identité

$$0 = 0$$

en vertu de l'égalité (I). Donc, etc.

La proposition réciproque s'établirait d'une manière semblable.

171. *Lorsque n couples de points, définies par les équations* tangentielles $P_1 P'_1 = 0, \ldots, P_n P'_n = 0$ *donnent lieu à l'identité*

$$\sum_1^n \lambda_1 P_1 P'_1 \equiv 0,$$

toute surface du second ordre conjuguée aux deux plans de n — 1 de ces couples est d'elle-même conjuguée aux deux plans de la $n^{ième}$ (n° 159, p. 161).

Les limites normales de ce théorème sont comprises dans les trois hypothèses $n = 8, = 9, = 10$. Toutefois l'identité précédente peut être vérifiée accidentellement pour l'une quelconque des valeurs 7, 6, 5, 4 de l'indice n.

Corollaire. — *L'enveloppe des plans polaires d'un point fixe* $A = 0$, *par rapport à toutes les surfaces du second ordre conjuguées aux sept couples de points* $P_1 P'_1, \ldots, P_7 P'_7$, *n'est autre que* le point $A' = 0$ *défini par l'identité tangentielle*

$$\sum_1^7 \lambda_1 P_1 P'_1 + AA' \equiv 0.$$

§ V. — *Des n éléments communs aux courbes ou aux surfaces conjuguées à n couples fixes, et de la réduction d'une somme de n rectangles en une somme de n carrés :*

$$\sum_1^n \lambda_1 P_1 P'_1 \equiv \sum_1^n \mu_1 X_1^2.$$

172. Théorème. — *Toutes les coniques* conjuguées, *en nombre infini, aux* quatre couples *de points* $P_1 P'_1, \ldots, P_4 P'_4$, *se coupent suivant les quatre mêmes points réels ou imaginaires, et qui sont les quatre points distincts* $X = 0$ *définis par l'identité* tangentielle

$$\sum_1^4 \lambda_1 P_1 P'_1 \equiv X^2.$$

Si l'on exprime, en effet, que la courbe à coefficients indéterminés

$$(1) \qquad ax^2 + 2bxy + cy^2 + 2dx + 2ey + f = 0$$

est conjuguée aux deux points $1, 1', \ldots, 4, 4'$ de chacune des couples données; et que l'on résolve les relations résultantes

$$ax_1 x'_1 + b(x_1 y'_1 + x'_1 y_1) + cy_1 y'_1 + d(x_1 + x'_1) + e(y_1 + y'_1) + f = 0,$$

. . . .

$$ax_4 x'_4 + b(x_4 y'_4 + x'_4 y_4) + cy_4 y'_4 + d(x_4 + x'_4) + e(y_4 + y'_4) + f = 0,$$

par rapport à quatre quelconques des six coefficients a, b, $c, \ldots, f$, on pourra les exprimer linéairement en fonction des deux autres, tels que a et c; et ces diverses expressions étant substituées dans l'équation (1), elle prendra la forme

$$(1') \qquad af(x, y) + c\varphi(x, y) = 0.$$

Telle est donc l'équation générale des courbes considérées, et l'on voit qu'elles passent toutes par les quatre points de rencontre des deux suivantes

$$f(x, y) = 0, \quad \varphi(x, y) = 0.$$

Quant à la seconde partie du théorème, elle résulte de la signification déjà connue de l'identité tangentielle

$$\sum_1^4 \lambda_1 P_1 P'_1 \equiv X.Y;$$

et, comme elle exprime que toute conique conjuguée aux quatre couples de points $P_1 P'_1, \ldots, P_4 P'_4$, est aussi conjuguée aux deux points X, Y; que, d'ailleurs, cinq couples de points conjugués par rapport à une série de coniques donnent toujours lieu à une telle identité : on voit, en supposant les deux points X, Y confondus en un seul, $X \equiv Y$, que l'un quelconque des points $X = 0$ communs à toutes les courbes précédentes sera défini par une identité de la forme

$$\sum_1^4 \lambda_1 P_1 P'_1 \equiv X^2.$$

Il existera donc, en général, quatre déterminations, et quatre seulement, du point inconnu X défini par cette identité.

173. *Scolie.* — Si l'on pose $m + n = 4$, on pourra dire que *toutes les coniques conjuguées aux* m *couples* $P_1 P'_1, \ldots, P_m P'_m$ *et passant, en outre, par les* n *points* $A_1, \ldots, A_n$, *passent d'elles-mêmes par chacun des* m *points* $X = 0$ *définis par l'identité*

$$\sum_1^m \lambda_1 P_1 P'_1 + \sum_1^n \alpha_1 A_1^2 \equiv X^2.$$

Nous aurons, d'ailleurs, à revenir sur la détermination graphique de ces points.

174. Le théorème précédent contient la *définition générale des courbes contenues dans l'équation* tangentielle

$$(1) \qquad \sum_1^4 \lambda_1 P_1 P'_1 = 0,$$

et comme on voit tout d'abord, par le nombre des paramètres qui y sont contenus, que toutes les courbes représentées par cette équation remplissent déjà *deux* conditions communes; si l'on demande quelle en est la nature, on pourra répondre que *toutes ces courbes admettent deux couples communes de* droites conjuguées, ou qu'*elles sont conjuguées à un même quadrangle,* lequel a pour sommets les quatre points communs à toutes les coniques conjuguées aux quatre couples de droites $P_1 P'_1, \ldots, P_4 P'_4$.

Si $X_1, \ldots, X_4$ désignent, en effet, ces derniers points, on aura par le théorème précédent

$$\sum_1^4 \lambda_1 P_1 P'_1 \equiv X_1^2, \qquad \sum_1^4 \mu_1 P_1 P'_1 \equiv X_2^2,$$

$$\sum_1^4 \nu_1 P_1 P'_1 \equiv X_3^2, \qquad \sum_1^4 \varpi_1 P_1 P'_1 \equiv X_4^2;$$

et si, résolvant ces identités par rapport aux rectangles $P_1 P'_1, \ldots, P_4 P'_4$, on substitue les valeurs résultantes dans l'équation (1), elle devient

$$(1') \qquad \sum_1^4 \mu_1 X_1^2 = 0,$$

où l'on reconnaît l'équation générale des coniques conjuguées au quadrangle $X_1 \ldots X_4 = 0$.

175. Théorème corrélatif. — *Les coniques conjuguées aux quatre couples de droites $P_1 P'_1, \ldots, P_4 P'_4$ s'inscrivent d'elles-mêmes à un quadrilatère déterminé dont les côtés sont les quatre droites $X = 0$ définies par la relation identique*

$$\sum_1^4 \lambda_1 P_1 P'_1 \equiv X^2,$$

et dont les diagonales sont divisées harmoniquement par chacune des coniques contenues dans l'équation

$$\sum_1^4 \mu_1 P_1 P'_1 = 0.$$

176. Théorème. — *Toutes les surfaces du second ordre conjuguées* aux sept couples de points $P_1 P'_1, \ldots, P_7 P'_7$, *passent d'elles-mêmes* par huit points déterminés *et qui sont les huit points distincts $X = 0$ définis par l'identité* tangentielle

$$\sum_1^7 \lambda_1 P_1 P'_1 \equiv X^2.$$

Si l'on exprime, en effet, que la surface

$$(1) \quad \left\{ \begin{aligned} ax^2 + a'y^2 + a''z^2 + 2byz + 2b'zx + 2b''xy \\ + 2cx + 2c'y + 2c''z + d = 0 \end{aligned} \right.$$

est conjuguée aux deux points 1, 1';...; 7, 7' de chacune des couples données, et que l'on résolve les équations résultantes

$$ax_1 x'_1 + a'y_1 y'_1 + a''z_1 z'_1 + b(y_1 z'_1 + z_1 y'_1) + \ldots$$
$$+ c''(z_1 + z'_1) + d = 0,$$

. . . .

$$ax_7 x'_7 + a'y_7 y'_7 + a''z_7 z'_7 + b(y_7 z'_7 + z_7 y'_7) + \ldots$$
$$+ c''(z_7 + z'_7) + d = 0,$$

par rapport à sept quelconques des six coefficients a, a', a'', ..., c, c', c'', d; on pourra les exprimer linéairement en fonction des trois autres, tels que a, a', a'': et, ces diverses expressions étant substituées dans l'équation (1), celle-ci pourra s'écrire

$$(1') \qquad af(x,y,z) + a'f_1(x,y,z) + a''f_2(x,y,z) = 0.$$

Telle est donc l'équation générale des surfaces considérées, et l'on voit qu'elles admettent huit points communs : les huit points *associés* suivant lesquels se rencontrent les trois surfaces

$$f(x,y,z) = 0, \quad f_1 = 0, \quad f_2 = 0.$$

Mais, en outre, comme par un théorème antérieur l'identité tangentielle

$$\sum_1^7 \lambda_1 P_1 P'_1 \equiv XY$$

exprime que toute surface du second ordre conjuguée aux sept couples de points $P_1 P'_1, \ldots, P_7 P'_7$ est aussi conjuguée aux deux points X, Y; que, réciproquement, huit couples de points conjugués analytiquement réductibles à sept donnent toujours lieu à une identité de cette forme : on voit, en supposant les deux points X, Y confondus en un seul, $X \equiv Y$, que l'un quelconque des points $X = 0$ communs à toutes les surfaces précédentes sera défini par une identité de la forme

$$\sum_1^7 \lambda_1 P_1 P'_1 \equiv X^2.$$

Il existera donc, en général, huit déterminations distinctes, et huit seulement, du point $X = 0$ défini par cette identité.

177. Corollaire I. — Si l'on pose $m + n = 7$, on pourra dire que *toutes les surfaces du second ordre conjuguées aux* m *couples* $P_1 P'_1, \ldots, P_m P'_m$ *et passant, en outre, par les* n *points* $A_1, \ldots, A_n$, *passent d'elles-mêmes*

par chacun des $m+1$ points $X=0$ définis par l'identité

$$\sum_1^m \lambda_1 P_1 P'_1 + \sum_1^n \alpha_1 A_1^2 \equiv X^2.$$

178. Corollaire II. — L'équation tangentielle

$$\sum_1^7 \lambda_1 P_1 P'_1 = 0$$

est réductible de huit manières différentes à la forme

$$\sum_1^7 \mu_1 X_1^2 = 0;$$

et les huit fonctions linéaires $X_1, \ldots, X_7, X_8$, propres à cette réduction, ne sont autres que celles des huit points communs à toutes les surfaces du second ordre conjuguées aux sept couples $P_1 P'_1, \ldots, P_7 P'_7$.

179. Théorème corrélatif. — *Les surfaces du second ordre conjuguées aux sept couples de plans $P_1 P'_1, \ldots, P_7 P'_7$, touchent d'elles-mêmes chacun des huit plans $X=0$ définis par l'identité*

$$\sum_1^7 \lambda_1 P_1 P'_1 \equiv X^2,$$

et l'équation générale

$$\sum_1^7 \lambda_1 P_1 P'_1 = 0$$

se peut réduire, de huit manières différentes, *à la forme équivalente*

$$\sum_1^7 \mu_1 X_1^2 = 0.$$

En particulier, les surfaces *inscrites* à l'hexaèdre $P_1 \ldots P_6$, et *conjuguées* au dièdre $\widehat{AA'}$, touchent d'elles-mêmes chacun des deux plans $X=0$, définis par l'identité

$$\sum_1^6 \lambda_1 P_1^2 \equiv A.A' + X^2,$$

et dont la construction entraînerait celle du *cône du second ordre conjugué* à l'hexaèdre $P_1 \ldots P_6$ et *inscrit* au dièdre $\widehat{AA'}$.

§ VI. — *Application des principes précédents.*

180. Théorème. — *Deux triangles* réciproquement conjugués *par rapport à une conique sont homologiques. Il en est de même d'un triangle et d'un trièdre* réciproquement conjugués *par rapport à une surface du second ordre, et les droites qui réunissent les sommets homologues de deux tétraèdres* réciproquement conjugués *par rapport à une telle surface, font toujours quatre génératrices d'un même hyperboloïde.*

1). Soient, en premier lieu, *abc*, *a'b'c'* les triangles considérés et $A.B.C = 0$, $A'.B'.C' = 0$ leurs côtés respectifs. Puisque ces triangles sont réciproquement conjugués par rapport à une certaine conique, chacun des sommets a', ou $0 = B' = C'$, de l'un, est le pôle de l'un des côtés $\overline{bc}$, ou $A = 0$, de l'autre. Les six côtés des deux triangles donnent donc naissance à *six couples*

$$A.B' \text{ et } A.C', \quad B.C' \text{ et } B.A', \quad C.A' \text{ et } C.B'$$

de droites conjuguées par rapport à une même conique, et celles-ci (n° 156, p. 160), à l'identité

$$\text{(I)} \qquad A(B' + C') + B(C' + A') + C(A' + B') \equiv 0.$$

Mais cette fonction, qui doit être identiquement nulle pour tous les points du plan de la figure, se réduit à son premier terme, $A(B' + C')$, pour le point a $(0 = B = C)$. Ce premier terme doit donc s'évanouir en même temps : ce qui exige, les dimensions du triangle *abc* étant finies et le sommet a extérieur au côté $A = 0$, que la droite $B' + C' = 0$ passe par le sommet a. Mais cette droite passe déjà par le sommet homologue a' du second triangle, elle se confond dès lors avec $\overline{aa'}$, et les droites

(H) $B' + C' = o, \quad C' + A' = o, \quad A' + B' = o,$

qui figurent dans l'identité (I), ne diffèrent pas de celles

(H') $aa', \quad bb', \quad cc',$

qui réunissent les sommets homologues des deux triangles. Or l'identité (I) exprime que les trois couples de droites $A(B'+C') = o$, $B(C'+A') = o$, $C(A'+B') = o$ passent par les quatre mêmes points : les quatre droites de deux de ces couples formant les *côtés opposés*, et les deux droites de la dernière, les *diagonales* d'un même quadrangle.

Les droites

$$C = o, \quad A' + B' = o$$

représentent donc les deux diagonales du quadrangle dont les côtés *successifs* seraient

$$A.B.(B' + C').(C' + A') = o.$$

Et comme la diagonale $C = o$ ne peut contenir le sommet $A.B$ de ce quadrangle, parce que le triangle ABC ne se réduit pas à un point; ce même sommet et le sommet opposé $o = B' + C' = C' + A'$ appartiennent à la seconde diagonale $A' + B' = o$: et les trois droites

$$(A' + B')(B' + C')(C' + A') = o$$

concourent en un même point.

2). Considérons, en second lieu, un *triangle* et un *trièdre réciproquement conjugués par rapport à une surface du second ordre,* de telle sorte que les sommets a, b, c du triangle représentent les pôles, relatifs à cette surface, des plans BOC, COA, AOB des différentes faces du trièdre.

Si $a'b'c'$ désigne la trace du trièdre sur le plan abc du triangle, les triangles abc et $a'b'c'$, *réciproquement conjugués* par rapport à la section déterminée dans la surface par le plan abc, seront homologiques; les droites aa', bb', cc' se coupent donc suivant un même point i; les plans (OA, a), (OB, b), (OC, c), suivant une même droite Oi;

et c'est dans ce sens que le triangle *abc* et le trièdre (OA, OB, OC) sont dits homologiques. On peut ajouter que *les traces des côtés du triangle, sur les faces* homologues *du trièdre, sont trois points en ligne droite.*

3). Soient enfin *abcd* et $a'b'c'd'$ *deux tétraèdres réciproquement conjugués par rapport à une même surface du second ordre;* et aa', bb', cc', dd' les droites qui réunissent les sommets homologues des deux tétraèdres.

Le trièdre $(da,\ db,\ dc)$ et le triangle $a'b'c'$ étant réciproquement conjugués par rapport à la même surface, ce trièdre et ce triangle sont homologiques; les trois plans

$$(da, a'),\quad (db, b'),\quad (dc, c')$$

se coupent suivant une même droite

$$d\delta\,;$$

et il résulte immédiatement de la définition de cette droite qu'elle s'appuie sur chacune des proposées

$$aa',\ bb',\ cc',\ dd'.$$

D'ailleurs, comme on peut définir d'une manière semblable trois autres droites

$$a\alpha,\ b\beta,\ c\gamma$$

qui présentent la même propriété, on voit, en prenant trois quelconques de ces nouvelles droites pour *directrices* d'un hyperboloïde gauche, que les proposées aa', bb', cc', dd' en font quatre *génératrices.*

181. Le théorème que l'on vient d'établir donne lieu à quelques remarques utiles.

1). Trois plans quelconques et leurs pôles respectifs étant donnés, la surface correspondante est —impossible, si le triangle et le trièdre résultants des données ne sont pas homologiques — indéterminée, dans le cas contraire.

2). Deux plans quelconques A, B et leurs pôles respectifs *a*, *b* étant donnés, le plan polaire d'un troisième point *c* passe par un point déterminé, et le pôle d'un troisième plan C appartient à un plan que l'on peut construire.

Dans le premier cas, en effet, le triangle *abc* est connu, ainsi que les deux premières faces A, B du trièdre homologique; et si l'on réunit par une droite les traces des côtés $\overline{cb}$, $\overline{ca}$ du triangle sur les faces correspondantes A, B du trièdre, la droite résultante ira couper le troisième côté $\overline{ab}$ en un point appartenant à la troisième face.

Dans le second cas, on connaît le trièdre ABC et les deux premiers sommets *a*, *b* du triangle homologique; et si l'on détermine la droite d'intersection des plans menés par les sommets *a*, *b* du triangle et les arêtes homologues B.C, A.C du trièdre, le plan mené par la droite résultante et la troisième arête A.B contiendra le troisième sommet *c*.

3). Deux groupes homologiques formés de trois points quelconques et de leurs plans polaires étant donnés, le plan polaire d'un quatrième point passe par trois points en ligne droite que l'on peut construire, ou par une droite déterminée; et le pôle d'un quatrième plan appartient à une droite que l'on peut définir par trois de ses points.

4). Une surface du second ordre étant définie par un tétraèdre conjugué, un plan P et son pôle p : le plan polaire d'un point quelconque p' est déterminé par quatre de ses points; et le pôle d'un plan quelconque P′ est au point de concours de quatre plans que l'on peut construire.

Que *a*, *b*, *c*, *d* et A, B, C, D désignent effectivement les sommets et les faces du tétraèdre donné, et soient P le plan polaire du point p, P′ celui de p'.

Les triangles et trièdres suivants

$$app' \text{ et } APP', \quad bpp' \text{ et } BPP', \quad cpp' \text{ et } CPP', \quad dpp' \text{ et } DPP'$$

formant autant de groupes homologiques, chacun de ces groupes fournira, par la construction 2), un point du plan polaire P′, si c'est ce plan que l'on cherche; ou, s'il est donné, un plan qui renferme son pôle p'.

182. Notons encore que *la donnée des polaires* A, A' *de deux points*, par rapport à une conique, *détermine un diamètre de la courbe.* Car, si l'on mène, par chacun des deux pôles a, a', deux droites quelconques B et C, B' et C', les quatre couples de droites conjuguées

$$AB, \quad AC, \quad A'B', \quad A'C'$$

permettent de satisfaire à l'identité

$$AB + AC + A'B' + A'C' \equiv D,$$

ou

$$A(B + C) + A'(B' + C') \equiv X,$$

et il est aisé de reconnaître, dans la seule détermination possible de la droite $X = 0$ définie par cette identité, l'expression de ce théorème : *Étant données les polaires de deux points par rapport à une conique; si, par chacun de ces points, on mène une parallèle à la polaire de l'autre, la droite menée du point de concours de ces nouvelles droites au point de concours des proposées est un diamètre de la courbe.*

Le *centre* d'une conique définie par un *pentagone conjugué* se peut obtenir à l'aide de ce théorème. Et comme chacun des sommets d'un tel pentagone est le pôle du côté opposé par rapport à la courbe (*fig.* 24), *si l'on mène par*

Fig. 24.

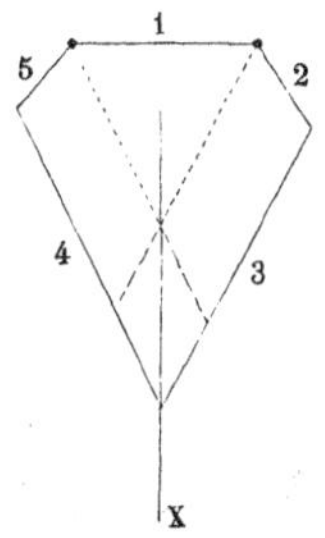

deux sommets consécutifs

$$5.1, \quad 2.1$$

du pentagone, des parallèles aux côtés opposés

$$3, \quad 4,$$

l'on aura, *dans la droite menée du point de concours de ces parallèles au point de concours de ces côtés, un premier diamètre* X *de la courbe.*

Dans l'espace, *la donnée des plans polaires* A, A′ *de deux points détermine de même un plan diamétral de la surface.* Car si l'on mène, par chacun des pôles a, a', trois plans quelconques B, C, D et B′, C′, D′; les six couples de plans conjugués AB, AC, AD et A′B′, A′C′, A′D′ permettent *accidentellement* de satisfaire à l'identité

$$A(B + C + D) + A'(B' + C' + D') \equiv X;$$

et la seule détermination possible du plan $X = 0$ défini par cette identité entraîne encore ce théorème : *Étant donnés les plans polaires de deux points par rapport à une surface du second ordre, si l'on mène par chacun de ces points un plan parallèle au plan polaire de l'autre, le plan conduit par l'intersection de ces nouveaux plans et celle des deux proposés contient le centre de la surface.*

183. Un tétraèdre $P_1P_2P_3P_4 = 0$ et un trièdre $ABC = 0$, *conjugués* l'un et l'autre à une surface du second ordre, déterminent cette surface ; et l'on peut se proposer de *construire le plan polaire correspondant* au sommet *du trièdre donné :* problème identique au fond, comme on le verra par la suite, à celui qui aurait pour objet la détermination du *huitième plan tangent* commun à toutes les surfaces inscrites à l'heptaèdre

$$P_1P_2P_3P_4\,ABC = 0.$$

Or la surface proposée admettant neuf couples de plans conjugués connus

$$P_1P_2,\quad P_1P_3,\quad P_1P_4;\quad P_2P_3,\quad P_3P_4,\quad P_2P_4$$

et

$$AB,\quad BC,\quad CA;$$

le *pôle* de l'une quelconque des faces du trièdre, telle que

$$C = 0,$$

coïncidera avec la trace de l'arête opposée

$$o = A = B$$

sur le plan

$$\gamma = o,$$

lieu géométrique des pôles du plan C par rapport à toutes les surfaces conjuguées aux sept couples

$$P_1 P_2, \quad P_1 P_3, \quad P_1 P_4, \quad P_2 P_3, \quad P_3 P_4, \quad P_2 P_4, \quad AB,$$

et que l'un des théorèmes antérieurs (n° 169, p. 172) nous montre comme défini par l'identité

$$P_1(P_2 + P_3 + P_4) + P_2 P_3 + P_3 P_4 + P_2 P_4 \equiv AB + C\gamma.$$

Les traces du plan auxiliaire γ sur les différentes faces du tétraèdre donné 1 2 3 4 s'obtiennent d'ailleurs aisément. Et si l'on fait, par exemple,

$$P_1 = o$$

dans les deux membres de l'identité précédente, on a encore identiquement

$$P'_2 P'_3 + P'_3 P'_4 + P'_2 P'_4 \equiv A'B' + C'\gamma'.$$

La droite γ' est donc connue par deux de ses points qui sont (*fig.* 25) les deux dernières traces des droites A', B'

Fig. 25.

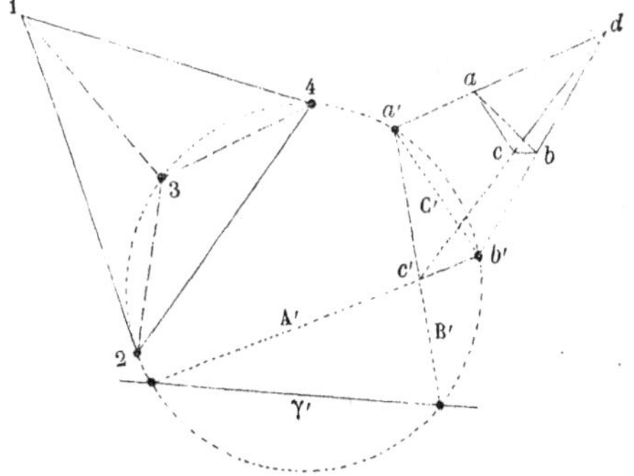

sur une conique, circonscrite au triangle 2 3 4, et passant, en outre, par les points A'C' ou b', B'C' ou a'.

La substitution $P_2 = o$, ou une construction semblable effectuée dans le plan 341, nous fournirait ensuite une seconde droite du plan γ, ce plan lui-même; et, par sa trace c sur l'arête $\overline{dc}$ $(o = A = B)$ du trièdre donné, un premier point du plan polaire abc que nous cherchons. Donc, etc.

184. Une droite P et sa polaire Q, par rapport à une surface du second ordre, forment un système de *deux droites* que l'on peut dire *conjuguées* par rapport à la surface, et dont la donnée, équivalente à celle de quatre couples de *plans* ou de *points conjugués*, équivaut à quatre conditions : les points $p_1, q_1; \ldots; p_4, q_4$ ou les plans $P_1, Q_1; \ldots; P_4, Q_4$ de chaque couple étant pris arbitrairement sur chacune des droites données, ou menés arbitrairement par chacune de ces droites. On peut donc se proposer le problème suivant :

Trouver le lieu des centres des surfaces du second ordre conjuguées à deux droites P, Q *et à un trièdre donné* $ABC = o$.

La solution est d'ailleurs comprise dans le théorème général du n° 168, p. 172. Et puisque la donnée des droites P, Q équivaut à celle de quatre couples $P_1 Q_1, \ldots, P_4 Q_4$ de plans conjugués, menés deux à deux par l'une ou l'autre de ces droites; la donnée du trièdre ABC, à celle de trois autres couples AB, BC, CA : le lieu dont il s'agit n'est autre que le plan X, lieu géométrique des centres de toutes les surfaces conjuguées à sept couples données, et que nous savons être défini par l'identité

$$(i) \qquad \sum_1^4 \lambda_i P_i Q_i + AB + BC + CA \equiv X.$$

Or nous allons voir que cette identité renferme effectivement la détermination du plan X. Si nous considérons, pour cela, les deux surfaces représentées par l'une ou l'autre des équations

(1) $$\sum_1^4 \lambda_i P_i Q_i = 0,$$

(2) $$AB + BC + CA = 0,$$

nous reconnaîtrons immédiatement : dans la seconde, un cône circonscrit au trièdre donné $ABC = 0$; dans la première, et parce que la fonction $\sum_1^4 \lambda_1 P_1 Q_1$ s'annule identiquement pour chacune des substitutions

$$P_1 \ldots P_4 = 0 \quad \text{ou} \quad Q_1 \ldots Q_4 = 0,$$

un hyperboloïde à une nappe passant par chacune des droites P et Q.

D'ailleurs, en vertu de l'identité (i), ce cône et cet hyperboloïde sont homothétiques; leur courbe d'intersection est située dans le plan X que l'on cherche, et bien que ces deux surfaces, prises isolément, demeurent partiellement indéterminées, chacune d'elles peut tirer, des éléments déjà connus de l'autre, des données complémentaires qui suffisent à son entière détermination : l'hyperboloïde (1) recevant du cône trois génératrices d'un même mode de génération, savoir les trois arêtes α, β, γ du trièdre ABC, transportées parallèlement à elles-mêmes en α', β', γ' de manière à s'appuyer sur les génératrices P et Q du deuxième mode; et le cône (2) recevant, des génératrices P et Q de l'hyperboloïde, deux nouvelles génératrices, P' et Q', menées, parallèlement à celles-là, par le sommet du cône

Fig. 26.

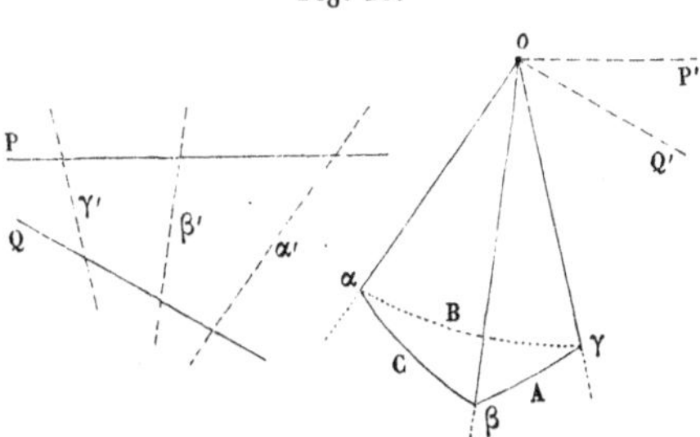

(*fig.* 26). Les deux surfaces se trouvent donc déterminées; et il est facile d'obtenir trois points de leur courbe d'intersection, ou trois points du plan cherché $X = o$. Le plan mené par les génératrices parallèles α, α' du cône et de l'hyperboloïde, coupant en effet les génératrices β', γ' de ce dernier en deux points que l'on peut construire et réunir par une droite; cette droite coupera la génératrice α du cône en un premier point x appartenant à l'intersection des deux surfaces ou au plan cherché $X = o$, dont deux autres points se détermineront de la même manière, à l'aide de deux autres plans menés par les génératrices β et β', γ et γ' du cône et de l'hyperboloïde.

Corollaire. — *Étant donnés un trièdre et un tétraèdre conjugués à une surface du second ordre, le centre de la surface est au point de concours de trois plans* X, X′, X″ *que l'on sait construire.*

185. La même analyse s'appliquerait à la détermination du *plan lieu géométrique des pôles d'un plan fixe* $R = o$ *par rapport à toutes les surfaces du second ordre conjuguées à deux droites* P, Q *et à un trièdre donnés* $ABC = o$.

Ce nouveau lieu, en effet, ne diffère pas du plan $X = o$ défini par l'identité

$$\sum_1^4 \lambda_1 P_1 Q_1 + AB + BC + AC \equiv RX.$$

L'hyperboloïde à une nappe et le cône représentés par les équations

$$\sum_1^4 \lambda_1 P_1 Q_1 = o, \tag{1}$$

$$AB + BC + AC = o, \tag{2}$$

se coupent donc suivant deux courbes planes situées, l'une dans le plan donné $R = o$, l'autre dans le plan X que l'on cherche. En outre il existe encore une telle réciprocité entre les deux surfaces, que chacune d'elles peut tirer de l'autre le complément de sa détermination : l'hyperboloïde, par exemple, recevant *trois génératrices* du second mode de génération, *des droites* α', β', γ' *menées*, de manière à s'appuyer sur les génératrices P, Q du premier mode, *par les traces* sur le plan R des trois génératrices du cône dirigées suivant les arêtes α, β, γ du trièdre donné. Les deux surfaces se trouvent donc déterminées, et il est facile de définir, par trois de ses points, le plan X de leur courbe de sortie. Que l'on mène, en effet, par les génératrices concourantes α, α' des deux surfaces, un premier plan (α, α'), et que l'on réunisse par une droite les traces sur ce plan des génératrices β', γ' de l'hyperboloïde : la génératrice du cône, désignée par α, coupera la droite résultante en un premier point x du plan cherché dont deux autres points s'obtiendront ensuite de la même manière.

Corollaire. — *Étant donnés un trièdre et un tétraèdre conjugués à une surface du second ordre, le pôle relatif d'un plan quelconque* R *est au point de concours de trois plans* X, X', X'' *que l'on sait construire.*

186. Problème. — *Déterminer la droite des centres de toutes les surfaces du second ordre conjuguées aux deux couples de droites* P et Q, R et S : *ou la droite de commune intersection de tous les plans* X = o *définis par l'identité*

$$(i) \qquad \sum_1^4 \lambda_1 P_1 Q_1 + \sum_1^4 \mu_1 R_1 S_1 \equiv X,$$

dans laquelle

$$P_1, \ldots, P_4; \quad Q_1, \ldots, Q_4; \quad R_1, \ldots, R_4; \quad S_1, \ldots, S_4$$

désignent des faisceaux de quatre plans conduits à volonté par chacune des droites P, Q, R, S. Que l'on considère, à cet effet, les surfaces représentées par les équations

$$(1) \qquad \sum_1^4 \lambda_1 P_1 Q_1 = 0,$$

$$(2) \qquad \sum_1^4 \mu_1 R_1 S_1 = 0.$$

On reconnaît aussitôt deux hyperboloïdes à une nappe, passant, le premier, par les droites données P et Q, le second par les droites R et S; homothétiques entre eux, d'après l'identité (i), et dont la courbe d'intersection est située dans l'un des plans $X = 0$ dont on cherche l'enve-

Fig. 27.

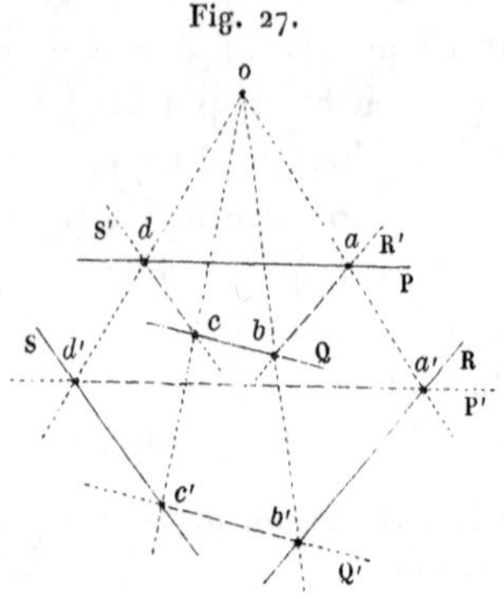

loppe. D'ailleurs, bien que l'on ne connaisse *à priori* que deux génératrices de chacun de ces hyperboloïdes, il est aisé d'en découvrir deux autres, ou de reconnaître qu'ils passent respectivement par les côtés de deux quadrilatères gauches homothétiques (*fig.* 27),

$$\text{PR}'\text{QS}' \text{ (ou } abcd), \quad \text{RP}'\text{SQ}' \text{ (ou } a'b'c'd'),$$

ayant deux de leurs côtés opposés dans les droites P et Q, R et S de l'une ou de l'autre couple, et que détermine la seule donnée de ces droites. Le problème que nous nous étions proposé se ramène donc au suivant :

Deux séries d'hyperboloïdes, homothétiques deux à deux, *étant conduits respectivement par les côtés de deux quadrilatères gauches homothétiques, et se coupant deux à deux, suivant une courbe plane : construire la droite enveloppe du plan de cette courbe.*

Prenons pour origine des coordonnées le centre de similitude o des deux quadrilatères. Les plans de leurs angles successifs $\widehat{a}, \widehat{b}, \widehat{c}, \widehat{d}$, ou $\widehat{a'}, \widehat{b'}, \widehat{c'}, \widehat{d'}$, pourront être définis par les équations

$$\text{(P)} \qquad \begin{cases} (A+1)(B+1)(C+1)(D+1)=0, \\ (A+k)(B+k)(C+k)(D+k)=0, \end{cases}$$

où A, B, C, D désignent des fonctions *homogènes* de la forme

$$ax + a'y + a''z, \ldots, dx + d'y + d''z,$$

et k le rapport de similitude des deux quadrilatères. Deux quelconques des hyperboloïdes homothétiques dont il s'agit seront représentés par les équations

$$(1') \qquad (A+1)(C+1)+\lambda(B+1)(D+1)=0,$$

$$(2') \qquad (A+k)(C+k)+\lambda(B+k)(D+k)=0,$$

et le plan de leur courbe d'intersection par la suivante :

$$\begin{aligned}(3) \qquad &(A+1)(C+1)-(A+k)(C+k) \\ &+\lambda[(B+1)(D+1)-(B+k)(D+k)]=0.\end{aligned}$$

Tous les plans analogues passent donc effectivement par une même droite : la droite d'intersection des deux *plans*

$$(4) \qquad (A+1)(C+1)-(A+k)(C+k)=0,$$

$$(5) \qquad (B+1)(D+1)-(B+k)(D+k)=0,$$

et qu'il reste seulement à définir. Or la définition du plan (4) est en évidence dans son équation : il coïncide (*fig.* 28) avec le deuxième plan diagonal (M, M′) de l'angle

Fig. 28.

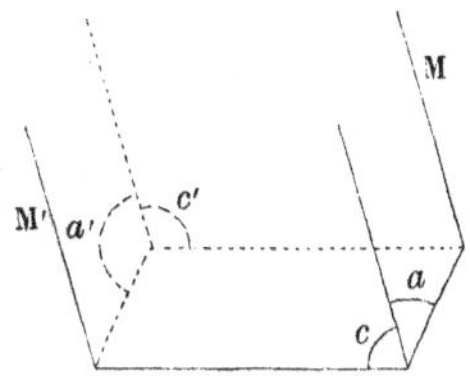

solide tétraèdre, à faces opposées parallèles, formé par

les plans successifs des angles

$$\widehat{a},\ \widehat{c},\ \widehat{a'},\ \widehat{c'}$$

des deux quadrilatères. Le deuxième plan diagonal de l'angle solide tétraèdre formé par les plans des angles

$$\widehat{b},\ \widehat{d},\ \widehat{b'},\ \widehat{d'}$$

coïncide de même avec le plan (5). Et ces deux plans diagonaux se coupent suivant la droite cherchée.

Mais on peut achever autrement et, les équations (4), (5) simplifiées étant écrites

$$(4') \qquad A + C + 1 + k = 0,$$

$$(5') \qquad B + D + 1 + k = 0,$$

ou, d'une manière équivalente,

$$(4'') \qquad (\overline{A+1} + \overline{A+k}) + (\overline{C+1} + \overline{C+k}) = 0,$$

$$(5'') \qquad (\overline{B+1} + \overline{B+k}) + (\overline{D+1} + \overline{D+k}) = 0,$$

ou enfin

$$(4''') \qquad A'' + C'' = 0,$$

$$(5''') \qquad B'' + D'' = 0,$$

reconnaître dans celles-ci les plans polaires de l'origine o, par rapport aux dièdres formés des plans des angles opposés

$$\widehat{a''} \text{ et } \widehat{c''},\quad \widehat{b''} \text{ et } \widehat{d''}$$

du quadrilatère $a''b''c''d''$ ayant pour sommets les points milieux des droites aa', bb', cc', dd'.

La droite, *lieu géométrique des centres des surfaces du second ordre conjuguées à deux couples de droites,* se peut donc obtenir de la sorte :

Inscrivant, aux deux droites de chaque couple, des parallèles aux droites de l'autre, on détermine d'abord le centre de similitude o et le quadrilatère médian $a''b''c''d''$

des deux quadrilatères homothétiques qui résultent de cette construction. Déterminant les plans polaires de ce centre de similitude, par rapport à chacun des dièdres diagonaux du quadrilatère médian, leur intersection n'est autre que la droite cherchée.

Une analyse toute semblable conduirait à une semblable construction de la *droite, lieu géométrique des pôles d'un plan fixe, par rapport à toutes les surfaces conjuguées à deux couples de droites.*

CHAPITRE VI.

TRIANGLES ET TÉTRAÈDRES CONJUGUÉS.

Sommaire. — Des foyers et des tangentes dans les coniques; des foyers et des plans tangents dans les surfaces du second ordre. — Triangles et tétraèdres conjugués; théorèmes et problèmes. — Des axes principaux d'un ellipsoïde défini par trois diamètres conjugués, et de leur construction à l'aide d'une hyperbole et d'un cercle.

§ I. — *Des propriétés descriptives auxquelles donnent lieu les foyers et les tangentes d'une conique, les foyers et les plans tangents d'une surface du second ordre.*

187. L'évidente généralisation qu'apportent, à la notion du centre et aux propriétés des diamètres conjugués dans les courbes du second ordre, la notion et les propriétés de leurs triangles conjugués; la simplicité caractéristique de l'équation de ces courbes rapportées à l'un de ces triangles, la définition de chacun de leurs foyers par le sommet commun à une infinité de triangles conjugués, rectangles en ce sommet, montrent tout d'abord l'importance du rôle que peuvent jouer ces triangles dans la théorie des coniques, et qui se précisera mieux dans le cours de ce Chapitre. Nous aurons, en effet, à y réunir les éléments nécessaires pour la détermination, en grandeur et en direction, des axes principaux d'une ellipse ou d'un ellipsoïde définis par leur centre et un triangle ou un tétraèdre conjugués. Les belles recherches de M. H. Faure nous ont appris sur ce point beaucoup de choses fort cachées, que leur simplicité range dans le petit nombre de celles que la Géométrie doit retenir. Nous reproduirons dans ce Chapitre ceux des résultats obtenus par ce géomètre qui se rapportent le mieux à notre objet, ainsi que l'une des additions qu'y a apportées M. Painvin; mais nous y emploierons seulement cette analyse mixte dont on a pu reconnaître déjà la commodité, et qui nous mènera jusqu'à la fin de cet ouvrage.

188. Une courbe du second ordre étant rapportée alternativement à divers triangles conjugués par les équations nécessairement équivalentes

$$(1) \qquad a X^2 + b Y^2 = Z^2,$$

$$(1') \qquad a' X'^2 + b' Y'^2 = Z^2,$$

$$\ldots\ldots\ldots\ldots\ldots,$$

les identités

$$a X^2 + b Y^2 \equiv a' X'^2 + b' Y'^2 \equiv \ldots$$

qui en résultent, entraînent l'identité des diverses courbes

$$(2) \qquad a X^2 + b Y^2 = 1,$$

$$(2') \qquad a' X'^2 + b' Y'^2 = 1,$$

$$\ldots\ldots\ldots\ldots\ldots$$

et ce théorème : « Toutes les couples de droites conjuguées à une conique fixe (1), menées par une même origine, sont dirigées suivant les diamètres conjugués d'une seconde conique (2) qui se réduit à un cercle, si les droites de deux de ces couples sont rectangulaires; et l'origine considérée est alors l'un des foyers de la conique primitive. » *On pourra donc toujours substituer*, à la donnée d'un foyer, *celle de deux couples de droites* rectangulaires *menées arbitrairement par le point donné et* conjuguées *à la courbe;* ou *la donnée équivalente d'une seule couple, de direction inconnue ou indéterminée.*

189. Si l'on cherche, par exemple, le *lieu des foyers des coniques inscrites au quadrilatère* $P_1 \ldots P_4 = 0$, et que l'on désigne par X_1 et Y_1, X_2 et Y_2 les côtés de deux angles droits ayant pour sommet commun l'un des points du lieu :

on pourra, par un théorème antérieur (n° 156, p. 160), écrire cette identité

$$(1) \qquad \sum_1^4 \lambda_1 P_1^2 \equiv \mu_1 X_1 Y_1 + \mu_2 X_2 Y_2.$$

Mais parce que les droites X_1 et Y_1, X_2 et Y_2 sont rectangulaires, l'équation

$$\mu_1 X_1 Y_1 + \mu_2 X_2 Y_2 = 0$$

ne peut représenter, quel que soit le rapport $\mu_1 : \mu_2$, qu'un système de droites rectangulaires $XY = 0$. On peut, dès lors, poser identiquement

$$\mu_1 X_1 Y_1 + \mu_2 X_2 Y_2 \equiv XY;$$

ce qui permet d'écrire, au lieu de l'identité précédente,

$$(1') \qquad \sum_1^4 \lambda_1 P_1^2 \equiv XY.$$

Le lieu considéré ne diffère donc pas du *lieu géométrique des points d'où l'on peut voir les trois diagonales du quadrilatère proposé* $P_1 \ldots P_4$ *sous des angles ayant les mêmes bissectrices* $0 = X = Y$. Or l'équation de ce dernier lieu s'obtient bien aisément, et l'on trouve ainsi « une courbe du troisième degré passant par les points circulaires à l'infini, par les six sommets du quadrilatère proposé, comme par les pieds des trois hauteurs du triangle formé de ses diagonales (Faure); et dont l'asymptote, parallèle à la médiane du quadrilatère, ou aux diamètres de la parabole inscrite (Cremona), passe par le point symétrique du foyer de cette parabole par rapport à la médiane. »

Si l'une des tangentes données disparaît à l'infini, ou si l'on a $P_4 = \text{const.}$, l'identité (1') peut s'écrire

$$(1'') \qquad \sum_1^3 \lambda_1 P_1^2 \equiv XY + \text{const.}$$

Le *lieu du foyer* des paraboles inscrites à un triangle coïncide donc avec le *lieu du centre* des hyperboles équilatères conjuguées à ce triangle ; et le problème ainsi transformé, une élimination qui ne présente plus de difficulté le résout par le *cercle* que l'on sait.

190. *La donnée des deux foyers f, f' d'une conique équivaut de même à celle de deux angles droits* $XY = o$, $X'Y' = o$, *conjugués à la courbe, indéterminés de direction et décrits respectivement sur chacun de ces foyers comme sommets.* De telle sorte que, si $T = o$ désigne l'une des tangentes de la courbe et $V = o$ une droite quelconque menée par son point de contact ; les deux couples de droites conjuguées $T^2 = o$ et $TV = o$, et les quatre couples analogues que remplacent XY et $X'Y'$ nous permettront d'écrire les identités suivantes :

$$XY + X'Y' + T^2 + TV \equiv o,$$

$$XY + X'Y' \equiv T(T + V),$$

$$(1) \qquad XY + X'Y' \equiv TT'.$$

Or il résulte immédiatement de celle-ci que les droites T, T' sont perpendiculaires entre elles, et que les angles droits XY, $X'Y'$, TT' sont ceux que forment, avec les côtés X, X', T d'un triangle, les hauteurs (Y, Y', T') respectivement opposées à ces côtés. Les deux foyers et le point de contact de la tangente représentent donc les pieds des trois hauteurs d'un triangle dont cette tangente ferait l'un des côtés : et la propriété connue de la tangente est comprise dans ce résultat.

Mais si l'on observe que la polaire du point de concours de deux droites (XY), par rapport à la conique formée de ces droites, est indéterminée, et que son équation se réduit à l'identité $o = o$; on conclura plus clairement, de l'identité (1), que la polaire de chacun des foyers, par rapport à l'angle TT', passe par l'autre : ou que les deux foyers sont conjugués par rapport au système formé de chacune des tangentes de la courbe et de la normale correspondante : ou, enfin, etc.

Remarque I. — Connaissant *les foyers f, f' d'une conique et une couple de droites conjuguées* $AA' = 0$, le *pôle* de l'une d'elles A se trouvera au point de concours de la droite conjuguée A', qui est donnée, et d'une autre conjuguée A'' qu'il s'agit d'obtenir.

Posant, à cet effet, l'identité

$$XY + X'Y' \equiv AA' + AA'' \equiv A(A' + A'')$$

ou

$$XY + X'Y' \equiv AA''';$$

on en déduit encore que les polaires du foyer f, par rapport aux deux angles droits $\widehat{AA'''}$ et $\widehat{X'Y'}$, se confondent : ou que la polaire de ce point, par rapport au seul angle droit $\widehat{AA'''}$, passe par le second foyer f'. Le segment ff' est donc divisé harmoniquement par les droites A, A''', et l'on peut se procurer successivement un point de la droite A''', cette droite elle-même et sa trace sur la ligne donnée A' : ou le pôle cherché. On retrouve en même temps ce théorème connu : « Les pôles d'une droite fixe, par rapport à une série de coniques homofocales, appartiennent à une seconde droite perpendiculaire à la proposée et passant par le pôle de celle-ci par rapport au système des deux foyers. »

Remarque II. — Connaissant *trois couples de droites conjuguées* $P_1 P'_1, \ldots, P_3 P'_3$ *et l'un des foyers f d'une conique,* le centre de la courbe est au point de concours de trois droites que l'on sait construire et que l'on peut aussi définir en langage ordinaire. L'une de ces droites $D = 0$ est définie, en effet, par l'une ou l'autre de ces identités

$$(1) \qquad \lambda_1 P_1 P'_1 + \lambda_2 P_2 P'_2 + \alpha_1 X_1 Y_1 + \alpha_2 X_2 Y_2 \equiv D,$$

$$(1') \qquad \lambda_1 P_1 P'_1 + \lambda_2 P_2 P'_2 \equiv XY + D.$$

Or la droite D définie par l'identité (1) est l'axe radical d'une série de cercles que nous savons construire (n° 152, p. 157); et la droite identique définie par l'identité (1') réunit *les traces* de l'hyperbole équilatère circonscrite au quadrilatère $P_1 P_2 P'_1 P'_2$ *sur deux parallèles à ses asymptotes*, issues du foyer donné. Les rayons conjugués orthogonaux d'un faisceau en involution décrit autour du foyer f fourniraient d'ailleurs les directions X, Y; et en mettant l'identité (1') sous cette forme

$$\lambda_1 P_1 P'_1 + \lambda_2 P_2 P'_2 - XY \equiv D,$$

on apercevrait ensuite trois points distincts de la droite D, savoir : le *point-milieu* du segment qui aurait pour extrémités le foyer f, $XY = 0$, et le point de concours des polaires de ce foyer par rapport aux angles $\widehat{P_1 P'_1}$, $\widehat{P_2 P'_2}$; le *point-milieu*.... (n° 151, p. 157).

191. Les propriétés directives qui naissent de la considération des deux foyers d'une conique et de deux de ses tangentes $0 = T = T'$, résulteraient de même de l'identité

$$X.Y + X'.Y' \equiv m.T^2 + m'.T'^2 \equiv \Theta.\Theta'.$$

Les deux foyers et le point de concours des tangentes T, T' sont encore les pieds des trois hauteurs d'un triangle dont le troisième côté et la troisième hauteur ne sont autres que les bissectrices Θ, Θ' de l'angle des deux tangentes considérées.

Mais l'on peut dire aussi que les foyers sont conjugués par rapport au système de ces bissectrices : ce qui entraine la symétrie, par rapport à l'une quelconque de ces droites, des rayons menés de leur point de concours aux deux foyers.

192. Si l'on considère enfin deux tangentes $T.T' = 0$, leur corde de contact $C = 0$ et l'un des foyers de la courbe :

les quatre couples de droites conjuguées T^2, T'^2, CT, CT′ et les deux couples rectangulaires $X_1 Y_1$, $X_2 Y_2$, issues du foyer, entraîneront encore l'identité

$$mT^2 + m'T'^2 + CT + CT' \equiv X_1 Y_1 + X_2 Y_2 \equiv XY.$$

Les équations équivalentes

$$(1) \qquad mT^2 + m'T'^2 + C(T + T') = 0,$$

$$(1') \qquad XY = 0$$

représentent donc une seule et même courbe : un système de deux droites *rectangulaires* issues du foyer et dont les traces sur la corde C = o sont harmoniquement conjuguées aux extrémités C.T, C.T′ de cette corde : ainsi que cela résulte de l'hypothèse C = o introduite dans l'équation (1). Les deux droites dont il s'agit coïncident donc avec les bissectrices de l'angle sous lequel la corde considérée est vue du foyer *f*; et il résulte encore, de l'équation (1), que l'une de ces droites ou de ces bissectrices passe par le point TT′ ou par le pôle de cette corde.

193. On vient de voir combien les propriétés directives, auxquelles donnent lieu les foyers et les tangentes d'une conique, découlent aisément de celui de nos deux théorèmes généraux qui concerne six couples de droites conjuguées à une telle courbe. Et bien que ces propriétés soient des plus simples et des mieux connues, comme l'analyse par laquelle nous les avons établies paraît réellement analytique, c'est-à-dire aussi propre à l'invention même qu'à la démonstration; nous allons examiner si une analyse semblable ne nous permettrait pas de découvrir quelques-unes des propriétés directives qui doivent exister entre les foyers et les plans tangents d'une surface du second ordre.

On sait que toute surface du second ordre admet une infinité de foyers distribués sur les trois *coniques focales* de la surface et servant de sommets à autant de cônes de révolution circonscrits à cette dernière : de telle sorte que la seule donnée d'un foyer o équivaut à *deux* conditions; à *quatre*, la donnée double d'un foyer o et de l'axe oz du cône droit circonscrit qui lui correspond; à *trois* seulement, la donnée de l'axe indéfini oz, lorsque le foyer correspondant demeure indéterminé.

La surface que l'on considère, rapportée successivement à une série de tétraèdres conjugués ayant en commun le sommet o et la face opposée $T = 0$, donne lieu, en effet, aux équations équivalentes

$$(1) \qquad a\,X^2 + b\,Y^2 + c\,Z^2 = T^2,$$

$$(1') \qquad a'X'^2 + b'Y'^2 + c'Z'^2 = T^2,$$

$$\ldots\ldots\ldots\ldots\ldots\ldots,$$

et celles-ci entraînent les identités

$$aX^2 + bY^2 + cZ^2 \equiv a'X'^2 + b'Y'^2 + c'Z'^2 \equiv \ldots,$$

ou l'identité des diverses surfaces

$$(2) \qquad a\,X^2 + b\,Y^2 + c\,Z^2 = 1,$$

$$(2') \qquad a'X'^2 + b'Y'^2 + c'Z'^2 = 1,$$

$$\ldots\ldots\ldots\ldots\ldots\ldots$$

De là ce théorème : « Les plans des faces de tous les trièdres conjugués à un ellipsoïde fixe (1) et décrits autour d'un même sommet o, sont dirigés trois à trois suivant les plans diamétraux conjugués d'un second ellipsoïde (2) qui devient de révolution autour d'un certain axe oz, si deux de ces trièdres conjugués, ayant une arête commune oz, deviennent tri-rectangles ». L'origine considérée o est alors l'un des *foyers* de la surface primitive (1), et l'axe correspondant représente simultanément l'axe du cône droit circonscrit

$$(3) \qquad aX^2 + bY^2 + cZ^2 = 0, \quad \text{ou} \quad X^2 + Y^2 + cZ^2 = 0,$$

et la commune arête de deux dièdres droits conjugués à la

surface. *On pourra donc encore substituer, aux quatre conditions qui résultent de la donnée d'un foyer o d'un ellipsoïde et de l'axe qui lui correspond, la donnée équivalente de quatre couples de plans rectangulaires, conjugués à la surface, savoir :*

(F) $$\mathrm{XZ},\ \mathrm{YZ},\ \mathrm{XY}\ \text{ et }\ \mathrm{X_1 Y_1};$$

les trois premières couples résultant d'un trièdre trirectangle XYZ *conduit à volonté par l'axe donné oz; la quatrième, d'un dièdre droit* X_1Y_1 *mené arbitrairement par le même axe.*

194. Considérons, par exemple, une série d'ellipsoïdes inscrits à l'hexaèdre $P_1 \ldots P_6$, et ayant un foyer commun o. Si oz désigne, pour l'une de ces surfaces, l'axe correspondant à ce foyer, les *six* plans tangents $P_1, \ldots, P_6$ et les *quatre* couples de plans conjugués rectangulaires (F) entraîneront, en même temps que l'identité

$$\mathrm{XY} + \mathrm{X_1 Y_1} + \mathrm{ZX} + \mathrm{ZY} + \sum_1^6 \lambda_1 \mathrm{P}_1^2 \equiv 0,$$

l'identité des deux surfaces

(1) $$\mathrm{XY} + \mathrm{X_1 Y_1} + \mathrm{Z}(\mathrm{X} + \mathrm{Y}) = 0,$$

(1') $$\sum_1^6 \lambda_1 \mathrm{P}_1^2 = 0,$$

ou ce théorème : *Étant donnés six plans tangents et l'un des foyers o d'une surface du second ordre, l'axe correspondant à ce foyer est l'une des génératrices d'un cône* circonscriptible (*) *décrit autour du point o comme som-*

(*) Le cône

$$ax^2 + a'y^2 + a''z^2 + 2byz + 2b'zx + 2b''xy = 0$$

est *circonscriptible* à une infinité de trièdres trirectangles lorsque la condition

$$a + a' + a'' = 0$$

est remplie : et cette condition résulte, pour le cône (1), de l'orthogonalité des plans X, Y, Z et X_1, Y_1.

met et conjugué *à l'hexaèdre résultant des six plans donnés.* On peut appliquer ce théorème à la recherche du lieu des foyers des surfaces inscrites à un système de huit plans, comme son analogue, n° 189, au lieu des foyers des coniques inscrites à un quadrilatère.

195. Les six plans tangents que nous considérions tout à l'heure se peuvent confondre trois à trois, et les dix éléments qui se trouvent en présence sont alors, outre l'un des foyers o de la surface et l'axe oz qui lui correspond, deux plans tangents distincts $T.T' = o$ et leurs points de contact respectifs c, c', ou la corde $o = C = C'$ qui les réunit. Dans ce cas, les six couples de plans conjugués

$$T^2, CT, C'T; \quad T'^2, CT', C'T',$$

et les quatre couples rectangulaires (F) provenant du foyer et de l'axe donnés entraînent encore l'identité des deux surfaces

$$(1) \qquad XY + X_1 Y_1 + Z(X + Y) = o$$

et

$$(1') \quad \begin{cases} T(T + cC + c'C') + T'(T + \gamma C + \gamma' C') = o \\ \text{ou} \\ T\theta + T'\theta' = o. \end{cases}$$

Or la première ne peut être qu'un *cône circonscriptible* ayant son *sommet* au foyer donné $(X.Y.Z.X_1.Y_1 = o)$ et l'une de ses génératrices dans l'axe correspondant $\overline{oz}\,(X.Y.X_1 Y_1 = o)$; ou l'unique variété que comporte une telle surface, c'est-à-dire un *système de deux plans orthogonaux, dont l'un passe par l'axe oz,* et, *la commune intersection, par le foyer donné o.* Quant à l'autre surface (1'), elle apparaît d'abord comme un *hyperboloïde à une nappe passant* par les côtés du quadrilatère gauche

$$(Q) \qquad T.T'.\theta.\theta',$$

et, en particulier, *par la commune intersection* TT' des plans tangents donnés. Mais son identité avec la précédente exige premièrement la réduction de ce quadrilatère en un point unique par la collinéation des quatre plans T, T', θ, θ'; ou la réduction parallèle de l'hyperboloïde en un cône dont le sommet serait en quelque point ω de la droite TT', et qui passerait par chacune des arêtes de l'angle solide tétraèdre TT'$\theta\theta'$. Mais déjà le sommet du cône identique (1) est le foyer donné o, lequel n'appartient pas à la droite TT'. Passant dès lors par la droite oz et par la droite TT'; ayant son sommet en o sur la première droite et en ω sur la seconde, le cône (1) ou (1') se réduit à un système de deux plans orthogonaux R, R': le premier mené par oz, le second par TT', et dont la commune intersection passe par le point o et s'appuie sur la droite TT'. Le plan mené par cette dernière droite et le point o représente donc l'un des deux plans cherchés R; le plan R' mené par la droite oz, perpendiculairement à celui-là, représente l'autre. D'ailleurs R et R' ne sont autres que les plans des angles diagonaux

$$\widehat{\overline{TT'}, \overline{\theta\theta'}} \quad \text{et} \quad \widehat{\overline{T'\theta}, \overline{\theta' T}}$$

de l'angle solide TT'$\theta\theta'$ dont ils doivent contenir les quatre arêtes. Les plans R, R' divisent donc harmoniquement le troisième angle diagonal du solide,

$$\widehat{\overline{T\theta}\ \overline{T'\theta'}},$$

ainsi que toute droite cc' inscrite dans cet angle. Or tel est le cas de la corde qui réunit les points de contact c, c' des plans tangents donnés; et l'on a ce théorème, dont l'analogie avec l'une des propriétés focales des courbes du second ordre est évidente : *La corde de contact cc' de deux plans tangents à une surface du second ordre est divisée harmoniquement par un système de deux plans* rectangulaires *conduits : le premier par l'intersection des plans tangents considérés et l'un quelconque des foyers de la surface; le second, par l'axe correspondant à ce foyer ou la tangente à la conique focale qui le contient.*

Corollaire. — Une série de surfaces du second ordre ayant en commun un foyer et l'axe qui lui correspond, inscrites, en outre, à un dièdre fixe et touchant l'une de ses faces suivant un point donné (huit conditions), touchent l'autre suivant les points d'une droite déterminée que l'on peut construire.

196. Deux plans tangents T, T′, deux foyers o, o' et les axes oz, $o'z'$ qui leur correspondent donneraient de même naissance à dix couples de plans conjugués par rapport à la surface, ou à l'identité

$$(1)\quad \begin{cases} [XY + X_1Y_1 + Z(X+Y)] \\ + [X'Y' + X'_1Y'_1 + Z'(X'+Y')] \equiv mT^2 + m'T'^2, \end{cases}$$

que l'on pourrait écrire

$$(1')\qquad S + S' \equiv \Theta\Theta';$$

en désignant par S, S′ les fonctions relatives à deux cônes circonscriptibles ayant pour sommets respectifs les foyers o, o'; par Θ, Θ′ les plans bissecteurs du dièdre TT′. Mais, comme le plan polaire du sommet d'un cône, par rapport à ce cône lui-même, est indéterminé, les plans polaires du foyer o, par rapport au dièdre ΘΘ′ et au cône S′, se confondraient en un seul; et deux quelconques des foyers o, o' d'une surface du second ordre seraient harmoniquement conjugués par rapport aux plans bissecteurs d'un dièdre quelconque TT′ circonscrit à la surface : résultat évidemment contradictoire avec l'existence d'un nombre déterminé de courbes, lieux géométriques de tous les foyers de la surface. Et, comme les principes dont nous avons fait usage paraissent à l'abri de tout soupçon ; que, d'autre part, la présence, dans l'identité (1), de deux plans tangents *quel-*

conques T, T′ amène nécessairement la contradiction que nous venons de remarquer, ces fonctions T, T′ doivent disparaître de l'identité (1); les fonctions Θ, Θ', de l'identité (1′); et l'on doit avoir

$$(2) \qquad S + S' \equiv 0, \quad \text{ou} \quad S \equiv S'$$

par la réduction accidentelle des huit couples de plans conjugués qui résultent des deux foyers et de leurs axes en huit couples associées, réductibles à sept couples conjuguées distinctes (n° 169, p. 172). Or les cônes *circonscriptibles* S, S′ ne peuvent devenir identiques, s'ils ne se réduisent à un système de deux plans *orthogonaux* déterminés, qui sont les deux plans menés par le premier foyer o et l'axe $o'z'$ relatif au second, par le second foyer o' et l'axe oz relatif au premier.

De là l'orthogonalité nécessaire, et qui se vérifie effectivement, des deux plans conduits suivant la corde qui réunit deux quelconques des foyers d'un ellipsoïde, et chacune des deux tangentes menées par ces foyers aux coniques focales qui les contiennent. La difficulté précédente se trouve donc éclaircie, l'identité (2) vérifiée; et l'on voit que si les identités (1), (1′), où ne figurent réellement que *sept* couples distinctes de plans conjugués et *deux* plans tangents T, T′, ne peuvent exister quand il s'agit d'une seule et même surface du second ordre, elles existent cependant pour deux plans T, T′ qui toucheraient à la fois deux surfaces distinctes ayant en commun deux foyers et les tangentes aux lignes focales qui les contiennent (n° 169, p. 172). On peut donc énoncer ce théorème : *Si une développable de la quatrième classe admet deux foyers* o, o', ou si elle est circonscrite à deux surfaces du second ordre dont les coniques focales aient deux points communs o, o', et se touchent en chacun de ces points; *les plans* F, F′ *menés par chacun de ces foyers et l'arête d'un dièdre quelconque* TT′ *circonscrit à cette développable seront également inclinés sur les faces de ce dièdre :*

$$\widehat{FT} = \widehat{F'T'}.$$

§ II. — *Du triangle conjugué à une conique et du tétraèdre conjugué à une surface du second ordre.*

197. Les points ou les tangentes d'une conique étant rapportés successivement aux côtés ou aux sommets de deux triangles distincts $A.B.C = 0$, $A'.B'.C' = 0$, tous deux conjugués à la courbe; les équations simultanées résultantes

$$(1) \qquad aA^2 + bB^2 + cC^2 = 0,$$

$$(1') \qquad a'A'^2 + b'B'^2 + c'C'^2 = 0,$$

entraînent l'identité

$$(I) \qquad aA^2 + bB^2 + cC^2 + a'A'^2 + b'B'^2 + c'C'^2 \equiv 0,$$

et celle-ci (n° 129, p. 132) ce théorème : *Si deux triangles sont respectivement conjugués à une même conique, leurs sommets font six points et leurs côtés six tangentes d'une seconde et d'une troisième conique.* La réciproque est rendue évidente par notre analyse. Et comme six points ou six tangentes d'une telle courbe donnent lieu à l'identité (I) ; que celle-ci se dédouble dans les équations équivalentes (1), (1') : on voit encore que *si l'on sépare six points ou six tangentes d'une conique en deux groupes composés chacun de trois points ou de trois tangentes, les deux triangles résultants sont conjugués à une même conique; leurs côtés faisant dès lors six tangentes, ou leurs sommets six points d'une troisième conique.*

198. Les théorèmes précédents s'appliquant d'eux-mêmes à la figure formée de deux *trièdres inscrits, circonscrits* ou *conjugués* à un cône du second ordre; si l'on compare les équations

$$ax^2 + by^2 + cz^2 = 1, \quad a'x'^2 + b'y'^2 + c'z'^2 = 1$$

d'un ellipsoïde rapporté successivement à deux de ses trièdres conjugués, l'identité résultante

$$ax^2 + by^2 + cz^2 - a'x'^2 - b'y'^2 - c'z'^2 \equiv 0$$

se traduira par ce théorème : *Deux groupes de trois diamètres conjugués d'un ellipsoïde font toujours* six génératrices, *et deux groupes de trois plans diamétraux conjugués* six plans tangents d'un même cône du second ordre (Steiner, *Syst. Entwick.*, p. 313).

199. Une conique dont le centre est connu est entièrement définie par la donnée complémentaire d'un triangle inscrit, circonscrit ou conjugué. On peut donc se proposer de déduire directement, de ces données, les axes principaux de la courbe en grandeur et en direction. De là trois problèmes que nous allons traiter successivement, mais en nous bornant à leur résolution numérique et réservant leur construction pour le dernier paragraphe de ce Chapitre. Notre analyse reposera d'ailleurs sur les lemmes suivants :

Lemme I. — Quels que soient les angles $\alpha_1, \alpha_2, \alpha_3$, on a toujours cette identité

$$(1) \quad \cos\alpha_1 \sin(\alpha_2 - \alpha_3) + \cos\alpha_2 \sin(\alpha_3 - \alpha_1) + \cos\alpha_3 \sin(\alpha_1 - \alpha_2) \equiv 0.$$

Lemme II. — Le carré de la distance du centre d'une conique à l'une quelconque de ses tangentes est égal à la somme des carrés des produits obtenus en multipliant chacun des demi-axes de la courbe par le cosinus de l'inclinaison de cet axe sur la normale correspondante N (n° 82, p. 68) :

$$(2) \quad P^2 = a^2 \cos^2(N, a) + b^2 \cos^2(N, b) = a^2 \cos^2\alpha + b^2 \sin^2\alpha.$$

200. Problème I. — *Former l'équation aux carrés des axes principaux d'une conique, donnée de centre, et incrite à un triangle donné.*

Soient, à cet effet, P_1, P_2, P_3 les distances données du centre de la courbe aux côtés 1, 2, 3 du triangle circonscrit donné; α_1, α_2, α_3 les inclinaisons des normales à ces côtés sur l'axe $2a$ de la courbe. Nous aurons, d'après le lemme II,

$$P_1^2 = a^2\cos^2\alpha_1 + b^2\sin^2\alpha_1,$$
$$P_2^2 = a^2\cos^2\alpha_2 + b^2\sin^2\alpha_2,$$
$$P_3^2 = a^2\cos^2\alpha_3 + b^2\sin^2\alpha_3;$$

ou encore, et par une transformation évidente,

$$\cos\alpha_1 = \sqrt{\frac{P_1^2 - b^2}{a^2 - b^2}}, \quad \cos\alpha_2 = \sqrt{\frac{P_2^2 - b^2}{a^2 - b^2}}, \quad \cos\alpha_3 = \sqrt{\frac{P_3^2 - b^2}{a^2 - b^2}}.$$

De là, en transportant ces valeurs dans l'identité

$$\cos\alpha_1 \sin(\alpha_2 - \alpha_3) + \cos\alpha_2 \sin(\alpha_3 - \alpha_1) + \cos\alpha_3 \sin(\alpha_1 - \alpha_2) \equiv 0,$$

et remarquant d'ailleurs (*fig.* 29) que les sinus des angles $\alpha_2 - \alpha_3$, $\alpha_3 - \alpha_1$, $\alpha_1 - \alpha_2$, et ceux des angles même $\widehat{1}, \widehat{2}, \widehat{3}$

Fig. 29.

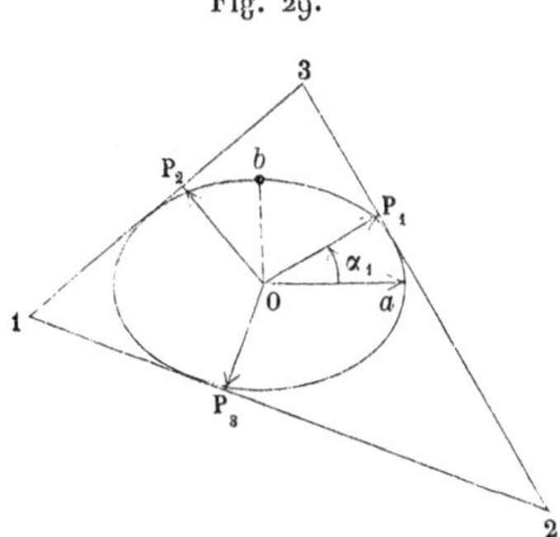

du triangle considéré, sont égaux et de signes contraires; on pourra remplacer en même temps tous les premiers sinus par les derniers, et écrire

$$\sin\widehat{1}\sqrt{P_1^2 - b^2} + \sin\widehat{2}\sqrt{P_2^2 - b^2} + \sin\widehat{3}\sqrt{P_3^2 - b^2} = 0$$

ou encore

$$a_1\sqrt{P_1^2 - b^2} + a_2\sqrt{P_2^2 - b^2} + a_3\sqrt{P_3^2 - b^2} = 0. \tag{I}$$

Telle est l'équation aux carrés des demi-axes (b) *d'une ellipse inscrite à un triangle en fonction des côtés* a_1, a_2, a_3, *de ce triangle et des distances* P_1, P_2, P_3 *du centre de la courbe à ces côtés.*

201. Étant donnés six plans tangents et le centre d'une surface du second ordre, comment obtenir l'équation aux carrés des demi-axes principaux de la surface?

Nous avons trouvé déjà, bien que d'une manière indirecte, le second terme de cette équation qui ferait, dans l'espace, l'analogue de la précédente (I), et qu'il serait fort intéressant d'obtenir tout entière : elle supposerait, toutefois, une élimination qui paraît offrir de très-grandes difficultés. Sous un point de vue plus restreint, le théorème suivant, que nous nous contenterons d'énoncer, est aussi un analogue du théorème de Géométrie plane exprimé par la formule (I) :

Étant donnés quatre plans tangents et le centre d'un ellipsoïde de révolution, *l'axe double* $2b$, *ou le diamètre du cercle principal de la surface, est défini par l'équation*

$$\sum_1^4 \sin(2\,3\,4)\sqrt{P_1^2 - b^2} = 0; \tag{I'}$$

P_1, P_2, P_3, P_4 *désignant les distances du centre de l'ellipsoïde aux plans donnés*, et sin $(2\,3\,4)$ *le sinus de l'angle solide formé par les normales de trois de ces plans.*

202. Problème II. — *Former l'équation aux carrés des axes principaux d'une conique donnée de centre et circonscrite à un triangle donné.*

De l'équation

$$\frac{x^2}{a^2}+\frac{y^2}{b^2}=1,$$

d'une ellipse rapportée à ses axes de figure, on déduit, pour le carré du rayon vecteur mené du centre à un point quelconque de la courbe,

$$\rho^2=\frac{a^2b^2}{a^2\sin^2\alpha+b^2\cos^2\alpha},$$

ou

$$\cos\alpha=\frac{a}{\sqrt{a^2-b^2}}\,\frac{\sqrt{\rho^2-b^2}}{\rho}=k\,\frac{\sqrt{\rho^2-b^2}}{\rho}.$$

Si donc on désigne par ρ_1, ρ_2, ρ_3 les distances du centre de l'ellipse considérée aux sommets **1**, **2**, **3** du triangle inscrit; par α_1, α_2, α_3 les inclinaisons des diamètres correspondants sur l'axe $2a$ de la courbe, on peut écrire

$$\cos\alpha_1=k\,\frac{\sqrt{\rho_1^2-b^2}}{\rho_1},\quad \cos\alpha_2=k\,\frac{\sqrt{\rho_2^2-b^2}}{\rho_2},\quad \cos\alpha_3=k\,\frac{\sqrt{\rho_3^2-b^2}}{\rho_3}.$$

Et si l'on substitue ces valeurs dans l'identité

$$\cos\alpha_1\sin(\alpha_2-\alpha_3)+\cos\alpha_2\sin(\alpha_3-\alpha_1)+\cos\alpha_3\sin(\alpha_1-\alpha_2)=0,$$

on trouve successivement (*fig.* 30)

$$\sum_1^3\frac{\sqrt{\rho_1^2-b^2}}{\rho_1}\sin(\alpha_2-\alpha_3)=0,$$

$$\sum_1^3\sqrt{\rho_1^2-b^2}\,.\,\rho_2\rho_3\sin(\alpha_2-\alpha_3)=0;$$

Fig. 30.

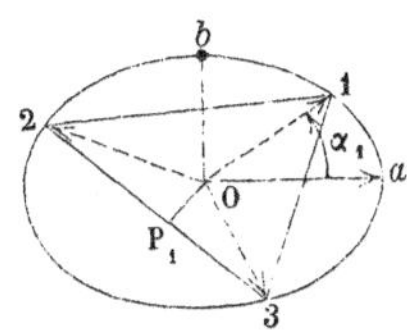

ou, en remplaçant enfin les produits $\rho_2\rho_3\sin(\alpha_2-\alpha_3),\ldots$

par les équivalents $a_1 P_1$, $a_2 P_2$, ...

$$(II) \quad a_1 P_1 \sqrt{\rho_1^2 - b^2} + a_2 P_2 \sqrt{\rho_2^2 - b^2} + a_3 P_3 \sqrt{\rho_3^2 - b^2} = 0.$$

Telle est l'équation aux carrés des demi-axes (b) *d'une ellipse en fonction des côtés* a_1, a_2, a_3 *d'un triangle inscrit* et *des distances* P_1, ρ_1; P_2, ρ_2; P_3, ρ_3 *du centre de la courbe aux côtés et sommets* de ce triangle. Ces dernières distances ρ_1, ρ_2, ρ_3 disparaissent d'ailleurs de l'équation (II) développée.

203. *Étant donnés quatre points et le centre d'un ellipsoïde* de révolution, *l'axe double* $2b$, *ou le diamètre du cercle principal de la surface, est défini par l'équation*

$$(II') \qquad \sum_1^4 \sin(\rho_2 \rho_3 \rho_4) \frac{\sqrt{\rho_1^2 - b^2}}{\rho_1} = 0;$$

ρ_1, ρ_2, ρ_3, ρ_4 *désignant les demi-diamètres menés du centre aux quatre points donnés*, et $\sin(\rho_2 \rho_3 \rho_4)$ *le* sinus de l'angle solide *formé de trois de ces diamètres* (*Nouvelles Annales de Mathématiques*, 1865, p. 208).

204. Problème III. — *Former l'équation aux carrés des axes principaux d'une conique donnée de centre et conjuguée à un triangle donné.*

Le problème actuel se peut ramener à celui des précédents où l'on a déduit l'équation aux carrés des demi-axes des seules distances du centre de la courbe aux côtés d'un triangle circonscrit.

Soient, en effet, p_1, p_2, p_3 les traces, sur les côtés 23, 31, 12 du triangle conjugué que l'on considère, des diamètres $o1$, $o2$, $o3$ aboutissant aux sommets opposés; et r_1, r_2, r_3 les points définis sur ces diamètres par les relations (*fig.* 31)

$$(a) \qquad +1 = \frac{\overline{or_1}^2}{o1.op_1} = \frac{\overline{or_2}^2}{o2.op_2} = \frac{\overline{or_3}^2}{o3.op_3}.$$

Les points r_1, r_2, r_3 obtenus de la sorte appartiennent à la courbe, et les parallèles menées par ces points aux côtés 23, 31, 12 du triangle conjugué primitif, déterminent un second triangle 1′2′3′ circonscrit à la conique considérée : dont les demi-axes (b) seront fournis dès lors par l'équation (I) (n° 200, p. 212)

$$(\mathrm{I}) \qquad a_1\sqrt{P_1'^2 - b^2} + a_2\sqrt{P_2'^2 - b^2} + a_3\sqrt{P_3'^2 - b^2} = 0,$$

où a_1, a_2, a_3 désignent les côtés de l'un quelconque des triangles *semblables* 1 2 3, 1′2′3′; P'_1, P'_2, P'_3, les distances du centre de la courbe aux côtés du second 1′2′3′.

Fig. 31.

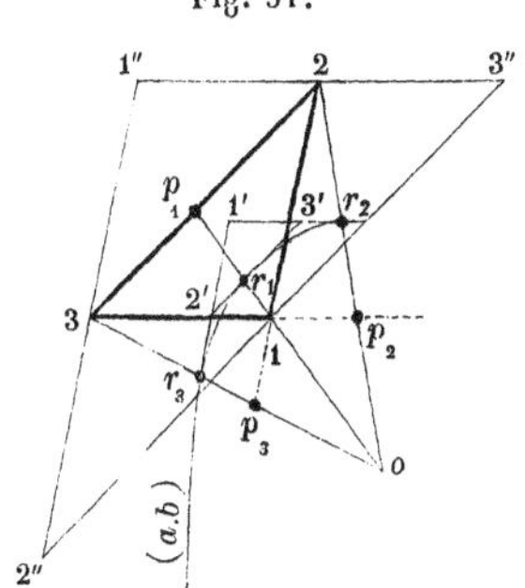

D'ailleurs, si par les sommets du triangle primitif 1 2 3, et parallèlement aux côtés opposés, on mène les côtés d'un troisième triangle 1″2″3″, les égalités de construction (a) entraîneront entre les distances P_1, P'_1, P''_1; P_2, P'_2, P''_2; P_3, P'_3, P''_3 du centre o de la courbe aux côtés des trois triangles, les relations équivalentes

$$(a') \qquad +1 = \frac{P_1'^2}{P_1 . P''_1} = \frac{P_2'^2}{P_2 . P''_2} = \frac{P_3'^2}{P_3 . P''_3},$$

ou celles-ci

$$(a'') \quad +1 = \frac{P_1'^2}{P_1(P_1 + h_1)} = \frac{P_2'^2}{P_2(P_2 + h_2)} = \frac{P_3'^2}{P_3(P_3 + h_3)}:$$

les lettres h_1, h_2, h_3 désignant les hauteurs opposées aux côtés a_1, a_2, a_3 du triangle 1 2 3, prises en valeur absolue;

et les distances P_1, P_2, P_3 étant, comme à l'ordinaire, négatives toutes les trois pour un point o qui serait intérieur à ce triangle (*).

Or les valeurs résultantes de P'^2_1, P'^2_2, P'^2_3 étant substituées dans la formule (I), elle devient successivement

$$\sum_1^3 a_1\sqrt{P_1(P_1+h_1)-b^2}=0,$$

$$\sum_1^3 \sqrt{a_1 P_1(a_1 P_1+a_1 h_1)-b^2 a_1^2}=0,$$

$$\sum_1^3 \sqrt{a_1 P_1(a_1 P_1+2S)-b^2 a_1^2}=0;$$

ou, en utilisant la relation

$$a_1 P_1+a_2 P_2+a_3 P_3=-2S,$$

et multipliant tous les termes par $\sqrt{-1}$,

$$\text{(III)}\qquad \sum_1^3 \sqrt{b^2 a_1^2+a_1 P_1(a_2 P_2+a_3 P_3)}=0.$$

Telle est l'équation aux carrés des demi-axes (b) *d'une ellipse conjuguée à un triangle en fonction des distances* P_1, P_2, P_3 *du centre de la courbe aux côtés de ce triangle et des nombres* a_1, a_2, a_3 *qui mesurent ces côtés.*

(*) On a, dans la *fig.* 31,

$$P_1<0,\quad P_2>0,\quad P_3>0;$$

et le passage, plus explicite, des relations

$$(\alpha)\qquad +1=\frac{\overline{or_1}^2}{o1.op_1}=\frac{\overline{or_2}^2}{o2.op_2}=\frac{\overline{or_3}^2}{o3.op_3},$$

aux relations (α'') exigerait que l'on écrive d'abord, au lieu de ces dernières,

$$(\alpha'')\qquad +1=\frac{P'^2_1}{-(P_1+h_1)(-P_1)}=\frac{P'^2_2}{(P_2+h_2)P_2}=\frac{P'^2_3}{(P_3+h_3)P_3}.$$

205. Théorème I. — *La somme $a^2 + b^2$ des carrés des demi-axes principaux d'une conique est mesurée par la puissance du centre de la courbe par rapport au cercle circonscrit à l'un quelconque de ses triangles conjugués.*

(Faure.)

L'énoncé de ce théorème serait en évidence dans le second terme de l'équation précédente développée. Pour le vérifier directement, rapportons la courbe (*fig.* 32) à deux diamètres conjugués Ox, Oy, dont l'un Ox passe par le sommet A du triangle conjugué ABC que l'on considère; et désignons par A' la seconde trace de ce diamètre sur le cercle circonscrit à ce triangle, La puissance ϖ du centre de l'ellipse par rapport à ce cercle sera mesurée par le produit OA.OA',

$$(1)\qquad \varpi = \overline{\mathrm{OA}}.\overline{\mathrm{OA'}}.$$

Or, le côté BC, parallèle à Oy, coupant l'axe Ox au point P, l'on a d'abord, en posant

$$\mathrm{OP} = x',$$

$$(2)\qquad \mathrm{OA} = \frac{a'^2}{x'}.$$

La situation sur un même cercle des quatre points A, A', B, C,

Fig. 32.

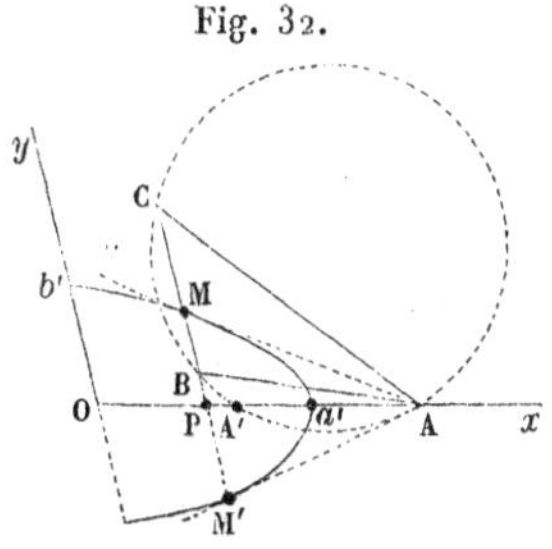

et la division harmonique (B, C; M, M') donnent ensuite (*fig.* 32)

$$\mathrm{PA'}.\mathrm{PA} = \mathrm{PB}.\mathrm{PC} = \overline{\mathrm{PM}}^2 = \overline{\mathrm{PM'}}^2 = y'^2 = \frac{b'^2}{a'^2}(a'^2 - x'^2),$$

et l'on en déduit successivement

$$PA' = \frac{b'^2(a'^2 - x'^2)}{a'^2.PA} = \frac{b'^2(a'^2 - x'^2)}{a'^2(OA - OP)} = \frac{b'^2(a'^2 - x'^2)}{a'^2\left(\frac{a'^2}{x'} - x'\right)} = \frac{b'^2 x'}{a'^2},$$

$$OA' = OP + PA' = x' + \frac{b'^2 x'}{a'^2} = \frac{(a'^2 + b'^2)x'}{a'^2};$$

$$(3) \qquad OA' = \frac{(a'^2 + b'^2)x'}{a'^2}.$$

Il ne reste plus qu'à multiplier, membre à membre, les égalités (1), (2), (3); et l'on trouve dans l'égalité résultante, simplifiée,

$$(1, 2, 3) \qquad \varpi = a'^2 + b'^2 = a^2 + b^2.$$

206. Une autre démonstration résulterait encore des considérations suivantes.

Que l'on imagine une ellipse

$$\frac{x^2}{a^2} + \frac{y^2}{b^2} = 1,$$

et l'un de ses triangles conjugués; et que l'on prenne (*fig.* 33) l'une des traces m du cercle circonscrit à ce triangle sur le cercle

$$x^2 + y^2 = a^2 + b^2,$$

lieu géométrique du sommet d'un angle droit circonscrit à la courbe. Par un théorème antérieur (n° 197, p. 209), *les sommets de deux triangles conjugués à une conique font six points d'une autre conique.* On pourra donc prendre le point m pour premier sommet d'un second triangle mnp, conjugué à l'ellipse, inscrit au même cercle C que le précédent, et dont les deux autres sommets seront les traces de ce cercle sur la polaire du point m par rapport à l'ellipse. Or si H est le point milieu de la corde NP, la division harmonique (N, P; n, p) entraîne la relation

$$(1) \qquad \overline{HN}^2 = \overline{HP}^2 = \overline{Hn}.\overline{Hp}.$$

En outre, comme l'angle NmP est droit, le point H est le centre du cercle circonscrit au triangle NmP; l'on a

(2) $$\mathrm{HN} = \mathrm{HP} = \mathrm{H}m,$$

Fig. 33.

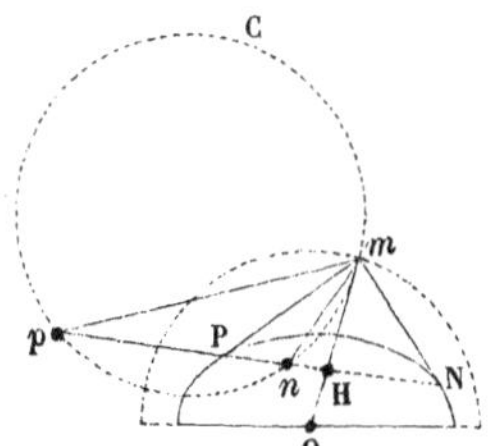

et l'on peut écrire

(1, 2) $$\overline{\mathrm{H}m}^2 = \overline{\mathrm{H}n}.\overline{\mathrm{H}p}.$$

La droite mH menée du point m au milieu de la corde NP est donc tangente au cercle C. D'ailleurs cette droite prolongée passe par le centre O de l'ellipse, ou du cercle $x^2 + y^2 = a^2 + b^2$; et la tangente Om, menée de ce centre au cercle C, est égale à $\sqrt{a^2 + b^2}$:

$$\varpi = \overline{\mathrm{O}m}^2 = a^2 + b^2.$$

207. *Remarque. — Chacun des points d'une conique représente un* triangle conjugué de dimensions évanouissantes *et dont le cercle circonscrit, toujours orthogonal au cercle diagonal de la courbe, est tangent à celle-ci au point considéré.* On peut dire encore, en des termes équivalents, que *ce cercle touche extérieurement la courbe, et que son diamètre est égal au rayon de courbure de celle-ci pour le point considéré.*

Soient effectivement (*fig.* 34) x un point extérieur à

Fig. 34.

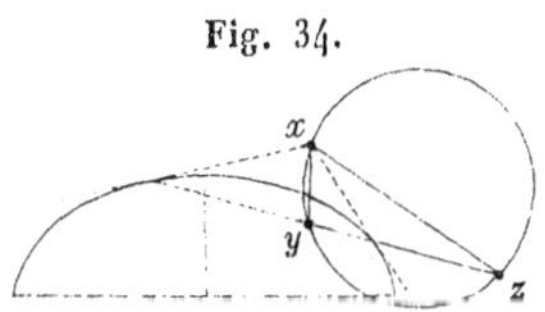

une conique, $\overline{yz}$ la polaire de ce point; et, sur cette polaire, y et z deux points conjugués par rapport à la courbe. Le point x demeurant immobile, si le point y se rapproche infiniment de l'une des traces de la droite yz sur la courbe, il en sera de même du point z ; et l'on verra, en passant à la limite (*fig.* 35), que l'une quelconque des

Fig. 35.

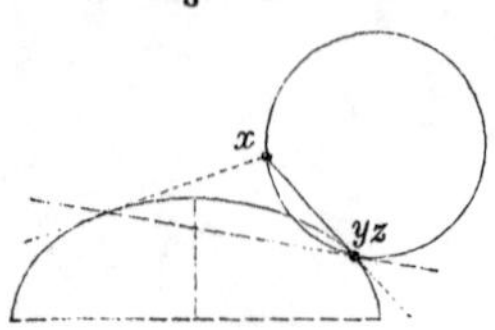

tangentes menées à une conique par un point extérieur, représente un triangle conjugué qui a perdu l'une de ses dimensions, et dont le cercle circonscrit passe par ce point extérieur x, par le point de contact y de cette tangente, et touche en ce dernier point la polaire du premier x. Or si l'on conçoit maintenant, le point y restant fixe, que le point x s'en rapproche indéfiniment; l'élément linéaire $\overline{xy}$, auquel se réduisait le triangle conjugué précédent, va se réduire à son tour à zéro, ce triangle lui-même à un point y (*fig.* 36), et son cercle circonscrit qui touchait en ce point

Fig. 36.

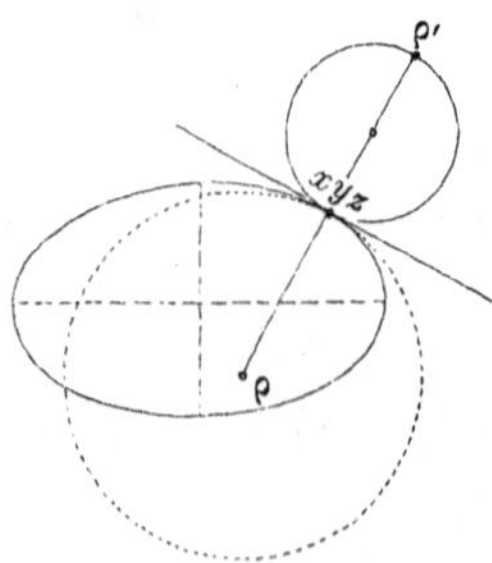

la polaire du point x et coupait orthogonalement le cercle diagonal de la courbe, en un cercle, orthogonal encore à ce dernier, et tangent à la courbe au point y.

On peut ajouter que ce cercle limite (*fig.* 36) et le cercle osculateur qui lui correspond se touchent extérieurement, et que le rapport de leurs rayons est celui de 1 à 2. Quelle que soit en effet la courbe considérée (*fig* 35), le cercle variable, qui passe par le point de concours de deux tangentes infiniment voisines et touche leur corde de contact en l'une de ses extrémités, a pour limite un cercle, tangent extérieurement au cercle osculateur, et de rayon sous-double.

208. Théorème II. — *La somme des carrés des demi-axes principaux d'un ellipsoïde est égale à la puissance du centre de la surface par rapport à la sphère circonscrite à l'un quelconque de ses tétraèdres conjugués.*

Cette proposition, obtenue d'abord par M. Painvin (*Nouvelles Annales de Mathématiques*, 1860, p. 290), est susceptible de différentes vérifications fort simples.

L'ellipsoïde

$$\frac{x^2}{a'^2} + \frac{y^2}{b'^2} + \frac{z^2}{c'^2} = 1$$

étant rapporté d'abord à trois diamètres Ox, Oy, Oz (*fig.* 37), dont l'un, Ox, passe par le sommet A du tétraèdre conjugué ABCD; soient A′ la seconde trace sur le diamètre Ox de la sphère circonscrite à ce tétraèdre;

$$(1) \qquad \varpi = \overline{\text{OA}}.\overline{\text{OA}'}$$

la puissance du centre de l'ellipsoïde par rapport à cette sphère; et

$$x = x' = \text{OP}$$

le plan polaire du sommet A, ou le plan de la face opposée BCD du tétraèdre : on aura d'abord

$$(2) \qquad \text{OA} = \frac{a'^2}{x'}.$$

Mais il résulte du théorème précédent que la somme

$(b'^2 + c'^2)\left(1 - \frac{x'^2}{a'^2}\right)$ des carrés des demi-axes de la section

$$x = x', \quad \frac{y^2}{b'^2} + \frac{z^2}{c'^2} = 1 - \frac{x'^2}{a'^2}$$

déterminée dans l'ellipsoïde par le plan BCD, ou $x = x'$, est égale à la puissance du centre P de cette section par rapport au cercle circonscrit au triangle BCD, ou encore à

Fig. 37.

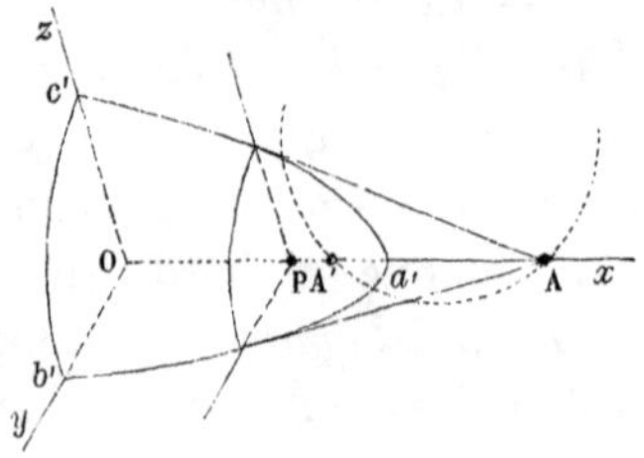

la puissance PA.PA′ de ce même centre P par rapport à la sphère ABCD; on a donc

$$\text{PA.PA}' = (b'^2 + c'^2)\left(1 - \frac{x'^2}{a'^2}\right),$$

et l'on en déduit successivement

$$\text{PA}' = \frac{(b'^2 + c'^2)(a'^2 - x'^2)}{a'^2.\text{PA}} = \frac{(b'^2 + c'^2)(a'^2 - x'^2)}{a'^2\left(\frac{a'^2}{x'} - x'\right)} = \frac{(b'^2 + c'^2)x'}{a'^2},$$

$$\text{OA}' = \text{OP} + \text{PA}' = x' + \frac{(b'^2 + c'^2)x'}{a'^2} = \frac{(a'^2 + b'^2 + c'^2)x'}{a'^2},$$

$$(3) \qquad \text{OA}' = \frac{(a'^2 + b'^2 + c'^2)x'}{a'^2}.$$

Il ne reste plus qu'à multiplier, membre à membre, les égalités (1), (2), (3). L'égalité résultante étant simplifiée, on trouve

$$(1, 2, 3) \qquad \varpi = a'^2 + b'^2 + c'^2 = a^2 + b^2 + c^2.$$

209. *Autre démonstration.* — Considérons encore un tétraèdre conjugué quelconque, et l'un quelconque des points de rencontre m (*fig.* 38) de la sphère circonscrite à ce tétraèdre et de la sphère

$$x^2 + y^2 + z^2 = a^2 + b^2 + c^2,$$

lieu géométrique des sommets des trièdres trirectangles circonscrits à l'ellipsoïde (a, b, c). Par un théorème sur lequel nous reviendrons, mais que nos identités rendent déjà évident, toute surface du second ordre menée par sept des sommets de deux tétraèdres conjugués à un ellipsoïde passe d'elle-même par le dernier. On pourra donc prendre le point m pour premier sommet d'un second tétraèdre, conjugué à l'ellipsoïde (a, b, c), inscrit à la sphère S comme le précédent, et dont les autres sommets n, p, q appartiendront au plan polaire du point m par rapport à l'ellipsoïde. Or si O', A et B désignent le centre et

Fig. 38.

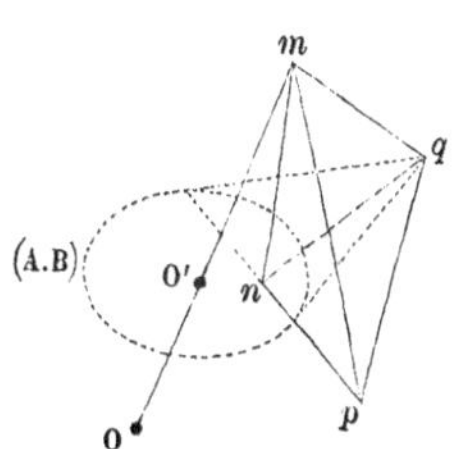

les demi-axes principaux de la section déterminée dans l'ellipsoïde par le plan npq, la puissance $P_{O'}$ de ce centre par rapport au cercle npq, ou par rapport à la sphère S $(mnpq)$, sera égale, d'après le théorème de M. Faure, à $A^2 + B^2$:

$$P_{O'} = A^2 + B^2. \tag{1}$$

D'un autre côté la section déterminée dans l'ellipsoïde par le plan npq étant inscriptible à un trièdre *trirectangle* de sommet m, cette section peut être regardée comme un ellipsoïde (A, B, C) inscrit à ce trièdre, ayant pour centre le point O' centre de la section, et dont l'un des axes principaux $2C$ serait égal à zéro. Le théorème de Monge, appliqué à cet ellipsoïde évanouissant, nous donne dès lors :

$$(2) \qquad \overline{O'm}^2 = A^2 + B^2,$$

et, par suite,

$$(1, 2) \qquad P_{O'} = \overline{O'm}^2.$$

Or il résulte de cette égalité que la droite mO', menée du point m au centre O' de la section déterminée dans l'ellipsoïde par le plan polaire de ce point, est tangente à la sphère S. Mais cette droite mO', prolongée, passe par le centre O de l'ellipsoïde; et le rayon $Om = \sqrt{a^2 + b^2 + c^2}$ est tangent à la sphère S. Donc, etc.

210. Théorème III. — *Le rectangle des carrés des demi-axes principaux d'une conique est égal et de signe contraire au produit des distances du centre de la courbe aux côtés d'un triangle* conjugué, *multiplié par le diamètre du cercle circonscrit à ce triangle :*

$$(a) \qquad a^2 b^2 = -\,2RP_1P_2P_3,$$

les distances P_1, P_2, P_3 étant d'ailleurs toutes les trois négatives pour un point situé à l'intérieur du triangle.

L'équation (III), n° 204, p. 216, fournirait à la fois l'énoncé et la démonstration de ce théorème que nous nous proposons ici de vérifier directement.

Soient, à cet effet (*fig.* 39), O le centre de l'ellipse considérée; a_1, a_2, a_3 et S les côtés et l'aire d'un triangle conjugué $A_1A_2A_3$. Si l'on remplace $2R$ par le nombre équivalent $\frac{a_1 a_2 a_3}{2S}$, la formule qu'il s'agit de vérifier pourra s'écrire successivement :

$$\frac{a_1 P_1 . a_2 P_2 . a_3 P_3}{2S} = a^2 b^2,$$

$$2OA_1 A_2 . 2OA_1 A_3 \frac{OA_2 A_3}{A_1 A_2 A_3} = a^2 b^2,$$

$$(OA_1 . pA_2 \sin\theta)(OA_1 . pA_3 \sin\theta) \frac{Op}{A_1 p} = a^2 b^2;$$

$$(a') \qquad \overline{OA_1}^2 (pA_2 . pA_3) \frac{Op}{A_1 p} \sin^2\theta = a^2 b^2 :$$

en appelant p la trace du côté $A_2 A_3$ sur le diamètre OA_1 et θ l'inclinaison de ce côté sur ce diamètre. Or si, rapportant la courbe aux diamètres conjugués OA_1 ou Ox, et Oy parallèle à $A_2 A_3$, on désigne par a', b' les demi-diamètres

Fig. 39.

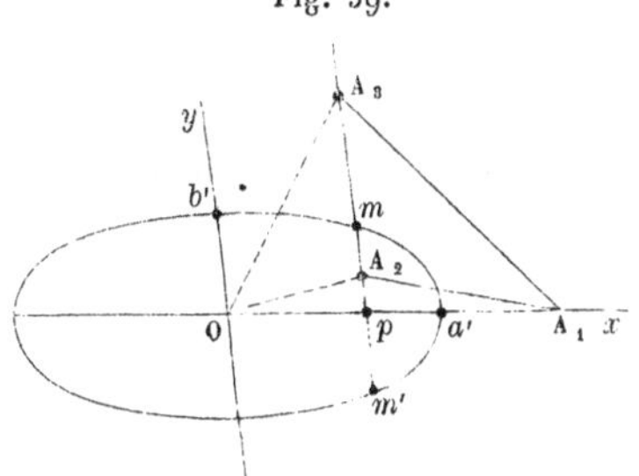

correspondants, par x' l'abscisse Op : on trouve sans peine, sur la figure,

$$(1) \qquad \overline{OA_1}^2 = \frac{a'^4}{x'^2},$$

$$(2) \qquad pA_2 . pA_3 = \overline{pm}^2 = y'^2 = \frac{b'^2}{a'^2}(a'^2 - x'^2),$$

$$(3) \qquad \frac{Op}{A_1 p} = \frac{Op}{OA_1 - Op} = \frac{x'}{\dfrac{a'^2}{x'} - x'} = \frac{x'^2}{a'^2 - x'^2};$$

et toutes ces valeurs, substituées dans la relation (a'), en font effectivement une identité.

211. L'ellipse *variable* (a, b) se transformant sous la condition ordinaire, $\lim \frac{b^2}{a} = p$, en une *parabole de paramètre* $2p$; la formule (a) se transforme, en même temps, dans celle-ci :

$$p = -2R \cos\alpha_1 \cos\alpha_2 \cos\alpha_3,$$

$\alpha_1, \alpha_2, \alpha_3$ désignant *les inclinaisons, sur l'axe de la* parabole $y^2 = 2px$, *des normales aux côtés* 1, 2, 3 *d'un triangle conjugué quelconque.*

Car si l'on rapporte aux axes fixes habituels l'ellipse variable

$$a^2 y^2 + b^2 (x - a)^2 = a^2 b^2,$$

et les côtés 1, 2, 3

$$\begin{aligned}&(x \cos\alpha_1 + y \sin\alpha_1 - p_1)\\ \times\ &(x \cos\alpha_2 + y \sin\alpha_2 - p_2)\\ \times\ &(x \cos\alpha_3 + y \sin\alpha_3 - p_3) = 0\end{aligned}$$

du triangle conjugué que l'on considère ; les distances à ces côtés du centre mobile $(x = a, y = 0)$ de l'ellipse auront pour valeurs respectives :

$$P_1 = a \cos\alpha_1 - p_1, \quad P_2 = a \cos\alpha_2 - p_2, \quad P_3 = a \cos\alpha_3 - p_3.$$

Substituant ces valeurs dans la formule

$$(a) \qquad a^2 b^2 = -2R P_1 P_2 P_3,$$

il vient

$$(a') \quad a^2 b^2 = -2R (a \cos\alpha_1 - p_1)(a \cos\alpha_2 - p_2)(a \cos\alpha_3 - p_3),$$

ou en divisant par a^3 les deux membres de cette égalité, et passant à la limite,

$$(\alpha) \qquad \lim \frac{b^2}{a} \quad \text{ou} \quad p = -2R \cos\alpha_1 \cos\alpha_2 \cos\alpha_3.$$

212. Le triangle ayant pour sommets les points milieux des côtés d'un triangle conjugué à la parabole est de lui-même circonscrit à la courbe, et réciproquement (Mention). D'ailleurs, les rayons des cercles circonscrits au premier et au second triangle sont dans le rapport de 2 à 1. On a donc aussi

$$(\alpha') \qquad p = -4R\cos\alpha_1\cos\alpha_2\cos\alpha_3,$$

ou

$$(\alpha'') \qquad p^2R = 2P_1P_2P_3,$$

formule que l'on peut vérifier directement et qui donne le *demi-paramètre p d'une parabole inscrite à un triangle en fonction des distances* P_1, P_2, P_3 *du foyer de la courbe aux côtés de ce triangle, et du rayon* R *du cercle circonscrit.*

213. L'expression du rectangle des axes principaux d'une ellipse en fonction des distances du centre de la courbe aux côtés d'un triangle conjugué est susceptible d'une autre détermination géométrique tirée de la comparaison de l'ellipse au cercle décrit sur l'un de ses axes comme diamètre, et que nous allons indiquer comme introduction au problème analogue pour l'ellipsoïde.

1). A cet effet, considérons en premier lieu un *cercle* de rayon A (*fig.* 40) ayant son centre à l'origine O et *con-*

Fig. 40.

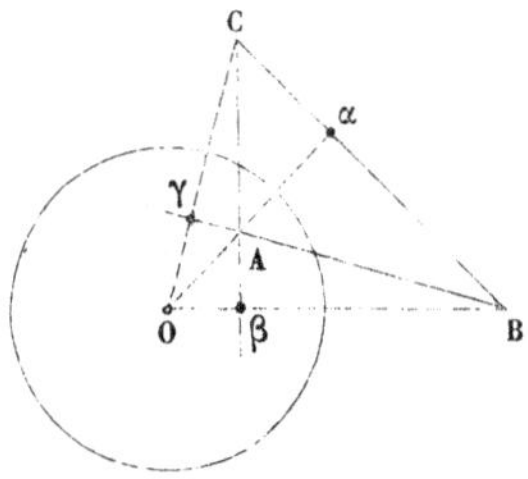

jugué au triangle ABC. Menons OA, OB, OC, et soient α, β, γ les traces de ces droites sur les côtés opposés BC, CA, AB, qu'elles coupent d'ailleurs à angle droit. Nous aurons, par les propriétés des pôles et polaires dans le cercle,

$$A^2 = OA.O\alpha = OB.O\beta = OC.O\gamma,$$

et, par suite, en appelant α, β, γ les distances du centre du cercle aux côtés du triangle,

$$(a)\qquad A^6 = (OA.OB.OC)(\alpha\beta\gamma).$$

D'ailleurs, la mesure des espaces triangulaires OBC, OCA, OAB donne lieu à trois relations de cette forme

$$OB.OC.\sin A = \overline{BC}.\overline{O\alpha} = a.\alpha,$$

et l'on en déduit

$$OB.OC = \frac{a}{\sin A}.\alpha,$$

ou, en appelant R le rayon du cercle circonscrit au triangle ABC,

$$OB.OC = 2R.\alpha,\quad OC.OA = 2R.\beta,\quad OA.OB = 2R.\gamma,$$

$$(b)\qquad OA.OB.OC = \sqrt{(2R)^3\alpha\beta\gamma}.$$

Combinant (a) et (b), il vient

$$(1)\qquad A^4 = 2R\alpha\beta\gamma;$$

c'est pour le cercle la formule cherchée, mais que nous devons écrire, en vue de la transformation qu'il nous reste à effectuer,

$$A^4 = 2R.\frac{a\alpha.b\beta.c\gamma}{a.b.c} = 2R.\frac{a\alpha.b\beta.c\gamma}{4R.S} = \frac{a\alpha.b\beta.c\gamma}{2S},$$

ou enfin

$$(1')\qquad A^4 = \frac{8.OBC.OCA.OAB}{2.ABC}.$$

2). Le cercle précédent

$$\frac{x^2}{A^2} + \frac{y^2}{A^2} = 1$$

et le triangle conjugué ABC étant rapportés à un même système d'axes Ox, Oy, imaginons que l'on conserve l'abscisse x de chacun des points de la figure, en diminuant l'ordonnée correspondante y dans le rapport de B à A :

$$\mathrm{Y} = y.\frac{\mathrm{B}}{\mathrm{A}}, \quad \frac{y}{\mathrm{A}} = \frac{\mathrm{Y}}{\mathrm{B}}.$$

Par ce changement, le cercle primitif

$$\frac{x^2}{\mathrm{A}^2} + \frac{y^2}{\mathrm{A}^2} = 1$$

se transforme en une ellipse concentrique

$$\frac{x^2}{\mathrm{A}^2} + \frac{\mathrm{Y}^2}{\mathrm{B}^2} = 1;$$

le triangle ABC conjugué à ce cercle, en un triangle $\mathrm{A}_1\mathrm{B}_1\mathrm{C}_1$ conjugué à cette ellipse, et tous les espaces triangulaires OBC, OCA, OAB, ABC, en d'autres qui sont aux premiers dans le rapport de B à A :

$$\mathrm{OB}_1\mathrm{C}_1 = \mathrm{OBC}.\frac{\mathrm{B}}{\mathrm{A}}, \ldots, \quad \mathrm{A}_1\mathrm{B}_1\mathrm{C}_1 = \mathrm{ABC}.\frac{\mathrm{B}}{\mathrm{A}};$$

d'où

$$(\mathrm{S}) \qquad \mathrm{OBC} = \mathrm{OB}_1\mathrm{C}_1.\frac{\mathrm{A}}{\mathrm{B}}; \ldots, \quad \mathrm{ABC} = \mathrm{A}_1\mathrm{B}_1\mathrm{C}_1.\frac{\mathrm{A}}{\mathrm{B}}.$$

Or, si l'on substitue ces valeurs dans la formule (1'), elle devient successivement

$$\mathrm{A}^4 = \frac{8.\mathrm{OB}_1\mathrm{C}_1.\mathrm{OC}_1\mathrm{A}_1.\mathrm{OA}_1\mathrm{B}_1}{2.\mathrm{A}_1\mathrm{B}_1\mathrm{C}_1} \times \frac{\left(\frac{\mathrm{A}}{\mathrm{B}}\right)^3}{\frac{\mathrm{A}}{\mathrm{B}}} \quad \text{ou} \quad \times \left(\frac{\mathrm{A}}{\mathrm{B}}\right)^2$$

$$\mathrm{A}^2.\mathrm{B}^2 = \frac{8.\mathrm{OB}_1\mathrm{C}_1.\mathrm{OC}_1\mathrm{A}_1.\mathrm{OA}_1\mathrm{B}_1}{2.\mathrm{A}_1\mathrm{B}_1\mathrm{C}_1} = \frac{(a_1.\alpha_1)(b_1.\beta_1)(c_1.\gamma_1)}{2\mathrm{S}_1},$$

$$\mathrm{A}^2.\mathrm{B}^2 = \alpha_1.\beta_1.\gamma_1.\frac{a_1 b_1 c_1}{2\mathrm{S}_1} = \alpha_1.\beta_1.\gamma_1.\frac{4\mathrm{R}_1\mathrm{S}_1}{2\mathrm{S}_1},$$

ou enfin

$$\mathrm{A}^2.\mathrm{B}^2 = 2\mathrm{R}_1.\alpha_1.\beta_1.\gamma_1.$$

214. *Remarque.* — La même méthode serait encore applicable aux problèmes suivants :

Le rectangle des axes principaux d'une conique inscrite (circonscrite) à un triangle ABC pouvant s'exprimer en fonction des distances du centre de la courbe aux côtés du triangle médian A′B′C′ (et aux côtés même du triangle ABC) — Steiner, Faure, — trouver chacune de ces fonctions ?

$$A^2.B^2 = 4R.\alpha'.\beta'.\gamma' \text{ (Steiner)}, \qquad A^2B^2 = \frac{(\alpha.\beta.\gamma)^2}{\alpha'.\beta'.\gamma'}.R \text{ (Faure)}.$$

215. Théorème IV. — *Le produit $a^2b^2c^2$ des carrés des demi-axes principaux d'un ellipsoïde est égal et de signe contraire au produit des distances du centre de la surface aux plans des faces d'un tétraèdre conjugué quelconque, multiplié par un facteur géométrique* $2K^2$ *qui ne dépend que du tétraèdre :*

$$a^2.b^2.c^2 = -\alpha.\beta.\gamma.\delta.2K^2.$$

1). Les côtés a, b, c, d d'un quadrilatère gauche, considérés en grandeur et en direction, donnent lieu à cette suite de rapports égaux

$$\frac{a}{\sin(bcd)} = \frac{b}{\sin(cda)} = \frac{c}{\sin(dab)} = \frac{d}{\sin(abc)} = \frac{1}{6}.\frac{a.b.c.d}{V}.$$

On a effectivement, pour le volume du tétraèdre compris sous les mêmes sommets (*fig.* 41),

$$V = \frac{1}{6}b.c.d'.\sin(bcd') = \frac{1}{6}.b.c.d.\sin(bcd),$$

$$a.V = \frac{1}{6}abcd.\sin(bcd),$$

$$\frac{a}{\sin(bcd)} = \frac{1}{6}.\frac{abcd}{V}:$$

sin (bcd) désignant le sinus de l'angle solide des trois directions b, c, d, ou le facteur trigonométrique par lequel on devrait multiplier le produit de trois arêtes parallèles à

Fig. 41.

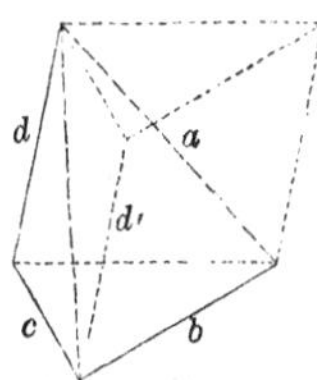

ces directions pour obtenir le volume du parallélipipède construit sur ces arêtes.

2). Soient V le volume du premier tétraèdre, F_A, F_B, F_C, F_D les aires de ses faces et a', b', c', d' les côtés d'un *quadrilatère gauche orthogonal* au tétraèdre précédent, c'est-à-dire ayant ses côtés successifs perpendiculaires aux plans des faces de ce tétraèdre et proportionnels aux aires de ces faces. Le volume V' du tétraèdre $a'b'c'd'$ compris sous les mêmes sommets a pour valeur

$$V' = \frac{3}{4} V^2.$$

3). On a, d'ailleurs, dans ce dernier quadrilatère,

$$\frac{a'}{\sin(b'c'd')} = \frac{b'}{\sin(c'd'a')} = \ldots = \frac{1}{6} \cdot \frac{a'.b'.c'.d'}{V'};$$

de là, en revenant au tétraèdre primitif et désignant par α, β, γ, δ les directions de ses quatre hauteurs,

$$(k) \qquad \frac{F_A}{\sin(\beta\gamma\delta)} = \frac{F_B}{\sin(\gamma\delta\alpha)} = \ldots = \frac{F_A.F_B.F_C.F_D}{\frac{9}{2}V^2} = K^2.$$

4). Le volume du tétraèdre ayant pour sommets l'origine et les points (xyz), $(x'y'z')$, $(x''y''z'')$, est donné par la formule

$$V = \frac{1}{6} \begin{vmatrix} x & y & z \\ x' & y' & z' \\ x'' & y'' & z'' \end{vmatrix}.$$

5). Si les troisièmes coordonnées z, z', z'',... de tous les points de la figure augmentent dans un rapport donné, le volume du tétraèdre augmente dans le même rapport; et il en est de même pour un tétraèdre qui, n'ayant aucun de ses sommets à l'origine, pourrait encore être considéré comme égal à la somme algébrique de quatre tétraèdres ayant un sommet commun à l'origine.

6). Ces lemmes posés, considérons d'abord, au lieu d'un ellipsoïde, *une sphère* de rayon a, *ayant son centre à l'origine* O *et conjuguée au tétraèdre* ABCD.

Menons les droites OA, OB, OC, OD, et désignons par $\alpha, \beta, \gamma, \delta$ les traces de ces droites sur les plans des faces opposées, qu'elles coupent d'ailleurs à angle droit; nous aurons, par les propriétés des pôles et plans polaires dans la sphère (*fig.* 42),

$$a^2 = \mathrm{OA}.\mathrm{O}\alpha = \mathrm{OB}.\mathrm{O}\beta = \mathrm{OC}.\mathrm{O}\gamma = \mathrm{OD}.\mathrm{O}\delta;$$

d'où, en appelant $\alpha, \beta, \gamma, \delta$ les distances du centre de la sphère aux plans des quatre faces de tétraèdre,

$$(a) \qquad a^8 = \mathrm{OA}.\mathrm{OB}.\mathrm{OC}.\mathrm{OD} \times \alpha.\beta.\gamma.\delta.$$

D'un autre côté, les aires des faces BCD, CDA,... étant désignées par F_A, F_B,..., et les directions des normales

Fig. 42.

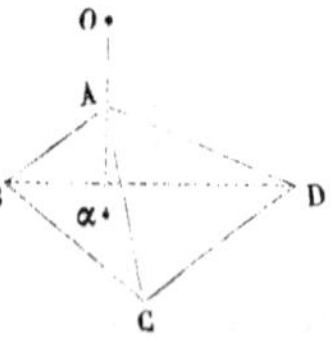

OA, OB,... aux plans de ces faces par les mêmes lettres $\alpha, \beta, \ldots$; le volume de chacun des tétraèdres, tels que OBCD, est mesuré par l'un ou l'autre de ces produits

$$\frac{1}{6}\mathrm{OB}.\mathrm{OC}.\mathrm{OD}.\sin(\mathrm{OB}, \mathrm{OC}, \mathrm{OD}) = \frac{1}{6}\mathrm{OB}.\mathrm{OC}.\mathrm{OD}.\sin(\beta\gamma\delta),$$

ou

$$\frac{1}{3}\alpha.F_A.$$

On a donc

$$OB.OC.OD = 2\alpha.\frac{F_A}{\sin(\beta\gamma\delta)},$$

ou, en ayant égard à la formule (k),

$$OB.OC.OD = 2\alpha.K^2,$$
$$OC.OD.OA = 2\beta.K^2,$$
$$OD.OA.OB = 2\gamma.K^2,$$
$$OA.OB.OC = 2\delta.K^2;$$

et, par suite,

$$(OA.OB.OC.OD)^3 = (2K^2)^4.\alpha.\beta.\gamma.\delta,$$

c'est-à-dire

(6) $$OA.OB.OC.OD = \sqrt[3]{(2K^2)^4.\alpha.\beta.\gamma.\delta}.$$

Or, si l'on substitue cette valeur dans la formule (a), elle devient successivement

$$a^8 = \alpha.\beta.\gamma.\delta\sqrt[3]{(2K^2)^4.\alpha.\beta.\gamma.\delta},$$
$$a^{24} = (\alpha.\beta.\gamma.\delta)^4.(2K^2)^4;$$

(1) $$a^6 = (\alpha.\beta.\gamma.\delta).2K^2.$$

C'est, pour la sphère, la formule cherchée, mais que nous devons écrire, en utilisant la formule (k),

$$K^2 = \frac{F_A.F_B.F_C.F_D}{\frac{9}{2}V^2},$$

et en vue de la transformation qu'il nous reste à effectuer,

$$a^6 = 2\frac{(\alpha.F_A)(\beta.F_B)(\gamma.F_C)(\delta.F_D)}{\frac{9}{2}V^2},$$

ou

$$(1') \qquad a^6 = 2\,\frac{3^4.\mathrm{OBCD}.\mathrm{OCDA}.\mathrm{ODAB}.\mathrm{OABC}}{\frac{9}{2}(\mathrm{ABCD})^2}.$$

7). La sphère précédente

$$(\mathrm{S}) \qquad \frac{x^2}{a^2}+\frac{y^2}{a^2}+\frac{z^2}{a^2}=1,$$

et le tétraèdre conjugué ABCD étant rapportés à un même système d'axes ox, oy, oz, imaginons que l'on conserve les premières coordonnées x et y de tous les points de la figure, en augmentant le z de chaque point dans le rapport de c à a. Par ce changement, *la sphère primitive*

$$\frac{x^2}{a^2}+\frac{y^2}{a^2}+\frac{z^2}{a^2}=1$$

se transforme en un ellipsoïde de révolution

$$(\mathrm{S}') \qquad \frac{x^2}{a^2}+\frac{y^2}{a^2}+\frac{z^2}{c^2}=1;$$

le tétraèdre ABCD, *conjugué à cette sphère, en un tétraèdre* $\mathrm{A_1B_1C_1D_1}$ *conjugué à cet ellipsoïde*; et tous les volumes OBCD, OCDA, ..., ABCD, en d'autres qui sont aux premiers dans le rapport de c à a :

$$\mathrm{OB_1C_1D_1}=\frac{c}{a}\cdot\mathrm{OBCD},\ \ldots,\ \mathrm{A_1B_1C_1D_1}=\frac{c}{a}\cdot\mathrm{ABCD},$$

d'où

$$(v) \qquad \mathrm{OBCD}=\frac{a}{c}\cdot\mathrm{OB_1C_1D_1},\ \ldots,\ \mathrm{ABCD}=\frac{a}{c}\cdot\mathrm{A_1B_1C_1D_1};$$

et ces valeurs étant substituées dans la relation (1′), elle devient d'abord

$$a^6 = 2.\frac{3^4.\mathrm{OB_1C_1D_1}.\mathrm{OC_1D_1A_1}.\mathrm{OD_1A_1B_1}.\mathrm{OA_1B_1C_1}}{\frac{9}{2}(\mathrm{A_1B_1C_1D_1})^2}\times\frac{\left(\frac{a}{c}\right)^4}{\left(\frac{a}{c}\right)^2},$$

ou

$$(1'') \quad a^4.c^2 = 2.\frac{3^4.OB_1C_1D_1.OC_1D_1A_1.OD_1A_1B_1.OA_1B_1C_1}{\frac{9}{2}(A_1B_1C_1D_1)^2}.$$

8). Conservant ensuite les coordonnées x et z de tous les points de la figure précédente, imaginons de même que l'on augmente l'y de chaque point dans le rapport de b à a. Par ce changement *l'ellipsoïde de révolution*

$$(S') \qquad \frac{x^2}{a^2}+\frac{y^2}{a^2}+\frac{z^2}{c^2}=1$$

se transforme en un ellipsoïde quelconque

$$(S'') \qquad \frac{x^2}{a^2}+\frac{y^2}{b^2}+\frac{z^2}{c^2}=1;$$

le tétraèdre conjugué $A_1B_1C_1D_1$, *en un tétraèdre* $A_2B_2C_2D_2$ *conjugué à ce nouvel ellipsoïde;* et tous les volumes $OB_1C_1D_1, \ldots, A_1B_1C_1D_1$, en d'autres qui sont aux premiers dans le rapport de b à a :

$$OB_2C_2D_2 = OB_1C_1D_1.\frac{b}{a}, \ldots, A_2B_2C_2D_2 = A_1B_1C_1D_1.\frac{b}{a},$$

d'où

$$(v_1)\ OB_1C_1D_1 = \frac{a}{b}.OB_2C_2D_2, \ldots, A_1B_1C_1D_1 = \frac{a}{b}.A_2B_2C_2D_2.$$

Or ces valeurs étant substituées dans la formule (1''), elle devient

$$a^4c^2 = 2.\frac{3^4.OB_2C_2D_2.OC_2D_2A_2.OD_2A_2B_2.OA_2B_2C_2}{\frac{9}{2}(A_2B_2C_2D_2)^2}\times\frac{\left(\frac{a}{b}\right)^4}{\left(\frac{a}{b}\right)^2},$$

ou

$$(1''') \quad a^2.b^2.c^2 = 2.\frac{3^4.OB_2C_2D_2.OC_2D_2A_2.OD_2A_2B_2.OA_2B_2C_2}{\frac{9}{2}(A_2B_2C_2D_2)^2}.$$

De là, en supprimant les indices maintenant inutiles, et désignant par $\alpha, \beta, \gamma, \delta$ les distances du centre de l'ellipsoïde actuel (S″) aux plans des faces du tétraèdre conjugué $A_2 B_2 C_2 D_2$, ou ABCD; par F_A, F_B, F_C, F_D les aires des faces de celui-ci, par V son volume, nous pourrons écrire

$$a^2.b^2.c^2 = 2\frac{(\alpha.F_A)(\beta.F_B)(\gamma.F_C)(\delta.F_D)}{\frac{9}{2}V^2} = (\alpha.\beta.\gamma.\delta).2\frac{F_A.F_B.F_C.F_D}{\frac{9}{2}V^2},$$

ou enfin

$$\text{(I)}\qquad \left\{\begin{array}{l} a^2.b^2.c^2 = \alpha.\beta.\gamma.\delta \times 2K^2,\\ K^2 = \dfrac{F_A}{\sin(\beta\gamma\delta)} = \ldots = \dfrac{F_A.F_B.F_C.F_D}{\frac{9}{2}V^2}. \end{array}\right.$$

216. *Remarque.* — On peut traiter à part la question des *signes*, de la manière suivante.

a). Une conique rapportée à un triangle conjugué ABC étant représentée par l'équation

$$l^2A^2 - m^2B^2 - n^2C^2 = 0,$$

les couples de tangentes réelles ou imaginaires menées à la courbe par chacun des sommets A, B, C du triangle donné ont respectivement pour équations

$$m^2B^2 + n^2C = 0,\quad l^2A^2 - n^2C^2 = 0,\quad l^2A^2 - m^2B^2 = 0.$$

Le premier sommet A est donc intérieur à la courbe et les deux autres lui sont extérieurs.

Si donc la courbe considérée est une *ellipse*, de centre O

Fig. 43.

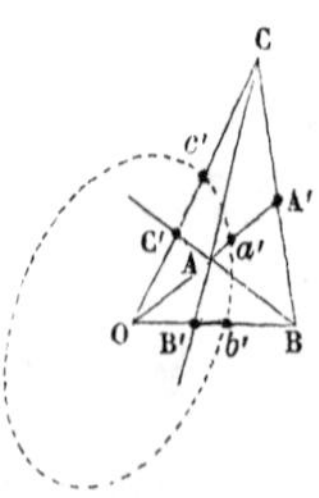

(*fig.* 43), et dont les demi-diamètres dirigés suivant OA,

OB, OC soient désignés par a', b', c', les relations

$$OA.OA' = a'^2, \quad OB.OB' = b'^2, \quad OC.OC' = c'^2,$$

associées à la situation *intérieure* du sommet A, *extérieure* des sommets B et C, entraîneront les inégalités

$$OA < OA', \quad OB > OB', \quad OC > OC'.$$

Les trois groupes de points O, A, A',... se succèdent donc dans cet ordre

$$O, A, A'; \quad O, B', B; \quad O, C', C;$$

et comme les coordonnées triangulaires des trois sommets A, B, C sont nulles ou négatives, les coordonnées (α, β, γ) du centre O de l'*ellipse conjuguée* ont les signes suivants :

$$\alpha < 0, \quad \beta > 0, \quad \gamma > 0.$$

Le produit $\alpha.\beta.\gamma$ est donc négatif, et la formule du n° 210 doit s'écrire

$$a^2.b^2 = -2R.\alpha.\beta.\gamma.$$

b). Une surface du second ordre, à courbures de même sens, — ellipsoïde ou hyperboloïde à deux nappes, — étant représentée par l'équation

$$l^2A^2 - m^2B^2 - n^2C^2 - p^2D^2 = 0,$$

les cônes circonscrits à la surface et ayant pour sommets respectifs les sommets A, B,... du tétraèdre conjugué que l'on considère, ont respectivement pour équation

$$-m^2B^2 - n^2C^2 - p^2D^2 = 0, \quad l^2A^2 - n^2C^2 - p^2D^2 = 0,$$
$$l^2A^2 - m^2B^2 - p^2D^2 = 0, \quad l^2A^2 - m^2B^2 - n^2C^2 = 0.$$

Le premier de ces cônes est donc imaginaire, les trois autres sont réels. Le sommet A du tétraèdre est donc intérieur à la surface et les trois autres B, C, D lui sont extérieurs.

Si donc la surface considérée est un *ellipsoïde*, de

centre O (*fig.* 44), et dont les quatre demi-diamètres diri-

Fig. 44.

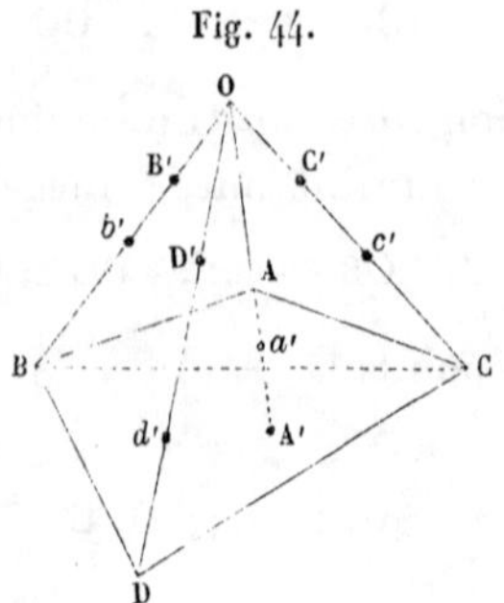

gés suivant OA, OB, OC, OD soient désignés par a', b', c', d', les relations

$$\mathrm{OA}.\mathrm{OA}' = a'^2, \quad \mathrm{OB}.\mathrm{OB}' = b'^2 \quad \mathrm{OC}.\mathrm{OC}' = c'^2, \quad \mathrm{OD}.\mathrm{OD}' = d'^2,$$

associées à la situation *intérieure* du sommet A, *extérieure* des sommets B, C, D, entraîneront les inégalités

$$\mathrm{OA} < \mathrm{OA}', \quad \mathrm{OB} > \mathrm{OB}', \quad \mathrm{OC} > \mathrm{OC}', \quad \mathrm{OD} > \mathrm{OD}'.$$

Les quatre groupes de point O, A, A',... se succèdent donc dans cet ordre

$$\mathrm{O, A, A'}; \quad \mathrm{O, B', B}; \quad \mathrm{O, C', C}; \quad \mathrm{O, D', D};$$

et comme les coordonnées tétraédriques des sommets A, B, C, D sont nulles ou négatives, les coordonnées α, β, γ, δ du centre O de l'ellipsoïde conjugué ont les signes suivants :

$$\alpha < 0, \quad \beta > 0, \quad \gamma > 0, \quad \delta > 0.$$

Le produit $\alpha\beta\gamma\delta$ est donc négatif, et la formule précédente (I) doit s'écrire

$$(\mathrm{I}') \qquad a^2.b^2.c^2 = -\alpha.\beta.\gamma.\delta \times 2\mathrm{K}^2.$$

217. Si, sous les conditions ordinaires

$$\lim.\frac{b^2}{a} = p, \quad \lim.\frac{c^2}{a} = p',$$

l'ellipsoïde

$$\frac{(x-a)^2}{a^2}+\frac{y^2}{b^2}+\frac{z^2}{c^2}=1$$

se transforme en un paraboloïde

$$\frac{y^2}{p}+\frac{z^2}{p'}=2x,$$

la relation précédente (I) se change en même temps dans celle-ci

$$\text{(I}') \qquad p.p' = \cos\alpha.\cos\beta.\cos\gamma.\cos\delta.2K^2,$$

où p, p' désignent les demi-paramètres principaux et α, β, γ, δ les compléments des inclinaisons de l'axe du paraboloïde sur les faces d'un tétraèdre conjugué.

§ III. — *De l'ellipse de plus grande surface parmi toutes celles que l'on peut inscrire à un quadrilatère donné, et de l'ellipsoïde de plus grand volume parmi tous ceux que l'on peut inscrire à un système de huit plans.*

218. Les théorèmes du paragraphe précédent permettent de ramener à son véritable principe la construction obtenue par Steiner de l'*ellipse de surface maximum ou minimum parmi toutes celles que l'on peut inscrire à un quadrilatère donné*. Fondée effectivement sur l'évaluation préalable du rectangle des axes d'une conique inscrite à un triangle, la méthode de l'illustre géomètre ne s'applique ni au problème plan corrélatif, ni aux problèmes analogues pour les surfaces du second ordre; et c'est encore au grand ouvrage d'où procède toute la géométrie contemporaine qu'il faut demander le principe autour duquel se rangent naturellement tous les cas du problème et qui réside dans l'existence d'un triangle ou d'un tétraèdre conjugué commun à une série de courbes ou de surfaces du second ordre assujetties à n conditions communes ($n = 4$, ou $n = 8$) (*Traité des propriétés projectives*, p. 386).

Une conique étant inscrite à un quadrilatère, on sait effectivement que le triangle $A_1 A_2 A_3$ formé des trois diagonales de celui-ci est *conjugué* à cette conique dont le *rectangle des carrés des axes* est proportionnel au produit des distances du centre de la courbe aux côtés de ce triangle et devient *maximum* ou *minimum* en même temps que ce produit :

$$a^2 . b^2 = - 2R . P_1 P_2 P_3$$

(Théorème III, p. 224, n° 210).

D'ailleurs, la médiane d'un quadrilatère est le lieu des centres de toutes les coniques inscrites. Si donc (*fig.* 45) a_1, a_2, a_3 désignent les traces de cette droite sur les côtés du triangle diagonal $A_1 A_2 A_3$ (et ces traces sont justement

Fig. 45.

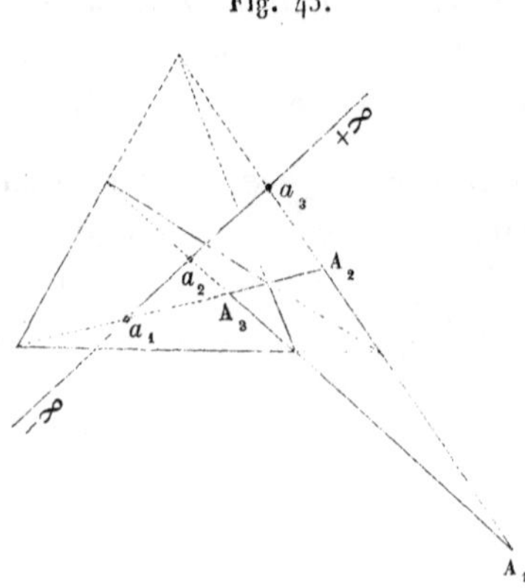

les points-milieux des trois diagonales), le centre O de la courbe cherchée devra satisfaire à la condition

$$Oa_1 . Oa_2 . Oa_3 = \text{maximum}.$$

De là, avec une notation qu'il est inutile d'expliquer,

$$f(x) = (x - a_1)(x - a_2)(x - a_3) = \text{maximum},$$

et, par suite,

$$(1)\quad \left\{ \begin{array}{l} \dfrac{f'(x)}{f(x)} = \dfrac{1}{x - a_1} + \dfrac{1}{x - a_2} + \dfrac{1}{x - a_3} = 0, \\ \text{ou} \\ \dfrac{1}{Oa_1} + \dfrac{1}{Oa_2} + \dfrac{1}{Oa_3} = 0 : \end{array} \right.$$

équation du second degré en x, dont les racines, toujours réelles, sont séparées par les nombres a_1 et a_2, a_2 et a_3. *Deux coniques* répondent donc toujours à la question : une *ellipse* dont le centre est compris entre les points-milieux a_1, a_2 des deux premières diagonales, et dont la surface est maximum; une *hyperbole* dont le rectangle des axes est aussi maximum et dont le centre tombe entre les points-milieux a_2, a_3 des deux dernières diagonales (*).

Le cas des coniques circonscrites à un quadrilatère se traiterait d'une manière semblable (*Nouvelles Annales de Mathématiques*, 1865, p. 308).

219. Si le quadrilatère proposé est *circonscriptible*, l'ellipse de surface maximum ne coïncide avec le cercle inscrit que d'une manière accidentelle. Le centre O de cette ellipse doit vérifier, en effet, la condition (*fig.* 46)

$$(1')\qquad \frac{1}{Oa_1} - \frac{1}{Oa_2} - \frac{1}{Oa_3} = 0,$$

où les divers segments $Oa_1, \ldots$ sont pris en valeur absolue. Si l'on désigne d'ailleurs par $\widehat{1}$, $\widehat{1'}$, $\widehat{2}$, $\widehat{2'}$, $\widehat{3}$, $\widehat{3'}$ les six demi-

(*) La droite des centres est effectivement divisée par les points

$$-\infty,\quad a_1\quad a_2,\quad a_3,\quad +\infty$$

en quatre segments consécutifs parmi lesquels le premier et le troisième reçoivent les centres de toutes les *hyperboles*, le second et le quatrième les centres de toutes les *ellipses* inscrites. C'est ce qui résulte, en particulier, de la formule

$$a^2.b^2 = -2R.P_1\,P_2\,P_3.$$

angles intérieurs du quadrilatère circonscriptible consi-

Fig. 46.

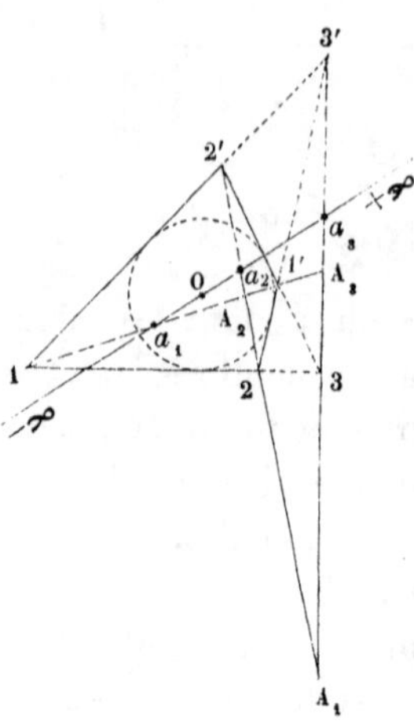

déré, on trouve par la géométrie que le centre O du cercle inscrit satisfait à cette double proportion

$$(2') \qquad \frac{\frac{1}{\overline{Oa_1}}}{\sin\widehat{1}.\sin\widehat{1'}} = \frac{\frac{1}{\overline{Oa_2}}}{\sin\widehat{2}.\sin\widehat{2'}} = \frac{\frac{1}{\overline{Oa_3}}}{\sin\widehat{3}.\sin\widehat{3'}}.$$

L'égalité conditionnelle (1′) ne serait donc vérifiée par le centre O du cercle inscrit qu'autant que l'on aurait

$$(1') \qquad \sin\widehat{1}.\sin\widehat{1'} - \sin\widehat{2}.\sin\widehat{2'} - \sin\widehat{3}.\sin\widehat{3'} = 0\,?$$

Or cette relation linéaire et homogène entre les sinus des demi-inclinaisons de l'un quelconque des côtés du quadrilatère sur les trois autres, définit la direction de celui de ces côtés que l'on voudra regarder comme arbitraire ; elle ne sera donc point satisfaite d'elle-même pour un quadrilatère circonscriptible quelconque dont les quatre côtés à la fois peuvent être dirigés arbitrairement.

220. Le problème relatif à l'*ellipsoïde de plus grand volume parmi tous ceux que l'on peut inscrire à huit plans*

donnés se traiterait d'une manière semblable; et comme tous ces ellipsoïdes ont leurs centres sur une droite Ox que nous savons construire; comme ils admettent un tétraèdre conjugué commun que nous apprendrons à construire (Chapitre XII), et que le rectangle $a^2 b^2 c^2$ des carrés de leurs axes principaux est dès lors proportionnel au produit des distances de leur centre, ou d'un point de cette droite, aux plans des faces de ce tétraèdre : on voit, en supposant cette double construction, et désignant par a_1, a_2, a_3, a_4 les traces de cette droite sur les faces de ce tétraèdre, que le centre O de la surface cherchée devra satisfaire à la condition

$$Oa_1 . Oa_2 . Oa_3 . Oa_4 = \text{maximum},$$

et que sa position sur la droite des centres Ox sera définie par l'une des équations suivantes

$$f(x) = (x - a_1)(x - a_2)(x - a_3)(x - a_4) = \text{maximum},$$

$$\frac{f'(x)}{f(x)} = 0;$$

c'est-à-dire, en développant,

$$(1) \quad \left\{ \begin{array}{l} \dfrac{1}{x - a_1} + \dfrac{1}{x - a_2} + \dfrac{1}{x - a_3} + \dfrac{1}{x - a_4} = 0, \\ \text{ou} \\ \dfrac{1}{Oa_1} + \dfrac{1}{Oa_2} + \dfrac{1}{Oa_3} + \dfrac{1}{Oa_4} = 0, \end{array} \right.$$

équation du troisième degré dont les racines, toujours réelles, sont séparées par les nombres a_1, a_2, a_3, a_4. Trois surfaces distinctes répondent donc toujours à la question, dont les centres tombent alternativement entre les points a_1 et a_2, a_2 et a_3, a_3 et a_4 (*fig.* 47); et qui sont alternativement à

Fig. 47.

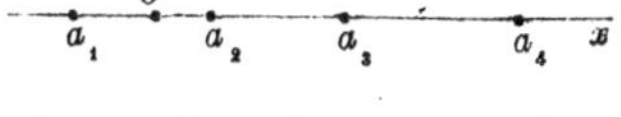

courbures opposées ou de même sens : ainsi que cela résulte

des changements de signe du produit

$$a^2 . b^2 . c^2 = - k^2 . P_1 P_2 P_3 P_4.$$

§ IV. — *Des axes principaux d'un ellipsoïde défini par trois diamètres conjugués et de leur construction à l'aide d'une hyperbole et d'un cercle.*

221. *Étant donnés trois points* A, B, C *et le centre* O *d'une conique, les directions des axes principaux* de la courbe se peuvent déterminer *à priori* de la manière suivante :

Prenant les points-milieux A', B', C' *des côtés du triangle* ABC, *et le point de concours* H' *des hauteurs du triangle résultant* A'B'C', *on mène la droite* OH' *et l'on détermine le point de concours* F *des* symétriques *de cette droite par rapport à deux des côtés du triangle* A'B'C'; *les bissectrices de l'angle*

$$\widehat{OH', OF}$$

fournissent les directions cherchées.

222. De même, *étant donnés le centre* O *d'une conique et l'un de ses triangles conjugués* ABC, *si l'on prend le point de concours* H *des hauteurs de ce triangle, et que, menant la droite* OH, *on détermine le point de concours* F *des symétriques de cette droite par rapport à deux des côtés du triangle* ABC, *les* axes principaux *de la courbe seront dirigés suivant les bissectrices de l'angle*

$$\widehat{OH, OF}.$$

Les équations comparées

$$aA^2 + bB^2 + cC^2 = 0, \quad a'X^2 + b'Y^2 + c' = 0$$

de la courbe rapportée alternativement au triangle conjugué ABC, ou à ses axes principaux, entraînent effectivement l'identité

$$aA^2 + bB^2 + cC^2 + a'X^2 + b'Y^2 + c' = 0,$$

ou la conclusion que les droites $ABCXY = 0$ et la droite à l'infini représentée par l'équation $c' = 0$ font six tangentes d'une même conique : une parabole dont la directrice est immédiatement déterminée par deux de ses points, le point de rencontre H des hauteurs du triangle circonscrit ABC et le point de concours des deux tangentes rectangulaires OX, OY, ou le centre donné O (*fig.* 48). Le foyer F de

Fig. 48.

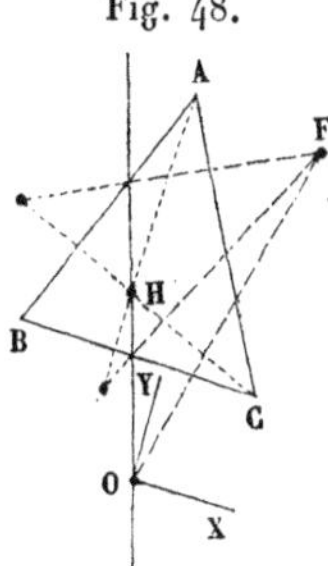

cette parabole auxiliaire se trouvera d'ailleurs au point d'intersection de deux droites symétriques de la directrice OH par rapport à deux des côtés du triangle ABC. Or, si l'on joint au centre donné O le point F ainsi déterminé, les tangentes OX, OY menées du point O à la parabole coïncideront avec les bissectrices des angles adjacents formés par la directrice OH et la droite OF.

La construction du numéro précédent résulterait de même des équations

$$AB + BC + CA = 0, \quad aX^2 + bY^2 + c = 0$$

de la courbe rapportée au triangle inscrit ABC ou à ses axes principaux. L'identité résultante

$$AB + BC + CA + aX^2 + bY^2 + c = 0$$

exprime, en effet, que les axes cherchés coïncident avec les tangentes menées du point O à une parabole conjuguée au triangle ABC, et dès lors circonscrite au triangle médian A′B′C′. Or ces tangentes résultent du triangle A′B′C′ et du point de rencontre de ses hauteurs H′, comme les précédentes du triangle ABC et du point H.

Observation. — Les rayons menés, du point O, aux sommets du triangle, et les parallèles à ses côtés, issues du même point, font trois couples de diamètres conjugués de la courbe, ou trois couples de rayons conjugués d'un faisceau en involution. Deux de ces couples suffisent d'ailleurs pour définir ce faisceau dont les rayons conjugués, perpendiculaires entre eux, fourniront ensuite les axes que l'on cherche : et telle est la solution normale du problème. Celle que l'on vient de donner, entièrement irrégulière au point de vue didactique, offre pourtant un exemple de ce que devraient être la plupart des constructions de la géométrie : une simple combinaison des données immédiates de la figure dont les points ou les lignes les plus remarquables remplaceraient les éléments étrangers que l'on y fait trop souvent intervenir. Le principe que nous y avons employé se retrouvera d'ailleurs dans le problème suivant, qui est un peu moins facile, et dont on ne connaît encore qu'un très-petit nombre de solutions.

223. Problème. — *Construire les directions des axes principaux d'un ellipsoïde défini par trois diamètres conjugués* Oa, Ob, Oc.

1). Soient

$$\frac{x^2}{a^2}+\frac{y^2}{b^2}+\frac{z^2}{c^2}=1 \tag{1}$$

l'équation de la surface rapportée aux diamètres donnés, et

$$(1')\quad \left\{\begin{aligned} & m(\alpha x + \alpha' y + \alpha'' z)^2 \\ & + n(\beta x + \beta' y + \beta'' z)^2 \\ & + p(\gamma x + \gamma' y + \gamma'' z)^2 = 1, \\ & \text{ou} \\ & m A^2 + n B^2 + p C^2 = 1 \end{aligned}\right.$$

l'équation de la même surface rapportée à trois plans diamétraux conjugués quelconques

$$ABC = 0.$$

Quels que soient ces derniers, comme le terme indépendant des variables est le même dans les deux équations (1), (1'), leurs premiers membres doivent être identiques. On a donc identiquement

$$\frac{x^2}{a^2} + \frac{y^2}{b^2} + \frac{z^2}{c^2} \equiv m A^2 + n B^2 + p C^2,$$

et les équations

$$(2)\qquad \frac{x^2}{a^2} + \frac{y^2}{b^2} + \frac{z^2}{c^2} = 0,$$

$$(2')\qquad m A^2 + n B^2 + p C^2 = 0$$

représentent une seule et même surface : un cône *fixe*, réel ou imaginaire ; asymptote à la surface proposée, si celle-ci est un hyperboloïde, et dont la trace sur un plan déterminé quelconque est une *conique fixe*

$$(3)\qquad m A'^2 + n B'^2 + p C'^2 = 0,$$

conjuguée à chacun des triangles A′B′C′ qui résultent de la section, par le plan que l'on aura choisi, de trois plans diamétraux conjugués de la surface primitive.

Or, si l'on considère, en particulier, la trace du cône (2) ou (2′) sur l'un des plans tangents

$$z = c$$

de la surface, la conique résultante est représentée par l'équation

$$\frac{x^2}{a^2}+\frac{y^2}{b^2}+1=0,$$

ou

(3′) $$\frac{x^2}{a^2}+\frac{y^2}{b^2}=-1.$$

Si d'ailleurs on coupe la surface proposée (1) par le plan diamétral parallèle

$$z=0,$$

la section résultante est

(4) $$\frac{x^2}{a^2}+\frac{y^2}{b^2}=1.$$

Les courbes (3′) et (4) forment donc l'un de ces systèmes de *deux coniques* que l'on nomme *conjuguées*, parce que, transportées dans un même plan et autour du même centre, les diamètres réels de l'une servent de mesure aux diamètres imaginaires de même direction dans l'autre. Et l'on peut énoncer ce théorème :

Les traces, sur un même plan tangent d'une surface du second ordre, *de trois diamètres conjugués quelconques de la surface sont les sommets d'autant de* triangles conjugués *à une même conique ayant pour centre le point de contact du plan tangent considéré, égale en outre et homothétique à la* conique conjuguée *de la section déterminée dans la surface par le plan diamétral parallèle.*

2). La proposition réciproque est également vraie : les diamètres menés du centre de l'ellipsoïde aux sommets de l'un quelconque des triangles conjugués à la courbe précédente font toujours trois diamètres conjugués de la surface.

3). En particulier, *les traces* de trois diamètres conjugués quelconques d'un ellipsoïde, ou d'un hyperboloïde à deux nappes, *sur le plan tangent mené par l'un des ombilics, sont les sommets d'autant de triangles* conjugués à un même cercle *et dont les trois hauteurs se croisent en cet ombilic.*

On sait que les questions relatives aux figures à trois dimensions se peuvent traiter de deux manières différentes : soit dans l'espace même où ces figures sont tracées; soit dans le plan, par une réduction préalable de la question en une autre où n'interviennent plus que deux des trois dimensions de l'étendue. Le théorème que l'on vient d'établir réalise cette réduction du problème *solide* en un problème *plan,* pour la plupart des questions relatives aux diamètres conjugués des surfaces du second ordre.

4). Revenons à notre problème; et soient Oa, Ob, Oc ou a, b, c les trois diamètres conjugués, réels ou imaginaires, qui définissent la surface. Dans le plan tangent de cette dernière pour le point c, et autour de ce point comme centre, imaginons la courbe C

$$(C) \qquad \frac{x^2}{a^2} + \frac{y^2}{b^2} = -1$$

égale et homothétique à la conique conjuguée de la section diamétrale parallèle. Et soient A′, B′, C′ (*fig.* 49) les traces, sur le même plan, des axes principaux de la surface.

D'après le théorème précédent, le *triangle principal* A′B′C′ est conjugué à la courbe C. Et il résulte, de l'orthogonalité des axes OA′, OB′, OC′, que le point de concours des hauteurs de ce triangle coïncide avec le pied H de la perpendiculaire abaissée du centre de la surface sur le plan tangent en c; le carré de cette perpendiculaire OH mesurant, au signe près, la *puissance* du point H *par rapport au triangle* A′B′C′,

$$\overrightarrow{HA'}.\overrightarrow{Ha'} = -\overline{OH}^2.$$

On pourrait s'arrêter là, et le problème que l'on s'était proposé serait implicitement résolu. On sait effectivement que le centre du cercle conjugué à un triangle A′B′C′ est au point de rencontre H des hauteurs de ce triangle, le carré du rayon de ce cercle étant mesuré par la puissance de ce point par rapport au triangle :

$$r^2 = \overrightarrow{HA'} . \overrightarrow{Ha'}.$$

On connaît donc ici le centre H et le rayon

$$r = \sqrt{\overline{HA'}.\overline{Ha'}} = \sqrt{-\overline{OH}^2} = OH\sqrt{-1}$$

du cercle conjugué au triangle principal A'B'C' ; et celui-ci

Fig. 49.

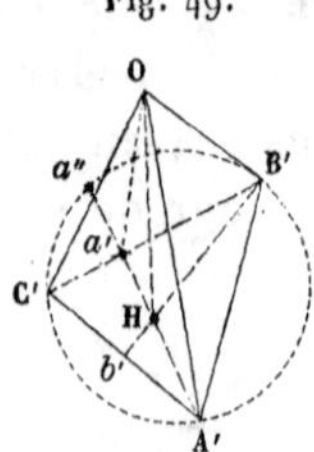

n'est autre que le *triangle conjugué* commun *à la conique* C *et à un cercle imaginaire* donné de centre et de rayon.

5). Mais la solution effective du problème suppose la détermination effective de ce triangle. Pour y parvenir, nous remarquerons d'abord que le produit

$$HA'.Ha' = -\overline{OH}^2$$

mesure aussi la demi-puissance du point H par rapport au cercle circonscrit au triangle A'B'C',

$$\frac{1}{2}\overline{HA'}.\overline{Ha''} = -\overline{OH}^2 \text{ (*)}.$$

(*) L'une quelconque des hauteurs $\overline{A'Ha'}$ d'un triangle étant prolongée jusqu'au cercle circonscrit suivant $\overline{a'a''}$, on a

$$\overline{Ha'} = \overline{a'a''}, \quad \overline{Ha'} = \frac{1}{2}\overline{Ha''};$$

$$HA'.Ha' = \frac{1}{2}HA'.Ha''.$$

On connaît donc, en premier lieu, le *point de concours* H *des hauteurs du triangle principal* A'B'C', et la *puissance*

(I) $$\overline{\text{HA}'}.\overline{\text{H}a''} = -2\overline{\text{OH}}^2$$

de ce point par rapport au cercle circonscrit à ce triangle.

6). Observant ensuite que la position, dans un plan déterminé, d'un triangle quelconque, dépend de six paramètres; de trois seulement, si ce triangle doit être conjugué à une conique C; d'un seul paramètre, enfin, si ses trois hauteurs doivent, en outre, concourir en un point donné H : on verra qu'il existe, dans le plan tangent actuel, une série déterminée comprenant une infinité de triangles, conjugués à la courbe C, comme le triangle principal; assujettis, comme celui-là, à avoir, dans le point H, le point de concours de leurs hauteurs; inscrits dès lors et circonscrits, en même temps que ce triangle, à deux courbes déterminées. De là ce problème incident :

Trouver la commune trajectoire des sommets, et la commune enveloppe des côtés d'un triangle A'B'C' *dont les trois hauteurs se croisent en un point donné* H, *et qui demeure conjugué à une conique fixe* C.

La première de ces courbes se détermine bien aisément. Et comme la droite menée du point H (α, β) à l'un quelconque des sommets (x, y) du triangle mobile doit être perpendiculaire au côté opposé, ou à la polaire même $\left(\frac{xX}{a^2} + \frac{yY}{b^2} = -1\right)$ de ce sommet par rapport à la courbe C; on a, dans la condition résultante

$$\frac{-b^2x}{a^2y}\cdot\frac{y-\beta}{x-\alpha} = -1 \text{ (*)},$$

(*) On suppose ici, et l'on supposera jusqu'à la fin, les diamètres a, b perpendiculaires entre eux, ce qui revient au fond à substituer, à l'aide d'une construction connue, aux diamètres conjugués $2a$, $2b$ de la section diamétrale $z = 0$, les axes mêmes de cette section.

l'équation même de la courbe parcourue par chacun des sommets du triangle mobile : une hyperbole équilatère

$$\text{(II)} \qquad (a^2 - b^2)xy - a^2\alpha y + b^2\beta x = 0$$

passant par le point donné H, par le centre c de la conique C, ayant ses asymptotes parallèles aux axes principaux de cette dernière; identique, en un mot, comme on le devait prévoir, à l'hyperbole qui contient les pieds des normales menées, du point H, à cette conique.

Comme tous les triangles de la série actuelle, *le triangle principal* A'B'C' *sera donc inscrit à l'hyperbole* (II). Mais on peut ajouter que le *cercle circonscrit à ce triangle rencontrera cette hyperbole suivant un quatrième point* que l'on peut construire, et qui n'est autre que le *point* H', diamétralement opposé au point H *dans l'hyperbole* (*fig.* 50); propriété commune d'ailleurs aux cercles analogues pour tous les triangles de la série.

Il résulte, en effet, d'un théorème connu, que le *cercle des neuf points* d'un triangle quelconque A'B'C', inscrit à

Fig. 50.

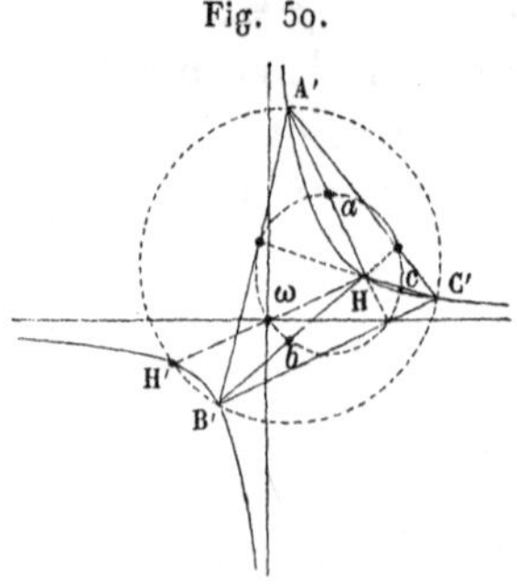

une hyperbole équilatère, contient le centre ω de la courbe. Et comme trois de ces neuf points sont les points-milieux a, b, c des segments HA', HB', HC', on voit, en doublant les rayons vecteurs menés de l'origine H aux quatre points a, b, c et ω de ce cercle, que les quatre points A′, B′, C′ et H′ résultant de cette duplication seront encore sur un même cercle : circonscrit au triangle A′B′C′ et passant par le point H′, diamétralement opposé au point H par rapport au centre ω de l'hyperbole. Comme le point H (*), le point H′ appartient donc à l'hyperbole (II).

La même conclusion résulterait aussi du calcul.

On trouve, effectivement, que le point de concours des hauteurs et les sommets 1, 2, 3 d'un triangle inscrit à l'hyperbole équilatère

$$(h) \qquad xy = 1,$$

ont leurs abscisses liées par la relation

$$(k) \qquad x_1 x_2 x_3 x_H = -1.$$

Formant ensuite l'équation *aux abscisses de rencontre* de l'hyperbole (h) et du cercle (1, 2, 3)

$$x^2 + y^2 + 2Ax + 2By + C = 0,$$

on trouve

$$x^2 + \frac{1}{x^2} + 2Ax + 2\frac{B}{x} + C = 0$$

ou

$$x^4 + 2Ax^3 + Cx^2 + 2Bx + 1 = 0;$$

et l'on en déduit

$$(k') \qquad x_1 x_2 x_3 x_4 = +1.$$

Or les relations (k), (k') entraînent l'égalité

$$x_4 = -x_H$$

ou la conclusion que le quatrième point de rencontre d'une hyperbole équilatère et d'un cercle circonscrits à un même triangle, est le point diamétralement opposé, dans l'hyperbole, au point de concours des hauteurs de ce triangle.

(*) C'est une propriété connue du triangle inscrit à une hyperbole équilatère que le point de concours des hauteurs appartient à la courbe.

7). Passons maintenant à la commune enveloppe des côtés des triangles (A'B'C', H).

Tous ces triangles étant inscrits à l'hyperbole (II) et conjugués à la conique C, la courbe, enveloppe de leurs côtés, ou des polaires de leurs sommets par rapport à cette conique, n'est autre que la *polaire réciproque* de l'hyperbole par rapport à la directrice C : une conique aussi, comme cela résulte d'un théorème bien connu ; et, dans le cas actuel, une *parabole* P dont les éléments principaux peuvent être réunis indépendamment de tout calcul.

Comme l'hyperbole (II) passe, en effet, par le centre c de la conique directrice C; la polaire du centre c, par rapport à la directrice, ou la *droite à l'infini*, est tangente à la polaire réciproque que l'on cherche : et celle-ci est une parabole P.

Comme l'hyperbole (II) possède, en outre, un point à l'infini sur chacun des axes cx, cy de la directrice C; sa polaire réciproque, par rapport à cette dernière, est tangente à chacun des axes cy, cx dont le point de concours c appartient dès lors à la directrice de la parabole P.

Enfin, le point donné H, où se croisent les hauteurs d'une infinité de triangles A'B'C' circonscrits à cette parabole, est un second point de sa directrice $(\overline{cH})$; et la polaire hh' du point H, par rapport à la conique C, en est une seconde tangente.

On connaît donc la directrice cH et deux tangentes distinctes cx, hh' de la parabole enveloppe dont le foyer F se trouve dès lors au point de rencontre de deux droites que l'on sait construire (symétriques de la directrice par rapport à ces tangentes).

Or, tous les triangles (A'B'C', H) étant circonscrits à la parabole P, les cercles circonscrits à tous ces triangles passent d'eux-mêmes, comme l'on sait, et *le cercle circonscrit au triangle principal* A'B'C' *passe* également *par le foyer* F de cette parabole.

8). En résumé, l'on connaît deux points F, H' du cercle circonscrit au triangle principal A'B'C', n°s 6) et 7), ainsi que la puissance du point H par rapport à ce cercle, n° 5), formule (I); on peut donc en obtenir un troisième point situé sur l'une des droites HH' ou HF.

Construisant ensuite le cercle déterminé par ces trois points et construisant de même l'hyperbole (II), ces deux courbes se coupent en quatre points : le premier, H', qu'on laissera de côté, parce qu'il est indépendant de la situation du centre O de la surface sur la perpendiculaire menée du point H au plan tangent où se fait la construction; les trois autres, A', B', C', qui répondent seuls au problème et déterminent les traces, sur ce plan, des axes principaux de la surface.

Le problème proposé se trouve donc résolu, et sa construction ramenée à celle des trois derniers points de rencontre d'une hyperbole équilatère et d'un cercle auxquels leur définition même assigne un premier point commun (H').

9). On aurait pu négliger la notion relative au point H' et construire le cercle circonscrit au triangle A'B'C' d'après ces seules conditions : qu'il passe par le point F; que sa puissance par rapport au point H soit égale à un carré donné $(-2\overline{OH}^2)$, et sa puissance par rapport au centre c de la courbe C, à $-(a^2+b^2)$ (théorème Faure). Obtenue d'après cette dernière condition, la seconde trace de ce cercle sur la droite cF reproduirait justement le point H que l'on voulait négliger.

10). L'analyse précédente se peut résumer dans cette construction :

Les trois diamètres conjugués qui définissent la surface étant Oa, Ob, Oc; *dans le plan tangent mené par l'extrémité* c *de l'un de ces diamètres, et autour de ce point comme centre, on* imagine *la courbe* C *égale et homo-*

thétique à la conique conjuguée de la section diamétrale parallèle, et l'on construit effectivement :

1° *L'hyperbole équilatère, lieu géométrique des pieds des normales menées à la courbe* C *par le pied* H *de la perpendiculaire abaissée, du centre* O *de la surface, sur le plan tangent considéré; et, dans cette hyperbole, le point* H' *diamétralement opposé au point* H ;

2° *Le foyer* F *de la parabole polaire réciproque de l'hyperbole précédente par rapport à la courbe* C.

Menant ensuite par les points F *et* H' *un cercle dont la puissance par rapport au point* H *soit égale à* $-2\overline{OH}^2$; *les traces, sur le plan tangent considéré, des axes principaux de la surface se trouveront aux trois derniers points de rencontre de ce cercle et de l'hyperbole précédente.*

224. Les axes principaux étant connus de direction, on les détermine en grandeur à l'aide de la proposition suivante, dont la vérification n'offre aucune difficulté et qui n'est autre qu'une propriété bien connue, transportée dans les mêmes termes, de l'ellipse à l'ellipsoïde : « Le produit des distances de l'extrémité d'un diamètre quelconque au plan diamétral conjugué et à l'un des plans principaux de la surface, est égal au carré du demi-axe perpendiculaire à ce plan principal; les distances dont il est ici question se mesurant sur la normale au point considéré » (*Aperçu historique*, p. 364).

On trouve dans le même ouvrage cette autre construction de la première partie du problème : « Étant donnés..., par l'extrémité A d'un des trois diamètres donnés, on mènera une droite perpendiculaire au plan des deux autres sur laquelle on prendra, à partir du point A, deux segments respectivement égaux aux deux demi-axes principaux de l'ellipse construite sur ces deux diamètres conjugués. Soit b le plus grand de ces deux axes et c le plus petit; on mènera par la normale deux plans, dont l'un parallèle au diamètre c et l'autre parallèle au diamètre b; on construira, dans le premier plan, une ellipse qui ait pour demi-grand axe le segment b et pour excentricité le segment c, et, dans le second plan, une hyperbole qui ait pour demi axe principal le segment c et pour excentricité le segment b; on regardera le centre de l'ellipsoïde comme le sommet commun de deux cônes ayant pour bases respectivement cette ellipse et cette hyperbole. Ces deux cônes se coupent suivant quatre droites qui seront, deux à deux, dans trois plans, lesquels plans se couperont, deux à deux, suivant trois autres droites : ces trois droites seront les axes principaux de l'ellipsoïde » (*Aperçu,* p. 365).

225. *Construire le* trièdre conjugué *commun à deux ellipsoïdes concentriques* (a, b, c), (a', b', c').

Dans le plan tangent au point c de la première surface, au point c' de la seconde, et autour de chacun de ces points comme centre, on décrit les deux coniques $(a\sqrt{-1}, b\sqrt{-1})$, $(a'\sqrt{-1}, b'\sqrt{-1})$ *respectivement égales et homothétiques aux coniques conjuguées des sections diamétrales parallèles. Les deux cônes ayant, pour sommet commun, le centre commun des deux surfaces, pour bases respectives les deux coniques* $(a\sqrt{-1}, b\sqrt{-1})$, $(a'\sqrt{-1}, b'\sqrt{-1})$, *se coupent suivant quatre génératrices; et les trois plans diagonaux de l'angle solide tétraèdre qu'elles déterminent se coupent, deux à deux, suivant les trois diamètres cherchés* (n° **223**, p. 248).

226. *Les directions des* axes principaux *d'un ellipsoïde se peuvent aussi déduire des seules directions de deux groupes formés chacun de trois diamètres conjugués,* ou de la seule donnée de deux trièdres conjugués à la surface. Tous ces trièdres sont effectivement conjugués à un même cône du second ordre : le cône asymptote, dont la trace sur un plan quelconque, est ici une conique conjuguée à deux triangles donnés, et que l'on peut regarder comme connue. La détermination des axes principaux de l'ellipsoïde se réduit donc encore à la construction du triangle conjugué commun à cette conique et à un cercle imaginaire ayant pour centre le pied de la perpendiculaire OH abaissée du centre de l'ellipsoïde sur le plan de l'épure; pour rayon, le produit de cette perpendiculaire par $\sqrt{-1}$ (n° 223, p. 250).

227. Étant donnés le centre O d'une surface du second ordre, et l'un de ses tétraèdres conjugués 1 2 3 4; les directions de ses axes principaux résultent encore des équations comparées

$$aX^2 + bY^2 + cZ^2 = k, \quad \lambda_1 P_1^2 + \ldots + \lambda_4 P_4^2 = 0,$$

ou de l'identité

$$aX^2 + bY^2 + cZ^2 \equiv \lambda_1 P_1^2 + \ldots + \lambda_4 P_4^2 + k.$$

Celle-ci exprime, en effet, que le *cône asymptote de la surface est simultanément conjugué au trièdre trirectangle* XYZ, formé des trois plans principaux que l'on cherche, *et au pentaèdre* $P_1 \ldots P_4.k$, ou $P_1 \ldots P_4.P_\infty$, *formé des plans des faces du tétraèdre donné et du plan à l'infini,* $k = 0$. Imaginant dès lors le pentagone gauche qui résulte des intersections successives des plans $P_1, \ldots, P_4, P_\infty$, pris dans un ordre quelconque; les droites menées du point O aux sommets successifs de ce pentagone forment les arêtes successives d'un angle solide pentaèdre, conjugué au cône asymptote, et dont la trace sur un plan quelconque est un pentagone conjugué à la trace de ce cône sur le même plan. Cette trace est donc une conique déterminée dont nous serions en état de construire le centre (n° 182), les directions des axes (n° 222) et tous les éléments. On pourra donc obtenir, comme au n° 223, les traces des axes principaux de l'ellipsoïde, ou les sommets du triangle conjugué commun à cette conique et au cercle imaginaire qui aurait pour centre le pied de la perpendiculaire OH abaissée du point O sur le plan de l'épure; pour rayon, le produit de cette perpendiculaire par $\sqrt{-1}$.

Les arêtes successives de l'angle solide pentaèdre que l'on aurait à employer seraient d'ailleurs, et, dans leur ordre, les droites menées successivement, du centre O de la surface, aux sommets 123, 234, et aux points à l'infini des arêtes 34, 41, 12 du tétraèdre donné.

228. *Remarque.* — Deux arêtes opposées quelconques du tétraèdre 1234, transportées parallèlement à elles-mêmes au point O, et la droite qui, menée de ce point, s'appuierait sur l'une et l'autre de ces arêtes, font trois diamètres conjugués de l'ellipsoïde. Les trois couples d'arêtes opposées du tétraèdre donnent donc naissance à trois trièdres conjugués et permettent de ramener au précédent (n° 226) le problème que nous venons de résoudre. Mais cette remarque nous peut aussi donner une proposition intéressante touchant *les dépendances qui existent entre les directions des six arêtes d'un tétraèdre et celles des trois droites qui peuvent être menées, par un point quelconque* O *de l'espace, de manière à s'appuyer sur deux arêtes opposées du tétraèdre.* Quel que soit effectivement le point O que l'on aura choisi, *le trièdre formé de ces trois dernières droites est* homologique *à un trièdre fixe, de même sommet* O, *et dont chacune des faces est parallèle à deux arêtes opposées du tétraèdre.* C'est ce qui résulte de la remarque précédente, associée à un théorème antérieur (n° 180, p. 181).

CHAPITRE VII.

QUADRILATÈRES ET HEXAÈDRES CONJUGUÉS.

Sommaire. — Du quadrilatère conjugué à une conique et de l'hexaèdre conjugué à une surface du second ordre. — Analogies géométriques du quadrilatère et de l'hexaèdre. — Développement d'un certain mode de description des courbes et des surfaces du second ordre.

---

§ I. — *Des courbes contenues dans l'équation* $\sum_1^4 \lambda_1 P_1^2 = 0$ *et de quelques propriétés du quadrilatère.*

229. On doit à M. Lamé la première observation de cette propriété des surfaces du second ordre qui ne peuvent être soumises à $n - 1$ conditions distinctes sans remplir d'elles-mêmes une $n^{ième}$ condition de même nature : propriété singulière que la théorie des coniques ne permettait pas de prévoir, et qui ne s'y peut rattacher par aucune analogie véritable. Le théorème de M. Hesse, que nous allons établir, offre, il est vrai, une certaine ressemblance avec le précédent; mais il est surtout remarquable en ce qu'il fait l'un des chemins qui conduisent au théorème de Pascal. Et c'est pourquoi nous l'étudierons de nouveau ici, soit en lui-même, bien que les principes déjà posés le rendent évident, soit au point de vue des analogies qui permettent de le transporter aux surfaces du second ordre.

230. Théorème. — *Toute conique qui divise harmoniquement deux des diagonales d'un quadrilatère* $P_1 \ldots P_4 = 0$, *divise harmoniquement la troisième* (Hesse), et peut être représentée par une équation de la forme

$$\sum_1^4 \lambda_1 P_1^2 = 0.$$

Considérons, en effet, l'une des courbes contenues dans l'équation

$$(1) \qquad \lambda_1 P_1^2 + \lambda_2 P_2^2 + \lambda_3 P_3^2 + \lambda_4 P_4^2 = 0,$$

et la polaire correspondante

$$(2) \qquad \lambda_1 p_1 . P_1 + \lambda_2 p_2 . P_2 + \lambda_3 p_3 . P_3 + \lambda_4 p_4 . P_4 = 0$$

d'un point quelconque $(p_1, \ldots, p_4)$ du plan de la figure. Si ce point coïncide avec l'un des sommets du quadrilatère, on devra poser, par exemple,

$$0 = p_1 = p_2;$$

et l'équation (2) devenant, par cette substitution,

$$(2') \qquad \lambda_3 p_3 . P_3 + \lambda_4 p_4 . P_4 = 0,$$

on voit que la polaire de chacun des sommets du quadrilatère passe par le sommet opposé. Les trois diagonales du quadrilatère donné se trouvent donc divisées harmoniquement par chacune des courbes (1). Or il résulte des quatre coefficients homogènes, ou des *trois* paramètres indéterminés $\lambda_1 : \lambda_2 : \lambda_3 : \lambda_4$ contenus dans l'équation (1), que les courbes qu'elle définit demeurent capables de trois conditions nouvelles, et ne peuvent être assujetties dès lors, par leur commune définition, à plus de deux conditions distinctes. On doit donc réduire à ce nombre les trois conditions communes qu'elles remplissent déjà en divisant harmoniquement les trois diagonales du quadrilatère; et l'on peut dire, en d'autres termes, que toute conique qui divise harmoniquement deux de ces diagonales divise de la même manière la troisième.

Ce théorème est d'ailleurs susceptible de cet autre énoncé :

Si deux des trois *systèmes de deux points* formés des sommets opposés d'un quadrilatère complet font deux systèmes de points conjugués par rapport à une conique, il en est de même des deux points du dernier système. Et nous dirons, dans ce cas, que le quadrilatère et la courbe sont *conjugués*.

Observation. — Il résulte de la propriété de six couples d'éléments conjugués à une conique (n° 156, p. 160) que « si n couples de points $P_1 P'_1, \ldots, P_n P'_n$ donnent lieu à l'identité tangentielle

$$\lambda_1 P_1 P'_1 + \ldots + \lambda_n P_n P'_n \equiv 0,$$

toute conique conjuguée à $n - 1$ de ces couples est d'elle-même conjuguée aux deux points de la $n^{ième}$ ». Posant $n = 3$, on voit que *la condition nécessaire et suffisante* pour que la donnée de deux couples de points conjugués $\dot{1}1', \dot{2}2'$ entraîne celle d'une troisième couple $\dot{3}3'$, *réside dans l'identité* $\lambda_1 P_1 P'_1 + \ldots + \lambda_3 P_3 P'_3 \equiv 0$, que l'on peut écrire

$$\lambda_1 P_1 P'_1 + \lambda_2 P_2 P'_2 \equiv P_3 P'_3.$$

Or il résulte de celle-ci que le système $\dot{3}3'$ peut être considéré comme une *conique évanouissante* inscrite au quadrilatère $\dot{1}\dot{2}\dot{1}'\dot{2}'$; ou que les points 3 et 3′ coïncident avec les points de concours des côtés opposés du quadrilatère $\dot{1}\dot{2}\dot{1}'\dot{2}'$: c'est encore le théorème de M. Hesse. Les démonstrations géométriques que l'on en a données paraissent moins simples (Chasles, *Traité des coniques*, p. 96).

231. Si l'on dispose des rapports $\lambda_1 : \lambda_2 : \lambda_3 : \lambda_4$ de manière que l'équation (1) soit satisfaite par les coordonnées de trois points appartenant à une droite $A = 0$ prise à volonté dans le plan de la figure; la fonction (1) sera décomposable en un produit de deux facteurs linéaires A, A'; et l'on aura identiquement

$$(1') \qquad \lambda_1 P_1^2 + \ldots + \lambda_4 P_4^2 \equiv A.A'.$$

Il en résulte que *les* conjugués harmoniques, *par rapport aux trois diagonales d'un quadrilatère, des traces res-*

pectives d'une transversale quelconque sur ces diagonales, font trois points en ligne droite.

Si l'une des fonctions A ou A' se réduit à une constante, l'une des droites conjuguées A', A disparait à l'infini, l'autre coïncide avec la *médiane* du quadrilatère, et se trouve définie par une identité de la forme

$$\lambda_1 P_1^2 + \ldots + \lambda_4 P_4^2 \equiv A.$$

232. *Les médianes des cinq quadrilatères qui résultent des côtés d'un pentagone* $P_1 \ldots P_5 = 0$ *concourent en un même point.*

Soient, en effet,

$$A_1 \equiv \sum_{-1} \lambda P^2, \quad A_2 \equiv \sum_{-2} \mu P^2, \quad A_3 \equiv \sum_{-3} \nu P^2,$$

les identités qui définissent trois de ces médianes. Si, entre les deux premières, on élimine le terme en P_3^2 qui figure au second membre de l'une et de l'autre, on trouve

$$m_1 A_1 + m_2 A_2 \equiv \sum_{-3} \nu' P^2,$$

ou

$$m_1 A_1 + m_2 A_2 \equiv m_3 A_3.$$

Donc, etc.

233. *Dans tout quadrilatère complet les cercles décrits sur les trois diagonales comme diamètres se coupent dans les deux mêmes points.*

L'identité

$$\lambda_1 P_1^2 + \ldots + \lambda_4 P_4^2 \equiv (x - \alpha)^2 + (y - \beta)^2$$

est effectivement déterminée et n'admet qu'un nombre fini de solutions ; et si l'on imagine deux cercles de rayon nul représentés par des équations de cette forme, on reconnaît sur-le-champ que telle est aussi la forme analytique de leur *axe radical,* lequel n'est autre, dès lors, que la médiane du quadrilatère. Deux cercles distincts, de rayon nul, répondent donc à l'identité précédente; or la polaire, par rapport à l'un quelconque de ces cercles, de chacun des sommets du quadrilatère passe par le sommet opposé; et comme la polaire d'un point, considérée dans un cercle de rayon nul, coïncide avec le diamètre perpendiculaire à celui qui aboutit au pôle ($x^2+y^2=0$, $xx'+yy'=0$) : chacune des trois diagonales du quadrilatère est vue, sous un angle droit, de l'un quelconque de ses deux *points cycliques;* et ceux-ci appartiennent à chacune des circonférences décrites sur ces diagonales comme diamètres.

234. *Les points de concours des hauteurs des quatre triangles déterminés par les côtés d'un quadrilatère appartiennent à une même droite perpendiculaire à la médiane.*

Les *cercles conjugués,* relatifs à deux quelconques de ces triangles, ayant, en effet, des équations de la forme

$$(1)\qquad \lambda_1 P_1^2 + \ldots + \lambda_3 P_3^2 = 0,$$

$$(2)\qquad \mu_2 P_2^2 + \ldots + \mu_4 P_4^2 = 0;$$

leur axe radical est représenté par l'équation

$$(1, 2)\qquad \nu_1 P_1^2 + \ldots + \nu_4 P_4^2 = 0,$$

et coïncide avec la médiane du quadrilatère. Les centres de ces cercles, ou les points de concours des hauteurs de ces triangles, appartiennent donc à une droite perpendiculaire à l'axe radical de ces cercles, ou à la médiane.

On peut ajouter que la droite actuelle n'est autre que la *directrice de la parabole inscrite au quadrilatère.*

Car si l'on considère le cercle conjugué au triangle $P_1 . P_2 . P_3 = 0$ et l'identité

$$\lambda_1 P_1^2 + \lambda_2 P_2^2 + \lambda_3 P_3^2 \equiv X^2 + Y^2 - r^2$$

à laquelle il donne lieu, on voit que les côtés d'un triangle quelconque et deux droites *rectangulaires* quelconques $X . Y = 0$, menées par le point de concours de ses hauteurs, font toujours cinq tangentes d'une même parabole (nº 134, p. 137). Le point de concours des hauteurs d'un triangle circonscrit à la parabole représente donc le sommet d'un angle droit circonscrit à la courbe et appartient à la directrice.

§ II. — *Des surfaces contenues dans l'équation*

$$\sum_1^4 \lambda_1 P_1^2 + \alpha A^2 + \alpha' A'^2 + 2\alpha'' AA' = 0,$$

et de la figure formée d'un tétraèdre et d'une droite.

235. Théorème. — *Toute surface du second ordre qui divise* harmoniquement *les trois premières diagonales de la* figure formée d'un tétraèdre

$$P_1 . P_2 . P_3 . P_4 = 0$$

et d'une droite

$$0 = A = A',$$

divise de la même manière la quatrième, et se trouve représentée par une équation de la forme

$$(1) \qquad \sum_1^4 \lambda_1 P_1^2 + \alpha A^2 + \alpha' A'^2 + 2\alpha'' AA' = 0.$$

Telle est d'ailleurs, dans la figure formée d'un tétraèdre et d'une droite, la définition des *diagonales* que chacune d'elles y ait pour extrémités l'un quelconque des sommets du tétraèdre et la trace de la droite sur le plan de la face opposée.

En effet, le plan polaire, par rapport à la surface (1), d'un point quelconque $(p_1 \ldots p_4, a, a')$ étant représenté par l'équation

$$(2) \qquad \sum_1^4 \lambda_1 p_1 P_1 + \alpha a A + \alpha' a' A' + \alpha'' (a A' + a' A) = 0,$$

le plan polaire de la trace de la droite AA' sur l'une des faces du tétraèdre telle que $P_4 = 0$ $(0 = a = a' = p_4)$, est simplement

$$\sum_1^3 \lambda_1 p_1 P_1 = 0.$$

Le plan polaire de la trace de la droite considérée sur le plan de l'une quelconque des faces du tétraèdre passe donc par le sommet opposé : les sommets 1, 2, 3, 4 du tétraèdre et les traces 1′, 2′, 3′, 4′ de cette droite sur les plans des faces opposées font quatre couples de points conjugués par rapport à l'une quelconque des surfaces contenues dans l'équation (1). Or il résulte des sept coefficients homogènes ou des six paramètres $\lambda_1 : \lambda_2 : \lambda_3 : \lambda_4 : \alpha : \alpha' : \alpha''$ contenus dans cette équation que les surfaces qu'elle définit demeurent capables de six conditions nouvelles, et ne peuvent être assujetties dès lors, par leur commune définition, à plus de trois conditions distinctes. On doit donc réduire à ce nombre les quatre conditions communes qu'elles remplissent déjà en divisant harmoniquement les quatre diagonales de la figure. Et l'on peut dire, en d'autres termes, que toute surface du second ordre qui divise harmoniquement trois de ces diagonales, divise de la même manière la quatrième.

236. Corollaire I. — *Étant données trois couples*

1, 1′; 2, 2′; 3, 3′

de points conjugués par rapport à une surface du second ordre; si trois de ces points

1′, 2′, 3′

sont en ligne droite, une quatrième couple de points conjugués, par rapport à la même surface, est aussi donnée : qui se compose du point 4′ *trace de la droite* 1′2′3′ *sur le plan* 123 *et du point de concours* 4 *des plans* 123′, 231′, 312′.

237. Corollaire II. — *Les quatre diagonales de la figure formée d'un tétraèdre et d'une droite ont leurs points-*

milieux dans un même plan : le plan médian *de la figure. Et les plans médians des cinq figures analogues*, dérivées d'une droite et d'un pentaèdre, *se coupent en une même droite ; ceux des quinze figures*, dérivées d'un hexaèdre et d'une droite, *en un même point.*

L'équation

$$\sum_1^4 \lambda_1 P_1^2 + \alpha A^2 + \alpha' A'^2 + 2\alpha'' AA' = 0$$

pouvant en effet s'abaisser au premier degré, d'une manière et d'une seule, le plan *déterminé* que représente cette équation divise également chacune des quatre diagonales de la figure formée du tétraèdre $P_1 \ldots P_4$ et de la droite AA'. Et l'identité

$$\sum_1^4 \lambda_1 P_1^2 + \alpha A^2 + \alpha' A'^2 + 2\alpha'' AA' \equiv M$$

qui définit le *plan* médian de la figure, traitée comme au n° 232, nous fournirait ensuite toutes les autres parties de l'énoncé.

238. Corollaire III. — *Dans la figure formée d'un tétraèdre et d'une droite, les sphères décrites sur les quatre diagonales comme diamètres se coupent suivant les deux mêmes points.*

L'identité

$$\sum_1^4 \lambda_1 P_1^2 + \alpha A^2 + \alpha' A'^2 + 2\alpha'' AA' \equiv (x-a)^2 + (y-b)^2 + (z-c)^2$$

est effectivement déterminée et n'admet qu'un nombre fini de solutions. Et si l'on imagine deux sphères, de rayon nul, représentées par des équations de cette forme, on voit aussitôt que telle est aussi la forme analytique de leur plan radical, lequel n'est autre dès lors que le plan médian de la figure. Deux sphères distinctes, de rayon nul, répondent donc à l'identité précédente. Or les deux extrémités de l'une quelconque des diagonales de la figure sont polairement conjuguées par rapport à l'une quelconque de ces sphères. Et comme le plan polaire d'un point, considéré dans une sphère de rayon nul, coïncide avec le plan mené par le centre de celle-ci, perpendiculairement au rayon qui aboutit au pôle ($x^2+y^2+z^2=0$, $xx'+yy'+zz'=0$); chacune des quatre diagonales est vue, sous un angle droit, de l'un quelconque des deux *points sphériques* de la figure : et ces points appartiennent à chacune des sphères décrites sur ces diagonales comme diamètres.

§ III. — *Des surfaces contenues dans l'équation*

$$\sum_1^6 \lambda_1 P_1^2 = 0,$$

et de quelques propriétés de l'hexaèdre.

239. Théorème. — *Toute surface du second ordre qui divise harmoniquement* quatre *quelconques des diagonales d'un hexaèdre complet,* $P_1 . P_2 \ldots P_6 = 0$, *divise de la même manière toutes les autres, et se trouve représentée par une équation de la forme*

$$\sum_1^6 \lambda_1 P_1^2 = 0.$$

Cet énoncé suppose d'ailleurs la restriction que *les diagonales considérées ne s'appuient pas,* toutes les quatre, *sur une même arête de l'hexaèdre.*

Si l'on considère, en effet, l'une quelconque des surfaces contenues dans l'équation

$$\sum_1^6 \lambda_1 P_1^2 \equiv 0, \tag{1}$$

et le plan polaire correspondant

$$\sum_1^6 \lambda_1 p_1 P_1 \equiv 0 \tag{2}$$

d'un point indéterminé ($p_1, \ldots, p_6$); on voit que le plan polaire de l'un quelconque des dix sommets de l'hexaèdre passe par le sommet opposé. Chacune des surfaces contenues dans l'équation (1) divise donc harmoniquement les dix diagonales de l'hexaèdre. Or il résulte des six coefficients homogènes, ou des *cinq* paramètres indéterminés $\lambda_1 : \lambda_2 : \ldots : \lambda_6$ contenus dans cette équation, que les surfaces qu'elle définit demeurent capables de *cinq* conditions nouvelles, et ne peuvent être assujetties dès lors, par leur commune définition, à plus de *quatre* conditions distinctes. On doit donc réduire à ce nombre les dix conditions communes qu'elles remplissent déjà en divisant harmoniquement les dix diagonales de l'hexaèdre. Et l'on peut dire, en d'autres termes, que toute surface du second ordre qui divise harmoniquement quatre de ces diagonales, divise de la même manière toutes les autres. Nous dirons dans ce cas que la surface et l'hexaèdre sont *conjugués*.

240. *Remarque.* — L'énoncé précédent doit être entendu avec cette restriction que les diagonales qui y figurent ne s'appuient point, toutes les quatre, sur une même arête de l'hexaèdre. Si ces diagonales s'appuyaient sur une même arête, telle que $0 = P_5 = P_6$; elles dépendraient moins, en effet, de l'hexaèdre proposé que de la *figure formée du tétraèdre* $(P_1\, P_2\, P_3\, P_4)$ *et de la droite* $(P_5 . P_6)$: figure indépendante de l'orientation des deux dernières faces P_5, P_6 de l'hexaèdre, et dont les quatre diagonales sont divisées harmoniquement par une surface du second ordre, aussitôt qu'il en est ainsi de trois d'entre elles (nº 235, p. 265).

241. Si l'on dispose de trois des rapports indéterminés $\lambda_1 : \lambda_2 : \ldots : \lambda_6$, de manière que la fonction (1) se décompose en un produit de deux facteurs linéaires, ou que l'on ait identiquement

$$(1') \qquad 0 = \sum_1^6 \lambda_1\, P_1^2 \equiv AA';$$

deux des cinq rapports demeurent arbitraires et permettent, par suite, sinon de choisir à volonté le plan $A = o$, du moins de le faire passer par une droite donnée. De là cette conclusion négative : « Les conjugués harmoniques, par rapport aux dix diagonales d'un hexaèdre, des traces de ces diagonales sur un plan quelconque, n'appartiennent pas, en général, à un seul et même plan » : le cas excepté où le plan que l'on considère serait tangent à une certaine surface, la surface enveloppe des plans de toutes les coniques inscrites à l'hexaèdre ; comme cela résulte du théorème suivant.

242. *Si un plan* A *coupe les diagonales d'un hexaèdre en quatre points* (ou en dix) *dont les conjugués harmoniques*, par rapport à chacune de ces diagonales, *appartiennent à un même plan* A' ; *chacun des plans* A, A' *coupe l'hexaèdre suivant un hexagone circonscriptible à une conique*. En d'autres termes, *les plans* A, A' *définis par l'identité*

$$(i) \qquad \sum_1^6 \lambda_1 P_1^2 \equiv A.A',$$

et les plans des coniques inscrites à l'hexaèdre $P_1 \ldots P_6$ *ont la même enveloppe.*

Si l'on prend, en effet, l'un quelconque de ces plans A pour plan des xy, ou si l'on pose

$$A \equiv z ;$$

l'identité précédente devient, en explicitant les fonctions $P_1, \ldots, P_6$ relatives aux diverses faces de l'hexaèdre,

$$(i') \qquad \sum_1^6 \lambda_1 (a_1 x + b_1 y + c_1 z - p_1)^2 \equiv z.A'.$$

Et comme le second membre de cette identité s'annule identiquement par la substitution $z = o$, il en est de même du premier. On a donc identiquement

$$(i'') \qquad \sum_1^6 \lambda_1 (a_1 x + b_1 y - p_1)^2 \equiv o,$$

et les six droites

$$a_1 x + b_1 y - p_1 = 0, \ldots, \quad a_6 x + b_6 y - p_6 = 0$$

sont tangentes à une même conique (nº **132**, p. 135). Mais ces droites ne sont autres que les traces, sur le plan considéré $z = 0$ ou $A = 0$, des plans $P_1, \ldots, P_6$ des diverses faces de l'hexaèdre. Donc, etc.

243. Réciproquement, *le plan* $A = 0$ *de toute conique inscrite à l'hexaèdre* $P_1 \ldots P_6$ *satisfait à l'identité*

$$\sum_1^6 \lambda_1 P_1^2 \equiv A.A',$$

et ses traces sur les diagonales de l'hexaèdre ont leurs conjugués harmoniques situés sur un même plan A'.

Prenons encore, pour plan des xy, $z = 0$, le plan A de l'une des coniques inscrites; et soient encore

$$a_1 x + b_1 y + c_1 z - p_1 = 0, \ldots, \quad a_6 x + b_6 y + c_6 z - p_6 = 0$$

les plans des diverses faces de l'hexaèdre. Puisque leurs traces sur le plan $z = 0$,

$$a_1 x + b_1 y - p_1 = 0, \ldots, \quad a_6 x + b_6 y - p_6 = 0,$$

font six tangentes d'une même conique, on peut, par une convenable détermination des rapports $\lambda_1 : \lambda_2 : \ldots : \lambda_6$ satisfaire à l'identité

$$(i) \quad \lambda_1 (a_1 x + b_1 y - p_1)^2 + \ldots + \lambda_6 (a_6 x + b_6 y - p_6)^2 \equiv 0.$$

Or, si l'on transporte ces mêmes coefficients dans la fonction

$$\lambda_1 (a_1 x + b_1 y + c_1 z - p_1)^2 + \ldots + \lambda_6 (a_6 x + b_6 y + c_6 z - p_6)^2,$$

les termes indépendants de la variable z disparaissent d'eux-mêmes de cette fonction, en vertu de l'identité précédente; et la première puissance de z apparaissant en facteur, on a identiquement

$$\lambda_1 (a_1 x + b_1 y + c_1 z - p_1)^2 + \ldots + \lambda_6 (a_6 x + b_6 y + c_6 z - p_6)^2$$
$$\equiv z (ax + by + cz - p),$$

ou

$$\lambda_1 P_1^2 + \ldots + \lambda_6 P_6^2 \equiv z.A' \equiv A.A'. \qquad \text{C. Q. F. D.}$$

244. Les coniques inscrites à un hexaèdre s'associent donc naturellement deux à deux, de telle manière que les plans A, A' de deux coniques associées soient *conjugués* par rapport à l'hexaèdre, et que chacun d'eux se puisse déduire géométriquement de l'autre.

Les coniques associées d'une conique inscrite à un système de sept plans, ou de huit, donneraient lieu à des théorèmes de collinéation qu'il est aisé d'apercevoir, et sur lesquels nous n'insisterons pas davantage.

245. Revenons à l'hexaèdre $P_1 \ldots P_6$ et à l'identité

$$\sum_1^6 \lambda_1 P_1^2 \equiv A.A',$$

qui définit deux quelconques de ses plans conjugués. Comme aucun de ces plans ne peut être pris arbitrairement, aucun d'eux, en général, ne pourra disparaître à l'infini. Supposons toutefois l'hexaèdre tel, que cette particularité puisse se produire. Le *plan à l'infini* $c = 0$ remplaçant, dans ce cas, le second plan A'; le plan conjugué $A \doteq 0$ et le plan à l'infini divisent harmoniquement les dix diagonales de l'hexaèdre. En d'autres termes, chacune de ces diagonales est divisée en deux parties égales par le seul plan $A = 0$, et celui-ci renferme les points-milieux de toutes les diagonales.

De là ce premier théorème, analogue à celui de Newton sur le quadrilatère :

Si les points-milieux de quatre *des diagonales d'un hexaèdre sont dans un même plan, il en est de même des points-milieux de toutes les autres ; et le plan médian de l'hexaèdre coupe celui-ci suivant les côtés d'un hexagone circonscriptible à une conique.*

Cet énoncé suppose d'ailleurs une restriction indiquée déjà (n° 240, p. 269).

246. Il est d'ailleurs bien facile de déduire, de ce qui précède, la définition de tous les hexaèdres présentant cette propriété.

On a vu, en effet, que deux *plans conjugués* quelconques sont ceux de deux *coniques associées,* inscrites l'une et l'autre à l'hexaèdre. Le *plan à l'infini* coupe donc l'hexaèdre actuel suivant un hexagone circonscriptible à une conique : de telle sorte que les six plans, menés par un même point de l'espace et chacun des côtés de cet hexagone, déterminent six plans tangents à un même cône du second ordre. Or cet hexagone est tout entier à l'infini, et ces six plans ne sont autres que ceux des différentes faces de l'hexaèdre transportées parallèlement à elles-mêmes en un point quelconque de l'espace. De là ce théorème :

Pour que les points milieux *des dix diagonales d'un hexaèdre soient situés sur un même plan*, il faut et il suffit *que les plans de ses différentes faces soient parallèles à six plans tangents d'un même cône du second ordre.*

Cette condition est en effet nécessaire, d'après ce qui précède, et la proportion réciproque, établie au n° 243, démontre qu'elle est suffisante.

247. Corollaire I. — *Si les diagonales d'un premier hexaèdre ont leurs points milieux dans un même plan, tout hexaèdre,* parallèle à celui-là, *présente la même propriété.*

248. Corollaire II. — *Les plans médians des sept hexaèdres déterminés par un système de sept plans parallèles à un même nombre de plans tangents d'un cône du second ordre se coupent dans une même droite, et les plans médians des vingt-huit hexaèdres déterminés par huit plans parallèles à huit plans tangents d'un cône du second ordre se coupent en un même point.*

On reconnaît l'analogie de ces propositions avec celles qui concernent, dans le plan, la médiane d'un quadrilatère ou les cinq médianes d'un pentagone. L'analogie d'ailleurs se prolonge au delà. Car de même que la médiane de ce quadrilatère est le lieu des centres des coniques inscrites, et le point de concours de ces médianes, le centre de la conique inscrite à ce pentagone : le *plan médian d'un hexaèdre conique,* la droite ou le point de concours de tous ces plans médians représentent aussi le lieu des centres ou le centre unique de toutes les surfaces du second ordre menées tangentiellement aux plans des divers groupes considérés.

249. *Observation.* — Une surface du second ordre, que l'on assujettit à être inscrite à un hexaèdre *quelconque,* demeure capable de trois nouvelles conditions. On peut par exemple lui assigner pour centre un point quelconque de l'espace, et il n'existe d'autre lieu des centres de toutes les surfaces en question que l'espace indéfini. Il existe toutefois une exception, et l'on ne peut plus choisir arbitrairement le centre d'une surface inscrite à un *hexaèdre conique,* ou qui admet un plan médian ; car celui-ci est le lieu des centres de toutes les surfaces inscrites.

Une surface du second ordre, que l'on assujettit à être inscrite à un hexaèdre conique, ne se trouve néanmoins soumise qu'à six conditions ; mais l'une d'elles intéresse la position du centre, et ne lui permet plus de se placer arbitrairement dans l'espace. Que si l'on ajoute, aux données précédentes, celle d'un nouveau plan tangent *quelconque* $P_7 = 0$, la surface est soumise à une condition de plus ; mais la position du centre n'en est pas particularisée davantage, et le lieu des centres de toutes ces nouvelles surfaces,

$$0 = \sum_1^6 \lambda_1 P_1^2 + \lambda_7 P_7^2 \equiv Ax + By + Cz - p,$$

se réduit par la substitution

$$\lambda_7 = 0$$

au plan des centres des surfaces inscrites au seul hexaèdre conique $P_1 \ldots P_6$.

De semblables réductions se produisent encore si l'on augmente les données précédentes de celle d'un huitième ou d'un neuvième plan tangent quelconques $o = P_8 = P_9$: le plan médian de l'hexaèdre primitif contenant, dans le premier cas, la droite des centres de toutes les surfaces; dans le second, le centre de la surface unique répondant à ces données.

Si les nouveaux plans tangents P_7 et P_8 sont parallèles à deux autres plans tangents du *cône directeur*, le centre de la surface est déterminé : non cette surface elle-même, que l'on peut encore assujettir à une nouvelle condition. Et toutes ces particularités ne sont pas autrement étranges que celles qui se produisent dans la détermination du centre d'une conique définie par cinq tangentes. Car si deux de ces tangentes sont parallèles entre elles, le centre de la courbe appartient nécessairement à la droite équidistante de l'une et de l'autre, et la donnée de deux nouvelles tangentes ne le particularise pas davantage. De même si quatre des tangentes données forment un parallélogramme, le centre de la courbe est déterminé indépendamment de la cinquième; et toute conique inscrite à ce parallélogramme est concentrique à celui-ci, tout en demeurant capable d'une cinquième condition.

§ IV. — *Construction par points de la parabole et du paraboloïde, d'une conique et d'un ellipsoïde quelconques.*

250. Problème I. — *Connaissant un triangle conjugué et la direction des diamètres d'une parabole, construire un point quelconque de la courbe et la tangente en ce point.*

Soient $Y = o$ une diamètre conduit arbitrairement, parallèlement à la direction donnée, et $X = o$ la tangente inconnue, relative à l'extrémité de ce diamètre. La parabole étant rapportée alternativement aux axes que l'on vient de définir, et au triangle conjugué $P_1 P_2 P_3$, par les équations équivalentes

$$Y^2 - 2pX = 0, \quad \lambda_1 P_1^2 + \lambda_2 P_2^2 + \lambda_3 P_3^2 = 0,$$

l'on a identiquement

$$\lambda_1 P_1^2 + \lambda_2 P_2^2 + \lambda_3 P_3^2 + Y^2 \equiv 2pX.$$

La tangente cherchée $X = 0$ coïncide donc avec la médiane du quadrilatère $P_1 P_2 P_3 Y$ formé des côtés du triangle donné et du diamètre que l'on a choisi. Le problème proposé se trouve donc résolu, et l'on a ce théorème : *Les trois premiers côtés,* **1**, **2**, **3** *d'un quadrilatère demeurant fixes, tandis que le quatrième se déplace parallèlement à une direction donnée ; la courbe enveloppe de la médiane de ce quadrilatère et la courbe décrite par la trace de cette médiane sur le côté mobile correspondant font une seule et même parabole, conjuguée au triangle* **123**, *et dont l'axe est parallèle à la direction donnée.*

251. On peut obtenir directement l'*axe* et le *sommet* de la parabole précédente (*fig.* 51).

Si l'on regarde, en effet, la direction générale des diamètres comme *horizontale,* la médiane relative au quadrilatère **1 2 1′ 2′** serait perpendiculaire à cette direction, et représenterait la tangente au sommet de la courbe, si la demi-somme $\frac{x_1 + x_{1'}}{2}$ des distances, à une *verticale* fixe quelconque, des extrémités **1**, **1′** de la première diagonale se trouvait équivalente à la somme analogue $\frac{x_2 + x_{2'}}{2}$ relative aux extrémités **2**, **2′** de la seconde : et l'on aurait, dans ce cas,

$$x_1 + x_{1'} = x_2 + x_{2'},$$

ou

$$x_{2'} - x_{1'} = x_1 - x_2;$$

ou enfin puisque la différence $x_{2'} - x_{1'}$ est mesurée, sur la figure, par le segment $\overline{1'2'}$,

$$\overline{1'2'} = x_1 - x_2 = \overline{12}.\cos(\overline{12}, \overline{ox}).$$

Le segment $1'_0\,2'_0$, intercepté sur l'axe de la courbe par les

Fig. 51.

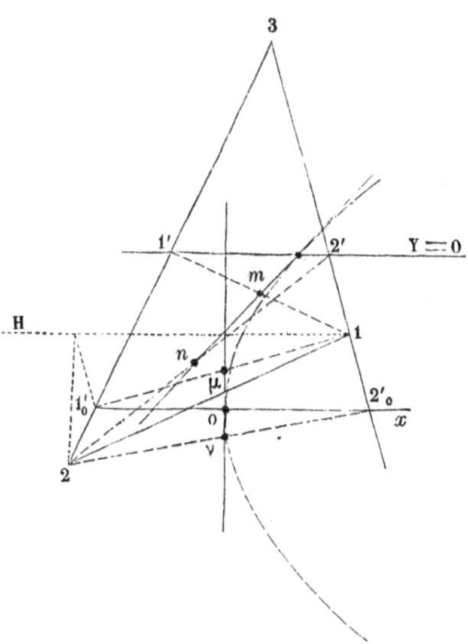

côtés de l'angle 3, est donc connu de direction, de grandeur et de sens : dès lors aussi de position. Et sa trace sur la médiane correspondante $\mu\nu$ est le sommet de la courbe.

Le diamètre $1'2'$ relatif à une tangente de direction donnée se déterminerait de la même manière : le segment $1'2'$ intercepté sur ce diamètre par les côtés de l'angle 3 serait encore défini de direction et de sens, et sa grandeur mesurée par la différence des distances des sommets 1, 2 à une parallèle quelconque à la direction donnée; ces distances se comptant toujours parallèlement à la direction générale des diamètres.

252. Problème II. — *Connaissant un tétraèdre conjugué et la direction des diamètres d'un paraboloïde, construire un point quelconque de la surface et le plan tangent correspondant.*

Soient

$$Y = 0, \quad Z = 0$$

deux plans diamétraux conjugués, conduits l'un et l'autre suivant une parallèle quelconque à la direction donnée des diamètres : le premier dans une direction arbitraire autour de cette parallèle, le second dans une direction inconnue. Et soit

$$X = 0$$

le plan entièrement inconnu qui touche le paraboloïde suivant l'extrémité du diamètre choisi.

Les équations équivalentes

$$\frac{Y^2}{p} + \frac{Z^2}{p'} - 2X = 0 \quad \text{et} \quad \sum_1^4 \lambda_1 P_1^2 = 0$$

du paraboloïde rapporté d'une part aux plans X, Y, Z que l'on vient de définir, de l'autre, au tétraèdre donné $P_1 \ldots P_4$, entraînant l'identité

$$\sum_1^4 \lambda_1 P_1^2 + \frac{Y^2}{p} + \frac{Z^2}{p'} \equiv 2X :$$

l'hexaèdre

$$(H) \qquad P_1 P_2 P_3 P_4 YZ = 0$$

admet un *plan médian* qui n'est autre que le plan tangent cherché $X = 0$ (n° 245, p. 272). D'ailleurs, bien que l'hexaèdre (H) demeure partiellement indéterminé, par suite des directions indéterminées de deux de ses faces Y, Z dont l'intersection $0 = Y = Z$ est seule connue ; on peut cependant construire les points milieux de quatre de ses diagonales et dès lors son plan médian $X = 0$. Si l'on considère, en effet, *la figure formée du tétraèdre* $P_1 \ldots P_4$ *et de la droite* YZ, les quatre diagonales de cette figure font aussi quatre des diagonales de l'hexaèdre précédent; et leurs points milieux, que l'on peut construire, quatre points du plan médian $X = o$. Ce plan est donc déterminé, et l'on a, dans sa trace sur le diamètre correspondant YZ, un point du paraboloïde; dans ce plan même, le plan tangent en ce point.

De là ce théorème : *Si l'on considère* la figure formée d'un tétraèdre fixe 1234 et d'une droite YZ, *qui se meut parallèlement à une direction donnée; l'enveloppe du* plan médian *de cette figure et la surface décrite par la trace de ce plan sur la droite mobile correspondante font un seul et même* paraboloïde *conjugué au tétraèdre* 1234, *et dont l'axe est parallèle à la direction donnée.*

253. *Remarque I.* — Le théorème relatif à la situation sur un même plan des points milieux des quatre diagonales de la figure formée d'un tétraèdre et d'une droite résulte, bien qu'indirectement, de l'analyse précédente.

254. *Remarque II.* — Tous les systèmes de deux plans $o = Y = Z$ que l'on peut conduire par une droite ox, de telle manière qu'ils forment avec quatre plans donnés, $P_1, \ldots, P_4$, un *hexaèdre conique,* coïncident avec les plans diamétraux conjugués d'un certain paraboloïde, conjugué lui-même au tétraèdre $P_1 \ldots P_4$, et ayant l'un de ses diamètres dans la droite donnée. Tous ces hexaèdres ont d'ailleurs un même plan médian $X = o$; et les six plans $P_1, \ldots, P_4$, Y et Z, transportés parallèlement à eux-mêmes en un même point de l'espace, s'y disposent suivant six plans tangents d'un même cône du second ordre.

255. *Remarque III.* — La construction d'un système de *plans diamétraux conjugués* Y, Z du paraboloïde précédent s'obtiendrait en menant, par la droite donnée ox, un premier plan arbitraire Y, et déterminant ensuite le plan $Z = o$ de la sixième face d'un hexaèdre conique dont les cinq

premières faces $P_1, \ldots, P_4$, Y et le plan médian X seraient donnés. Cette dernière détermination peut d'ailleurs se réaliser (*fig.* 52) en doublant les rayons vecteurs menés de chacun des sommets a, b, c, d ($Y = o$) à tous les points

Fig. 52.

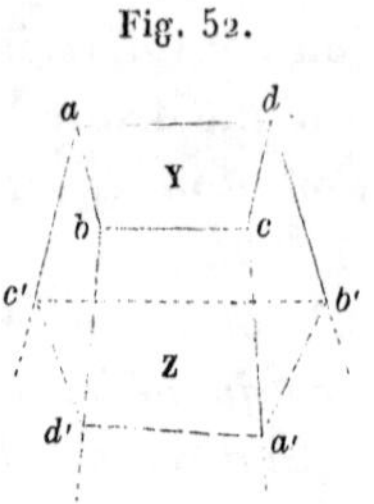

du plan médian X : les plans *doublés de celui-ci,* par rapport à chacun de ces sommets, allant couper respectivement les arêtes opposées ca', db', ac', bd' en quatre points a', b', c', d' du plan conjugué que l'on cherche, $Z = o$.

256. *Remarque IV.* — La construction précédente peut s'appliquer à la détermination de l'*axe* et du *sommet* du paraboloïde.

Si l'on suppose, en effet, *les diamètres de la surface dirigés verticalement,* la question se réduit à couper le tétraèdre donné 1 2 3 4 par une verticale $1'2'3'4'$ telle, que le plan médian de la figure formée de cette droite et de ce tétraèdre soit horizontal. Or ce plan médian contenant, en particulier, les points milieux des *deux premières diagonales* $11'$, $22'$, la droite $1''2''$ qui les réunit doit être horizontale. De là ce problème préliminaire.

« Étant donnés un angle dièdre (1 3 4, 2 3 4) et deux points fixes 1, 2 respectivement situés sur l'une ou l'autre de ses faces, trouver le cylindre engendré par une verticale $1'2'$ assujettie à rencontrer les faces de ce dièdre en des points $1'$, $2'$ tels, que les points milieux des droites $11'$, $22'$ soient situés sur une même horizontale, » ou que l'on ait

$$\frac{z_1 + z_{1'}}{2} = \frac{z_2 + z_{2'}}{2},$$

c'est-à-dire

$$z_{1'} - z_{2'} = z_2 - z_1 = \text{const.}$$

Il résulte d'abord de cette relation (*fig.* 53) que le seg-

Fig. 53.

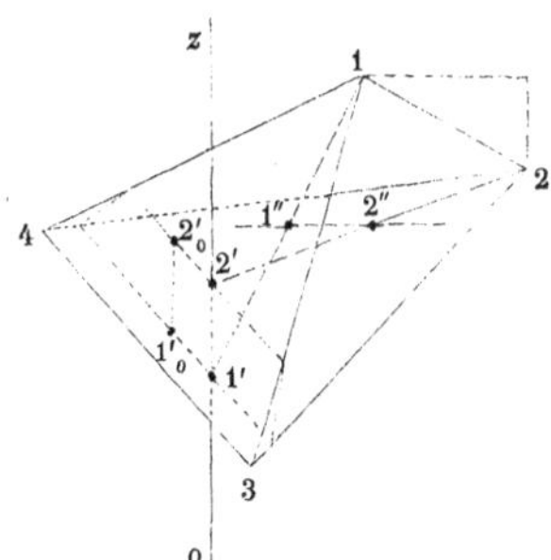

ment $1'2'$ intercepté sur la droite mobile par les faces du dièdre donné conserve une longueur constante et qui n'est autre que la *distance* $z_2 - z_1$ des points fixes $1, 2$ *estimée* suivant la verticale. Les segments $1'2'$, $1'_0 2'_0$ relatifs à deux positions *quelconques* de la droite mobile se trouvent donc égaux et parallèles; la figure $1'2'2'_0 1'_0$ est un parallélogramme : ses côtés opposés $1'1'_0$, $2'2'_0$ sont parallèles entre eux et à la commune intersection des deux plans directeurs, ou à l'arête du dièdre donné. La *droite mobile* $1'2'$ *se meut donc dans un plan* déterminé, *parallèle à cette arête*.

Si d'ailleurs, par le point 1 et dans le plan $1\,3\,4$ de la première face, par le point 2 et dans le plan $2\,3\,4$ de la seconde on mène l'horizontale de chacun de ces plans; la verticale $1'_0 2'_0$, que l'on pourra mener s'appuyant sur chacune de ces horizontales, fournira, d'une manière évidente, l'une des positions de la droite mobile : puisque les points milieux des diagonales actuelles $1\,1'_0$, $2\,2'_0$ appartiennent au plan horizontal équidistant des points 1 et 2, ou $1'_0$ et $2'_0$.

Donc, *si, par le sommet* 1 *du tétraèdre donné et dans le plan* 1 3 4 *de sa première face, par le sommet* 2 *et dans le plan* 2 3 4 *de la seconde, on mène* l'horizontale *de chacun de ces plans : le plan mené,* par la verticale qui s'appuie sur chacune de ces droites, *parallèlement à la commune intersection de ces plans, ou à l'arête* 3 4, *contiendra* l'axe *du paraboloïde.* Cet axe sera donc fourni par la commune intersection de six plans distincts, analogues au précédent; et le *plan médian* de la *figure formée du tétraèdre* 1 2 3 4 *et de l'axe* fournira ensuite le plan tangent au sommet du paraboloïde et ce sommet lui-même.

Le diamètre $1'\,2'$ *relatif à un plan tangent de direction donnée,* ce plan lui-même et son point de contact s'obtiendraient d'une manière toute semblable. Car *si l'on regarde comme horizontal le plan tangent cherché,* en rendant à la direction générale des diamètres une obliquité quelconque, on reconnait encore que *si, par le sommet* 1 *du tétraèdre et dans le plan* 1 3 4 *de la première face, par le sommet* 2 *et dans le plan* 2 3 4 *de la seconde, on mène* l'horizontale *de chacun de ces plans : le plan mené,* par le diamètre qui s'appuie sur chacune de ces droites, *parallèlement à la commune intersection de ces plans, ou à l'arête* 34, *contient encore le diamètre que l'on cherche* et qui est fourni par la commune intersection de six plans analogues.

257. Problème III. — *Connaissant un triangle conjugué, une tangente et son point de contact, construire un point quelconque de la courbe et la tangente en ce point.*

Soient $T = o$ la tangente donnée et t son point de contact (*fig.* 54). Menons par ce point une corde quelconque tt', ou $C = o$; et soient t' la seconde trace de cette corde sur la courbe, $T' = o$ la tangente correspondante : il s'agit d'obtenir le point t' et la droite T'.

Fig. 54.

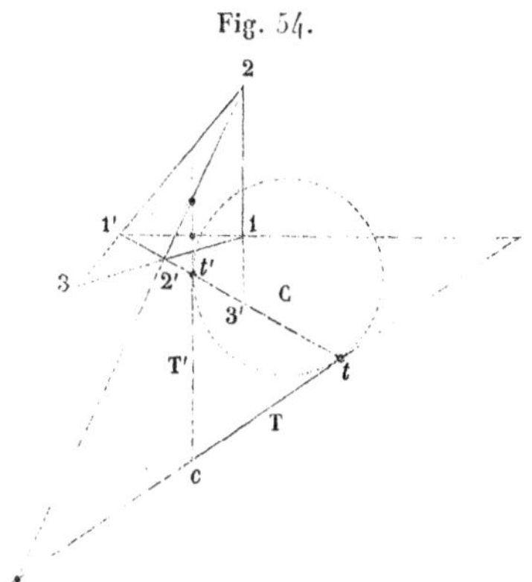

Les équations équivalentes

$$\lambda_1 P_1^2 + \lambda_2 P_2^2 + \lambda_3 P_3^2 = o, \quad \gamma C^2 - TT' = o$$

de la courbe rapportée d'une part au triangle donné $P_1 P_2 P_3$, de l'autre aux droites C, T, T' que l'on vient de définir, entraînant l'identité

$$\lambda_1 P_1^2 + \lambda_2 P_2^2 + \lambda_3 P_3^2 + \gamma C^2 \equiv TT' :$$

les trois diagonales du quadrilatère $P_1 P_2 P_3 C$ sont divisées harmoniquement par l'ensemble des droites T, T'; et l'une quelconque de ces droites se peut déduire de l'autre.

Les propriétés de la figure permettent d'ailleurs, étant donnés le triangle $P_1 P_2 P_3$ et deux quelconques des côtés ou des sommets du triangle CTT', d'en obtenir le troisième côté ou le troisième sommet.

258. Problème IV. — *Connaissant un tétraèdre conjugué, un plan tangent et son point de contact: construire un point quelconque de la surface et le plan tangent qui lui correspond.*

Soient $T = o$ le plan tangent donné, t son point de contact. Menant par ce point une corde quelconque tt', il s'agit d'obtenir l'extrémité t' de cette corde et le plan tangent T' qui lui correspond.

Soient, à cet effet, $o = C = C'$ les équations de la corde donnée tt', ou de deux plans menés d'abord arbitrairement par cette corde.

L'équation la plus générale des surfaces du second ordre tangentes aux deux plans T, T', suivant la corde de contact $o = C = C'$, étant (n° 63, p. 53)

$$(1) \qquad c.C^2 + c'.C'^2 + 2\gamma.CC' - T.T' = o,$$

la surface que nous considérons

$$(2) \qquad \sum_1^4 \lambda_i P_i^2 = o,$$

déjà conjuguée au tétraèdre $P_1 \ldots P_4$, sera représentée par l'équation plus simple

$$(1') \qquad c.C^2 + c'.C'^2 - T.T' = o$$

si les plans C, C' qui définissent la corde tt' sont particularisés d'une manière convenable. Les équations (2), (1') peuvent donc être regardées comme équivalentes, et l'on en déduit l'identité

$$(i) \qquad \sum_1^4 \lambda_i P_i^2 - c.C^2 - c'.C'^2 \equiv T.T'.$$

Or il résulte de celle-ci que les dix diagonales de l'hexaèdre

$$(H) \qquad P_1 P_2 P_3 P_4 C C'$$

sont divisées harmoniquement par les deux plans conjugués $o = T = T'$. Et bien que l'hexaèdre (H) soit partiellement indéterminé, cette propriété, comme nous l'allons voir, suffit à la construction du plan T'. Quatre des dix diagonales de l'hexaèdre se trouvent effectivement indépendantes de l'orientation des plans C, C', et coïncident avec les diagonales, immédiatement constructibles, de la *fi-*

gure formée du tétraèdre $P_1 \ldots P_4$ *et de la droite donnée* $o = C = C'$. Les conjugués harmoniques, par rapport à ces diagonales, de leurs traces respectives sur le plan T, font dès lors quatre points du plan T' que l'on cherche. Ce plan T' est déterminé, et l'on a, dans sa trace sur la droite correspondante tt', $o = C = C'$, un second point t' de la surface considérée; dans ce plan même, le plan tangent en ce point.

CHAPITRE VIII.

QUADRANGLES ET OCTAÈDRES CONJUGUÉS.

SOMMAIRE. — Du quadrangle conjugué à une conique, et de l'octaèdre hexagonal conjugué à une surface du second ordre. — Analogies du quadrangle et de l'octaèdre. — De la parabole circonscrite à un quadrangle donné, et du cylindre parabolique circonscrit à un octaèdre : constructions analogues de l'une et de l'autre.

---

§ I. — *Des courbes contenues dans l'équation tangentielle*

$$\sum_1^4 \lambda_1 P_1^2 = 0.$$

259. — Les polygones simples que l'on considère dans les éléments de Géométrie y sont regardés comme définis, indifféremment par l'ordre de succession de leurs *côtés* ou de leurs *sommets*; et il n'y a dès lors aucune différence à établir entre un *quadrilatère* et un *quadrangle simples*. Mais un *quadrilatère* et un *quadrangle complets* (STEINER, *Systematische Entwickelung*, p. 72) font deux figures distinctes.

La première est proprement l'ensemble de quatre droites indéfinies qui sont les *côtés* du *quadrilatère* et se rencontrent deux à deux en six points, qui en sont les *sommets* : ces sommets d'ailleurs, considérés deux à deux, peuvent être *adjacents* s'ils appartiennent à un même côté; *opposés* dans le cas contraire, et la droite qui les réunit est alors l'une des *trois diagonales* de la figure.

La seconde est l'ensemble de quatre points isolés, qui sont les *sommets* du *quadrangle*, et que l'on peut réunir par *six* droites distinctes, qui en sont les *côtés*. Ces côtés d'ailleurs, considérés deux à deux, peuvent être *adjacents* s'ils se coupent en l'un des sommets; *opposés* dans le cas contraire, et leur point de rencontre est alors l'un des *trois points diagonaux* de la figure.

L'*hexagone gauche* et l'*hexaèdre complets*, c'est-à-dire les figures définies dans l'espace par un groupe de *six points isolés* ou de *six plans indéfinis*, donneraient lieu à des observations analogues. Toutefois, quand nous aurons à parler dans ce Chapitre de la figure formée de six points quelconques de l'espace, et des *dix couples de plans opposés* qu'ils déterminent, nous ferons intervenir, pour plus de clarté, l'un des *octaèdres hexagonaux* construits sur ces six points comme sommets, et les *faces opposées* de cet octaèdre reproduiront quatre de ces dix couples de plans opposés.

260. Théorème. — *Si les côtés* opposés *d'un quadrangle* complet *font deux couples* de droites conjuguées *par rapport à une conique, ils en font trois* (Hesse); et l'équation tangentielle *de la courbe, rapportée aux* sommets $P_1 \ldots P_4 = 0$ *du quadrangle considéré, peut s'écrire*

$$\lambda_1 P_1^2 + \ldots + \lambda_4 P_4^2 = 0. \tag{1}$$

Considérons, en effet, l'une quelconque des courbes représentées par cette équation, et soit

$$\lambda_1 p_1 P_1 + \ldots + \lambda_4 p_4 P_4 = 0 \tag{2}$$

le pôle *correspondant* d'une droite quelconque $(p_1, \ldots, p_4)$. Si cette droite coïncide avec l'un des côtés du quadrangle de référence, on a, par exemple, $0 = p_1 = p_2$; et l'équation (2) devenant, par cette substitution,

$$\lambda_3 p_3 P_3 + \lambda_4 p_4 P_4 = 0, \tag{2'}$$

le pôle de chacun des côtés du quadrangle $1 \ldots 4$ est un point du côté opposé. Les trois couples de côtés opposés de ce quadrangle forment donc trois couples de droites conjuguées par rapport à l'une quelconque des courbes représentées par l'équation (1). Mais il résulte des trois rapports arbitraires contenus dans cette équation que les courbes qu'elle représente, capables encore de trois conditions nouvelles, ne peuvent être assujetties, par leur commune définition, à plus de *deux* conditions distinctes. On doit dès lors réduire à ce nombre les *trois* conditions qu'elles remplissent déjà par rapport au quadrangle de référence. Et l'on peut dire, en d'autres termes, que toute conique *conjuguée* à deux des trois systèmes de côtés opposés d'un quadrangle est d'elle-même conjuguée au troisième. Nous dirons, dans ce cas, que la courbe et le quadrangle sont *conjugués*.

261. Si l'on dispose des rapports $\lambda_1 : \lambda_2 : \lambda_3 : \lambda_4$ de manière que l'équation (1) soit satisfaite par les coordonnées de trois droites issues d'un même point A, pris à volonté dans le plan de la figure, la fonction (1) sera décomposable en un produit de deux facteurs linéaires A, A'; et l'on aura identiquement

$$(1') \qquad \lambda_1 P_1^2 + \lambda_2 P_2^2 + \lambda_3 P_3^2 + \lambda_4 P_4^2 \equiv AA'.$$

Le segment formé des points A, A' est donc divisé harmoniquement par deux quelconques des côtés opposés du quadrangle 1 . . . 4; et cela entraîne *la collinéation des polaires d'un point quelconque* A *par rapport aux trois systèmes de deux droites formés des côtés opposés d'un quadrangle quelconque.*

262. Si l'un des points A ou A' disparaît à l'infini dans une direction quelconque, le point conjugué A' ou A devient le centre d'une conique circonscrite au quadrangle donné. Il résulte, en effet, de l'identité (1') associée à un théorème antérieur, que toute conique passant par les points $P_1 \ldots P_4 = 0$ est par cela même conjuguée aux points $AA' = 0$ (n° 159, p. 161). Et si les points A, A' disparaissent simultanément à l'infini dans des directions déterminées, celles-ci représentent les directions diamétrales des deux paraboles circonscrites.

§ II. — *Des surfaces contenues dans l'équation*

$$\sum_1^4 \lambda_1 P_1^2 + \alpha A^2 + \alpha' A'^2 + 2\alpha'' AA' = 0,$$

et de la figure formée d'un quadrangle gauche et d'une droite.

263. Théorème. — *La figure formée du quadrangle gauche* $P_1 \ldots P_4 = 0$ *et de la droite* $0 = A = A'$, *donnant lieu à quatre couples de* plans opposés, *toute surface du second ordre*, conjuguée *aux deux plans de trois de ces couples, est d'elle-même conjuguée aux deux plans de la quatrième, et son équation peut s'écrire*

$$(1) \qquad \sum_1^4 \lambda_1 P_1^2 + \alpha A^2 + \alpha' A'^2 + 2\alpha'' AA' = 0.$$

Nous appelons d'ailleurs *plans opposés* de la figure actuelle le plan de l'un quelconque des angles du quadrangle donné et le plan conduit par le sommet opposé et la droite de la figure.

264. La démonstration et les conséquences de cette proposition sont toutes semblables à celles que l'on a développées déjà pour la proposition corrélative (n° 235, p. 265). Si l'on dispose, par exemple, des six paramètres arbitraires contenus dans l'équation (1), de telle sorte qu'elle soit vérifiée par les coordonnées de *six* plans conduits *arbitrairement* par un point quelconque $B = 0$, la fonction (1) pourra se mettre sous la forme d'un produit de deux facteurs linéaires B, B', et l'on aura ce théorème :

Les plans polaires d'un point quelconque de l'espace par rapport aux quatre systèmes de deux plans opposés *auxquels donne lieu la figure formée d'un* quadrangle gauche et d'une droite, *se coupent en un même point.*

§ III. — *Des surfaces contenues dans l'équation*

$$\sum_1^6 \lambda_1 P_1^2 = 0$$

et de quelques propriétés de l'octaèdre.

265. *Si les faces opposées d'un* octaèdre hexagonal *font* quatre couples de plans conjugués *par rapport à une surface du second ordre, il en est de même des* six autres couples de plans opposés que l'on peut conduire par les sommets $P_1 \ldots P_6 = 0$ *de l'octaèdre; et l'équation* tangentielle *de la surface peut s'écrire*

$$\sum_1^6 \lambda_1 P_1^2 = 0. \tag{1}$$

Si l'on considère en effet l'une quelconque des surfaces représentées par l'équation (1), on voit que le pôle *correspondant* de chacune des faces de l'octaèdre de référence, 1 . . . 6, appartient à la face opposée. Les dix couples de plans opposés que l'on peut conduire par les sommets 1 . . . 6 de cet octaèdre font dès lors dix couples de plans conjugués par rapport à chacune des surfaces contenues dans l'équation (1). Mais il résulte encore des *cinq* paramètres arbitraires contenus dans cette équation que les surfaces qu'elle représente ne peuvent être assujetties par leur commune définition à plus de *quatre* conditions distinctes, et l'on doit réduire à ce nombre les dix conditions qu'elles remplissent déjà relativement au groupe 12 . . . 56. Une surface du second ordre qui est conjuguée à quatre des dix couples de plans opposés que l'on peut conduire par les sommets d'un octaèdre, est donc conjuguée par cela même à toutes les autres.

266. On peut disposer de trois des paramètres arbitraires contenus dans l'équation (1), de telle sorte qu'elle se dédouble en un produit de deux facteurs linéaires, et que l'on ait identiquement

$$(1') \qquad \sum_1^6 \lambda_1 P_1^2 \equiv AA',$$

c'est-à-dire

$$\sum_1^6 \lambda_1 (ax_1 + by_1 + cz_1 + d)^2$$
$$\equiv (a\xi + b\eta + c\zeta + d)(a\xi' + b\eta' + c\zeta' + d).$$

La surface se réduit alors à un système de deux points A, A'; mais aucun d'eux ne peut être choisi arbitrairement, puisque l'équation (1') ne renferme plus que deux paramètres indéterminés. De là cette conclusion négative : « Les plans polaires d'un point *quelconque* de l'espace, par rapport aux dix couples de plans opposés que l'on peut conduire par les sommets d'un octaèdre, ne se coupent pas en un même point. » Toutefois si, au lieu d'être pris au hasard, le pôle considéré tombe sur une certaine surface, la collinéation de tous ces plans est assurée. C'est ce qui résulte du théorème suivant.

267. Théorème. — *Tout point dont les plans polaires, par rapport aux dix couples de* plans opposés *que l'on peut conduire par les sommets d'un octaèdre* (ou seulement par rapport à quatre de ces couples), *se coupent en un même point, est le sommet d'un cône du second ordre circonscrit à cet octaèdre, et réciproquement.* En d'autres termes, *le lieu des sommets des cônes du second ordre circonscrits à l'octaèdre* $P_1 \ldots P_6 = 0$ *coïncide avec le lieu des points* A *ou* A' *définis par l'identité* tangentielle

$$(0) \qquad \lambda_1 P_1^2 + \ldots + \lambda_6 P_6^2 \equiv AA'.$$

Cette identité entraîne, en effet, l'existence d'une même relation linéaire et homogène

$$(1) \qquad \lambda_1 P_1^2 + \ldots + \lambda_6 P_6^2 \equiv 0$$

entre les carrés des distances des sommets 1, ..., 6 de

l'octaèdre à un plan *quelconque* (R), mené par l'un des points A ou A′ qui la vérifient. Et si l'on projette les sommets précédents en 1′...6′, sur un plan arbitraire (S) et suivant le point de vue A (*fig.* 55), l'identité (1) entraînera de même l'existence d'une relation linéaire et homogène

Fig. 55.

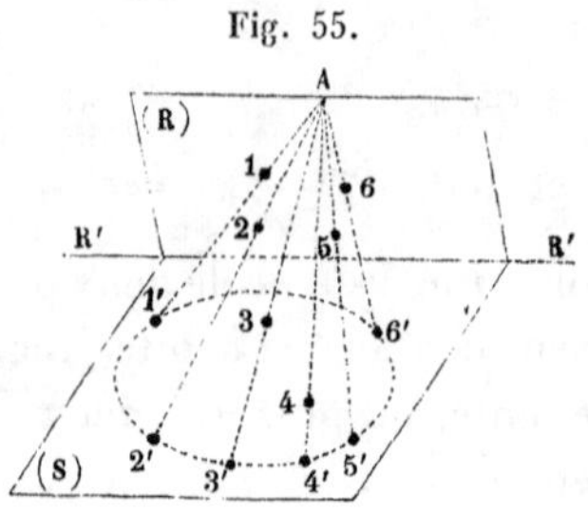

$$(1') \qquad \lambda'_1 P'^2_1 + \ldots + \lambda'_6 P'^2_6 \equiv 0$$

entre les carrés des distances des nouveaux points 1′,...,6′ à une droite R′R′ menée d'une manière quelconque dans le plan qui les contient. Les points 1′,...,6′ font dès lors six points d'une même conique (n° 129, p. 132), et les droites A1′,...,A6′, ou A1,...,A6, six génératrices d'un même cône du second ordre *ayant pour sommet le point* A.

268. Réciproquement, si le point A est le sommet d'un cône du second ordre circonscrit à l'octaèdre 1...6, les traces sur un plan arbitraire (S) des six génératrices A1,...A6 font six points 1′,...,6′ d'une même conique; et les distances de ces points à une droite R′R′, menée *arbitrairement* dans le plan (S), satisfont à une relation de la forme

$$(1') \qquad \lambda'_1 P'^2_1 + \ldots + \lambda'_6 P'^2_6 = 0.$$

Or les distances des points 1′,...,6′ à la droite R′R′ sont, aux distances des points 1,...,6 au plan (R) conduit par cette droite et le sommet A, dans des rapports déterminés. La relation précédente entraîne donc l'existence d'une relation toute semblable

(1) $$\lambda_1 P_1^2 + \ldots + \lambda_6 P_6^2 = 0$$

entre les distances des points $1, \ldots, 6$ à un plan (R) conduit *arbitrairement* par le sommet A. La surface représentée par l'équation tangentielle (1) se réduit donc à un système de deux points A, A', et l'on a l'identité

$$\lambda_1 P_1^2 + \ldots + \lambda_6 P_6^2 \equiv A.A'.$$

Ces deux théorèmes se vérifient aisément par le calcul.

269. Corollaire I. — Les cônes du second ordre circonscrits à un octaèdre se correspondent deux à deux, de telle manière que les sommets A, A' de deux cônes correspondants soient *conjugués* par rapport à l'octaèdre, et que chacun de ces sommets se puisse déduire géométriquement de l'autre. La droite AA', qui les réunit, est coupée par les dix couples de plans opposés que l'on peut conduire par les sommets de l'octaèdre, suivant dix couples de points en involution, et les points doubles de cette involution ne sont autres que les points A, A'. Telle est d'ailleurs, comme on le verra au Chapitre IX, *la propriété caractéristique de la droite* AA' *qui réunit deux* points conjugués par rapport à un octaèdre, *que cette droite s'appuie, en deux points, sur la* cubique gauche *circonscrite.*

270. Corollaire II. — *Toutes les surfaces du second ordre menées par un même groupe de six points* $1, \ldots, 6$, *ont en commun une infinité de* couples de points conjugués *qui sont toutes les couples de* points conjugués de l'octaèdre $1 \ldots 6$, *ou tous les systèmes de deux points* A, A' *définis par l'identité*

(1) $$\lambda_1 P_1^2 + \ldots + \lambda_6 P_6^2 \equiv A.A'.$$

C'est ce qui résulte de cette identité elle-même, associée à l'un des théorèmes fondamentaux (n° 171, p. 174). Si l'on coupe dès lors la cubique gauche 123456 par un plan quelconque H, et que l'on prenne sur chacun des côtés du triangle résultant, $1'2'3'$, les points doubles A_1 et A'_1, A_2 et A'_2, A_3 et A'_3 de l'involution déterminée par les traces de ce côté sur les faces opposées de l'octaèdre $1\ldots6$: les traces, sur le plan choisi H, de toutes les surfaces considérées, seront conjuguées aux trois couples de points $A_1 A'_1$, $A_2 A'_2$, $A_3 A'_3$. Mais si l'on désigne par

$$H_1 \text{ et } H'_1, \ldots, H_4 \text{ et } H'_4$$

les traces, sur le plan H, des quatre couples de faces opposées de l'octaèdre précédent, les traces sur le même plan de toutes les surfaces considérées sont comprises, avec trois paramètres arbitraires, dans l'équation (n° 61, p. 52)

$$(2) \qquad \mu_1 H_1 H'_1 + \ldots + \mu_4 H_4 H'_4 = 0;$$

et ne peuvent être soumises, par leur commune définition, à plus de deux conditions distinctes. Les trois couples de points conjugués qu'elles ont en commun se réduisent donc analytiquement à deux, et l'on a par suite l'identité tangentielle

$$(3) \qquad \nu_1 A_1 A'_1 + \nu_2 A_2 A'_2 + \nu_3 A_3 A'_3 \equiv 0:$$

les trois couples $A_1 A'_1, \ldots, A_3 A'_3$ se réduisant dès lors aux trois couples de sommets opposés d'un quadrilatère complet dont les trois diagonales coïncident avec les côtés $1'2'$, $2'3'$, $3'1'$ du triangle déterminé par le plan H dans la cubique gauche circonscrite à l'octaèdre. Si $R_1, \ldots, R_4$ désignent d'ailleurs les côtés de ce quadrilatère, l'équation (2) est réductible à la forme

$$(2') \qquad \rho_1 R_1^2 + \ldots + \rho_4 R_4^2 = 0;$$

et ces côtés $R_1, \ldots, R_4$ représentent les quatre tangentes communes à toutes les coniques conjuguées aux quatre couples de droites $H_1 H'_1, \ldots, H_4 H'_4$ (n° 174, p. 177).

La détermination des deux couples de points conjugués communs aux sections par un même plan de tous les ellipsoïdes circonscrits à un octaèdre 1 ... 6, est donc ramenée à la recherche des traces sur le même plan de la cubique gauche circonscrite à cet octaèdre; ou à la construction des trois derniers points de rencontre de deux coniques, ayant un premier point commun, et qui ne sont autres que les traces sur le même plan de deux cônes déterminés tels que (1,23456) et (2,13456).

On peut observer que la médiane du quadrilatère, $R_1 \ldots R_4$, n'est autre que *la droite* unique et déterminée contenue dans l'équation (2); ou la droite associée des quatre couples $H_1 H'_1, \ldots, H_4 H'_4$, et que l'on sait construire (n° 152, p. 157).

271. Corollaire III. — Étant donnés neuf points, 1, 2, ..., 8, 9 d'une surface du second ordre, la section de cette surface par le plan 789, déterminé par trois de ces points, est susceptible d'une définition immédiate : elle n'est autre, en effet, qu'une conique, circonscrite au triangle 789, et conjuguée à deux couples de points que l'on peut définir en langage ordinaire ou déterminer graphiquement.

Si la donnée du groupe supplémentaire 789 est remplacée par celle du *plan tangent en l'un des ombilics*, cet ombilic est immédiatement déterminé et n'est autre que l'un des deux *points cycliques* du quadrilatère $R_1 \ldots R_4$ (Corollaire II); ou l'un des deux cercles de rayon nul, contenus dans l'équation (2), et que l'on sait construire (n° 152, p. 157).

§ IV. — *De la parabole circonscrite à un quadrilatère et du cylindre parabolique circonscrit à un octaèdre.*

272. Les deux problèmes ayant pour objet la détermination des éléments principaux de la *parabole* définie par quatre points, du *cylindre parabolique* défini par six, ont entre eux une analogie assez évidente par elle-même, mais dont l'analyse nous donne en quelque sorte la mesure lorsqu'elle enferme, sous une même équation $Y^2 = 2pX$, la parabole et le cylindre parabolique. Il convient donc de ne pas séparer ces deux problèmes l'un de l'autre. Et quoique le premier ait été résolu déjà de plusieurs différentes manières, il ne sera pas inutile d'en donner une nouvelle solution si l'on y peut trouver quelque lumière pour cet autre problème jusqu'ici négligé par la Géométrie. Nous ne disons rien de l'analyse, car il est suffisamment connu que l'analyse s'occupe peu de constructions. En dépit des quelques preuves d'habileté qu'elle a pu donner en ce genre, et qui ne prouveraient peut-être que du bonheur, on convient généralement qu'elle est assez impropre à ce genre de travaux, et nous peut renvoyer, sur ce point, à la Géométrie. Mais nous croyons que c'est là une erreur, et que la Géométrie, en cette matière, a peut-être moins à donner qu'à recevoir, sinon de l'analyse cartésienne, au moins de cette analyse *descriptive* que l'on doit à Bobillier, et par laquelle, comme on le verra, la plupart des constructions concernant les courbes et les surfaces du second ordre se ramènent à l'interprétation de quelques identités.

273. Supposons, en premier lieu, qu'il s'agisse de *circonscrire une parabole au quadrangle donné* 1234. Et soient $Y = 0$ un diamètre *quelconque* de l'une des deux courbes répondant à la question, $X = 0$ la tangente conjuguée. L'équation

$$Y^2 = 2pX,$$

appliquée à chacun des points 1, 2, 3, 4, entraînant cette suite de proportions

$$(1) \qquad \frac{Y_1^2}{X_1} = \frac{Y_2^2}{X_2} = \frac{Y_3^2}{X_3} = \frac{Y_4^2}{X_4} = \frac{\lambda_1 Y_1^2 + \ldots + \lambda_4 Y_4^2}{\lambda_1 X_1 + \ldots + \lambda_4 X_4};$$

et les distances de quatre points 1, 2, 3, 4 à une droite quelconque, et, en particulier, à la droite $X = 0$, étant liées par une relation linéaire et homogène

$$(2) \qquad \lambda_1 X_1 + \lambda_2 X_2 + \lambda_3 X_3 + \lambda_4 X_4 = 0;$$

on a également

$$(3) \qquad \sum_1^4 \lambda_1 Y_1^2 = \lambda_1 Y_1^2 + \lambda_2 Y_2^2 + \lambda_3 Y_3^2 + \lambda_4 Y_4^2 = 0.$$

Et cette relation où $Y_1, \ldots, Y_4$ désignent les distances aux points donnés $1, \ldots, 4$ de l'un quelconque des diamètres considérés $Y = 0$, n'est autre que l'équation tangentielle de leur enveloppe. Mais les diamètres d'une parabole ont pour enveloppe un *point à l'infini* dans une direction déterminée. La courbe (3), qui est d'ailleurs de la seconde classe, se réduit donc à un système de deux points J, J' situés à l'infini — dans des directions déterminées qui représentent les directions diamétrales des deux paraboles que l'on cherche, — et satisfaisant à l'identité tangentielle

$$(3') \qquad \sum_1^4 \lambda_1 Y_1^2 \equiv J.J'.$$

Or il résulte de la seule forme de cette relation que deux côtés opposés quelconques du quadrangle de référence $y_1 \ldots y_4 = 0$, ou du quadrangle donné 1234, divisent harmoniquement le segment JJ' (n° 261, p. 288). Et puisque les points J, J' sont l'un et l'autre à l'infini dans des directions déterminées, *les directions diamétrales des deux paraboles répondant à la question sont harmoniquement conjuguées par rapport à deux côtés opposés quelconques du quadrangle inscrit* 1234 (Lamé, *Examen des différ. méth.*, p. 51).

Ces directions obtenues, on pourra mener, parallèlement à l'une d'elles, un diamètre quelconque $Y = 0$; et la tangente conjuguée $X = 0$ se pourra construire par points, à l'aide des relations (1). On tire, en effet, de celles-ci :

$$(1') \qquad \frac{X_1}{X_2} = \frac{Y_1^2}{Y_2^2}, \quad \frac{X_1}{X_3} = \frac{Y_1^2}{Y_3^2}, \ldots$$

Le rapport des distances de la tangente cherchée $X = o$ à deux quelconques des points 1, 2, 3, 4 est donc connu en nombre et en signe; on connaîtra donc les traces de cette tangente sur les droites 12, 13, cette tangente elle-même, etc.

274. Proposons-nous actuellement, *étant donnés six points d'un cylindre parabolique, d'en déterminer les éléments principaux.*

1). Six conditions étant nécessaires pour la détermination d'un cylindre parabolique, par cinq des six points donnés on en pourra conduire une infinité. Soient donc $Y = o$ l'un *quelconque* des plans diamétraux de l'un de ces cylindres menés, en nombre infini, par les points 1, 2, ..., 5; et $X = o$ le plan tangent conduit suivant la génératrice correspondante. L'équation

$$Y^2 = 2p.X,$$

appliquée à chacun des points 1, 2, ..., 5, entraînant cette suite de proportions

$$(1) \qquad \frac{Y_1^2}{X_1} = \frac{Y_2^2}{X_2} = \ldots = \frac{Y_5^2}{X_5} = \frac{\Sigma_1^5 \lambda_1 Y_1^2}{\Sigma_1^5 \lambda_1 X_1};$$

et les distances de *cinq* points 1, 2, ..., 5 à un plan quelconque et, en particulier, au plan $X = o$, étant liées par une relation linéaire et homogène

$$(2) \qquad \sum_1^5 \lambda_1 X_1 = o:$$

on a également

$$(3) \qquad \sum_1^5 \lambda_1 Y_1^2 = o;$$

et cette relation où $Y_1, \ldots, Y_5$ désignent les distances, aux points donnés 1, ..., 5, de l'un quelconque des plans diamétraux considérés $Y = o$, n'est autre que l'équation tangentielle de leur enveloppe. Mais, comme les plans diamétraux d'un paraboloïde se peuvent déplacer parallèlement à eux-mêmes sans cesser d'être diamétraux; les plans tangents de la surface (3), avec lesquels ils coïncident, pourront se déplacer parallèlement à eux-mêmes sans cesser d'être tangents à cette surface. La surface représentée par l'équation tangentielle (3) se réduit donc ici à une *conique* située dans le *plan à l'infini*, et dont chacune des tangentes *dirige* les plans diamétraux de chacun de ces cylindres. Or il résulte de la seule forme de l'équation (3) que le pentagone gauche $12\ldots5$ est *conjugué* à cette conique, ou que le pôle *relatif* du plan de chacun de ses angles $\widehat{(123)}$ appartient au côté opposé $\overline{(45)}$:

$$o = y_1 = y_2 = y_3, \quad \lambda_4 y_4 Y_4 + \lambda_5 y_5 Y_5 = o.$$

La conique (3), conjuguée au pentagone gauche $12\ldots5$, est donc conjuguée aussi au pentagone plan $1'2'\ldots5'$ qui aurait pour sommets successifs les traces des côtés successifs de celui-là sur le plan de cette conique (n° 70, p. 57). La conique (3) est donc déterminée; et si l'on imagine qu'on l'ait prise pour base d'un cône auxiliaire dont le sommet soit en un point quelconque o de l'espace, ce cône et l'angle solide pentaèdre $(o, 1'\ldots5')$, formé par les droites menées du point o aux sommets $1', \ldots, 5'$ du pentagone déjà défini, seront conjugués : ou tels, que le plan polaire de chacune des *arêtes* de l'angle solide, relativement au cône, tombe dans la *face opposée*. Ce cône sera donc déterminé en même temps que cet angle solide; et celui-ci est connu : car les droites $o1', \ldots, o5'$, menées du point o aux traces $1', \ldots, 5'$ des côtés du pentagone gauche $1\ldots5$ sur le plan à l'infini, ne diffèrent pas des parallèles menées de ce point à ces côtés.

Ainsi les parallèles aux côtés successifs du pentagone gauche $12\ldots5$, menées par un point quelconque o sont les arêtes successives d'un angle solide pentaèdre $(o, 1'\ldots5')$, lequel est conjugué à un cône déterminé du second ordre décrit du même point o comme sommet; la trace de ce cône sur le plan à l'infini n'est autre que la conique *directrice* représentée par l'équation (3) : et l'un quelconque de ses plans tangents, considéré en direction, représente la série des plans diamétraux de l'un des cylindres considérés. De là ce théorème :

Les plans diamétraux de tous les cylindres paraboliques circonscrits à un pentagone donné 12...5, *transportés parallèlement à eux-mêmes en un même point de l'espace s'y disposent suivant les plans tangents d'un même* cône du second ordre : le cône conjugué *à l'angle solide pentaèdre qui aurait pour arêtes successives les côtés successifs du pentagone donné, transportés parallèlement à eux-mêmes en ce même point.*

La construction d'une conique définie par un pentagone conjugué (n° 182, p. 185) entraîne d'ailleurs la construction du cône que l'on vient de définir.

2). Le problème que l'on s'était proposé est maintenant résolu. Si, utilisant en effet le sixième des points donnés, on substitue au pentagone précédent 12345 le nouveau pentagone gauche 23456, on obtiendra de même avec celui-ci un nouveau cône du second ordre, conjugué à un nouvel angle pentaèdre de même sommet que le précédent; et *la direction des plans diamétraux de chacun des* quatre *cylindres paraboliques passant par les six points donnés sera fournie par l'un quelconque des quatre plans tangents communs à ces deux cônes.*

3). Si l'on mène ensuite, par un point quelconque de l'espace, un plan $Y = 0$ parallèle à l'un de ces plans tangents communs, et figurant un premier plan diamétral de l'un des cylindres circonscrits; le plan tangent $X = 0$, mené à ce cylindre par la génératrice correspondante, se construira par points à l'aide des proportions (1).

On en déduit effectivement

$$\frac{X_1}{X_2}=\frac{Y_1^2}{Y_2^2},\quad \frac{X_1}{X_3}=\frac{Y_1^2}{Y_3^2},\ldots.$$

Le rapport des distances du plan cherché $X=0$ à deux quelconques des points 1, 2,..., 6 est donc connu en nombre et en signe; on connaîtra donc les traces de ce plan sur les droites 12, 13, 14,..., ou ce plan lui-même.

4). Enfin, les plans conjugués Y, X étant connus, on connaît, par cela même, la direction des génératrices du cylindre correspondant $Y^2=2pX$ et six points de l'une de ses sections droites; et l'on peut, sans ambiguïté, déduire de cinq d'entre eux l'axe, le sommet et le paramètre de cette section.

Remarque I. — Le point de départ de l'analyse précédente suffirait encore à la solution de ce problème : *Étant donnés quatre points et un plan tangent* $X=0$ *d'un* cylindre parabolique, *construire le plan diamétral* $Y=0$ *relatif au plan tangent donné, et tous les* éléments principaux *de la surface.*

On a, en effet, actuellement

$$(1)\qquad \frac{Y_1^2}{X_1}=\frac{Y_2^2}{X_2}=\frac{Y_3^2}{X_3}=\frac{Y_4^2}{X_4}.$$

et l'on en déduit

$$(1')\qquad \frac{Y_1}{Y_2}=\pm\sqrt{\frac{X_1}{X_2}},\quad \frac{Y_1}{Y_3}=\pm\sqrt{\frac{X_1}{X_3}},\ldots.$$

Les rapports des distances du plan diamétral que l'on cherche, $Y=0$, aux points 1 et 2, 1 et 3, 1 et 4, sont connus en nombre; et l'on peut construire les traces de ce plan sur chacune des droites 12, 13, 14 : ou ce plan lui-même susceptible ici, à cause de l'ambiguïté de signes, de huit déterminations distinctes.

Remarque II.—*Étant donnés cinq points d'un cylindre*

parabolique et l'un de ses diamètres, ce cylindre est susceptible de *deux déterminations* distinctes qui correspondent aux *deux plans tangents distincts que l'on peut mener* au cône auxiliaire du n° 1), *parallèlement au diamètre donné.*

275. Il existe une dépendance singulière entre le problème que l'on vient de résoudre et celui qui aurait pour but de *circonscrire à un octaèdre un cône de révolution,* dans le cas, au moins, où *l'octaèdre donné serait inscriptible à la sphère.* Les deux problèmes, effectivement, se résolvent alors à l'aide des mêmes constructions, parce que *les plans diamétraux des quatre cylindres paraboliques* et *les plans cycliques des quatre cônes de révolution, que l'on peut circonscrire à un tel octaèdre, se confondent.*

1). Imaginons, pour le démontrer, la *série des cônes de révolution menés,* en nombre infini, *par cinq des sommets de l'octaèdre;* et soit

$$X^2 + Y^2 + Z^2 - \lambda P^2 = 0 \tag{1}$$

l'équation de l'un de ces cônes : X, Y, Z désignant trois plans rectangulaires quelconques menés par le *sommet;* P le plan mené, du même point, perpendiculairement à *l'axe* du cône. Soient, en outre,

$$S = 0, \tag{2}$$

$$R = 0 \tag{3}$$

les équations de la sphère circonscrite à l'octaèdre et du *plan radical commun à cette sphère et au sommet* du cône (1), *assimilé à une sphère de rayon nul :*

$$R \equiv X^2 + Y^2 + Z^2 - S. \tag{4}$$

Si l'on retranche l'une de l'autre les équations (1), (2), l'équation résultante pourra s'écrire, d'après l'identité (4),

$$R - \lambda P^2 = 0; \tag{1, 2}$$

équation d'un *cylindre parabolique* passant par les cinq points considérés, *et dont les plans diamétraux se confondent avec les plans cycliques* $P = \mu$ *du cône* (1).

Les plans diamétraux *de tous les cylindres paraboliques* et les plans cycliques *de tous les cônes de révolution conduits par les sommets d'un même pentagone sphérique* forment dès lors une seule et même série, ou deux séries coïncidentes; et l'on peut dire, en transportant aux uns ce que l'on a démontré des autres, que « les plans cycliques de tous les cônes droits dont il s'agit sont tangents à une conique déterminée, située dans le plan à l'infini et conjuguée au pentagone gauche 12...5. »

2). Les plans cycliques du cône droit circonscrit à l'octaèdre sphérique 12...56, seront dès lors susceptibles du même mode de détermination que les plans diamétraux du cylindre parabolique circonscrit au même octaèdre; et leur commune direction sera fournie par l'un des quatre plans tangents communs à deux cônes du second ordre que l'on sait construire (n° 274, 2).

3). Les plans cycliques de l'un des cônes droits que l'on cherche étant connus de direction, il reste à en trouver la position absolue dans l'espace, ou à déterminer l'*axe* et le *sommet* du cône 12...6. A cet effet, rapportons ce cône à l'octaèdre inscrit 1...6 par une équation de la forme

$$\sum_1^4 \lambda_1 P_1 Q_1 = 0;$$

et coupons-le par un de ses plans cycliques $P = \mu$; la section résultante sera représentée, dans son propre plan, par une équation semblable

$$\sum_1^4 \lambda_1 P'_1 Q'_1 = 0.$$

D'ailleurs cette section est un cercle, et tous les cercles contenus dans cette équation ont une corde commune que l'on sait construire (nº 152, p. 157). On déterminera dès lors les quatre couples de droites $P'_1 Q'_1, \ldots, P'_4 Q'_4$ qui résultent des traces d'un premier plan cyclique sur les faces opposées de l'octaèdre $1\ldots6$; et construisant deux des *cercles associés* de ces quatre couples de droites, ainsi que leur corde commune ab: on aura, dans le plan mené perpendiculairement à cette corde, par son point milieu, un premier plan contenant l'axe du cône. Une construction semblable, effectuée dans un autre plan cyclique $P = \mu'$, en fournirait un autre; et l'on aurait successivement l'axe du cône, le centre et deux points de deux de ses sections circulaires, ces sections elles-mêmes et le sommet du cône.

276. Une autre détermination de la *parabole définie par quatre points* résulte de la comparaison des deux formes

$$AC + BD = 0, \quad Y^2 + X = 0:$$

la première, déduite du quadrilatère inscrit $ABCD = 0$; la seconde, du *genre* de la courbe. Ces équations entraînent en effet l'identité

$$(1) \qquad AC + BD + Y^2 + X \equiv 0,$$

et celle-ci la suivante :

$$(1') \qquad A'C' + B'D' + Y'^2 \equiv 0,$$

dans laquelle

$$A', \quad C', \quad B', \quad D', \quad Y'$$

désignent cinq droites *concourantes,* respectivement parallèles aux premières

$$A, \quad C, \quad B, \quad D, \quad Y.$$

Or il résulte, de l'identité $(1')$, que les droites

$$A'C' = 0, \quad B'D' = 0, \quad Y'Y' = 0$$

font *trois couples* de *rayons conjugués* d'un même *faisceau en involution* dont l'un des rayons *doubles* tombe dans la commune direction des droites coïncidentes $Y'.Y' = o$ (nº 73, p. 59).

1). « Les directions diamétrales des deux paraboles circonscrites au quadrilatère $ABCD = o$ coïncident donc avec les rayons doubles du faisceau en involution défini par les deux couples de rayons conjugués $A'C'$ et $B'D'$, ou AC et BD. »

2). Mais on peut aller plus loin et préparer la détermination des éléments principaux (foyer et directrice) de chacune de ces paraboles en déterminant leurs tangentes communes et leurs points de contact respectifs sur ces tangentes.

L'identité initiale

$$(1) \qquad AC + BD + Y^2 + X \equiv o$$

se dédoublant, en effet, dans les équations équivalentes

$$(2) \qquad o = AC + Y^2 \equiv BD + X;$$

si l'on imagine *que le diamètre* $Y = o$, dont la direction est seule déterminée, *passe* (*fig.* 56) *par le point* $AC = o$,

Fig. 56.

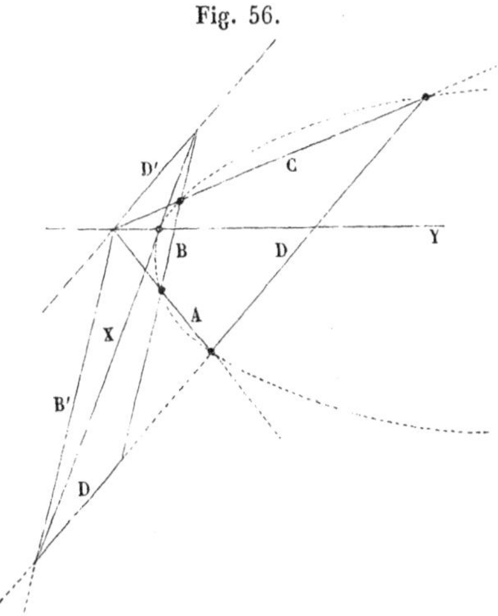

on reconnaît aussitôt, dans la courbe représentée par l'une

ou l'autre des équations (2), un *système de deux droites* B', D', *issues de ce point, parallèles aux côtés* B, D *du quadrangle proposé et* dont les traces *réciproques* sur ces côtés D, B appartiennent à la tangente correspondante $X = 0$:

$$B' D' \equiv BD + X, \quad X \equiv B' D' - BD.$$

La droite qui réunit ces traces, BD' et DB', ou la seconde diagonale du parallélogramme B'D'BD, *représente* donc, pour les deux paraboles à la fois, la *tangente conjuguée* des *diamètres* de ces courbes *qui passent par le point* $AC = 0$. Opérant de même pour le point $BD = 0$, chacune des deux paraboles que l'on cherche se trouvera définie par deux couples formées d'un diamètre et de la tangente conjuguée. Donc, etc.

277. Une semblable détermination du *cylindre parabolique défini par six points,* ou circonscrit à l'un des octaèdres qu'ils déterminent, résulterait de même de l'équation générale des surfaces du second ordre circonscrites à un octaèdre, comparée à l'équation particulière du cylindre qu'il s'agit de déterminer. Ces équations

$$\sum_1^4 P_1 Q_1 = 0, \quad Y^2 + X = 0$$

entraînent, en effet, l'identité

$$(1) \qquad \sum_1^4 P_1 Q_1 + Y^2 + X \equiv 0,$$

et celle-ci la suivante :

$$(1') \qquad \sum_1^4 P'_1 Q'_1 + Y'^2 \equiv 0,$$

où

$$P'_1 Q'_1, \ldots, P'_4 Q'_4, \quad Y'$$

désignent les plans des faces opposées de l'octaèdre, et le

plan diamétral cherché, transportés parallèlement à eux-mêmes en un même point de l'espace.

Or il résulte de l'identité (1'), associée à un théorème antérieur (n° 159, p. 161), que l'on peut voir, dans le plan Y' *un plan tangent*, et dans les quatre couples $P'_1 Q'_1, \ldots, P'_4 Q'_4$ *quatre couples de plans conjugués communs* à une infinité de cônes du second ordre.

Mais les cônes conjugués à quatre couples de plans ont en commun quatre plans tangents que l'on peut construire (n° 175, p. 178). Le plan Y', défini par l'identité (1'), admet dès lors quatre déterminations distinctes, que l'on peut obtenir, et qui ne sont autres que les plans diamétraux des quatre cylindres répondant à la question.

Une fois obtenue la direction des plans diamétraux, on peut construire *la section* du cylindre *par un plan quelconque* $Y = 0$ *parallèle à cette direction*. Cette section n'est autre, en effet, que la *droite* définie par les équations simultanées

$$Y = 0, \quad \sum_1^4 P'_1 Q'_1 = 0:$$

ou le *lieu des centres des coniques conjuguées aux quatre couples de droites qui résultent des traces des faces opposées de l'octaèdre sur le plan diamétral considéré* (n° 152, p. 157). On aura donc, dans cette droite que l'on sait construire, une génératrice du cylindre cherché.

Mais cette dernière partie du problème se peut traiter autrement. Car si l'on associe par la pensée le *plan à l'infini* au plan représenté par l'une ou l'autre des équations équivalentes

$$(1'') \qquad 0 = \sum_1^4 P_1 Q_1 + Y^2 \equiv X,$$

le *plan polaire* du point

$$(y_1) \qquad 0 = p_1 = q_1 = y,$$

par rapport au plan X assimilé à une surface du second

ordre, se trouve représenté par l'équation

$$(Y_1) \qquad \sum_2^4 (p_2 Q_2 + q_2 P_2) = 0$$

et *passe* d'une manière évidente *par le point de concours* y'_1 *des plans polaires du précédent* y_1 par rapport aux dièdres

$$\widehat{P_2, Q_2}, \quad \widehat{P_3, Q_3}, \quad \widehat{P_4, Q_4}.$$

Le segment rectiligne $\overline{y_1 y'_1}$, qui réunit ces deux points, sera donc divisé harmoniquement par le système formé du plan X et du plan à l'infini : ce qui veut dire que le seul plan X divise ce segment en deux parties égales, ou que le point milieu m_1 de ce segment appartient au plan X. On pourra donc déterminer, par le seul emploi de la règle, quatre points de ce plan, ce plan lui-même et une première génératrice du cylindre.

278. On peut rattacher à cette dernière détermination du cylindre parabolique défini par six points, celle du *paraboloïde de révolution circonscrit à un octaèdre*. Telles sont en effet les dépendances existant entre les deux problèmes que si l'on transporte, parallèlement à eux-mêmes, au centre d'une sphère, les *plans diamétraux* des quatre cylindres paraboliques et les *axes* des quatre paraboloïdes de révolution que l'on peut circonscrire à un même octaèdre : les droites et les plans ainsi obtenus déterminent les *points cycliques* et les *côtés* d'un même quadrilatère sphérique. L'équation générale

$$(1) \qquad \sum_1^4 \lambda_1 P_1 Q_1 = 0$$

des surfaces circonscrites à un octaèdre, rapprochée de celle

$$(2) \qquad X^2 + Y^2 + Z = 0$$

du paraboloïde de révolution que l'on cherche, entraîne

effectivement l'identité

$$(3) \qquad \sum_1^4 \lambda_1 P_1 Q_1 \equiv X^2 + Y^2 + Z,$$

et celle-ci la suivante :

$$(4) \qquad \sum_1^4 \lambda_1 P'_1 Q'_1 - X'^2 - Y'^2 \equiv 0,$$

où P'_1, Q'_1, ... désignent les faces opposées de l'octaèdre transportées parallèlement à elles-mêmes autour d'une même origine o; et, X', Y', les faces d'un *dièdre droit, susceptible de tourner arbitrairement autour de son arête* $\overline{oz}$, comme le dièdre parallèle $\widehat{XY}$. Or il résulte, de l'indétermination du dièdre $X'Y'$ associée à l'identité (4), que tous les cônes du second ordre conjugués en nombre infini aux quatre couples de plans $P'_1 Q'_1, \ldots, P'_4 Q'_4$, sont vus, de l'arête oz, sous un dièdre droit. Tous ces cônes admettent d'ailleurs quatre plans tangents communs, $R_1, \ldots, R_4$ (n° 175, p. 178), lesquels représentent, comme on vient de le voir, les plans diamétraux des quatre cylindres paraboliques que l'on peut circonscrire à l'octaèdre. Si donc on imagine une sphère décrite du point o comme centre, les cônes précédents y traceront une série de coniques, inscrites au quadrilatère $R_1 \ldots R_4$, et vues sous un angle droit du point z, trace sphérique de l'*axe* cherché oz. Or trois des coniques de la série se réduisant aux diagonales du quadrilatère $R_1 \ldots R_4$; chacune de ces diagonales est vue, sous un angle droit, du point cherché z. Et si l'on construit, sur chacune d'elles comme base, un segment capable d'un angle droit; les quatre points communs aux trois coniques sphériques résultantes fourniront, en même temps, les quatre *points cycliques* z du quadrilatère $R_1 \ldots R_4$ et les *axes* oz des quatre paraboloïdes de révolution que l'on peut circonscrire à l'octaèdre, ou les pôles sphériques de leurs sections circulaires.

Ce premier point obtenu, le problème s'achève aisément par la règle et le compas; car deux quelconques des sections circulaires de l'un de ces paraboloïdes, représentées dans leur propre plan par des équations de la forme

$$\sum_1^4 \lambda_1 P'_1 Q'_1 = 0,$$

se trouvent partiellement définies par deux de leurs points a et b, a' et b' : et les plans menés par les points-milieux des cordes résultantes ab, $a'b'$, perpendiculairement à ces cordes, se coupent suivant l'*axe* du paraboloïde (n° 152, p. 157).

Scolie. — L'analyse précédente s'applique d'elle-même, en se simplifiant, à la recherche du *paraboloïde de révolution défini par un tétraèdre conjugué*.

CHAPITRE IX.

PROPRIÉTÉS DE HUIT POINTS ASSOCIÉS.

SOMMAIRE. — Des surfaces du second ordre menées par un même groupe de sept points, et du huitième point commun à toutes ces surfaces. — Constructions diverses de ce huitième point. — Cas d'indétermination, et translation du théorème plan de Desargues à la figure formée de huit points d'une cubique gauche; construction du cercle osculateur, ou de la sphère osculatrice en un point d'une telle courbe; et détermination du cylindre du second degré circonscrit à un hexaèdre.

§ I. — *Du huitième point et de sa détermination graphique. Théorème de M. Lamé, et construction correspondante, de M. Hesse.*

279. Nous avons vu déjà (n° **175**, p. 178) que *toutes les surfaces du second ordre que l'on peut conduire par un même groupe de sept points, passent d'elles-mêmes par un huitième point déterminé* (LAMÉ, *Examen des différ. Méth.*, p. 38); et que *les distances* $P_1, \ldots, P_8$ *de ces huit points à un plan quelconque satisfont à l'identité caractéristique*

$$\sum_1^8 \lambda_1 P_1^2 \equiv 0 \quad (\text{n}^\circ\ \mathbf{139},\ \text{p. } 142). \tag{1}$$

Il reste à déduire de cette identité la construction du *huitieme point* d'après les sept autres; et c'est à quoi d'abord il paraît possible de parvenir de trois manières différentes tirées des trois différentes manières de décomposer l'identité (1) en deux équations équivalentes. Le problème admet effectivement trois constructions distinctes : la première qui s'effectuerait dans l'espace, mais que nous n'effectuerons, en réalité, qu'en la ramenant à la troisième (n° **285**);

la seconde qui s'effectue dans le plan avec une simplicité suffisante (n° 282); la troisième enfin qui se réalise dans l'espace même où le problème est posé et qu'un illustre géomètre a pu réduire à la mise en œuvre des éléments mêmes de la question, c'est-à-dire des points donnés et des droites ou des plans qu'ils déterminent. Nous reproduirons la solution de M. Hesse, en y apportant d'ailleurs quelques changements de nature à en faciliter l'accès; car, si la conclusion en est d'une admirable simplicité, la méthode même de l'auteur ne laisse pas d'être assez difficile à suivre, plus encore à retrouver. Ce n'est pas synthèse pure cependant, puisque l'on est d'accord que l'invention procède seulement par voie d'analyse; mais, peut-être, n'y a-t-il là que cette sorte d'analyse dont les plus grands géomètres se servent quelquefois, et que nous nommons synthèse; n'y voyant qu'une suite d'heureuses inspirations dont l'enchaînement nous échappe, mais dont le résultat égale ici tout ce que la géométrie nous offre de plus beau (*Nouvelles Annales de Mathématiques*, 1855, p. 192).

280. Si l'on sépare d'abord le premier membre de l'identité tangentielle

$$\sum_1^8 \lambda_1 P_1^2 \equiv 0$$

en deux parties composées l'une de six, l'autre de deux carrés; les équations équivalentes qui en résultent

$$\sum_1^6 \lambda_1 P_1^2 = 0, \quad \lambda_7 P_7^2 + \lambda_8 P_8^2 = 0$$

représentent un même système de deux points, réels ou imaginaires, mais simultanément conjugués aux deux points 7, 8 du second groupe et à l'octaèdre 123456 déterminé par les six points du premier (n° 265, p. 290). Telle est, par suite, l'expression des dépendances qui existent entre *huit points associés* : que *deux quelconques d'entre eux et les traces de la droite qui les réunit sur les faces opposées de l'octaèdre déterminé par les six autres, font toujours cinq couples de points conjugués* ou *dix points en involution.*

D'après ce théorème, la détermination du huitième point se réduirait à la solution du problème suivant, qui admet toujours une solution, et une seule, et que nous résoudrons plus loin, bien que d'une manière indirecte : *mener par un point donné* (7) *une transversale qui coupe les faces opposées d'un octaèdre* (1 2 3 4 5 6) *suivant quatre couples de points en involution.*

281. Si l'on sépare ensuite le premier membre de l'identité $\sum_1^8 \lambda_1 P_1^2 \equiv 0$ en deux parties composées l'une de cinq, l'autre de trois carrés; les équations résultantes

$$\sum_1^5 \lambda_1 P_1^2 = 0, \tag{1}$$

$$\sum_6^8 \lambda_6 P_6^2 = 0 \tag{1'}$$

représenteront encore une seule et même surface doublement *conjuguée au pentagone gauche* 12345 (n° 70, p. 56) et *au triangle* 678, comme cela résulte de la forme même de ces équations. Mais il résulte du nombre des variables contenues dans la dernière, que cette surface se réduit à une *conique* située dans le plan 678 et simultanément conjuguée à ce triangle, au pentagone gauche 12...5 et dès lors aussi au pentagone plan 12...5 qui aurait pour sommets successifs les traces des côtés successifs de celui-là sur le plan 678 (n° 70, p. 57). Telle est donc aussi l'expression des dépendances qui existent entre *huit points associés :* que *le triangle* 678 *déterminé par trois quelconques de ces points* et *le pentagone* 12345 *ayant pour sommets successifs les traces sur le plan de ce triangle des côtés successifs du pentagone gauche* 1 2 3 4 5 *déterminé par les cinq autres, sont toujours* conjugués *à une même conique.*

282. Pour déduire de ce théorème la construction du huitième point, nous modifierons d'abord la notation précédente et nous désignerons par x, y, z, 1, 2, 3, 4 les sept points donnés; par 5, le huitième point qu'il s'agit de construire.

1). Soient, à cet effet,

$$0 = X = Y = Z$$

les *côtés* du triangle donné xyz, et

$$aX^2 + bY^2 + cZ^2 = 0 \qquad (1)$$

l'équation de cette conique que le théorème précédent nous montre comme conjuguée à la fois au triangle de référence xyz, au pentagone gauche 1 2... 5 et au pentagone plan 12...5 qui aurait pour sommets successifs les traces des côtés successifs du premier sur le plan xyz (*fig.* 57).

Fig. 57.

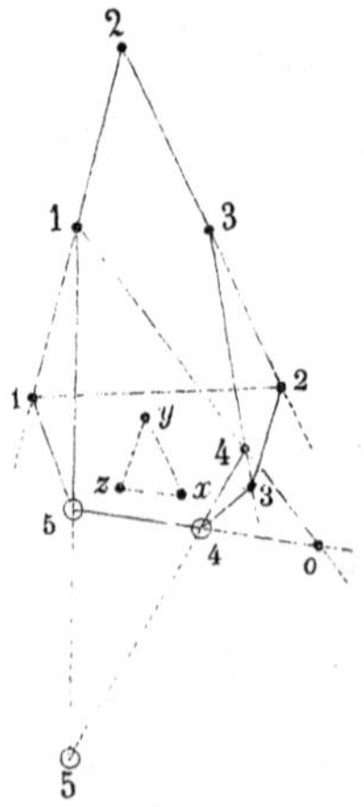

Le point 5, qu'il s'agit de construire, étant inconnu, le pentagone conjugué 12...5 n'est connu que partiellement par ses trois premiers sommets 1, 2, 3 et un point du côté suivant 45 : le point o suivant lequel la diagonale 14 du pentagone gauche 12...5 coupe le plan xyz. Mais ces éléments se séparent d'eux-mêmes en *deux couples* de *points conjugués* par rapport à la courbe (1), les points 1 et 3, 2 et o. On connaît donc un *triangle conjugué* xyz et *deux couples* de *points conjugués* 1 et 3, 2 et o de la courbe (1). Cette courbe est implicitement déterminée par ces conditions, et elle détermine à son tour les polaires 34, 45, 51 des sommets 1, 2, 3 du pentagone conjugué 12...5, et ce pentagone lui-même dont les derniers sommets 4, 5 déterminent enfin les derniers côtés $\overline{15}$, $\overline{44}$ et le cinquième sommet du pentagone gauche 1...5, ou le huitième point.

2). Il reste toutefois à montrer, une conique étant définie par un *triangle* et *deux couples de points conjugués* $(o, 2)$, $(1, 3)$, comment on détermine la polaire de l'un de ces points, tel que 1 : ou, puisque cette polaire passe déjà par le point 3, comment on en détermine un nouveau point 1′.

Imaginons, à cet effet, une série de coniques conjuguées au triangle $\dot{x}\dot{y}\dot{z}$ et au groupe $(\dot{o}, \dot{2})$, ou conjuguées aux quatre couples de points

$$\dot{x}\dot{y}, \quad \dot{y}\dot{z}, \quad \dot{z}\dot{x}, \quad \dot{o}\dot{2}.$$

Les polaires du point 1, par rapport à toutes ces coniques, concourent en un même point 1′ défini, comme l'on sait (n° 160, p. 162), par l'identité tangentielle

$$(i) \qquad XY + YZ + ZX + P_0 P_2 \equiv P_1 P'_1$$

que l'on peut écrire

$$(i') \qquad XY + YZ + ZX \equiv P_0 P_2 - P_1 P'_1.$$

Les équations tangentielles équivalentes

$$(2) \qquad XY + YZ + ZX = 0,$$

$$(2') \qquad P_0 P_2 - P_1 P'_1 = 0$$

représentent donc (*fig.* 58) une seule et même conique inscrite au triangle xyz et au quadrangle $\dot{o}\,\dot{1}\,\dot{2}\,\dot{1}'$. On connaît

Fig. 58.

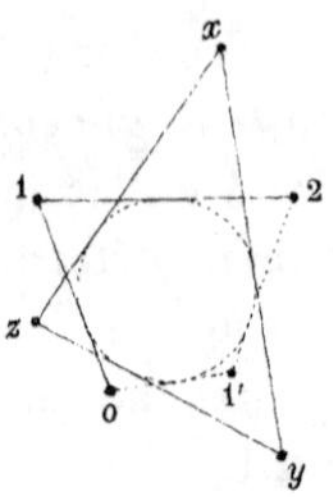

cinq tangentes distinctes

$$\overline{xy},\quad \overline{yz},\quad \overline{zx},\quad \overline{o1},\quad \overline{12}$$

de cette conique auxiliaire (2) ou (2'); et, si on lui mène par les points o et 2, deux nouvelles tangentes $o1'$, $21'$, leur point de concours $1'$ sera conjugué au point 1 par rapport à toutes les coniques de la série et spécialement par rapport à la courbe (1) qui en fait partie. On aura donc deux points distincts $1'$ et 3 de la polaire du point 1 par rapport à cette dernière courbe : cette polaire elle-même, ou le côté $34 \equiv 31'$ du pentagone conjugué 12345, etc.

On voit que la construction du huitième point se réalise presque tout entière dans le plan xyz de trois des points donnés, et n'exige que l'emploi répété de ce problème *linéaire :* « mener à une conique une sixième tangente, par un point donné sur l'une des cinq tangentes qui la déterminent. »

283. *Remarque.* — La solution précédente paraîtrait en défaut et le huitième point serait réellement indéterminé, si le point $1'$ (*fig.* 58) se confondait avec le point 3, ou *si le triangle xyz et le quadrangle $o123$* (*fig.* 57) *se trouvaient* circonscrits *à une même conique. Le huitième point est donc indéterminé* lorsque *le triangle*

xyz formé de trois des sept points donnés, *et le quadrilatère* ayant pour sommets successifs les traces, sur le plan de ce triangle, des côtés successifs du quadrangle 1234 formé par les quatre autres, *se trouvent circonscrits à une même conique*. Ce cas singulier donne lieu à des conséquences remarquables sur lesquelles nous reviendrons § II.

284. Si l'on sépare enfin le premier membre de l'identité $\sum_1^8 \lambda_1 P_1^2 \equiv 0$ en deux parties composées l'une et l'autre de quatre carrés, les équations résultantes

$$\sum_1^4 \lambda_1 P_1^2 = 0, \tag{1}$$

$$\sum_5^8 \lambda_5 P_5^2 = 0 \tag{1'}$$

représentent encore une seule et même surface doublement conjuguée aux deux quadrangles gauches

1234, 5678,

ou aux deux tétraèdres construits sur les mêmes sommets. *Si l'on sépare dès lors huit points associés en deux groupes égaux composés l'un et l'autre de quatre points, les deux tétraèdres ayant pour sommets respectifs les points de l'un ou de l'autre groupe sont toujours conjugués à une même surface du second ordre* (Hesse). Et c'est de ce théorème, obtenu d'ailleurs à l'aide de considérations toutes différentes, que ce géomètre a pu déduire la construction comprise dans l'énoncé suivant.

285. Théorème. — *Si* (*fig.* 59)

a, b, c, d et a', b', c', d'

désignent huit points associés : les deux systèmes de trois droites menées respectivement par deux de ces points

d, d',

de manière à s'appuyer sur les côtés opposés de l'hexagone

$$abca'b'c'$$

défini par les six autres, déterminent, sur les côtés successifs de celui-là, les sommets successifs de deux nouveaux hexagones (*fig.* 59)

(*h*) $xyz\mathbf{XYZ}$,

(*h'*) $x'y'z'\mathbf{X'Y'Z'}$,

dont les côtés font douze génératrices d'un même hyperboloïde (Hesse).

Fig. 59.

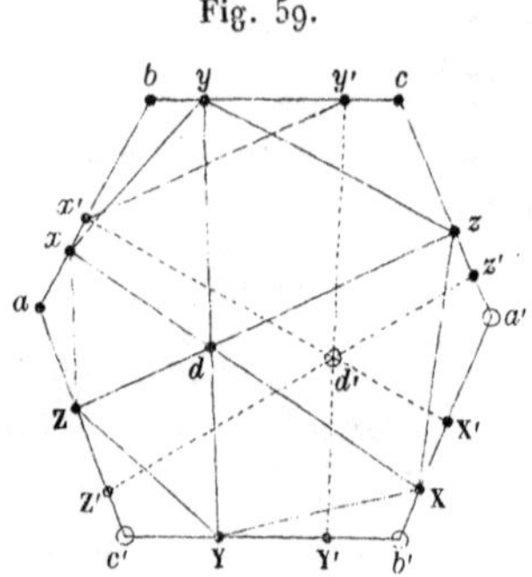

1). Les trois diagonales de l'hexagone (*h*) se croisant au point *d*, ses côtés opposés sont deux à deux dans un même plan, de telle sorte que si l'on prend pour *directrices* d'un hyperboloïde les côtés pairs de cet hexagone, ses côtés impairs en feront trois *génératrices*. Les côtés de l'hexagone (*h*) font dès lors six génératrices d'un premier hyperboloïde (H); les côtés de l'hexagone (*h'*), six génératrices d'un second hyperboloïde (H'). Il suffira donc d'établir que ces deux hyperboloïdes se confondent, ou que *chacun des côtés de l'un de ces hexagones rencontre tous les côtés pairs de l'autre*, ou *tous ses côtés impairs* : par exemple, que le côté $x'y'$ du second rencontre chacun des côtés impairs xy, $z\mathrm{X}$, YZ du premier. Et comme la rencontre des droites $x'y'$, xy est assurée par leur commune situation dans le plan $\widehat{b}$ de l'un des angles de l'hexagone initial $abc\,a'b'c'$, il nous suffira d'établir la situation en un même plan des droites $x'y'$ et $z\mathrm{X}$, $x'y'$ et YZ, ou seulement des deux dernières. Bornons-nous donc à établir que *les droites $x'y'$ et* YZ *se rencontrent*, ou que *les quatre points x', y', Y, Z sont dans un même plan.*

2). A cet effet, considérons, avec M. Hesse, la surface du second ordre que le théorème précédent nous montre comme conjuguée à chacun des tétraèdres

$$abcd, \quad a'b'c'd';$$

et cherchons d'abord, par trois de ses points, le plan polaire *correspondant* P du point

$$\dot{p} = (aa', cdc'),$$

trace de la droite aa' sur le plan cdc'.

Le point p appartenant à la droite qui réunit les sommets a, a' des deux tétraèdres, le plan P passe d'abord par la droite $(bcd, b'c'd')$, intersection des plans polaires de ces sommets par rapport à la surface; et il est aisé de voir, sur la figure, que cette droite renferme : 1° le point Y qui n'est autre que la trace sur le premier de ces plans bcd, d'une droite $b'c'$ située dans le second; 2° le point y', intersection du second de ces plans $b'c'd'$ et d'une droite bc située dans le premier. Le point p appartenant en outre au plan cdc', mené par l'arête cd du premier tétraèdre et le sommet c' du second; le plan P contiendra, en outre, le point $(ab, a'b'd')$ ou x'. Le plan polaire

$$\mathrm{P} = (\dot{x}'\dot{y}'\dot{\mathrm{Y}})$$

est donc défini déjà par trois de ses points.

3). Mais M. Hesse nous montre que l'on peut en déterminer un quatrième. Et c'est d'ailleurs dans cette détermination *par excès*, comme dans le choix de ce dernier élément, que réside le nœud de la question.

Pour l'obtenir, nous quitterons un moment la route tracée par l'illustre géomètre, en utilisant un théorème antérieur sur les propriétés homologiques auxquelles donnent lieu un triangle quelconque de l'espace et le trièdre qui lui est conjugué (n° **180**, p. 181). Les côtés du triangle coupant en effet les faces homologues du trièdre en trois points en ligne droite, il en résulte, les plans polaires des deux premiers sommets du triangle étant supposés connus, que l'on peut en déduire un point du plan polaire du dernier. Appliquant cette observation au triangle

$$| \dot{a}, \quad \dot{c}', \quad \dot{p} |$$

et au trièdre conjugué

$$| bcd, \quad a'b'd', \quad \mathrm{P} |,$$

nous pourrons, en laissant de còté le plan polaire P et le traitant comme s'il n'était déjà connu, en obtenir un nouveau point p' situé sur la droite $\overline{ac'}$, et distinct dès lors de ceux que nous connaissons déjà. Effectivement, les traces des côtés du triangle précédent sur les plans des faces homologues du trièdre conjugué, savoir :

(1) $$\overline{c'p} \cdot \overline{\overline{bcd}},$$

(2) $$\overline{ap} \cdot \overline{\overline{a'b'd'}},$$

(3) $$\overline{ac'} \cdot \overline{\overline{\mathrm{P}}},$$

devant se trouver en ligne droite; la droite menée par les deux premières de ces traces coupera le troisième côté ac' suivant la troisième, ou suivant un nouveau point p' du plan P. Or, puisque le point p appartient, par définition, au plan $c'cd$ (*fig.* 60), la première de ces traces (1) n'est autre que le point de concours, désigné sur la figure par la

Fig. 60.

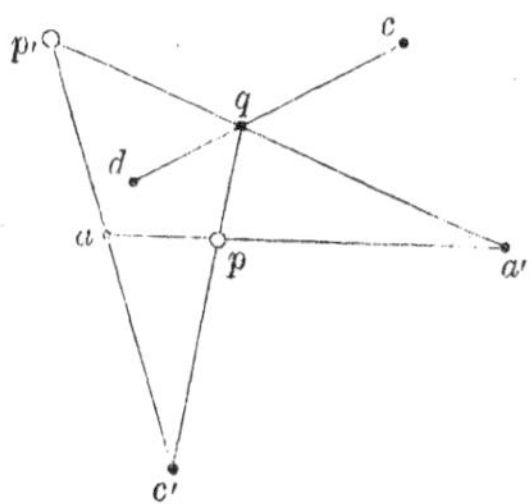

lettre q, des droites $c'p$, cd. Puisque le point p appartient à la droite aa', la seconde (2) n'est autre que le point a' lui-même; et le nouveau point p' que nous cherchons n'est autre que le suivant :

$$\dot{p}' = \overline{ac'} \cdot \overline{a'q},$$

ou encore, puisque le point q appartient à la droite cd,

$$\dot{p}' = \overline{ac'} \cdot \overline{\overline{a'cd}};$$

ou enfin, sur la *fig.* 59,

$$\dot{p}' = \dot{Z}.$$

Les quatre points x', y', Y, Z appartiennent donc à un même plan

$$P = x'y'YZ;$$

donc, etc.

286. *Observation I.* — La construction précédente est en défaut lorsque le septième point d est tellement situé par rapport aux six autres a, b, c, a', b', c', que l'hexagone xyz XYZ cesse d'être gauche. Nous reviendrons plus loin sur ce cas singulier et sur les circonstances précises dans lesquelles il se produit.

Observation II. — On peut présenter autrement la construction précédente, et de manière à en éliminer toute considération synthétique.

Remarquons pour cela que si les sept points donnés a, b, c, a', b', c', d appartenaient à une même cubique gauche, le huitième point d' serait partiellement indéterminé et pourrait être pris arbitrairement sur cette courbe. Chacun des deux derniers points d, d' serait alors le sommet d'un cône du second ordre circonscrit à l'hexagone gauche $abca'b'c'$. Or le théorème de Pascal transporté, par la perspective, de l'hexagone plan inscrit à une conique, à l'hexagone gauche $abc\,a'b'c'$ inscrit à un cône de sommet d (ou d'), montre que les droites xX, yY, zZ (ou x'X$'$,...) conduites par ce sommet, de manière à s'appuyer sur les côtés opposés de l'hexagone inscrit $abc\,a'b'c'$, tombent dans un même plan. Dans le cas supposé, les deux hexagones secondaires (*fig.* 59, p. 318) xyzXYZ, $x'y'z'$X$'$Y$'$Z$'$ seraient donc plans l'un et l'autre, et leurs douze côtés appartiendraient à une même surface du second ordre réduite à l'ensemble de deux plans. Passant ensuite de ce cas singulier au cas ordinaire, il serait naturel de supposer que les côtés des deux hexagones secondaires font, dans le cas général, douze génératrices d'un même hyperboloïde; et l'on verrait, comme tout à l'heure, que la vérification de cette hypothèse se réduit à établir la situation en un même plan des quatre points x', y', Y, Z : ou la collinéation, suivant un même point p, de leurs plans polaires par rapport à cette surface S que nous savons être conjuguée à chacun des tétraèdres $abcd$, $a'b'c'd'$. Or les plans polaires des trois premiers x', y', Y sont respectivement cdc', ada', $a'd'a$; et leur point de concours n'est autre que la trace, désignée déjà par la lettre p, de la droite aa' sur le plan cdc'. Il reste donc seulement à établir que le plan polaire du quatrième, Z, passe par p; ou, inversement, que le plan polaire de p passe par Z; et comme le point Z appartient à la droite ac', c'est à quoi l'on devra parvenir en déterminant la trace de cette droite sur le plan polaire du point p, à l'aide des propriétés homologiques du triangle pac' et du trièdre formé des plans polaires de ses trois sommets.

§ II. — *De l'indétermination du huitième point, et du théorème de Desargues transporté, de six points d'une conique, à huit points d'une cubique gauche.*

287. La construction donnée au n° **282** est en défaut, et *le huitième point*, comme nous l'allons voir, *est réellement indéterminé*, lorsque *le triangle* xyz, formé de trois des sept points donnés, *et le quadrilatère* 1 2 3 4 ayant pour sommets successifs les traces, sur le plan de ce triangle, des côtés successifs du quadrangle **1 2 3 4** formé des quatre autres, *se trouvent circonscrits à une même conique* (n° **283**). S'il en est ainsi (*fig.* 61), ce même triangle xyz et l'un

Fig. 61.

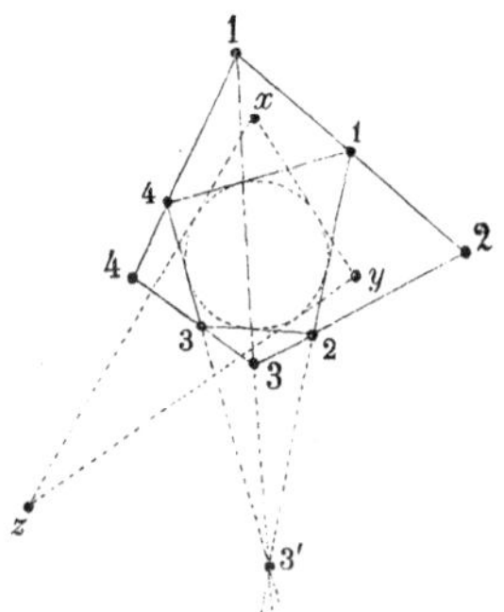

quelconque de ceux que l'on peut former avec trois des côtés du quadrilatère 1 2 3 4, le triangle 1 4 3', par exemple, sont encore circonscrits à une même conique. Par un théorème connu (n° **197**, p. 209), leurs sommets

(1) $\qquad x,\ y,\ z;\quad 1, 3', 4$

font six points d'une seconde conique; et les droites menées, de ces points, au sommet 1 du tétraèdre 1 2 3 4, six génératrices d'un même cône du second ordre. Or il est aisé d'apercevoir, dans les trois dernières, les arêtes mêmes 1 2, 1 3, 1 4 de ce tétraèdre. Le premier 1 des sept points

(2) $$1, 2, 3, 4, \quad x, y, z$$

représente donc le sommet d'un premier cône du second ordre passant par les six autres; et, en vertu de l'hypothèse, il en est de même de chacun des points 2, 3, 4. Les sept points considérés appartiennent donc à une même *cubique gauche* : commune intersection des quatre cônes que l'on vient de définir, et qui admettent, en effet, deux à deux, une génératrice commune.

Réciproquement, si les sept points donnés (2) appartiennent à une même cubique gauche, les précédents (1) font six points d'une même conique; les côtés du triangle xyz et trois quelconques de ceux du quadrilatère 1234, six tangentes d'une autre conique, et notre construction du huitième point se trouve encore en défaut. On a donc ce théorème : *Sept points quelconques de l'espace font toujours partie d'un groupe* déterminé *de* huit points associés, *à moins qu'ils n'appartiennent à une même cubique gauche; et le huitième point qui est alors indéterminé peut prendre, sur cette courbe, telle position que l'on voudra lui assigner.* Une cubique gauche, en effet, ne pouvant être rencontrée en plus de trois points par un plan quelconque, en plus de six par un système de deux plans ou une surface quelconque du second ordre, ne peut avoir sept points communs avec une telle surface sans lui appartenir tout entière. Toutes les surfaces du second ordre que l'on peut mener par sept points d'une cubique gauche passent donc d'elles-mêmes par cette courbe, qui est décrite tout entière par le huitième point commun à toutes ces surfaces.

Il résulte de là que l'on peut appliquer au groupe formé de huit points quelconques d'une cubique gauche tout ce qui a été dit déjà de huit points associés quelconques; ainsi, en premier lieu (n° 139, p. 142) :

Les carrés des distances de huit points fixes d'une cubique gauche à un plan quelconque *satisfont à une relation linéaire et homogène de la forme*

$$\sum_{1}^{8} \lambda_1 P^2 \equiv 0.$$

288. Si l'on sépare ensuite cette identité en deux équations équivalentes, comme on a fait au n° 280, on obtient un théorème jusqu'ici inaperçu, et qui est lié toutefois à celui de Desargues par une analogie infiniment précise, ainsi que le montrent les énoncés suivants :

Une corde et un quadrangle étant inscrits à une conique, les deux extrémités de cette corde et ses traces sur les côtés opposés du quadrangle font trois couples de points harmoniquement conjugués par rapport à un même système de deux points, *ou six points en involution.*

Et si l'on substitue aux deux couples de côtés opposés *de ce quadrangle* les trois couples de côtés opposés *du quadrangle* complet *correspondant*, *on aura en tout huit points en involution.*

Une corde et un octaèdre hexagonal étant inscrits à une cubique gauche, les deux extrémités de cette corde et ses traces sur les plans des faces opposées de l'octaèdre font cinq couples de points harmoniquement conjugués par rapport à un même système de deux points, *ou dix points en involution.*

Et si l'on substitue aux quatre couples de faces opposées *de cet octaèdre* les dix couples de faces opposées *de tous les octaèdres construits sur les mêmes sommets*, *on aura en tout vingt-deux points en involution.*

289. De même, *un triangle et un pentagone inscrits à une cubique gauche sont toujours conjugués à une même conique* (n° 281, p. 313).

Corollaire I. — Une cubique gauche étant définie par

les points 1, 2,..., 6, la droite qui réunit les deux dernières traces de la courbe sur un plan quelconque H mené par le point 6 coïncide avec la polaire de ce point par rapport à une conique déterminée, située dans le plan H et conjuguée au pentagone gauche 12...5 ou au pentagone plan *dérivé* de celui-là.

Corollaire II. — Les traces sur un plan quelconque H d'une cubique gauche définie par les points 1, 2,..., 6 font les sommets d'un triangle conjugué commun à six coniques distinctes, situées dans ce plan, et respectivement conjuguées aux pentagones gauches 12345, 23456, 34561,... ou aux pentagones plans dérivés de ceux-là.

Corollaire III. — Une série de cubiques gauches étant menées par un même groupe de cinq points, leurs traces sur un plan quelconque sont les sommets d'une série de triangles dont les cercles circonscrits ont un même centre radical.

290. Enfin, *deux tétraèdres inscrits à une cubique gauche sont toujours conjugués à une même surface du second ordre* (n° 284, p. 317). On peut remarquer que les dépendances, entre huit points d'une cubique gauche, exprimées par l'un quelconque des théorèmes précédents, se traduisent par *trois* conditions, tandis que leur expression complète en exigerait quatre. Bien qu'analogues à celui de Desargues, ces théorèmes paraissent donc ne devoir donner lieu qu'à des applications plus restreintes d'un degré. Il arrive cependant, comme on le verra bientôt, que ces données par excès que supposent nos théorèmes, et qui en restreignent l'utilité quand il s'agit seulement de construire un nouveau point d'une cubique gauche, ou de lui mener une tangente par l'un des points qui la déterminent, deviennent, au contraire, très-avantageuses dans d'autres recherches un peu moins aisées, telles que celle du *plan*, du *cercle* ou de la *sphère qui osculent la courbe* en l'un de ses points.

291. Une question incidente se présente naturellement ici, et sur laquelle nous pouvons nous arrêter un moment, parce qu'elle touche à l'étude peu avancée encore des propriétés géométriques des polyèdres.

On vient de voir (n° **288**) que toute transversale qui s'appuie en deux points sur une cubique gauche rencontre les faces opposées d'un octaèdre inscrit à la courbe suivant huit points en involution. On peut se demander si la réciproque est vraie, ou chercher seulement *la définition générale des droites satisfaisant à la* double *condition de couper les faces opposées d'un octaèdre hexagonal* **12...56**, *suivant* quatre *couples de points en involution*.

1). On reconnaît d'abord que, *par chaque point* x *de l'espace, on peut mener au moins* une *de ces droites*. Car si l'on désigne par y le huitième point commun à toutes les surfaces du second ordre circonscrites à l'heptagone $x\mathbf{1}\,\mathbf{2}\ldots\mathbf{6}$, l'identité

$$\sum_1^6 \lambda_1 P_1^2 + a X^2 + b Y^2 \equiv 0,$$

ou les équations équivalentes

$$aX^2 + bY^2 = 0, \tag{1}$$

$$\sum_1^6 \lambda_1 P_1^2 = 0, \tag{1'}$$

qui en résultent expriment que les quatre couples de points déterminées sur la droite xy par les faces opposées de l'octaèdre **1...6** font quatre couples harmoniquement conjuguées aux deux points ξ, η représentés par l'équation (1) : ou *quatre couples de points conjugués en involution* (n° **280**, p. 312).

2). Si l'on imagine ensuite qu'une seconde droite xz,

issue de la même origine, puisse offrir la même propriété et rencontrer effectivement les faces opposées de l'octaèdre 1...6 suivant quatre couples de points en involution; les points doubles ξ, ζ de cette involution seraient harmoniquement conjugués aux deux points de chaque couple et formeraient une *surface évanouissante* $(\dot{\xi}, \dot{\zeta})$, conjuguée à l'octaèdre 1...6, et dès lors représentée par une équation de la forme

$$(2) \qquad \sum_1^6 \mu_i P_i^2 = 0.$$

Mais en désignant par z le conjugué du point x dans l'involution précédente, ou le conjugué harmonique de ce même point par rapport au système $(\dot{\xi}, \dot{\zeta})$; le système (ξ, ζ), rapporté aux points x, z, serait aussi représenté par une équation de la forme

$$(2') \qquad aX^2 + cZ^2 = 0:$$

et les équations équivalentes (2), (2′) entraînant l'identité

$$(I') \qquad \sum_1^6 \mu_i P_i^2 + aX^2 + cZ^2 \equiv 0,$$

le point z serait un *autre huitième point* associé au groupe x12...6. Les sept points de ce groupe ne seraient donc pas indépendants les uns des autres; mais le septième x, au lieu d'être quelconque, comme on l'avait supposé, appartiendrait à la cubique gauche définie par les six premiers.

3). Il est donc acquis, d'une part, que toute droite qui s'appuie en deux points sur la cubique gauche circonscrite à un octaèdre quelconque, coupe les faces opposées de celui-ci suivant huit points en involution; de l'autre que, par un point quelconque de l'espace, on peut mener une *transversale*, et une seule, *en involution* par rapport à un octaèdre donné. Mais on sait aussi que « par un point quelconque de l'espace on peut mener une transversale, et une seule, qui s'appuie en deux points sur une cubique gauche donnée ». Il en résulte que les deux transversales dont on vient de parler se confondent, et l'on a ce théorème :

Toute droite qui s'appuie en deux points *sur la cubique gauche, circonscrite à un octaèdre, coupe les faces opposées de celui-ci suivant huit points en involution.* Réciproquement, *toute droite qui coupe suivant huit points en involution les faces opposées d'un octaèdre hexagonal s'appuie* en deux points *sur la cubique gauche circonscrite.*

292. « Par un point quelconque de l'espace, on peut toujours mener une droite, et une seule, qui s'appuie en deux points sur une cubique gauche donnée. »

Cela est à peu près évident. Et l'on voit bien d'abord que si deux droites, issues de la même origine, s'appuyaient chacune en deux points sur la courbe, le plan de ces droites couperait la courbe en quatre points. Et c'est la définition d'une cubique gauche, qu'elle ne puisse être coupée par un plan quelconque en plus de trois points, réels ou imaginaires

En outre, si l'on imagine l'un quelconque des hyperboloïdes à une nappe que l'on peut mener en nombre infini par l'origine x et la cubique gauche considérée; le plan tangent en x à cet hyperboloïde coupera la courbe en trois points distincts, lesquels tomberont nécessairement sur les génératrices rectilignes contenues dans ce plan et issues de l'origine x, savoir : l'un de ces points, sur l'une de ces génératrices; et les deux autres sur l'autre. Donc, etc.

293. Mais on peut compléter le théorème précédent par la construction de cette droite unique qui le résout. Il résulte, en effet, d'un théorème antérieur (n° 280, p. 312) que *huit points associés sont toujours tels, que la droite qui réunit deux quelconques d'entre eux et* l'octaèdre *ayant pour sommets les six autres, soient en involution.* Rapprochant ce théorème de l'un de ceux que l'on vient d'établir (n° **291**), on pourra dire d'une manière équivalente que *huit points associés sont toujours tels, que la droite qui réunit deux quelconques d'entre eux s'appuie en deux points sur la cubique gauche qui réunit les six autres*.

Il en résulte que la droite *menée d'un point quelconque d de l'espace, de manière à s'appuyer en deux points* sur une cubique gauche $abc\,a'b'c'$, passe par le point associé d' des sept points donnés d, a, b, c, a', b', c'; si dès lors, *après avoir inscrit à l'hexagone* $abc\,a'b'c'$ *un autre hexagone* $xyz\mathrm{XYZ}$ *dont les trois diagonales se croisent au point* d, et dont les côtés forment d'eux-mêmes six génératrices d'un hyperboloïde, *on détermine les six autres génératrices suivant lesquelles cet hyperboloïde est coupé par les plans des angles successifs de l'hexagone initial* $abc\,a'b'c'$, *et le nouvel hexagone* $x'y'z'\mathrm{X'Y'Z'}$ *qu'elles déterminent* (*fig.* 59, p. 318) : *la droite menée, du point* d, *au point de concours* d' *des diagonales de ce nouvel hexagone s'appuiera en deux points sur la cubique gauche* $abc\,a'b'c'$ et résoudra le problème.

294. Il résulte du nombre des paramètres arbitraires contenus dans l'équation

$$a\mathrm{AA'} + b\mathrm{BB'} + c\mathrm{CC'} = 0$$

qu'une série de surfaces du second ordre *circonscrites à un hexaèdre* (n° 61, p. 52) demeurent capables de deux conditions nouvelles et ne peuvent dès lors être assujetties par leur commune définition à plus de sept conditions distinctes. On doit donc réduire à ce nombre les huit conditions qu'elles remplissent déjà en passant par chacun des sommets de l'hexaèdre; et l'on peut conclure, en d'autres termes, que toute surface du second ordre que l'on aura menée par sept des sommets de l'hexaèdre passera d'elle-même par le dernier : ou que *les sommets d'un hexaèdre quelconque font toujours huit points associés*. De là ce théorème curieux (*fig.* 62) : *Un hexagone* 123456 *étant inscrit à une cubique gauche, la droite* xy *qui réunit les*

Fig. 62.

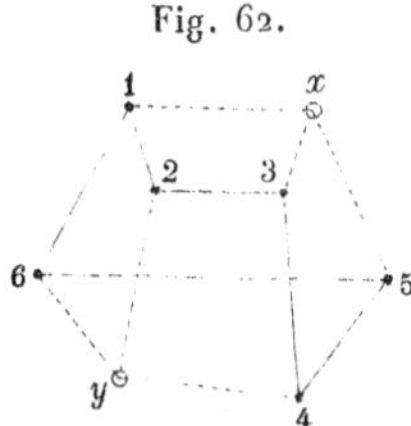

points de concours des plans des angles pairs ou impairs de cet hexagone s'appuie en deux points sur la courbe.

Une cubique gauche étant définie par six points, on peut en obtenir *à priori*, et par une construction simple, *soixante* cordes distinctes.

295. Nous avons vu (n° 287, p. 324) que le huitième point ne peut devenir *indéterminé* que dans le cas où les sept dont il dépend appartiennent à une même cubique gauche. La construction donnée par M. Hesse (n° 285, p. 318) paraît cependant en défaut, en dehors même de ce cas d'exception et *toutes les fois que l'hexagone auxiliaire* xyzXYZ (*fig.* 59, p. 318) *cesse d'être gauche*. Dans ce cas, en effet, l'hyperboloïde à une nappe, précédemment défini par ce circuit hexagonal, se réduit à un système de deux plans : le premier, qui tombe dans le plan même de l'hexagone xyzXYZ ; le second, que la construction générale cesse de déterminer et qui demeure inconnu. Mais nous allons voir que ces deux plans se confondent, et que le huitième point d' vient alors se confondre avec le septième d, suivant une direction dd' que l'on peut construire.

296. En premier lieu, le circuit hexagonal xyzXYZ (*fig.* 59) ne cesse d'être gauche que si le septième point d vient se placer au sommet de l'un des cônes du second ordre passant par les six premiers a, b, c, a', b', c'.

Car si l'on projette, sur un plan quelconque H, et suivant le centre de projection d, l'hexagone $abc\,a'b'c'$ en $\alpha\beta\gamma\,\alpha'\beta'\gamma'$; on reconnaît aussitôt que les trois diagonales $\overline{xdX}$, $\overline{ydY}$, $\overline{zdZ}$ du circuit hexagonal $xyz\,XYZ$ aboutissent respectivement aux points de concours des côtés opposés de l'hexagone projeté $\alpha\beta\gamma\,\alpha'\beta'\gamma'$. Le circuit $xyz\,XYZ$ ne cesse donc d'être gauche, et ses trois diagonales n'appartiennent à un même plan que si les points de concours des côtés opposés de l'hexagone $\alpha\beta\gamma\,\alpha'\beta'\gamma'$ sont en ligne droite : auquel cas cet hexagone est *inscriptible* à une conique, et l'hexagone initial $abc\,a'b'c'$ à un cône du second ordre ayant pour sommet le point d.

La construction Hesse ne sera donc en défaut que si le septième point d appartient à la surface du quatrième ordre S_4 — lieu géométrique des sommets des cônes du second passant par $abc\,a'b'c'$ — et qui renferme en particulier la cubique gauche $(abc\,a'b'c')$ définie par ces mêmes points.

Plaçons-nous dès lors dans ce cas d'exception ; et, désignant par

$$1, 2, 3, 4, 5, 6, 7 \quad \text{ou} \quad P_1 P_2 \ldots P_7 = 0$$

les sept points donnés, supposons que le septième soit le sommet d'un cône du second ordre passant par tous les autres. Par un théorème antérieur (n° 268, p. 292), on pourra satisfaire à l'identité tangentielle

$$(1) \qquad \sum_1^6 \lambda_i P_i^2 \equiv P_7 Q_7$$

par une détermination convenable du point $Q_7 = 0$, et que l'on peut réaliser géométriquement. Car le système de deux points

$$P_7 Q_7 = 0,$$

défini par cette identité, est divisé harmoniquement par deux faces opposées quelconques de l'octaèdre **123456** ou

$P_1 \ldots P_6 = 0$; et le second de ces points est à l'intersection des plans polaires du premier par rapport aux dièdres formés de deux faces opposées quelconques de cet octaèdre. Or, si P et Q désignent deux points auxiliaires, harmoniquement conjugués au segment $P_7 Q_7$, on pourra poser

$$P_7 \equiv P + mQ, \quad Q_7 \equiv P - mQ;$$

l'identité précédente, à son tour, pourra s'écrire

$$(1') \qquad \sum_1^6 \lambda_1 P_1^2 \equiv P^2 - m^2 Q^2,$$

et l'on en déduira que toute surface du second ordre menée par les points $1, 2, \ldots, 6$ et P passe d'elle-même par le point Q. D'ailleurs si le point P se rapproche indéfiniment du point 7 ou $P_7 = 0$, il en est de même du point conjugué Q. Et l'on en conclut, en passant à la limite, que *si le point* 7 *est le sommet d'un cône du second ordre passant par* 1, 2, ..., 5, 6 : *toute surface du second ordre menée par* 1, 2, ..., 5, 6, 7 *passe d'elle-même* une seconde fois *par le point* 7, et *touche* en ce point *la droite* 77′, ou $P_7 Q_7 = 0$, *qui le réunit au point de concours de ses plans polaires par rapport aux dièdres formés des faces opposées de l'octaèdre* 1...6.

Ce théorème pourra donc suppléer à la construction de M. Hesse toutes les fois qu'elle sera en défaut.

297. Enfin si le septième point 7 vient se placer sur la cubique gauche 12...56 définie par les six autres, toutes les conséquences précédentes subsistent encore, mais avec une particularité de plus, et qui fournit une analogie nouvelle entre les coniques et les cubiques gauches.

Dans ce cas, effectivement, toute surface du second ordre menée par les points 1, ..., 6, 7, contient tout entière la cubique gauche sur laquelle on les suppose situés. Et comme cette surface n'est soumise par là qu'à sept conditions distinctes, il faut nécessairement que cette droite 77′, ou $P_7 Q_7 = o$, à laquelle elle est tangente par ce qui précède, soit tangente elle-même à cette courbe.

De là l'analogie, que mettent en évidence les énoncés suivants :

Un quadrangle

$$P_1 P_2 P_3 P_4 = o$$

étant inscrit à une conique, les polaires d'un point quelconque de la courbe

$$P_5 = o$$

par rapport aux trois angles formés des côtés opposés ou des diagonales de ce quadrangle se coupent en un second point

$$Q_5 = o$$

défini par l'identité tangentielle

$$\sum_1^4 \lambda_1 P_1^2 \equiv P_5 Q_5 ;$$

et la droite

$$P_5 Q_5$$

qui les réunit est tangente à la courbe suivant le premier de ces points.

Un octaèdre hexagonal

$$P_1 P_2 \ldots P_5 P_6 = o$$

étant inscrit à une cubique gauche, les plans polaires d'un point quelconque de la courbe

$$P_7 = o,$$

par rapport aux différents dièdres formés des faces opposées de cet octaèdre, se coupent en un second point

$$Q_7 = o$$

défini par l'identité tangentielle

$$\sum_1^6 \lambda_1 P_1^2 \equiv P_7 Q_7 ;$$

et la droite

$$P_7 Q_7$$

qui les réunit est tangente à la courbe suivant le premier de ces points.

Observation. — La *surface du quatrième ordre*, lieu géométrique des sommets des cônes du second circonscrits à un hexagone gauche $abca'b'c'$, et la *surface de quatrième classe* enveloppe des plans des coniques inscrites à l'hexaèdre déterminé par les plans des angles successifs $\hat{a}, \hat{b}, \hat{c} \ldots$ de ce même hexagone, se correspondent de telle manière que *chaque* point d de la première fournit, par la construction indiquée, un plan tangent (xyzXYZ) de la seconde; ou inversement. L'hexagone plan xyzXYZ qui correspond au point d est tel, en effet, que ses trois diagonales xX, yY, zZ concourent en un même point d' : il est donc circonscriptible à une conique déterminée, inscrite elle-même à l'hexaèdre $(\widehat{a}\,\widehat{b}\,\widehat{c}\,\widehat{a'}\,\widehat{b'}\,\widehat{c'})$.

298. *Étant donnés six points* 1, 2, 3, x, y, z *d'une cubique gauche,* si l'on détermine d'abord les traces successives 1, 2, 3, sur le plan xyz, des droites 12, 23, 31, et que, considérant une conique inscrite au triangle xyz, et tangente, suivant le point 2, à la droite 123, on lui mène par 1 et 3 deux nouvelles tangentes : *la droite* menée de leur point de concours 4 au point 1 sera *tangente* en ce point *à la courbe gauche proposée.*

C'est ce qui résulte de la propriété de sept points d'une cubique gauche, mentionnée au n° 287, et de la considération auxiliaire d'un quadrilatère inscrit 1234 dont le quatrième sommet se rapprocherait indéfiniment du premier.

299. *Étant donnés six points* 1, 2, 3, x, y, z *d'une cubique gauche* et *la tangente* 14 *en l'un de ces points* (*fig.* 63); si l'on détermine d'abord les traces 1, 2, 3, 4 sur

Fig. 63.

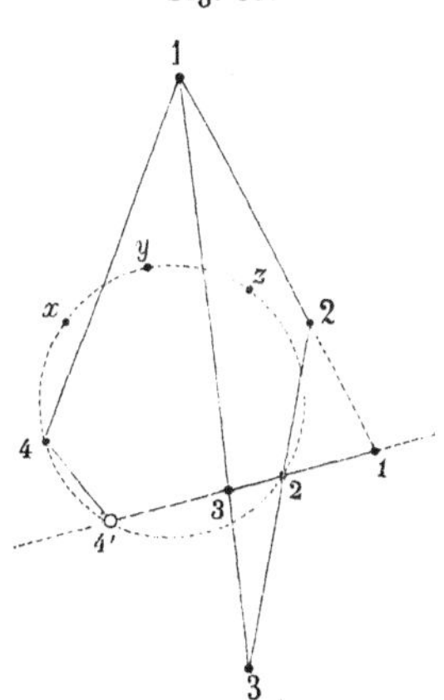

le plan xyz, des droites 12, 23, 31 et de cette tangente; et que, considérant la conique définie par les points

$$x, y, z, 2, 4,$$

on détermine la seconde trace $4'$ de cette courbe sur la droite indéfinie $\overline{123}$: *le plan* mené par la droite $44'$ et le point 1 sera *osculateur* en ce point à la courbe gauche proposée.

C'est ce qui résulte de la propriété de huit points d'une cubique gauche (n° 289, p. 325) et de la considération auxiliaire d'un pentagone inscrit 12345 dont les deux derniers sommets 4 et 5 se rapprocheraient indéfiniment du premier 1, en se mouvant toujours sur la courbe (*fig.* 64). Si

$$1, 2, 3, 4, 5$$

désignent, en effet, les traces sur le plan xyz des côtés successifs

$$12,\ 23,\ 34,\ 45,\ 51$$

du pentagone mobile considéré, nous savons d'abord que le triangle fixe xyz et le pentagone plan 12345 seront à

Fig. 64.

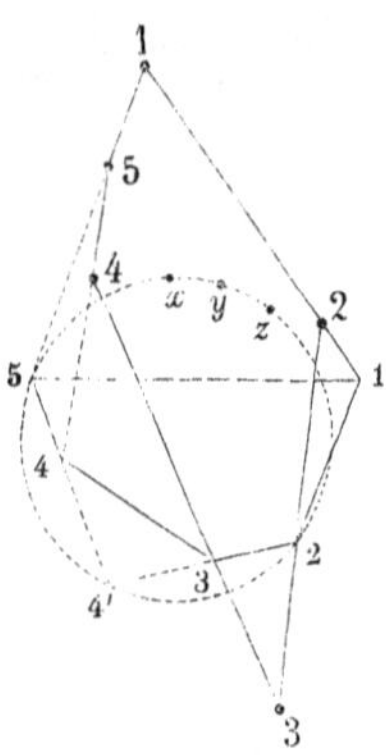

chaque instant conjugués à une même conique. Mais nous savons aussi, et cela résulte d'ailleurs de la seule définition du pentagone conjugé à une conique, que si l'on prolonge jusqu'à leur mutuelle intersection, en $4'$, deux côtés non consécutifs, 23 et 45, d'un tel pentagone, le triangle résultant

2 5 4'

est conjugué à la même courbe. Le triangle fixe xyz et le triangle variable 2 5 4' se trouvent donc à chaque instant conjugués à une même conique, et, par un théorème antérieur, *leurs sommets*

x, y, z, 2, 5, 4'

font toujours *six points d'une seconde conique.* Il en est donc encore de même à la limite lorsque les sommets 4 et 5 du pentagone gauche primitif viennent se confondre avec le point 1 :

$$\dot{4} = \dot{5} = \dot{1},$$

et l'on peut dire que la conique *définie par les points* x, y, z, *le point* 2 *et le* point-limite *du point* 5, contient encore le point limite du point 4'. Or le point 5 a pour limite la trace, sur le plan xyz, de la tangente au point 1 de la cubique gauche proposée; et le point 4', intersection des droites 23 et 45, a pour limite l'intersection de la droite $\overline{123}$ de la figure-limite et de la trace, sur le plan xyz, du plan osculateur que l'on se proposait de construire. Donc, etc.

300. Étant donnés six points O, 1, 2, 3, 4, 5 d'une cubique gauche, la tangente $\overline{OO'}$ et le plan osculateur OO'O'' en l'un de ces points; si l'on construit d'abord les traces 1, 2, 3, 4, 5 sur ce plan des droites 12, 23, 34, 45, 51, et que, considérant la *conique conjuguée au pentagone résultant* 1 2 3 4 5, on en détermine le *cercle diagonal :* le *cercle osculateur* au point O de la courbe gauche proposée coïncidera avec le cercle mené, par ce point, tangentiellement à cette courbe et orthogonalement au cercle diagonal de la conique précédente.

C'est ce qui résulte encore de la propriété de huit points d'une cubique gauche.

Imaginons, en effet, un triangle variable OO'O'', inscrit

à la courbe, et dont les deux derniers sommets se rapprochent indéfiniment du premier O qui est fixe; et soit 1′2′3′4′5′ un pentagone ayant pour sommets successifs les traces des côtés successifs du pentagone gauche **12345** sur le plan de ce triangle. Le pentagone 1′2′3′4′5′ et le triangle OO′O″ étant toujours conjugués à une même conique, le cercle OO′O″, circonscrit à ce triangle, et le cercle-diagonal de cette conique sont constamment orthogonaux. La même propriété subsiste donc encore, à la limite, lorsque les points O, O′, O″ se confondent; et les cercles-limites des deux précédents sont encore orthogonaux. Or la limite du cercle OO′O″ est le cercle osculateur au point O de la cubique gauche considérée; et la limite du cercle-diagonal de la conique conjuguée au pentagone 1′2′...5′, le cercle-diagonal de la conique conjuguée au pentagone-limite 12...5. Donc, etc.

Remarque I. — Le point O pouvant être considéré comme un triangle de dimensions évanouissantes simultanément inscrit à la courbe gauche proposée, et conjugué à la conique précédente; celle-ci passera d'elle-même par le point O et touchera d'elle-même en ce point la courbe proposée.

Remarque II. — Le cercle diagonal de la conique conjuguée au pentagone 12345 se peut construire indépendamment de cette conique, et en quelque sorte *à priori*. Un

Fig. 65.

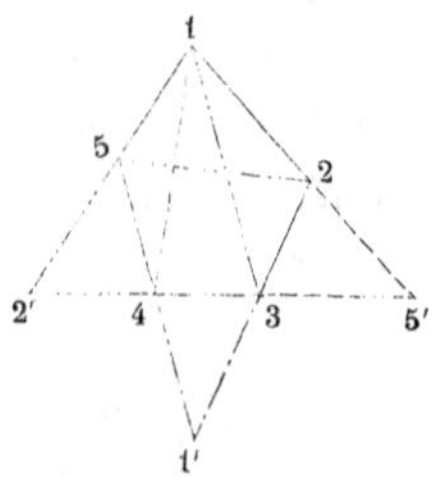

pentagone conjugué 12...5 (*fig.* 65) donnant en effet

naissance à cinq triangles distincts 1 3 2', 1 4 5', 2 5 1', ..., conjugués à la même conique : les cercles circonscrits à trois quelconques de ces triangles sont orthogonaux au cercle-diagonal de cette conique et le déterminent.

301. *Étant donnés cinq points* O, 1, 2, 3, 4 *d'une cubique gauche*, le *plan* et le *cercle* osculateur *en l'un de ces points* O; si l'on détermine la sphère diagonale d'un ellipsoïde qui, passant par le point O et tangent en ce point au plan donné, serait en outre conjugué au tétraèdre **1234** : la sphère menée par le cercle donné orthogonalement à la précédente représentera la *sphère osculatrice* de la courbe gauche proposée.

Si l'on prend, en effet, sur cette courbe, trois nouveaux points quelconques O_1, O_2, O_3, les huit points associés O, O_1, O_2, O_3, 1, 2, 3, 4 donnent naissance à deux tétraèdres,

$$OO_1O_2O_3 \quad \text{et} \quad \mathbf{1234},$$

conjugués à un même ellipsoïde : la sphère-diagonale de cet ellipsoïde coupe orthogonalement la sphère circonscrite à l'un quelconque de ces tétraèdres ; et cette propriété ayant lieu, quels que soient les points O_1, O_2, O_3, subsiste encore à la limite, quand ils se confondent avec le point O. La limite de la sphère circonscrite au tétraèdre $OO_1O_2O_3$, ou la sphère osculatrice de la courbe gauche considérée, coupe donc orthogonalement la sphère-diagonale d'un ellipsoïde *conjugué au tétraèdre* **1234** et *au point* O considéré comme limite du tétraèdre $OO_1O_2O_3$, ou assimilé à un tétraèdre conjugué de dimensions évanouissantes. Le point O appartient donc à cet ellipsoïde-limite, et celui-ci, de plus, est tangent en ce point à la limite du plan OO_1O_2 ou au plan osculateur. Donc, etc.

Remarque. — Étant donnés les plans polaires de deux points distincts par rapport à une surface du second ordre, si par chacun de ces points on mène un plan parallèle au plan polaire de l'autre, les arêtes des deux dièdres qui résultent des deux plans proposés, ou de leurs parallèles, déterminent un plan contenant le centre de la surface (n° 182, p. 186). Le centre d'un ellipsoïde défini par un tétraèdre conjugué, un plan tangent et son point de contact, se trouve donc au point de rencontre de quatre plans distincts que l'on peut construire. Et la sphère décrite autour de ce point comme centre, orthogonalement à la sphère circonscrite au tétraèdre donné, représente la sphère-diagonale de l'ellipsoïde.

§ III. — *De l'enveloppe du plan polaire d'un point donné par rapport aux surfaces circonscrites à un heptagone.*

302. M. Lamé a établi le premier (*Exam. des diff. méth.*, p. 37) que « les plans diamétraux conjugués à une même direction de cordes, dans les surfaces du second ordre circonscrites à un heptagone, se coupent en un même point », et l'on a vu déjà (n° 145, p. 152) que *les plans polaires d'un point fixe quelconque* $Q = 0$, *par rapport aux surfaces circonscrites à l'heptagone* $P_1 \ldots P_7 = 0$, *se coupent suivant le point* $Q' = 0$ *défini par l'identité* tangentielle

$$\sum_1^7 \lambda_1 P_1^2 \equiv QQ'.$$

Il resterait à construire ce point Q', et c'est ce que l'on peut faire de deux manières différentes : par la géométrie avec M. Hesse, ou par la seule interprétation de l'identité précédente. C'est ce qu'on verra dans le Chapitre suivant.

§ IV. — *De deux problèmes déterminés relatifs à l'hexaèdre.*

303. *Le problème* ayant pour objet de *circonscrire, à un hexaèdre donné, un cylindre du second ordre* est déterminé et admet, en général, trois solutions distinctes. Une première manière de les obtenir résulterait, si elle est géométriquement réalisable, de la recherche de l'*axe* même de chacun des cylindres circonscrits. Un cylindre ayant, en effet, une infinité de centres situés sur l'axe, le lieu géométrique des centres de toutes les surfaces du second ordre circonscrites à l'hexaèdre proposé doit recevoir autant de droites, au moins, que l'hexaèdre de cylindres circonscrits. Or le lieu général des centres est ici une *surface du troisième degré*, dont la trace sur le plan de chacune des faces de l'hexaèdre se compose d'une droite et d'une conique — soit six coniques déjà et trois droites (AA'), (BB'), (CC'), — mais qui peut admettre, comme l'on sait, vingt-sept droites distinctes. Douze d'entre elles se définissent aisément, mais dont aucune ne peut représenter l'axe d'un cylindre circonscrit. Il resterait donc à construire les quinze autres et, parmi ces dernières, celles, au nombre de trois, qui, s'appuyant sur chacune des six coniques principales, pourraient seules fournir les axes des trois cylindres cherchés.

Mais, en dehors de cette solution, on peut encore résoudre le problème à l'aide du théorème suivant dont nous rencontrerons, par la suite, d'autres applications.

304. THÉORÈME. — *Le lieu des sommets des cônes du second ordre circonscrits à un hexaèdre est une* cubique gauche *s'appuyant en deux points sur chacune des droites d'intersection des faces opposées de l'hexaèdre, et dont six autres points se trouvent susceptibles d'une construction immédiate, qui sont les points d'intersection des deux diagonales de chacune de ces faces.*

Soient, effectivement,

$$\alpha AA' + \beta BB' + \gamma CC' = 0$$

l'un des cônes circonscrits à l'hexaèdre, et

$$\alpha(aA' + a'A) + \beta(bB' + b'B) + \gamma(cC' + c'C) = 0$$

l'équation du plan polaire correspondant du sommet $(a, a'; b, b'; c, c')$ de ce cône. Le plan polaire du sommet d'un cône, par rapport à ce cône lui-même, étant indéterminé, l'équation précédente doit se réduire à l'identité $0 = 0$; ce qui exige que *les plans polaires*

$$(aA' + a'A)(bB' + b'B)(cC' + c'C) = 0$$

du sommet considéré, par rapport aux trois dièdres

$$\widehat{AA'}, \quad \widehat{BB'}, \quad \widehat{CC'}$$

formés des faces opposées de l'hexaèdre, *se coupent suivant une même droite* G. De là d'abord la possibilité de *construire par points le lieu géométrique des sommets*. Car cette droite G, s'appuyant sur l'arête de chacun de ces angles dièdres, est l'une des génératrices de l'*hyperboloïde à une nappe qui aurait ces trois arêtes pour directrices;* et *les plans polaires d'un point quelconque de cet hyperboloïde*, par rapport aux dièdres AA', BB', CC' *se coupent en un point du lieu;* mais on peut aussi en obtenir les équations. Et si l'on pose

$$(n)\quad \left\{\begin{aligned} A.A' &\equiv X_1.X_2,\\ B.B' &\equiv X_3.X_4,\\ C.C' \equiv P.Q &\equiv (p_1X_1 + \ldots + p_4X_4)(q_1X_1 + \ldots + q_4X_4),\end{aligned}\right.$$

on aura exprimé la collinéation suivant une même droite des plans polaires d'un certain point $(X'_1, \ldots, X'_4, P', Q')$, par rapport aux dièdres AA', BB', CC', si l'on exprime que l'une des trois équations suivantes,

$$X_1X'_2 + X_2X'_1 = 0, \quad X_3X'_4 + X_4X'_3 = 0, \quad PQ' + QP' = 0,$$

est une conséquence des deux autres, en posant

$$\lambda(X_1X'_2 + X_2X'_1) + \mu(X_3X'_4 + X_4X'_3) \equiv PQ' + QP'.$$

Or, si l'on développe les fonctions P et Q conformément à la notation (n), cette identité se résout dans cette suite de rapports égaux

$$\frac{\lambda X'_2}{p_1 Q' + q_1 P'} = \frac{\lambda X'_1}{p_2 Q' + q_2 P'} = \frac{\mu X'_4}{p_3 Q' + q_3 P'} = \frac{\mu X'_3}{p_4 Q' + q_4 P'};$$

et les équations du lieu des sommets s'obtiennent en égalant entre eux les deux premiers rapports, ou les deux derniers : ce qui donne, suppression faite des accents,

$$(p_1 Q + q_1 P) X_1 = (p_2 Q + q_2 P) X_2,$$
$$(p_3 Q + q_3 P) X_3 = (p_4 Q + q_4 P) X_4.$$

Le lieu cherché est donc une cubique gauche, commune intersection de deux hyperboloïdes à une nappe ayant une génératrice commune $o = P = Q$ ou $C.C' = o$.

D'ailleurs, il est aisé de reconnaître, dans le point de concours des premières diagonales de chacune des faces de l'hexaèdre, un point du lieu général des sommets (*fig.* 66). Le cône défini par les cinq génératrices

$$o_1 a \text{ ou } o_1 c, \quad o_1 b \text{ ou } o_1 d \quad \text{et} \quad o_1 a', o_1 b', o_1 c'$$

passe effectivement par sept des sommets de l'hexaèdre, savoir :

$$a, b, c, d; \quad a', b', c'.$$

Il passe donc aussi par le huitième d'; le point o_1 appar-

Fig. 66.

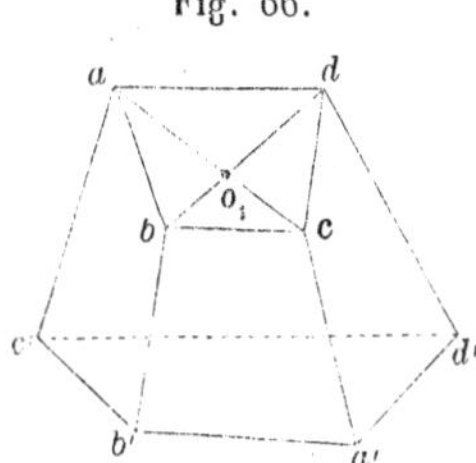

tient à la cubique gauche lieu géométrique des sommets de tous les cônes circonscrits : et les six points analogues $o_1, \ldots, o_6$, fournis par les différentes faces de l'hexaèdre, suffisent à la définition de cette courbe.

305. Il est aisé maintenant de *définir par la direction de leurs génératrices les trois cylindres du second ordre que l'on peut circonscrire à l'hexaèdre donné $abcda'b'c'd'$.* Les six points

$$o_1, o_2, \ldots, o_5, o_6$$

de la cubique gauche lieu géométrique des sommets de tous les cônes circonscrits, permettant, en effet, de déterminer les traces de cette courbe sur un plan quelconque et, en particulier, sur le plan à l'infini ; si l'on mène, d'un point arbitraire O, conformément à une proposition antérieure (n° 289), une série de rayons parallèles aux côtés successifs de chacun des pentagones

$$o_1\, o_2\, o_3\, o_4\, o_5, \quad o_2\, o_3\, o_4\, o_5\, o_6,$$

et que l'on détermine les cônes du second ordre respectivement conjugués aux angles solides pentaèdres formés des rayons de chaque série : chacune des arêtes du *trièdre conjugué* commun aux deux cônes résultants représentera la direction de l'un des points à l'infini de la cubique gauche $o_1\, o_2 \ldots o_6$, ou la direction des génératrices de l'un des trois cylindres cherchés (Corollaire II, p. 326).

306. On peut encore rattacher à l'étude des propriétés communes aux surfaces du second ordre menées par un même groupe de sept points, la détermination du *paraboloïde* équilatère *circonscrit à un hexaèdre ;* en entendant, sous ce nom, un paraboloïde hyperbolique dont les plans directeurs sont perpendiculaires entre eux. Un tel paraboloïde étant représenté par l'équation

$$\begin{aligned} ax^2 + a'y^2 + a''z^2 + 2\,byz + 2\,b'zx + 2\,b''xy \\ + 2\,cx + 2\,c'y + 2\,c''z + d = 0, \end{aligned}$$

l'orthogonalité de ses plans directeurs se traduit par la condition connue

$$a + a' + a'' = 0 ;$$

et son entière détermination est assurée par la donnée d'un

heptagone ou d'un hexaèdre inscrits. Dans l'un et l'autre cas, le problème admet trois solutions, et nous allons voir qu'elles sont susceptibles d'une détermination fort élégante dans le cas de l'hexaèdre.

1). La surface cherchée étant rapportée d'une part à ses plans directeurs $XY = o$; de l'autre, à l'hexaèdre donné $P_1 Q_1 \times P_2 Q_2 \times P_3 Q_3 = o$, les équations résultantes entraînent l'identité

$$(1) \qquad \lambda_1 P_1 Q_1 + \lambda_2 P_2 Q_2 + \lambda_3 P_3 Q_3 \equiv XY + Z,$$

que l'on peut écrire, après avoir transporté parallèlement à eux-mêmes, autour d'un même point o, tous les plans qui y figurent,

$$(2) \qquad \lambda_1 P'_1 Q'_1 + \lambda_2 P'_2 Q'_2 + \lambda_3 P'_3 Q'_3 \equiv X'Y'.$$

Les plans directeurs cherchés, $X'Y' = o$, seront dès lors fournis par les divers *systèmes de deux plans rectangulaires* contenus dans l'équation

$$(3) \quad o = \sum_1^3 \lambda_1 P'_1 Q'_1 = \sum_1^3 \lambda_1 (a_1 x + b_1 y + c_1 z)(\alpha_1 x + \beta_1 y + \gamma_1 z),$$

lesquels appartiennent, comme *surfaces-limites*, à la *série des cônes équilatères circonscriptibles* contenus dans la même équation.

Or si l'on développe la condition $a + a' + a'' = o$ qui particularise les cônes de cette série, on trouve successivement

$$\sum_1^3 \lambda_1 (a_1 \alpha_1 + b_1 \beta_1 + c_1 \gamma_1) = o,$$

$$(\text{III}) \qquad \lambda_1 \cos \widehat{1} + \lambda_2 \cos \widehat{2} + \lambda_3 \cos \widehat{3} = o,$$

et si l'on élimine le paramètre λ_3 entre cette équation et la précédente (3), il vient

$$(3') \qquad \left\{ \begin{aligned} & \lambda_1 \left(P'_1 Q'_1 . \cos \widehat{3} - P'_3 Q'_3 . \cos \widehat{1}\right) \\ & + \lambda_2 \left(P'_2 Q'_2 . \cos \widehat{3} - P'_3 Q'_3 . \cos \widehat{2}\right) = o. \end{aligned} \right.$$

Tous les cônes de la série (3) ou (3') et tous les systèmes

de deux plans rectangulaires qui en font partie admettent donc quatre génératrices communes : les quatre génératrices communes aux trois cônes *circonscriptibles,* représentés par les équations

$$(4) \qquad \frac{P'_1 Q'_1}{\cos \widehat{1}} = \frac{P'_2 Q'_2}{\cos \widehat{2}} = \frac{P'_3 Q'_3}{\cos \widehat{3}},$$

et qui sont susceptibles d'une construction immédiate, parce que l'on connait, *à priori,* quatre génératrices de chacun d'eux. La *hauteur* d'un trièdre inscrit à un cône circonscriptible, ou la droite d'intersection de trois *plans-hauteurs* de ce trièdre, est effectivement tout entière sur ce cône et sur tous les cônes analogues que l'on peut circonscrire au même trièdre. Un cône circonscriptible, défini par quatre génératrices, passe donc par quatre autres droites que l'on peut construire ; et tel est le cas des cônes représentés par les équations (4). On pourra donc construire leurs traces sur un plan quelconque et leurs génératrices communes, lesquelles formeront nécessairement les *trois arêtes* et la *hauteur* d'un même angle trièdre. Or les trois systèmes formés de l'une quelconque des faces de ce trièdre, et du plan mené par l'arête opposée et la hauteur, fourniront les trois systèmes de deux plans orthogonaux contenus dans l'équation (3), ou les plans directeurs des trois paraboloïdes cherchés. De là ce théorème :

Si l'on forme les trois angles solides tétraèdres *dont les faces opposées résultent* des *faces opposées d'un* hexaèdre, *et que l'on circonscrive à chacun de ces angles solides un cône* équilatère circonscriptible ; *les génératrices communes aux cônes résultants feront les* arêtes *et la* hauteur *d'un même angle trièdre : et les trois systèmes formés de l'une quelconque des faces de ce trièdre et du plan mené par l'arête opposée perpendiculairement à cette face fourniront les* plans directeurs *des trois paraboloïdes* équilatères *que l'on peut circonscrire à l'hexaèdre donné.*

2). Les plans directeurs étant connus, le problème se peut achever par le seul emploi de la règle. Car si l'on coupe le paraboloïde

$$\lambda_1 P_1 Q_1 + \lambda_2 P_2 Q_2 + \lambda_3 P_3 Q_3 = 0, \quad \text{ou} \quad XY + Z = 0,$$

par un plan $X = \alpha$ parallèle à l'un de ses plans directeurs, la section résultante n'est autre que la *droite déterminée*, contenue *accidentellement* dans l'équation

$$\lambda_1 P'_1 Q'_1 + \lambda_2 P'_2 Q'_2 + \lambda_3 P'_3 Q'_3 = 0,$$

et *que l'on peut définir par trois de ses points* qui sont, en appelant 1, 2, 3 les sommets des angles formés par les trois couples de droites $P'_1 Q'_1$, $P'_2 Q'_3$, $P'_3 Q'_3$ et 1', 2', 3' les points de concours des polaires des précédents 1, 2, 3 par rapport aux angles formés des deux droites de chacune des couples restantes, *les points-milieux des trois segments* 1'1, 2'2, 3 3' (n° 151, p. 157). On pourra donc obtenir autant de génératrices que l'on voudra, de l'un ou de l'autre système. Mais l'hexaèdre donné et les plans directeurs permettent de déduire, d'une seule de ces droites, appartenant à l'un des deux systèmes, huit génératrices de l'autre; et la détermination des éléments principaux de la surface exige seulement l'intervention de trois de ces droites.

307. La construction des *quatre cônes* équilatères circonscriptibles *que l'on peut mener par les sommets d'un hexaèdre donné* dépend du problème que l'on vient de résoudre. Les trois paraboloïdes précédents se coupent, en effet, suivant une même courbe gauche du quatrième ordre, que l'on peut nommer *équilatère* parce que toutes les surfaces qui passent par cette courbe, hyperboloïdes, cônes ou paraboloïdes, sont aussi équilatères ($a + a' + a'' = 0$). Or cette courbe est déterminée par ce qui précède, et elle détermine à son tour les sommets des quatre cônes dont il s'agit (*voir* Chapitre XI).

CHAPITRE X.

PROPRIÉTÉS DE HUIT PLANS ASSOCIÉS.

SOMMAIRE. — Des surfaces du second ordre inscrites à un même système de sept plans et du huitième plan tangent commun à toutes ces surfaces. — Cas d'indétermination, et translation du théorème corrélatif de celui de Desargues à la figure formée de huit plans tangents d'une développable cubique. — Construction du plan $X = 0$ défini par l'une ou l'autre des identités

$$\sum_1^7 \lambda_i P_i^2 = QX, \qquad QX = \sum_1^7 \lambda_i P_i Q_i.$$

§ I. — *Expressions diverses des dépendances qui existent entre huit plans associés.*

308. Nous avons vu déjà (n° **180**, p. 179) que toutes les surfaces du second ordre que l'on peut mener tangentiellement à sept plans donnés $P_1 \ldots P_7 = 0$ touchent d'elles-mêmes un huitième plan déterminé $P_8 = 0$; et que les distances de ces huit plans à un point quelconque satisfont à l'identité caractéristique

$$\sum_1^8 \lambda_i P_i^2 \equiv 0.$$

Les différentes expressions des dépendances existant entre huit plans associés correspondent, une à une, aux différentes décompositions de cette identité en deux équations équivalentes.

309. *Si l'on sépare* d'abord *huit plans associés en deux groupes inégaux composés, l'un de six plans, l'autre de deux : ces deux derniers et les dix couples de plans conduits par leur intersection et les sommets opposés de l'hexaèdre qui résulte des six autres, font onze couples de plans conjugués en involution.*

310. De même, *si l'on sépare huit plans associés en deux groupes composés, l'un de trois plans, l'autre de cinq : le pentagone gauche formé par les intersections successives des plans du second groupe, pris dans un ordre quelconque, et le trièdre formé des plans du premier, sont conjugués l'un et l'autre à un même cône du second ordre.*

311. Enfin, *si l'on sépare huit plans associés en deux groupes composés l'un et l'autre de quatre plans, les deux tétraèdres qui résultent des plans de chacun de ces groupes sont conjugués l'un et l'autre à une même surface du second ordre'* (Hesse); et ces differents énoncés peuvent donner lieu à autant de déterminations différentes du huitième plan. (*Voir* Chapitre IX.)

§ II. — *Cas où le huitième plan est indéterminé. — Translation du* théorème corrélatif de celui de Desargues *à la figure formée de huit plans tangents d'une développable cubique.*

312. Les intersections successives des plans tangents communs à deux surfaces *quelconques* du second ordre engendrent une *surface développable* que l'on dit *circonscrite* aux deux premières, et qui est en général *de la quatrième classe*, ou telle, que d'un point quelconque de l'espace on peut lui mener quatre plans tangents, réels ou imaginaires. Toutefois, *si les surfaces considérées sont deux hyperboloïdes ayant une génératrice rectiligne commune* G, *la classe de la développable circonscrite s'abaisse d'une unité*, en même temps que le nombre des plans tangents menés à cette développable par un point quelconque m de l'espace. On voit, en effet, que les deux cônes de sommet m, circonscrits à ces hyperboloïdes, ne peuvent admettre plus de quatre plans tangents communs, parmi lesquels se trouve le plan mené par le point m et la géné-

ratrice commune aux deux surfaces. Faisant abstraction de ce dernier, il reste seulement trois plans menés de chaque point de l'espace tangentiellement à la développable circonscrite aux deux hyperboloïdes : et cette développable est seulement de la troisième classe.

313. *La section d'une développable cubique par l'un quelconque de ses plans tangents* est une courbe de la seconde classe, c'est-à-dire *une conique;* car si d'un point quelconque du plan de cette section on pouvait mener à celle-ci plus de deux tangentes, de ce même point on pourrait mener à la développable D_3 plus de trois plans tangents : le plan même de la section et les plans menés, par chacune de ces m tangentes, tangentiellement à la surface.

314. *Les deux coniques déterminées dans une développable cubique par deux quelconques de ses plans tangents, ont pour tangente commune la commune intersection de ces plans.*

Cela résulte de ce que chacune de ces coniques coïncide avec l'enveloppe des traces, sur son propre plan, de tous les plans tangents à la développable considérée.

Réciproquement, *l'enveloppe des plans tangents communs à deux coniques qui admettent une tangente commune est une développable cubique.*

315. *Étant donnés six plans tangents* 1,..., 6 *d'une telle développable* D_3, *cette surface est déterminée.*

Si l'on imagine, en effet, deux coniques C_1, C_2 respectivement situées dans les plans 1, 2 et tangentes aux traces de chacun de ces plans sur les cinq autres, ces coniques auront une tangente commune dans la droite 12; et l'enveloppe de leurs plans tangents communs, qui est déterminée, sera la développable dont il s'agit.

316. *Toute surface du second ordre* S *menée tangentiellement à sept des plans tangents d'une développable*

cubique est d'elle-même tangente à tous les autres et se trouve inscrite à cette développable.

Si l'on substitue, en effet, à cette dernière les deux hyperboloïdes inscrits qui ont servi précédemment à sa définition, une surface quelconque du second ordre S′ et ces deux hyperboloïdes ne pourront admettre plus de *huit* plans tangents communs, sans en admettre une infinité; et si l'on fait abstraction des deux plans tangents menés à S′ par la génératrice commune aux deux hyperboloïdes, le nombre des plans tangents communs à la développable D_3, circonscrite à ces hyperboloïdes et à la surface S′, ne peut dépasser *six* qu'en devenant infini : et cette surface est alors inscrite à la développable D_3.

317. Corollaire. — *Huit plans tangents à une développable cubique font toujours huit plans associés, et leurs distances* $P_1, \ldots, P_8$ *à un point quelconque de l'espace satisfont à une identité de la forme*

$$\sum_1^8 \lambda_1 P_1^2 \equiv 0.$$

On peut donc appliquer à huit quelconques de ces plans tangents toutes les propriétés établies déjà pour huit plans associés quelconques. Et si l'on se borne à celle du n° 309, on obtient, entre les courbes planes de la seconde classe et les développables cubiques, l'analogie que mettent en évidence les énoncés suivants :

Les côtés d'un angle circonscrit à une conique, et les trois couples de droites menées, du sommet de cet angle, aux sommets opposés d'un quadrilatère complet *circonscrit à la courbe, font quatre couples de rayons conjugués en involution.*	*Les faces d'un angle dièdre circonscrit à une développable cubique, et les dix couples de plans conduits par l'arête de ce dièdre et les sommets opposés d'un hexaèdre* complet *circonscrit à la surface, font onze couples de plans conjugués en involution.*

318. On vient de voir que l'arête d'un dièdre circonscrit à une développable cubique est un *axe d'involution* pour chacun des hexaèdres circonscrits à cette développable. La réciproque est vraie. Et *si une droite est un* axe d'involution par rapport à un hexaèdre, ou *si elle est telle, que les différentes couples de plans menés par cette droite et les sommets opposés de l'hexaèdre fassent quatre couples (au moins) de plans conjugués en involution : cette droite est en même temps* l'arête d'un angle dièdre circonscrit *à la développable cubique inscrite à l'hexaèdre.* C'est ce qui résulte de la proposition directe associée aux théorèmes suivants.

1). *Étant donnés un hexaèdre* $P_1 \ldots P_6 = 0$ *et un plan* quelconque $X = 0$, *ce plan renferme toujours un* axe d'involution de cet *hexaèdre, et un seul.*

Les plans des différentes faces de l'hexaèdre et le plan donné X font effectivement partie d'un groupe de huit plans associés

$$P_1 \ldots P_6 . XY = 0,$$

lesquels donnent lieu à l'identité ordinaire

$$\sum_1^6 \lambda_i P_i^2 + \alpha X^2 + \beta Y^2 \equiv 0, \tag{1}$$

ou aux équations équivalentes

$$\sum_1^6 \lambda_i P_i^2 = 0, \tag{2}$$

$$\alpha X^2 + \beta Y^2 = 0; \tag{2'}$$

et celles-ci représentent un même système de deux plans réels ou imaginaires qui se coupent suivant la droite XY et divisent harmoniquement toutes les diagonales de l'hexaèdre. Les dix couples de plans menés par cette droite et les sommets opposés de l'hexaèdre forment donc dix couples de plans conjugués en involution, et la droite XY est un premier *axe d'involution* de l'hexaèdre.

D'ailleurs, si le plan donné $X = 0$ en pouvait contenir

un second $o = X = Z$, les deux plans menés de ce nouvel axe XZ à deux sommets opposés quelconques de l'hexaèdre, entrant comme plans conjugués dans un même faisceau en involution, seraient harmoniquement conjugués par rapport à un certain système de deux plans (ξ, ζ) menés par cet axe. Les sommets opposés de l'hexaèdre seraient donc conjugués deux à deux par rapport à ce système; les deux plans ξ, ζ formant dès lors une surface du second ordre conjuguée à l'hexaèdre $P_1 \ldots P_6$, et que l'on pourrait représenter par une équation telle que

$$(3) \qquad \sum_1^6 \mu_i P_i^2 = o.$$

Mais parce que les plans ξ, ζ passent par l'axe supposé $o = X = Z$, leur équation pourrait aussi s'écrire

$$(3') \qquad \alpha X^2 + \gamma Z^2 = o,$$

où $Z = o$ désignerait un plan mené par l'axe sous une convenable direction. Or les équations équivalentes (3), (3′) entraînant l'identité

$$(1') \qquad \sum_1^6 \mu_i P_i^2 + \alpha X^2 + \gamma Z^2 \equiv o,$$

les sept plans $P_1 \ldots P_6 . X = o$ feraient partie de deux groupes distincts $(P_1 \ldots P_6 . X . Y)$ et $(P_1 \ldots P_6 . X . Z)$ de huit plans associés. Ces plans ne seraient donc pas indépendants les uns des autres; mais le septième X, contrairement à l'hypothèse, serait tangent à la développable cubique inscrite à l'hexaèdre proposé.

2). *Étant donnés une développable cubique et un plan quelconque* $X = o$, *il existe toujours un angle dièdre circonscrit à cette développable, dont l'arête tombe dans ce plan; et il n'en existe qu'un.*

On voit d'abord, s'il en existait deux, que l'on pourrait mener, par le point de concours de leurs arêtes, quatre plans distincts tangents à la surface, ce qui est impossible; et si, imaginant un hyperboloïde quelconque inscrit à la développable considérée et tangent en outre au plan $X = 0$, on cherche la position des trois plans tangents que l'on peut mener à cette développable par le point de contact du plan X et de l'hyperboloïde; on reconnaît aussitôt qu'ils devront passer par l'une ou l'autre des deux génératrices rectilignes de cet hyperboloïde qui tombent dans le plan X, savoir : l'un de ces plans tangents, par l'une de ces génératrices; et les deux autres, par l'autre. Donc, etc.

§ III. — *Construction par points du plan* $X = 0$ *défini par l'une des identités*

$$\sum_1^7 \lambda_1 P_1^2 \equiv QX, \tag{1}$$

$$\sum_1^7 \lambda_1 P_1 Q_1 \equiv QX. \tag{2}$$

319. Nous avons vu que le *lieu du pôle d'un plan fixe* $Q = 0$, par rapport aux diverses surfaces inscrites à l'heptaèdre $P_1 \ldots P_7 = 0$, *n'est autre* (n° **144**, p. 150) *que le* plan $X = 0$ *défini par l'identité*

$$\sum_1^7 \lambda_1 P_1^2 \equiv QX; \tag{1}$$

et nous allons voir que cette identité permet de construire *autant de points* ou *de droites* que l'on veut *du plan inconnu* X.

320. L'identité (1) exprime, en effet, que l'intersection des deux surfaces

$$\sum_1^4 \lambda_1 P_1^2 = 0, \tag{2}$$

$$\sum_5^7 \lambda_5 P_5^2 = 0 \tag{3}$$

se compose de deux courbes planes situées, l'une dans le plan donné Q, l'autre dans le plan X que l'on cherche; et la première de ces courbes peut être regardée comme connue, parce que, représentée dans son propre plan par l'une ou l'autre des équations

$$\sum_{1}^{4} \lambda_1 P'^2_1 = 0, \tag{2'}$$

$$\sum_{5}^{7} \lambda_5 P'^2_5 = 0, \tag{3'}$$

elle est simultanément *conjuguée* au *quadrilatère* $P'_1 \ldots P'_4$ et au *triangle* $P'_5 P'_6 P'_7$. On peut donc aussi regarder comme connues les deux traces m, m' de cette première courbe sur un plan quelconque, tel que $P_4 = 0$, ainsi que les traces sur le même plan de chacune des surfaces (2) et (3). Celles-ci coupent, en effet, le plan P_4, suivant deux coniques, partiellement définies par les équations

$$\sum_{1}^{3} \lambda_1 P''^2_1 = 0, \tag{2''}$$

$$\sum_{5}^{7} \lambda_5 P''^2_5 = 0, \tag{3''}$$

et passant l'une et l'autre par chacun des points m, m'. Chacune de ces coniques se trouve donc définie *par deux points* m, m' *et un triangle conjugué* $P''_1 P''_2 P''_3$ ou $P''_5 P''_6 P''_7$; et c'est un problème plan déterminé, sur lequel nous aurons d'ailleurs à revenir, que de construire les deux autres points d'intersection de ces courbes μ, μ'; ou seulement la droite $\mu\mu'$ qui les réunit. Or les points μ, μ' appartiennent à la courbe de sortie des surfaces (2), (3); et la corde $\mu\mu'$ est une première droite du plan de cette courbe, ou du plan X que l'on voulait déterminer et dont on peut déterminer effectivement les traces sur chacun des proposés $P_1 \ldots P_4 \ldots P_7 = 0$.

321. On déterminerait de même le *lieu du pôle d'un plan fixe* $Q = 0$ *par rapport à toutes les surfaces conjuguées à sept couples de plans* $P_1 . Q_1, \ldots, P_7 . Q_7$; ou le plan $X = 0$ défini (n° 169, p. 172) par l'identité ana-

logue

$$(1)\qquad \sum_1^7 \lambda_1 P_1 Q_1 \equiv QX.$$

Cette identité exprime, en effet, que l'intersection des deux surfaces

$$(2)\qquad \sum_1^4 \lambda_1 P_1 Q_1 = 0,$$

$$(3)\qquad \sum_5^7 \lambda_5 P_5 Q_5 = 0$$

se compose de deux courbes planes situées, l'une dans le plan donné $Q = 0$, l'autre dans le plan X que l'on cherche. D'ailleurs, la première de ces courbes, ou la courbe d'entrée des deux surfaces, peut être regardée comme connue, parce que, représentée dans son propre plan par l'une ou l'autre des équations

$$(2')\qquad \sum_1^4 \lambda_1 P'_1 Q'_1 = 0,$$

$$(3')\qquad \sum_5^7 \lambda_5 P'_5 Q'_5 = 0,$$

elle admet *cinq* couples distinctes de points conjugués définies, au nombre de deux (n°s 174-175), par la forme (2'), et les trois autres couples (n° 151) par la forme (3'). On pourra donc aussi regarder comme connues les deux traces m, m' de la courbe d'entrée sur un plan quelconque, tel que $P_4 = 0$; ainsi que les traces, sur le même plan, des surfaces (2) et (3). Celles-ci coupent, en effet, le plan P_4 suivant deux coniques partiellement définies par les équations

$$(2'')\qquad \sum_1^3 \lambda_1 P''_1 Q''_1 = 0,$$

$$(3'')\qquad \sum_5^7 \lambda_5 P''_5 Q''_5 = 0,$$

et passant l'une et l'autre par chacun des points m, m'. Chacune de ces coniques se trouve donc définie par deux points m, m' et trois couples de points conjugués (n° 151); et si l'on détermine les deux derniers points de rencontre μ, μ' de ces coniques, les points μ, μ' appartenant à la courbe de sortie, la corde $\mu\mu'$ appartiendra au plan de cette courbe, ou au plan X que l'on voulait déterminer.

322. Des considérations de géométrie que nous rapporterons plus loin avaient déjà conduit M. Hesse à une autre détermination du premier des deux plans que nous venons de construire et qui serait de tout point préférable à la précédente si elle pouvait se transporter, comme celle-là, des surfaces inscrites à un heptaèdre, aux surfaces conjuguées à sept couples de plans. Nous allons montrer d'ailleurs que cette seconde détermination du plan X est comprise dans l'identité

$$\sum_1^7 \lambda_1 P_1^2 \equiv QX,$$

qui lui sert de définition, pourvu que l'on rompe préalablement la symétrie qu'elle présente par rapport aux sept premiers des plans donnés.

1). A cet effet, substituons d'abord, à la fonction P_7, la fonction équivalente P,

$$P_7 \equiv P,$$

et, à l'identité initiale, l'identité suivante :

$$\sum_1^6 \lambda_1 P_1^2 \equiv \lambda P^2 - 2QX.$$

Il résulte de celle-ci que le cône représenté par l'équation

$$(1) \qquad \lambda P^2 - 2QX = 0$$

est conjugué à l'hexaèdre $P_1 \ldots P_6$ ou $ab\,mn\,a'b'\,m'n'$ (*fig.* 67). Le plan polaire, par rapport au cône (1), de chacun des sommets a, b, m, n de l'hexaèdre, passe donc par le sommet opposé a', b', m', n'; et si l'on désigne par P_a, $P_{a'}$, P_b, $P_{b'}$, ...; Q_a, $Q_{a'}$, Q_b $Q_{b'}$, ... les distances de ces sommets aux plans donnés P et Q; par X_a, $X_{a'}$, X_b, $X_{b'}$,... leurs distances au plan inconnu X : ces distances et le paramètre λ se trouvent liés par les quatre relations

$$\lambda P_a P_{a'} = X_a Q_{a'} + X_{a'} Q_a,$$
$$\lambda P_b P_{b'} = X_b Q_{b'} + X_{b'} Q_b,$$
$$\ldots\ldots\ldots\ldots\ldots\ldots,$$

entre lesquelles éliminant le paramètre λ, on obtient ces *trois* équations distinctes

$$(2)\qquad \frac{X_a Q_{a'} + X_{a'} Q_a}{P_a P_{a'}} = \frac{X_b Q_{b'} + X_{b'} Q_b}{P_b P_{b'}} = \ldots.$$

Or les nombres $P_a, P_{a'}, \ldots, Q_b, Q_{b'}, \ldots$ qui figurent dans ces équations étant connus, on voit qu'il existe, entre les distances $X_a, X_{a'}, X_b, X_{b'}$ du plan *inconnu* ou *variable* X à quatre des sommets de l'hexaèdre, tels que a et a', b et b', trois équations homogènes du premier degré : équations *tangentielles* qui caractérisent, considérées isolément, tous les plans issus d'un point déterminé x_1, ou x_2, ou x_3, et collectivement le plan $x_1 x_2 x_3$, ou le plan X que l'on cherche. On pourra donc déduire des trois équations (2) trois points distincts du plan cherché, si l'on parvient à construire le seul point représenté par la première de ces équations, ou par la suivante :

$$(3)\qquad \frac{\alpha . \alpha'_q + \alpha' . \alpha_q}{\alpha_p . \alpha'_p} = \frac{\beta . \beta'_q + \beta' . \beta_q}{\beta_p . \beta'_p},$$

dans laquelle α, α', β, β' désignent les coordonnées courantes du plan variable X, ou ses distances, désignées d'abord par X_a, $X_{a'}$, X_b, $X_{b'}$, aux points de référence a, a', b, b'; et α_p, α_q, ..., β_p, β_q,... les distances des mêmes points aux plans donnés P et Q.

2). Or l'équation (3) étant satisfaite par la double substitution

$$(4)\qquad \alpha . \alpha'_q + \alpha' . \alpha_q = 0$$

et

$$(5) \qquad \beta.\beta'_q + \beta'.\beta_q = 0,$$

le *point-enveloppe* représenté par cette équation *appartient, en premier lieu, à la droite qui réunit les conjuguées harmoniques,* par rapport aux deux diagonales aa', bb' de l'hexaèdre, *des traces de ces diagonales sur le plan* $Q = 0$. Le pôle de ce plan, par rapport à chacun des systèmes de deux points

$$(\dot{a}, \dot{a}')\ \alpha.\alpha' = 0, \quad \text{ou} \quad (\dot{b}, \dot{b}')\ \beta.\beta' = 0,$$

a effectivement pour équation

$$\alpha.\alpha'_q + \alpha'.\alpha_q = 0, \quad \text{ou} \quad \beta.\beta'_q + \beta'.\beta_q = 0;$$

c'est-à-dire l'une ou l'autre des équations (4) et (5).

3). Pour trouver une autre droite qui contienne le point-enveloppe (3), essayons d'un changement de *points-coordonnés;* et puisque le plan P ou P_7 entrait d'abord dans les données du problème, de la même manière que le plan de chacune des faces $P_1, \ldots, P_6$ de l'hexaèdre actuel, substituons

aux points b et a'

qui résultaient, dans le premier groupe de référence, des traces du plan P_6 sur les arêtes ab, $a'b'$,

les points c et c'

traces du plan P ou P_7 sur les mêmes arêtes. Les formules de transformation

$$(m) \qquad \beta.ac = \alpha.bc + \gamma.ab,$$

$$(n) \qquad \alpha'.b'c' = \beta'.a'c' + \gamma'.a'b',$$

résultent de la relation que l'on sait exister entre les distances

$$\alpha, \beta, \gamma \quad \text{ou} \quad \alpha', \beta', \gamma',$$

d'un plan quelconque à trois points en ligne droite

$$a, b, c \quad \text{ou} \quad a', b', c'.$$

Et si, empruntant à la figure la proportion

$$\frac{\alpha_p.\alpha'_p}{ac.a'c'} = \frac{\beta_p.\beta'_p}{bc.b'c'},$$

qui permet d'écrire, au lieu de l'équation (3),

$$\frac{\alpha.\alpha'_q + \alpha'.\alpha_q}{ac.a'c'} = \frac{\beta.\beta'_q + \beta'.\beta_q}{bc.b'c'},$$

ou encore

$$(3') \qquad \frac{\alpha.\alpha'_q.b'c' + (\alpha'.b'c')\alpha_q}{a'c'} = \frac{(\beta.ac)\beta'_q + \beta'.\beta_q.ac}{bc};$$

on remplace, dans cette dernière, $\alpha'.b'c'$ et $\beta.ac$ par leurs

Fig. 67.

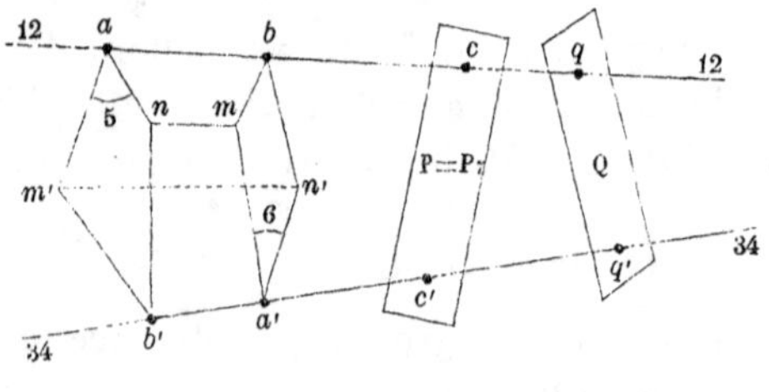

valeurs tirées des formules (m) et (n) ; elle devient d'abord

$$(3'') \qquad \left\{ \begin{aligned} &\frac{\alpha.\alpha'_q.b'c' + (\beta'.a'c' + \gamma'.a'b')\alpha_q}{a'c'} \\ &\qquad = \frac{(\alpha.bc + \gamma.ab)\beta'_q + \beta'.\beta_q.ac}{bc}. \end{aligned} \right.$$

De là, en groupant dans le premier membre les termes en α et γ', dans le second les termes en γ et β',

$$(3''') \qquad \left\{ \begin{aligned} &\frac{\alpha(\alpha'_q.b'c' - \beta'_q.a'c') + \gamma'.\alpha_q.a'b'}{a'c'} \\ &\qquad = \frac{\gamma.\beta'_q.ab + \beta'(\beta_q.ac - \alpha_q.bc)}{bc}. \end{aligned} \right.$$

On déduit, d'ailleurs, de l'identité d'Euler (*), appliquée successivement aux deux groupes

$$(b', a', c', q') \quad \text{et} \quad (a, b, c, q),$$

$$(i) \qquad a'q'.b'c' = b'q'.a'c' + c'q'.a'b',$$

$$(h) \qquad bq.ac = aq.bc + cq.ab,$$

relations respectivement homogènes par rapport aux segments

$$a'q', \; b'q', \; c'q'; \quad bq, \; aq, \; cq,$$

que l'on peut remplacer dès lors par les nombres proportionnels

$$\alpha'_q, \; \beta'_q, \; \gamma'_q; \quad \beta_q, \; \alpha_q, \; \gamma_q;$$

de telle manière que les relations (i) et (h) deviennent, après quelques transpositions de termes,

$$(i') \qquad (\alpha'_q.b'c' - \beta'_q.a'c') = \gamma'_q.a'b',$$

$$(h') \qquad (\beta_q.ac - \alpha_q.bc) = \gamma_q.ab.$$

Or, si l'on remplace, dans l'équation $(3''')$, chacun des binômes entre parenthèses par sa valeur réduite (i') ou (h'), elle devient définitivement

$$(3^{\text{IV}}) \qquad \frac{\alpha.\gamma'_q + \gamma'.\alpha_q}{a'c' : a'b'} = \frac{\gamma.\beta'_q + \gamma'.\beta_q}{bc : ab};$$

et comme cette équation est satisfaite par la double substitution

$$(6) \qquad \alpha.\gamma'_q + \gamma'.\alpha_q = 0$$

et

$$(7) \qquad \gamma.\beta'_q + \gamma'.\beta_q = 0:$$

le *point-enveloppe* représenté par l'une quelconque des

(*) Les distances mutuelles de quatre points a, b, c, d situés en ligne droite, et se succédant dans l'ordre alphabétique, sont liées par la relation

$$ac.bd = ab.cd + bc.ad. \quad (\text{Euler.})$$

équations (3) ou (3^{iv}) *appartient*, en second lieu, *à la droite qui réunit les conjuguées harmoniques*, par rapport aux diagonales ac', cb' du nouveau quadrilatère gauche $acc'b'$, *des traces du plan* Q *sur ces diagonales*. Le pôle de ce plan, par rapport à chacun des systèmes de deux points

$$(\dot{a}, \dot{c}')\alpha.\gamma' = 0, \quad \text{ou} \quad (\dot{c}, \dot{b}')\gamma.\beta' = 0,$$

a effectivement pour équation

$$\alpha.\gamma'_q + \gamma'.\alpha_q = 0 \quad \text{ou} \quad \gamma.\beta'_q + \gamma'.\beta_q = 0,$$

c'est-à-dire l'une ou l'autre des équations (6) et (7).

4). Le problème que l'on s'était proposé est maintenant résolu, et le plan X, lieu géométrique des pôles d'un plan donné Q par rapport aux surfaces inscrites à l'heptaèdre $P_1 \ldots P_6 P$, ou $P_1 \ldots P_6 P_7$, se peut construire par points de la manière suivante (*fig.* 67, p. 360) :

Les plans P_1 *et* P_2, P_3 *et* P_4 *se coupant deux à deux suivant les droites* abc, $b'a'c'$, *on construit les deux quadrilatères gauches* $aba'b'$, $acc'b'$ *interceptés* sur ces droites *par les plans* P_5 *et* P_6, P_5 *et* P_7. *Réunissant ensuite par une droite les conjuguées harmoniques*, par rapport aux deux diagonales de chacun de ces quadrilatères, *des traces de ces diagonales sur le plan* Q; *les deux droites résultantes se coupent en un point du plan cherché* X.

323. *Remarque.* — Un cône du second ordre étant défini par un de ses plans tangents $Q = 0$, la génératrice correspondante $0 = Q = P$, et la condition de diviser harmoniquement toutes les diagonales d'un hexaèdre donné $P_1 \ldots P_6 = 0$: le problème que l'on vient de résoudre permet de construire un nouveau plan tangent, ou une nouvelle génératrice de ce cône, et tous ses éléments.

Si l'on désigne, en effet, par $P = 0$ un plan mené arbitrairement suivant la génératrice donnée; par $X = 0$ le plan qui touche le cône suivant la seconde génératrice contenue dans le plan P, les deux formes équivalentes

$$\sum_1^6 \lambda_i P_i^2 = 0, \quad \lambda P^2 - 2QX = 0$$

de l'équation de ce cône entraînent l'identité

$$\sum_1^6 \lambda_i P_i^2 \equiv \lambda P^2 - 2QX,$$

ou la détermination du plan $X = 0$ par la construction précédente.

324. Une seconde détermination du plan X, dont nous avons parlé plus haut, suppose l'intervention de l'hyperboloïde à une nappe et la recherche préalable du *lieu géométrique du pôle d'un plan fixe*, $Q = 0$, *par rapport à une série d'hyperboloïdes conduits par les côtés d'un même quadrilatère gauche* $ABCD = 0$ (*fig.* 68).

Fig. 68.

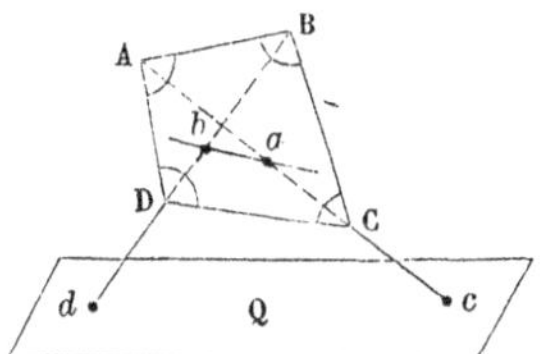

Pour l'obtenir, écrivons successivement les équations

(1) $$A.C + \lambda B.D = 0,$$

(2) $$A.C' + C.A' + \lambda(B.D' + D.B') = 0,$$

(2') $$Q \equiv aA + bB + cC + dD = 0,$$

lesquelles représentent l'un quelconque des hyperboloïdes de la série, le plan polaire *correspondant* d'un point indéterminé (A', B', C', D'), et enfin le plan donné. Le point (A', ..., D') sera l'un des points du lieu si les équations (2) et (2′) coïncident, ou si l'on a

$$\frac{C'}{a} = \frac{\lambda D'}{b} = \frac{A'}{c} = \frac{\lambda B'}{d}.$$

Le lieu que l'on cherche, défini par les équations simultanées $aA' = cC'$, $bB' = dD'$, ou

$$aA - cC = 0, \quad bB - dD = 0,$$

est donc une droite, qui s'appuie sur chacune des diagonales du quadrilatère proposé, et dont les traces

$$(aA - cC)B.D = 0, \quad (bB - dD)A.C = 0$$

sur chacune d'elles ne sont autres que les conjugués harmoniques des traces

$$(aA + cC)B.D = 0, \quad (bB + dD)A.C = 0$$

de ces mêmes diagonales sur le plan donné $Q = 0$. *Le lieu du pôle d'un plan fixe, par rapport à une série d'hyperboloïdes passant par les côtés d'un même quadrilatère gauche est donc une droite qui s'appuie de telle sorte sur les deux diagonales de ce quadrilatère que chacune d'elles se trouve divisée harmoniquement par cette droite et le plan donné.*

2). Géométriquement, si q désigne (*fig.* 69) le pôle du plan fixe Q par rapport à l'un des hyperboloïdes de la série,

Fig. 69.

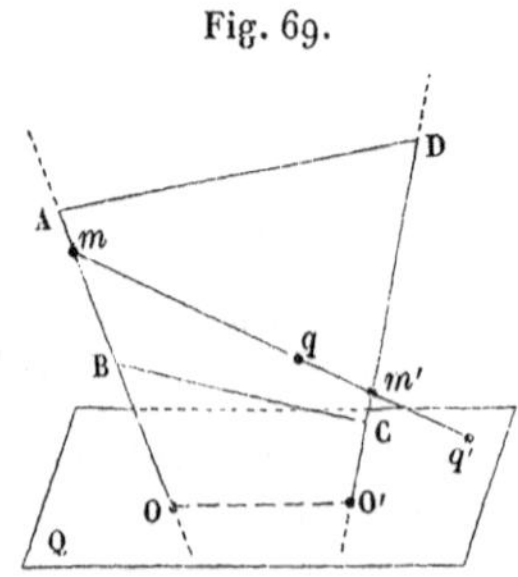

et que l'on mène, de ce point, une droite qui s'appuie en m, m' sur les côtés opposés AB, CD du quadrilatère, en q

sur le plan Q; les points m, m', q, q' formeront une division harmonique, et les plans conduits par la droite OO′ et chacun de ces points, un faisceau harmonique.

Les plans identiques AOO′ et DO′O, OO′q et OO′q' (ou Q) divisent donc harmoniquement une transversale quelconque, et, en particulier, chacune des diagonales AC, BD du quadrilatère. Tous les points q dont on cherche le lieu appartiennent donc à un premier plan OO′q, harmoniquement conjugué du plan Q par rapport au dièdre fixe (AOO′, DO′O), et qui renferme en particulier les conjugués harmoniques, par rapport à chacune des diagonales, des traces de ces diagonales sur le plan Q.

Raisonnant de même à l'égard des deux autres côtés opposés AD, BC du quadrilatère, nous reconnaîtrons que tous les points q appartiennent à un second plan contenant, comme le premier, les conjugués harmoniques, par rapport à chacune des diagonales, des traces de ces diagonales sur le plan Q.

L'intersection de ces deux plans, ou la droite qui réunit ces conjugués harmoniques, représente donc le lieu cherché.

3). Revenons maintenant à la détermination du plan X, et soient Q et 1, 2,..., 7 les plans donnés; 1 2 et 3 4 les droites d'intersection des plans 1 et 2, 3 et 4. Imaginons un hyperboloïde à une nappe H, assujetti à passer par chacune des droites 5′5″, 6′6″, 7′7″ qui réunissent les traces de chacun des plans 5, 6, 7 sur les droites 1 2 et 3 4. L'hyperboloïde H est déterminé par ces conditions, et représente, d'ailleurs, l'une des surfaces inscrites à l'heptaèdre 12...7. On aura donc un premier point du lieu géométrique des pôles du plan Q, par rapport à toutes ces surfaces, dans le pôle de ce plan par rapport à l'hyperboloïde H. Or celui-ci passant par les côtés de chacun des quadrilatères gauches 5′5″6″6′, 5′5″7″7′, le pôle du plan Q, par rapport à cet hyperboloïde, se trouvera au point de rencontre de deux droites, lieux géométriques des pôles de ce plan par rapport à tous les hyperboloïdes menés suivant les côtés du premier quadrilatère ou du second, et que l'on est en état de construire. Menant en effet, d'après ce qu'on vient de voir, les deux diagonales de chacun de ces quadrilatères; déterminant leurs traces sur le plan Q et réunissant par une droite les conjugués harmoniques de ces traces par rapport à ces diagonales : le point de concours des deux droites résultantes sera le pôle même du plan Q par rapport à l'hyperboloïde H, ou l'un des points du lieu cherché.

CHAPITRE XI.

PROPRIÉTÉ DE NEUF POINTS ASSOCIÉS.

Sommaire. — De la courbe gauche du quatrième ordre commune intersection de toutes les surfaces du second menées par les huit mêmes points; Théorème de M. Lamé. — Propriété de neuf points associés et translation du théorème de Desargues à la figure formée de neuf points d'une courbe gauche du quatrième ordre. — Construction, à l'aide de ce théorème, d'un neuvième point de la courbe; des éléments principaux du paraboloïde défini par huit points; des sommets des quatre cônes du second ordre passant par huit points donnés, etc.

---

§ I. — *Du théorème de Desargues transporté, de six points d'une conique, à neuf points d'une courbe gauche du quatrième ordre.*

325. Lemme. — *Toutes les surfaces du second ordre que l'on peut circonscrire à un même groupe de huit points,* indépendants les uns des autres, *passent d'elles-mêmes par une même courbe gauche du quatrième ordre contenant chacun des points donnés et déterminée par l'ensemble de ces points* (Lamé, *Exam. des diff. Méth.*, p. 38).

On peut, en effet, par un calcul semblable à celui du n° 176, p. 178, réduire à la forme

$$aS + a'S' = 0$$

l'équation générale des surfaces considérées. Toutes ces surfaces passent dès lors par la commune intersection des deux surfaces S, S', ou par une même *courbe gauche du quatrième ordre,* susceptible d'être coupée, par un plan quelconque, en quatre points seulement, réels ou imaginaires. Une telle courbe est donc complétement déterminée par la donnée de huit quelconques de ses points; et neuf quelconques de ses points sont toujours *associés*, ou tels que toute surface du second ordre que l'on aura menée par huit d'entre eux passera d'elle-même par le dernier.

326. Il résulte du théorème précédent que *les traces, sur une transversale quelconque, de n surfaces du second ordre circonscrites à un même groupe de huit points, font n couples de points conjugués en involution.* Mais ce second théorème, qui n'est autre que celui de Desargues-Sturm, transporté dans les mêmes termes et par la même démonstration, d'un faisceau de coniques à un faisceau de surfaces, ne diffère de celui-là et ne le généralise qu'en apparence. Au fond, c'est toujours le théorème de Desargues appliqué au faisceau de coniques qui résulte de la section, par un plan conduit suivant la transversale, du faisceau de surfaces auquel s'applique l'énoncé; et cette observation explique comment un théorème, si fécond dans le plan, ne donne lieu dans l'espace qu'à des applications infiniment plus restreintes et en quelque sorte exceptionnelles. Toutes ces applications, en effet, supposent la détermination préalable des traces de la transversale sur deux des courbes ou des surfaces du faisceau considéré; et si cette détermination est aussitôt réalisable dans le plan, à l'aide de deux quelconques des trois couples de droites qui en font partie, il n'en est plus de même dans l'espace, en général; si ce n'est dans quelques problèmes relatifs aux surfaces réglées.

S'il s'agit, par exemple, *de déterminer les traces d'une droite donnée aa' sur un hyperboloïde défini par les trois génératrices* AB, A'B', A''B''; on verra (*fig.* 70) que les points cherchés coïncident avec les points conjugués communs à deux divisions en involution, situées sur la transversale aa' et définies respectivement par deux couples de points conjugués a, b' et b, a'; a, b'' et b, a'', qui sont les traces de cette transversale sur les plans des angles opposés de deux quadrilatères gauches ABB'A', ABB''A'' résultant de la section des trois génératrices données par

Fig. 70.

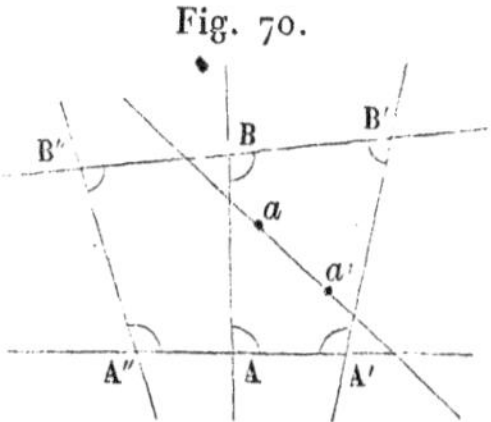

deux génératrices du second système. L'hyperboloïde et les deux couples de plans formées des angles opposés du premier quadrilatère, ou du second, forment en effet deux faisceaux de trois surfaces du second ordre passant par une même ligne du quatrième, qui est ici l'ensemble des côtés du premier quadrilatère, ou du second; et les traces

$$x, x'; \ a, b'; \ b, a', \quad \text{ou} \quad x, x'; \ a, b''; \ b, a''$$

de la droite donnée sur les trois surfaces de chaque faisceau font six points en involution.

L'intersection complète de deux hyperboloïdes ayant deux génératrices communes A *et* B (*fig.* 71) se peut encore

Fig. 71.

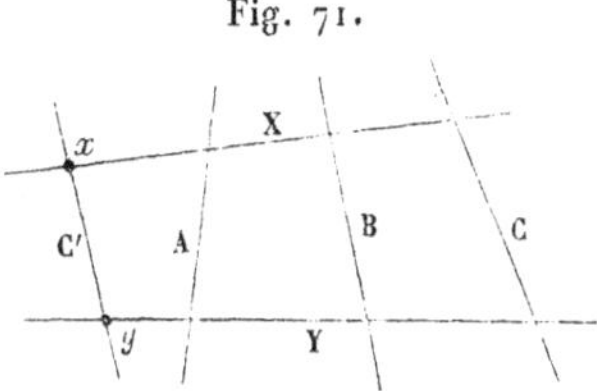

core obtenir à l'aide du problème précédent. Si A, B, C et A, B, C' désignent, en effet, trois génératrices de chacun de ces hyperboloïdes; et que, après avoir déterminé les deux traces x, y de la génératrice C' du second sur le premier, on mène par chacune de ces traces une droite X ou Y qui s'appuie sur les deux génératrices A et B communes aux deux surfaces : il est clair que l'intersection complète des deux hyperboloïdes sera fournie par les quatre droites A, B, X et Y, ou par les côtés du quadrilatère gauche A.X.B.Y qu'elles déterminent (STEINER, *Systemat. Entwickelung*, p. 245-246).

327. Neuf points quelconques d'une courbe gauche du quatrième ordre étant toujours associés, ou tels que toute surface du second ordre que l'on aura menée par huit d'entre eux passe d'elle-même par le dernier (n° 325); la propriété de n points associés quelconques (n° 137, p. 140) leur est applicable, et l'on peut énoncer le principe suivant qui contient toute la théorie de ces courbes.

THÉORÈME. — *Les distances* $P_1, \ldots, P_9$ *de neuf points d'une courbe gauche du quatrième ordre à un plan quelconque satisfont à l'identité caractéristique*

$$\sum_1^9 \lambda_1 P_1^2 \equiv 0.$$

328. COROLLAIRE I. — *Un tétraèdre et un pentagone inscrits à une même courbe gauche du quatrième ordre sont toujours conjugués à une même surface du second :* la surface représentée par l'une ou l'autre des équations tangentielles équivalentes

$$\sum_1^4 \lambda_1 P_1^2 = 0, \quad \sum_5^9 \lambda_5 P_5^2 = 0.$$

Telle est, d'ailleurs, la définition du pentagone conjugué à une surface du second ordre, que le pôle *correspondant* du plan de chacun des angles du pentagone tombe en quelque point du côté opposé (n° 70, p. 56).

329. COROLLAIRE II. — *Un triangle et un octaèdre hexagonal inscrits à une même courbe gauche du quatrième ordre sont toujours conjugués à une même conique* située dans le plan de ce triangle et représentée par l'une ou l'autre des équations équivalentes

$$\sum_1^3 \lambda_1 P_1^2 = 0, \quad \sum_4^9 \lambda_4 P_4^2 = 0.$$

Telle est, d'ailleurs, la définition de l'octaèdre conjugué à une conique, que les traces des faces opposées de l'octaèdre sur le plan de la courbe forment quatre couples de droites conjuguées par rapport à celle-ci.

330. Corollaire III. — Enfin, si l'on suppose que quatre des neuf points qui figurent dans l'identité fondamentale appartiennent à un même plan, on obtient l'analogie que mettent en évidence les deux énoncés suivants :

Un quadrangle inscrit à une conique et le système de deux points formé des traces de la courbe sur une droite quelconque sont l'un et l'autre conjugués à une même ellipse évanouissante, *réduite à un* système de deux points *situés sur la droite considérée.* (Desargues.)	*Un pentagone inscrit à une courbe gauche du quatrième ordre et le quadrangle ayant pour sommets les traces de la courbe sur un plan quelconque sont l'un et l'autre conjugués à un même* ellipsoïde évanouissant, *réduit à une* conique *située dans le plan considéré.*

Nous allons voir, d'ailleurs, que l'analogie de ces théorèmes subsiste encore dans leurs applications. Mais, comme le second sert de fondement à tout ce Chapitre, nous en donnerons auparavant une autre démonstration tirée de la *forme analytique* des surfaces circonscrites à un pentagone, associée à l'interprétation de certaines identités qui nous sont maintenant familières.

331. *Autre démonstration.* — Soient 1, 2, 3, 4, 5 et x, y, z, t neuf points d'une courbe gauche du quatrième ordre. Regardons cette courbe comme l'intersection de deux surfaces, circonscrites l'une et l'autre au pentagone

$$12345 \quad \text{ou} \quad P_1 \ldots P_5 = 0,$$

et rapportées aux *plans* des angles successifs de ce pentagone par les équations (n° 60, p. 52)

$$(1)\qquad \lambda_{13} P_1 P_3 + \lambda_{24} P_2 P_4 + \ldots + \lambda_{52} P_5 P_2 = 0,$$

$$(2)\qquad \mu_{13} P_1 P_3 + \mu_{24} P_2 P_4 + \ldots + \mu_{52} P_5 P_2 = 0,$$

ou

$$(1')\qquad \sum_1^5 \lambda_{13} P_1 P_3 = 0,$$

$$(2')\qquad \sum_1^5 \mu_{13} P_1 P_3 = 0.$$

Les sections de ces surfaces par le plan $xyzt$ seront dès lors représentées par les équations analogues

$$(1'')\qquad \sum_1^5 \lambda_{13} P'_1 P'_3 = 0,$$

$$(2'')\qquad \sum_1^5 \mu_{13} P'_1 P'_3 = 0;$$

et le système formé de deux quelconques des cordes communes aux deux coniques résultantes par une combinaison linéaire

$$(3)\qquad \sum_1^5 \lambda_{13} P'_1 P'_3 + m \sum_1^5 \mu_{13} P'_1 P'_3 = 0,$$

ou

$$(3')\qquad \sum_1^5 \nu_{13} P'_1 P'_3 = 0$$

des deux précédentes. Telle est donc aussi l'équation du système $XZ = 0$ ou $YT = 0$ formé de deux côtés opposés quelconques du quadrangle qui résulte de la section de la courbe gauche primitive par le plan considéré. On a donc identiquement

$$\sum_1^5 \nu_{13} P'_1 P'_3 \equiv XZ \equiv YT.$$

Il en résulte que les sept couples

$$P'_1 P'_3,\quad P'_2 P'_4,\quad P'_3 P'_5,\quad P'_4 P'_1,\quad P'_5 P'_2,\quad XZ,\quad YT$$

font sept couples de droites conjuguées à une même conique : et il est facile de reconnaître dans celle-ci la conique conjuguée au pentagone $P'_1 \ldots P'_5$ dont les côtés successifs seraient les traces du plan $xyzt$ sur les plans des angles successifs du pentagone gauche initial. Donc, etc.

§ II. — Applications. — *Neuvième point, tangente, plan et cercle osculateur d'une courbe gauche du quatrième ordre définie par huit points.*

332. Problème I. — Étant donnés huit points 1, 2, 3, 4, 5, x, y, z d'une courbe gauche du quatrième ordre, trouver la quatrième trace de la courbe sur le plan mené par trois de ces points.

1). Soient t la quatrième trace de la courbe sur le plan xyz, et 12345 le pentagone ayant pour sommets successifs les traces sur le même plan des côtés successifs du pentagone 12...5 (*fig.* 72).

D'après le théorème du n° 330, il existe dans le plan xyz une certaine conique S simultanément conjuguée au quadrangle partiellement inconnu $xyzt$ et au pentagone

Fig. 72.

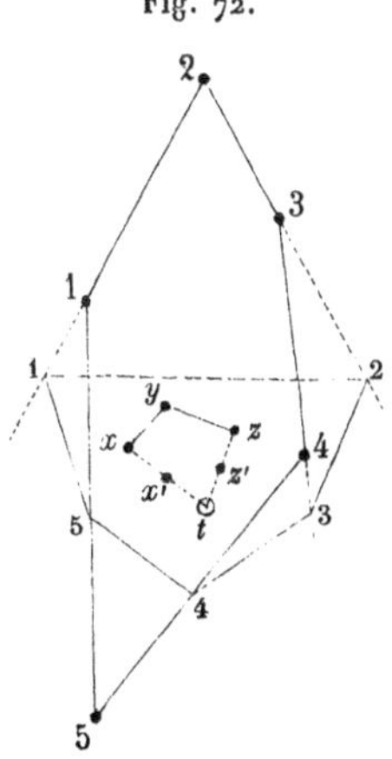

gauche 12...5, ou au pentagone dérivé 12...5; de telle

sorte que les côtés opposés du quadrangle $xyzt$ forment deux couples de droites conjuguées par rapport à la courbe S. Or la seule donnée du pentagone conjugué 12...5 détermine cette courbe, et si l'on construit le pôle *correspondant* z' de la droite xy, celui x' de la droite yz, le point t que l'on cherche se trouvera au point de concours des droites

$$zz', \quad xx'.$$

2). Il reste toutefois à *construire le pôle d'une droite donnée* xy (*ou* yz) *par rapport à une conique* S *définie par un pentagone conjugué* 12...5.

Soient, à cet effet (*fig.* 73),

$$1', 2', \ldots, 5'$$

les traces de la droite xy sur les côtés du pentagone respec-

Fig. 73.

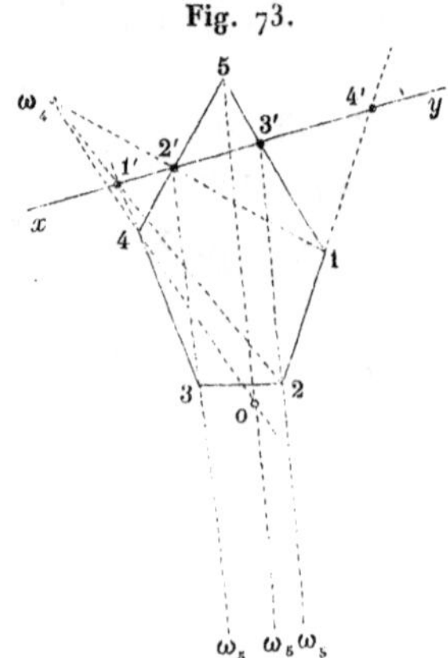

tivement opposés aux sommets

$$1, 2, \ldots, 5;$$

et o le pôle inconnu de cette droite. Il résulte de la définition de ces différents points et des dépendances qui existent entre une conique et un pentagone conjugués, que les triangles

$$1'2'4 \text{ et } 21o, \quad 2'3'5 \text{ et } 32o, \ldots,$$

réciproquement conjugués deux à deux par rapport à la courbe S, sont deux à deux homologiques (n° 180, p. 180) Les droites qui réunissent leurs sommets homologues,

$$1'2,\ 2'1 \text{ et } 4o, \quad 2'3,\ 3'2 \text{ et } 5o, \ldots$$

concourent donc, trois à trois, en un même point

$$\omega_4 \quad \text{ou} \quad \omega_5$$

que l'on peut construire; et les droites

$$\overline{4\omega_4}, \quad \overline{5\omega_5}$$

se coupent suivant le pôle cherché o.

333. *Remarque I.* — Si les points x, y, z s'éloignent de plus en plus et disparaissent à l'infini dans des directions d'ailleurs déterminées; le plan xyz, où s'effectuait la construction précédente, disparaît également à l'infini. La construction subsiste toutefois, et l'on peut l'effectuer dans tel plan que l'on veut. Le problème est alors celui-ci : *Cinq points* 1, 2, ..., 5 *d'une courbe gauche du quatrième ordre et trois de ses directions asymptotiques* x, y, z *étant donnés, trouver la quatrième* t?

Reprenons, à cet effet, les données et toutes les considérations du numéro précédent; en imaginant toutefois que les points x, y, z et le plan qu'ils déterminent s'éloignent de plus en plus. Puisque le quadrangle $xyzt$, intercepté par le plan mobile H dans la courbe (12345, xyz), et le pentagone 12345 qui fait la trace sur le même plan du pentagone gauche 12...5, sont toujours conjugués l'un et l'autre à une même conique; si l'on imagine un cône ayant pour base cette conique et pour sommet un point fixe quelconque o, on pourra dire, d'une manière équivalente, que les rayons menés du point o aux traces x, y, z, t de la courbe sur le plan H, et les rayons menés du même point aux traces 1, 2, ..., 5 sur le même plan des côtés successifs du pentagone gauche 12...5, forment les arêtes successives de deux angles solides, tétraèdre et pentaèdre, conjugués l'un et l'autre à un même cône du second ordre : et les traces de ces rayons sur un plan quelconque H', les sommets d'un quadrangle et d'un pentagone conjugués à une même conique. Or, si le plan H disparaît actuellement à l'infini, ce dernier énoncé subsiste encore, et l'on peut dire que *les parallèles menées d'un même point de l'espace aux côtés successifs d'un pentagone inscrit à une courbe gauche du quatrième ordre, et les rayons menés du même point aux quatre points de la courbe situés à l'infini, coupent un plan quelconque* H' *suivant les sommets successifs d'un* pentagone *et d'un* quadrangle *conjugués l'un et l'autre à une même conique*. Connaissant le pentagone inscrit 12...5 et trois des directions asymptotiques de la courbe, ox, oy, oz, on saura donc construire la quatrième.

334. *Remarque II. — Les traces sur un plan fixe de toutes les courbes gauches du quatrième ordre circonscrites à un pentagone donné* (12...5), *sont les sommets d'autant de quadrangles* ($xyzt$) *conjugués à une conique fixe.*

335. *Remarque III. — Chacune des courbes gauches du quatrième ordre que l'on peut circonscrire à un groupe donné de sept points* ($1, 2, \ldots, 5, x, y$), *rencontre un plan fixe conduit par deux quelconques d'entre eux* (x, y) *en deux autres points* (z, t) *tels que la droite qui les réunit passe par un point fixe :* pôle de la droite xy par rapport à une conique conjuguée au pentagone gauche 12...5, ou au pentagone plan dérivé 12...5.

336. *Remarque IV. — Les côtés successifs des douze pentagones gauches ayant pour sommets cinq points quelconques de l'espace rencontrent un plan quelconque suivant les sommets successifs d'autant de pentagones conjugués à une même conique.*

Si x, y, z, t désignent, en effet, les traces, sur le plan considéré, de l'une quelconque des courbes gauches que l'on peut faire passer par les points $1, 2, \ldots, 5$, on aura, comme précédemment, l'identité

$$\sum_1^5 \lambda_1 P_1^2 + aX^2 + bY^2 + cZ^2 + dT \equiv 0;$$

et les équations tangentielles équivalentes qui en résultent

$$\sum_1^5 \lambda_1 P_1^2 = 0, \quad aX^2 + bY^2 + cZ^2 + dT^2 = 0$$

représentent une conique qui ne dépend, comme le système des coefficients $\lambda_1, \ldots, \lambda_5$, a, b, c, d, que du plan sécant dont on a fait choix et du système des points $1, 2, \ldots, 5$: nullement de l'ordre de succession de ces points. La courbe représentée par l'une ou l'autre de ces équations est donc conjuguée à chacun des pentagones gauches menés par les points $1, \ldots, 5$ pris dans un ordre quelconque, comme à chacun des pentagones plans qui en dérivent.

C'est aussi ce que l'on peut voir directement.

Car $(x, y, z), \ldots, (x_5, y_5, z_5)$ désignant les coordonnées des points $1, \ldots, 5$, et

$$(1) \qquad ax + by + cz + 1 = 0$$

l'équation d'un plan indéterminé, ou variable, dont le mouvement serait particularisé et l'enveloppe définie par l'équation

$$(2) \qquad \sum_1^5 \lambda_1 P_1^2 = 0 \quad \text{ou} \quad \sum_1^5 \lambda_1 (ax_1 + by_1 + cz_1 + 1)^2 = 0;$$

on pourra, en général, disposer des rapports arbitraires $\lambda_1 : \lambda_2 : \ldots : \lambda_5$, de manière que cette enveloppe, perdant l'une de ses dimensions, se réduise à une conique située, par exemple, dans le plan $z = 0$. Posant, en effet, les quatre conditions

$$(3) \qquad 0 = \sum_1^5 \lambda_1 z_1^2 = \sum_1^5 \lambda_1 x_1 z_1 = \sum_1^5 \lambda_1 y_1 z_1 = \sum_1^5 \lambda_1 z_1 :$$

les termes en c^2, ca, cb, c disparaissent de l'équation (2), laquelle, ne contenant plus la variable c, définit l'enveloppe de la seule trace

$$o = z = ax + by + 1 = o$$

du plan mobile (1) sur le plan $z = o$. D'ailleurs les équations de condition (3) sont au nombre de quatre et renferment linéairement quatre rapports indéterminés $\lambda_1 : \lambda_2 : \ldots : \lambda_5$. Donc, etc.

337. *Remarque V.* — Cette manière singulière de représenter la conique conjuguée au pentagone plan 12345 — à l'aide de l'équation tangentielle

$$\sum_1^5 \lambda_1 P_1^2 = o,$$

rapportée aux sommets 1, 2, ..., 5 d'un pentagone gauche dont les côtés successifs s'appuient sur les sommets successifs 1, 2, ..., 5 du pentagone proposé — donne lieu à une conséquence remarquable.

Si l'on mène effectivement, par les sommets 1, 2, ..., 5 d'un même pentagone plan, les côtés de deux pentagones gauches distincts 12...5 et 1′2′...5′; les équations équivalentes

$$\sum_1^5 \lambda_1 P_1^2 = o \quad \text{et} \quad \sum_1^5 \lambda'_1 P_1'^2 = o$$

de la conique conjuguée au pentagone initial, rapportée à l'un ou à l'autre des pentagones gauches que l'on vient de définir, entraînent l'identité

$$\sum_1^5 \lambda_1 P_1^2 - \sum_1^5 \lambda'_1 P_1'^2 \equiv o :$$

ou la conclusion que les dix points de référence 1, 2, ..., 5 et 1′, 2′, ..., 5 appartiennent à une même surface du second ordre. De là ce théorème : *Les sommets de deux pentagones gauches dont les côtés successifs se rencontrent, deux à deux, en cinq points situés dans un même plan, font dix points d'une même surface du second ordre.* En particulier, *deux pentagones gauches,* à côtés parallèles, *sont toujours inscriptibles à une même surface du second ordre.*

338. Problème II. — *Étant donnés huit points*

$$1, 2, 3, 4, 5, 6, x, y$$

d'une courbe gauche du quatrième ordre, trouver les deux dernières traces de la courbe sur un plan H *conduit à volonté par deux quelconques de ces points,* x et y.

Considérons une surface auxiliaire du second ordre S définie par les huit points donnés et un neuvième point z pris arbitrairement sur le plan H :

$$S \equiv 123456xyz;$$

et soient, sur cette surface, C_4, C'_4 les deux courbes gauches du quatrième ordre respectivement définies par les neuf points précédents, moins le premier ou le second :

$$C_4 \equiv 23456xyz, \quad C'_4 \equiv 13456xyz.$$

Les quatrièmes traces t, t' de chacune de ces courbes sur le plan H, ou xyz, pouvant être déterminées d'après le problème précédent, on aura, dans les points

$$(C_2) \qquad x, y, z, t, t',$$

cinq éléments de la courbe du second ordre qui fait la trace de la surface auxiliaire S sur le plan H, et à laquelle appartiennent aussi les deux points Z et T que l'on cherche.

D'ailleurs, pour construire chacun des points t ou t', on aura dû construire d'abord (n° 332) — le point fixe z', ou z'', autour duquel tourne la corde qui réunit les deux dernières traces sur le plan H de chacune des courbes gauches du quatrième ordre menées par les sept premiers points de chaque groupe,

$$2, 3, 4, 5, 6, x, y, \quad \text{ou} \quad 1, 3, 4, 5, 6, x, y$$

(n° 335) — ou deux points z', z'' de la corde ZT que l'on cherche. On aura donc, dans la droite indéfinie $z'z''$, la corde indéfinie ZT, et les extrémités de cette corde, ou les deux points cherchés, dans les traces de cette droite sur la conique (C_2).

339. *Remarque.* — Si les points x, y et le plan H qui les contient s'éloignent indéfiniment, la construction précédente subsiste toujours, et fournit encore *les deux derniers points* à l'infini (Z, T) *de la courbe gauche du quatrième ordre* $(123456xy)$ *définie par six points et deux de ses directions asymptotiques.* Toutefois le point auxiliaire z, que l'on prenait d'abord arbitrairement sur le plan H, sera remplacé par un point pris à l'infini dans une direction arbitraire; et toute la construction modifiée conformément à la remarque du n° 333.

340. Problème III. — *Étant donnés huit points*

$$1, 2, 3, 4, 5, 6, 7, x$$

d'une courbe gauche du quatrième ordre, construire ses trois dernières traces sur un plan H *conduit à volonté par l'un de ces points, x.*

Considérons une surface auxiliaire du second ordre S définie par les huit points donnés, associés à un *neuvième point*, y, pris à volonté dans le plan H :

$$S \equiv 1234567xy,$$

et soient, sur cette surface C_4, C'_4 les deux courbes gauches du quatrième ordre, respectivement définies par les neuf mêmes points, moins le premier ou le second :

$$C_4 \equiv 234567xy, \quad C'_4 \equiv 134567xy.$$

Les deux dernières traces z, t ou z', t' de chacune de ces courbes sur le plan H étant déterminées par le problème précédent, on aura dans le groupe

$$(C_2) \qquad x, y, z, t, z', t'$$

six points de la trace de la surface S sur le même plan, ou six points d'une conique à laquelle appartiennent aussi les trois points que l'on cherche.

Opérant de même avec un neuvième point y_1, pris encore dans le plan H, on obtiendra encore six points

$$(C'_2) \qquad x, y_1;\quad z_1, t_1;\quad z'_1, t'_1$$

d'une nouvelle conique contenant les points cherchés dont la détermination ne dépend plus que du tracé des deux courbes C_2, C'_2.

341. *Remarque.* — Si le point x et le plan H s'éloignent indéfiniment, la construction précédente subsiste toujours et fournit, à la limite, *les trois dernières directions asymptotiques d'une courbe gauche définie par sept points et la direction de l'une de ses asymptotes.* Les points auxiliaires y, y_1, que l'on prenait d'abord arbitrairement dans le plan H, seront toutefois remplacés par deux points à l'infini, pris dans des directions arbitraires; et toutes les constructions modifiées conformément à la remarque du n° 333.

342. Problème IV. — *Étant donnés huit points*

$$1, 2, 3, 4, 5, 6, 7, 8$$

d'une courbe gauche du quatrième ordre, construire ses traces sur un plan quelconque.

Considérons une surface auxiliaire du second ordre S définie par les huit points donnés et un neuvième point x pris arbitrairement sur le plan H :

$$S \equiv 12345678x;$$

et soient, sur cette surface C_4, C'_4 les deux courbes gauches du quatrième ordre respectivement définies par les neuf mêmes points, moins le premier ou le second:

$$C_4 \equiv 2345678x, \quad C'_4 \equiv 1345678x.$$

Les trois dernières traces y, z, t ou y', z', t' de chacune de ces courbes sur le plan H étant déterminées par le problème précédent, on aura, dans le groupe

$$(C_2) \qquad x, y, z, t, y', z', t'$$

sept points de la trace de la surface S sur le même plan, ou sept points d'une conique qui renferme les quatre points cherchés.

Opérant de même avec un neuvième point x_1 pris encore dans le plan H, on obtiendra de même sept points

$$(C'_2) \qquad x_1, y_1, z_1, t_1, y'_1, z'_1, t'_1$$

d'une nouvelle conique contenant encore les points cherchés, dont la détermination ne dépend plus que du tracé des deux courbes C_2, C'_2.

343. *Remarque.* — Si le plan H s'éloigne indéfiniment, la construction précédente subsiste toujours, de manière à donner, à la limite, *les quatre directions asymptotiques de la courbe.* Toutefois, les points x, x_1 que l'on prenait d'abord arbitrairement sur le plan H, devront être remplacés par des points pris à l'infini dans des directions arbitraires, et toutes les constructions modifiées conformément à la remarque du n° 333.

Cette construction suppose d'ailleurs le tracé d'un nombre de coniques qui paraît excessif. Deux coniques devraient suffire et suffisent effectivement, comme on le verra au n° 355.

344. Problème V. — *Étant donnés huit points*

$$0; \quad 1, 2, 3, 4; \quad x, y, z$$

d'une courbe gauche du quatrième ordre : si, menant d'abord les droites

$$01, \quad 02, \quad 03, \quad 04,$$

on détermine leurs traces respectives

$$1', \quad 2', \quad 3', \quad 4'$$

sur le plan xyz; et que, considérant une conique doublement conjuguée au quadrangle résultant $1'2'3'4'$ et au triangle xyz, on détermine, par rapport à cette conique, les pôles respectifs

$$1'', \quad 2'', \quad 3'', \quad 4''$$

des plans

$$234, \quad 341, \quad 412, \quad 123,$$

ou de leurs traces respectives sur le plan xyz : les droites

$$1'1'', \quad 2'2'', \quad 3'3'', \quad 4'4''$$

se couperont en un même point Ω, et *la tangente au point* O *de la courbe gauche proposée coïncidera avec la droite* $O\Omega$.

Imaginons, en effet, un octaèdre variable

$$123400',$$

toujours inscrit à la courbe, et dont le sixième sommet O′ se rapprocherait indéfiniment de l'un des sommets fixes O.

Un triangle et un octaèdre inscrits à une même courbe gauche du quatrième ordre étant toujours conjugués à une même conique, *une même conique* variable sera continuellement *conjuguée* au triangle xyz et *à toutes les* couples de droites *déterminées*, sur le plan de ce triangle, *par* les faces opposées *de l'octaèdre* 123400′, savoir :

$$(P, P') \qquad 012 \text{ et } 0'34, \quad 023 \text{ et } 0'14, \ldots,$$

ou encore

$$(Q, Q') \qquad 234 \text{ et } 00'1, \quad 341 \text{ et } 00'2, \ldots.$$

Si l'on conçoit maintenant que le point O′ se rapproche de plus en plus du point O, et que l'on passe à la limite en posant l'identité

$$\dot{O} \equiv \dot{O}',$$

on voit d'abord que la conique précédente a pour limite une certaine *conique* à la fois *conjuguée* au triangle xyz et à tous les *systèmes de deux droites*

$$(P_1, P'_1) \qquad 1'2' \text{ et } 3'4', \quad 2'3' \text{ et } 1'4', \ldots$$

formés des côtés opposés ou des diagonales du quadrangle plan déjà défini 1'2'3'4'. Cette conique est donc conjuguée à la fois au quadrangle 1'2'3'4' et au triangle xyz. En outre, si Ω désigne la trace, sur le plan xyz de la tangente en O à la courbe gauche proposée, ou de la limite de la corde OO', on voit que *la conique précédente est aussi conjuguée* à tous les *systèmes* résultants de l'une *des droites*

(Q'₁) Ω1', Ω2',...

— traces respectives, sur le plan xyz, des limites des plans

(Q') OO'1, OO'2,...

— *respectivement associées aux traces* analogues *des plans*

(Q) 234, 341,...

Les pôles de ces traces, par rapport à cette conique,

1'', 2'',...,

appartiennent donc respectivement aux droites *conjuguées*

Ω1', Ω2',....

Et l'on peut dire, en d'autres termes, que les droites

1'1'', 2'2'',...

concourent en un même point Ω appartenant à la tangente cherchée.

345. La construction de la tangente en un point quelconque d'une courbe gauche du quatrième ordre est donc subordonnée au problème suivant :

Une conique étant définie par un triangle et un quadrangle conjugués, construire, par rapport à cette conique, le pôle d'une droite donnée.

Or les côtés du triangle, pris deux à deux, font *trois couples*, et les côtés opposés du quadrangle *deux autres couples* distinctes

XY, YZ, ZX; AA', BB'

de droites conjuguées par rapport à la courbe. Le pôle *correspondant* d'une droite quelconque

$$P = o$$

se trouvera donc, par un théorème antérieur, au point de concours des droites

$$P' = o, \quad P'' = o,$$

respectivement définies par les identités

$$(1) \qquad XY + YZ + ZX + AA' + PP' \equiv o,$$

$$(2) \qquad XY + YZ + ZX + BB' + PP'' \equiv o.$$

Chacune de ces droites forme effectivement le lieu des pôles de la proposée $P = o$, par rapport à toutes les coniques conjuguées aux deux droites de quatre des couples données (n° 160, p. 162). La question est donc seulement de construire chacune des droites P′, P″. Or l'identité (1), qui sert de définition à la première, pouvant se dédoubler dans les équations équivalentes

$$(1') \qquad XY + YZ + ZX = o,$$

$$(1'') \qquad AA' + PP' = o,$$

on reconnaît aussitôt, dans la courbe représentée par l'une ou l'autre de ces équations, une conique doublement circonscrite au triangle donné XYZ et au quadrilatère partiellement inconnu APA′P′ (*fig.* 74). Cinq points de cette

Fig. 74.

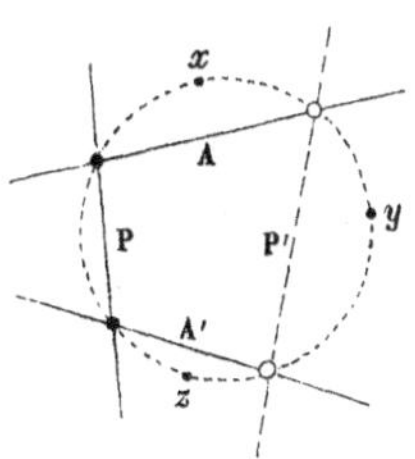

courbe se trouvent ainsi en évidence qui sont les sommets du triangle donné et les traces de la droite donnée $P = o$

sur les côtés opposés A et A′ du quadrilatère. On pourra donc construire les deux dernières traces

$$o = A = P', \quad o = A' = P'$$

de ces côtés sur la courbe, ou deux points de la première des droites cherchées $P' = o$. Donc, etc.

346. *Remarque I.* — La tangente en chaque point x d'une courbe gauche du quatrième ordre

$$(C_4) \qquad 1234567x$$

est susceptible d'une autre détermination indépendante de la propriété de neuf points d'une telle courbe. On sait effectivement que, si l'on considère toutes les surfaces du second ordre circonscrites au groupe

$$\dot{1}\dot{2}\dot{3}\dot{4}\dot{5}\dot{6}\dot{7},$$

les plans polaires d'un point quelconque x, par rapport à toutes ces surfaces, concourent en un même point x' que l'on peut construire (n°s 302 et 322). D'ailleurs si, entre toutes ces surfaces, on considère spécialement celles qui passent en outre par le point x ou par la courbe gauche proposée (C_4), les plans polaires du point x, par rapport à ces dernières surfaces, coïncident avec leurs plans tangents en ce point. Tous ces plans tangents passent donc par le point x', lequel est un point de leur intersection : ou un point de la tangente en x à la courbe gauche considérée, commune intersection de toutes ces surfaces.

347. *Remarque II.* — Cette dernière construction serait surtout avantageuse si, ayant à tracer la tangente en un point x de la courbe, celle-ci se trouvait déterminée par la donnée complémentaire d'un hexaèdre inscrit. Il suffirait effectivement, dans ce cas, de construire le point de concours x' des plans polaires du point donné x par rapport aux angles dièdres formés des faces opposées de l'hexaèdre, et la droite xx' serait la tangente cherchée.

Toutes les surfaces du second ordre menées par les premiers sommets de l'hexaèdre actuel passent en effet par le huitième, et les trois couples de plans formées des faces opposées de l'hexaèdre font trois de ces surfaces.

348. *Remarque III.* — Il est d'ailleurs toujours possible de passer, des données générales d'une courbe gauche du quatrième ordre, aux données particulières que suppose la construction précédente (*fig.* 75).

Fig. 75.

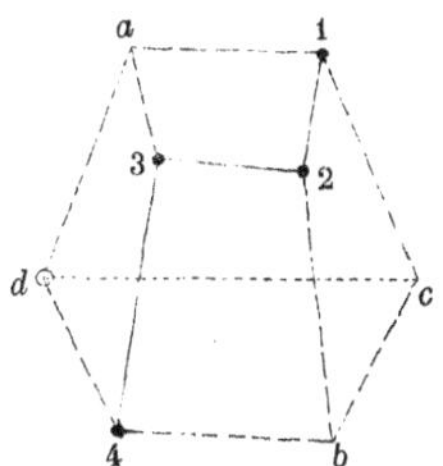

Car la courbe proposée étant définie par huit points quelconques 1, 2, 3, 4, 5, 6, 7, 8, on peut, par le problème I (n° 332, p. 373), en déterminer la quatrième trace

$$a \quad \text{ou} \quad b \quad \text{ou} \quad c$$

sur l'un quelconque des plans

$$123 \quad \text{ou} \quad 234 \quad \text{ou} \quad 12b.$$

Et l'on a, de la sorte, les sept premiers sommets d'un hexaèdre $123a4bcd$ inscrit à la courbe, et qui permet d'en obtenir autant de tangentes que l'on veut.

349. Problème VI. — *Étant donnés sept points*

$$0;\ 1, 2, 3;\ x, y, z$$

d'une courbe gauche du quatrième ordre et *la tangente* OO′ *en l'un de ces points;* si, menant d'abord les cordes O1, O2, O3 et la tangente OO′, on détermine leurs traces respectives

$$1', 2', 3', \omega'$$

sur le plan xyz, et que, considérant une conique doublement conjuguée au quadrangle résultant $1'2'3'\omega'$ et au triangle xyz, on détermine, par rapport à cette conique, le pôle Ω' du plan 123 ou de sa trace sur le plan xyz : le *plan osculateur au point* O *de la courbe gauche proposée coïncidera avec le plan*

$$O\omega'\Omega'.$$

Imaginons, en effet, un octaèdre variable

$$12300'0'',$$

toujours inscrit à la courbe, et dont les deux derniers sommets O′, O″ se rapprochent indéfiniment de l'un des sommets fixes O.

Un triangle et un octaèdre inscrits à une même courbe gauche du quatrième ordre étant toujours conjugués à une même conique, une même conique variable sera continuellement conjuguée au triangle xyz et à toutes les couples de droites déterminées sur le plan de ce triangle par les plans des faces opposées de l'octaèdre 12300′O″, savoir :

(P, P′) O12 et O′O″3, O23 et O′O″1, O31 et O′O″2;

ou encore

(Q, Q′) 123 et OO′O″.

Si l'on conçoit actuellement que les points O′, O″ se rapprochent de plus en plus du point O et que l'on passe à la limite en posant l'identité

$$\dot{O} \equiv \dot{O}' \equiv \dot{O}'' :$$

on verra d'abord que la conique précédente a pour limite une certaine conique doublement conjuguée au triangle xyz et à tous les systèmes de deux droites

(P_1, P'_1) $1'2'$ et $\omega'3'$, $2'3'$ et $\omega'1'$, $3'1'$ et $\omega'2'$, formés des côtés opposés ou des diagonales du quadrangle déjà défini $1'2'3'\omega'$. Cette conique est donc conjuguée à la fois au quadrangle $1'2'3'\omega'$ et au triangle xyz. En outre si $\overline{\omega'\Omega'}$ désigne la trace, sur le plan xyz, du plan osculateur au point O de la courbe gauche proposée, ou la trace du plan $OO'O''$ considéré à sa limite; *la conique précédente* est aussi *conjuguée* au *système formé de cette droite* $\omega'\Omega'$ et *de la trace analogue du plan* 123 *sur le plan* xyz [(Q, Q')]. Le pôle Ω' de cette trace, par rapport à cette conique, doit donc appartenir à la droite conjuguée, ou à la trace du plan osculateur sur le plan xyz; et celle-ci coïncide avec la droite menée de ce pôle Ω' à la trace ω' de la tangente en O.

350. Problème VII. — Étant donnés *sept points*

$$O;\ 1, 2, 3, 4, 5, 6$$

d'une courbe gauche du quatrième ordre, la tangente en l'un de ces points O *et le plan osculateur correspondant* (problème VI); si, dans ce plan osculateur et tangentiellement à cette tangente, on imagine une conique conjuguée à l'octaèdre 123456, cette courbe passera d'elle-même par le point O; son rayon de courbure en ce point, reporté, en sens inverse, sur le prolongement extérieur de la normale, servira de diamètre au *cercle osculateur* en O de la courbe gauche proposée, et la construction effective de celui-ci dépendra seulement du tracé d'un *cercle conduit par le point* O, *tangentiellement à cette conique* et *orthogonalement au* cercle diagonal *de cette courbe,* que l'on sait construire.

Soit effectivement $OO'O''$ un triangle auxiliaire, inscrit à la courbe gauche proposée, comme l'octaèdre 123456. Ce triangle et cet octaèdre seront conjugués à une même conique située dans le plan de ce triangle, et le cercle circonscrit à ce dernier coupera orthogonalement le *cercle diagonal* de cette conique. Si l'on conçoit dès lors que les points O′ et O″ se rapprochent de plus en plus du point O, et si l'on passe à la limite en posant la double identité $\dot{O} \equiv \dot{O}' \equiv \dot{O}''$; on verra d'abord que la limite du cercle circonscrit au triangle OO′O″, ou le cercle osculateur au point O de la courbe gauche proposée, coupe encore orthogonalement le cercle diagonal d'une certaine conique, située dans le plan osculateur en ce point, et doublement conjuguée à l'octaèdre 123456 et au seul point O assimilé à un triangle évanouissant. Si l'on observe ensuite qu'un triangle conjugué OO′O″, dont les trois côtés tendent simultanément vers zéro, se résout, à la limite, en un point O situé sur la conique conjuguée, et la commune direction des côtés de ce triangle, pris à la limite, dans la direction de la tangente à cette conique en ce point; on verra que *cette conique-limite*, dont nous parlions tout à l'heure, *est définie* par *quatre couples de droites conjuguées* — les quatre couples résultant des traces des faces opposées de l'octaèdre 123456 sur le plan osculateur en O — et *une tangente*, qui est la tangente en O à la courbe gauche proposée. Donc, etc.

On doit d'ailleurs se rappeler que les données précédentes — une tangente et quatre couples de droites conjuguées — permettent de construire *à priori, par la règle et le compas*, le cercle diagonal de la conique correspondante (n° 155), et par suite le cercle, orthogonal à celui-là, mené par le point O tangentiellement à la courbe gauche proposée.

351. *Remarque I.* — Les *trois* conditions auxquelles est assujettie une conique par la donnée d'un triangle conjugué xyz, se conservent lorsque les trois sommets de ce triangle étant confondus en un seul, $\dot{x} \equiv \dot{y} \equiv \dot{z}$, ils ne cessent pas cependant d'être connus et se trouvent encore définis comme trois points consécutifs, ou infiniment voisins, d'une courbe donnée de forme et de position, par

exemple d'un cercle. Dans ce cas, le cercle de rayon sous-double qui touche extérieurement le cercle donné suivant le point unique x, auquel se réduit ce triangle conjugué, est osculateur en ce point à la courbe; et la donnée de ce cercle et celle du point d'osculation font encore trois conditions distinctes.

La recherche des *deux* conditions distinctes auxquelles est assujettie une conique par la donnée d'un *quadrangle conjugué* $\dot{x}\dot{y}\dot{z}\dot{t}$, dans le cas-limite où trois des sommets de ce quadrangle se confondent suivant un point déterminé $\dot{x} \equiv \dot{y} \equiv \dot{z}$, d'une courbe dont la tangente et le cercle osculateur en ce point sont supposés connus, cette recherche paraît d'abord beaucoup moins aisée; car on n'aperçoit bien que l'une des deux conditions dont il s'agit : celle qui résulte des limites connues des deux droites $\overline{tx}$, $\overline{yz}$ et qui fournit une première couple de droites conjuguées par rapport à la conique primitive. Quant à la condition restante, comme elle dépend au fond de la situation, sur un cercle déterminé, des trois sommets coïncidents x, y, z, sa détermination directe est plus cachée. On y supplée, toutefois, en ramenant le cas actuel à celui du *triangle conjugué évanouissant*.

1). Supposons, par exemple, qu'*étant donnés cinq points* 1, 2, 3, 4, 5 *d'une courbe gauche du quatrième ordre et trois autres points de la même courbe*

$$\dot{x} \equiv \dot{y} \equiv \dot{z}$$

confondus en un seul sur un cercle donné A, *il s'agisse d'obtenir la* quatrième trace t *de la courbe sur le plan de ce cercle.*

Si l'on représente par l'équation tangentielle

$$S = 0$$

cette conique que le théorème du n° 330 nous montre comme doublement conjuguée au pentagone gauche 12345 et au quadrangle $xyzt$, ou $XYZT = 0$; on pourra d'abord regarder cette courbe comme entièrement connue, et déduire, de sa définition par rapport à ce quadrangle, l'identité

$$(1) \qquad S \equiv aX^2 + bY^2 + cZ^2 + dT^2.$$

Rapportant ensuite cette même courbe à ses deux traces $0 = P = Q$ sur la polaire du point inconnu t, et à ce point lui-même $T = 0$, par l'équation tangentielle

$$(1') \qquad 0 = S \equiv P.Q + \lambda.T^2,$$

la comparaison des deux formes équivalentes (1), (1') entraîne une identité que l'on peut écrire

$$(2) \qquad S' \equiv aX^2 + bY^2 + cZ^2 \equiv P.Q + \lambda' T^2;$$

et l'on a, dans la courbe représentée tangentiellement par l'une ou l'autre de ces fonctions égalée à zéro, une *conique auxiliaire* S' *conjuguée au triangle* évanouissant xyz, et *doublement tangente à la proposée* $S = 0$ suivant la polaire du point t que l'on cherche. D'ailleurs, comme les trois sommets x, y, z de ce triangle se confondent, à la limite, sur un cercle donné; le cercle A' de rayon double, tangent extérieurement à celui-là, représente le cercle osculateur en x à la courbe auxiliaire S' (n° 207, p. 219); et le problème se trouve ramené au suivant.

2). *Par trois points x, y, z, confondus en un seul sur un cercle donné* $A' = 0$ (*fig.* 76), *mener une conique doublement tangente à une conique donnée* $S = 0$, *et construire le pôle* t *de leur corde de contact.*

Fig. 76.

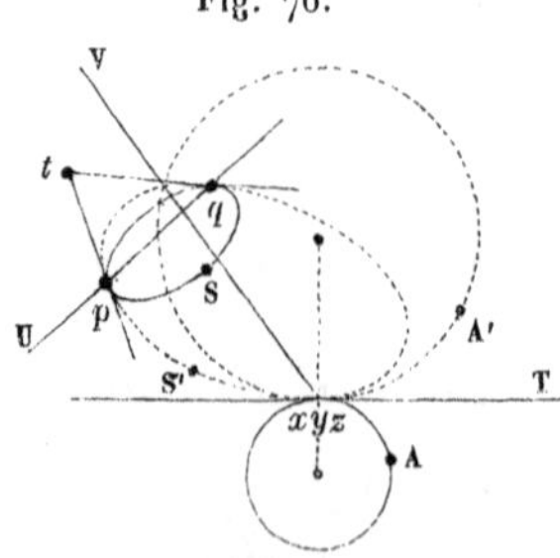

Soient, à cet effet,

$$(2) \qquad o = S' \equiv A' + V.T$$

la conique que l'on cherche, rapportée à son cercle osculateur A', à la tangente T au point d'osculation et à la corde inconnue $V = o$ qui va de ce point au quatrième point d'intersection de ce cercle et de la courbe.

Si $U = o$ désigne la corde de contact de cette courbe et de la proposée $S = o$, on aura identiquement

$$S' \equiv S + U^2,$$

ou

$$A' + V.T \equiv S + U^2$$

ou encore

$$(3) \qquad A' - S \equiv V.T - U^2.$$

On a par suite, dans la courbe représentée par l'une ou l'autre de ces fonctions égalée à zéro, une *conique auxiliaire menée par les quatre points d'intersection de la conique* S *et du cercle donnés* A', *tangentiellement à la droite* $T = o$. Or le cercle A' fait évidemment l'une des deux déterminations de cette conique auxiliaire; celle-ci n'est donc réellement déterminée que d'une seule manière. Et si, après avoir construit le point où elle touche la droite T, on lui mène, par l'origine x, une nouvelle tangente $V = o$; la corde de contact de ces deux tangentes fournira la droite $U = o$: et le pôle de cette droite, par rapport à la conique S, le point t que l'on voulait obtenir.

352. *Remarque II. — Étant donnés cinq points* $1, \ldots, 5$ *d'une courbe gauche du quatrième ordre, l'un de ses plans osculateurs* xyz *et la quatrième trace* t *de la courbe sur ce plan;* on peut choisir arbitrairement le point d'osculation x. Et si l'on mène ensuite, par ce point x, une conique S' qui ait, avec une autre conique située dans le plan xyz et conjuguée au pentagone $12\ldots5$, un double contact suivant la polaire du point t : la courbe gauche proposée et cette conique S′ seront tangentes extérieurement en x, et leurs rayons de courbure, en ce point, seront dans le rapport de 2 à 1.

353. *Remarque III.* — Étant donnés *cinq points* 1,..., 5 *d'une courbe gauche du quatrième ordre, l'un de ses plans osculateurs* xyz et la *quatrième trace* t *de la courbe sur ce plan*; la *tangente* indéfinie *au point d'osculation* $(\dot{x} \equiv \dot{y} \equiv \dot{z})$ peut être prise arbitrairement. Et si, tangentiellement à la droite choisie ab, on mène une conique S′ qui ait, avec la conique conjuguée au pentagone 12345, un double contact suivant le polaire du point t: le point d'osculation $x \equiv y \equiv z$ se trouvera au point de contact de la conique S′ et de la droite ab.

§ III. — *Des paraboloïdes définis par huit points et des quatre cônes du second degré que l'on peut circonscrire à une courbe gauche du quatrième ordre.*

354. Problème VIII. — *Étant donnés neuf points d'une surface du second ordre, construire ses traces sur une droite donnée.*

Soient xy et 1, 2,..., 9 la droite et les points donnés. Si l'on mène par le point 1 une transversale 11′ qui s'appuie sur chacune des droites xy et 23; et que l'on construise, par le problème I (n° 332), les quatrièmes traces a, a' sur le plan 1 2 3 des deux courbes gauches

$$C_4 \equiv 123\ldots78, \quad C'_4 \equiv 123\ldots79;$$

on aura d'abord la seconde trace 1′ de la transversale sur la surface proposée, dans la seconde trace de cette transversale sur la conique

$$C_2 = 123aa';$$

et si l'on détermine ensuite, par le problème II, les deux dernières traces b, c ou b', c' de chacune des courbes

$$C_4 \equiv 11'234567, \quad C'_4 \equiv 11'234568$$

sur le plan $(11', xy)$: les traces de la droite xy sur la conique

$$C_2 \equiv 11'bcb'c'$$

fourniront les points cherchés.

355. *Remarque I.* — Une semblable intervention des courbes gauches du quatrième ordre définies par huit des points donnés permettrait de même de déterminer : le plan tangent en l'un de ces points, la section de la surface par le plan mené suivant trois quelconques d'entre eux, le sommet du cône circonscrit suivant cette section ; le centre enfin et trois diamètres conjugués de la surface dont les axes principaux pourraient alors être déterminés conformément à une construction antérieure. Quant au cône asymptote, sa détermination ne dépend que du problème IV (n° 342, p. 381).

356. *Remarque II.* — Le problème précédent permet : 1° de construire par la règle et le compas cinq points distincts de la trace, sur un plan quelconque, d'un ellipsoïde défini par neuf points ; 2° de *ramener,* à la construction de deux coniques seulement, *la recherche des traces, sur un plan quelconque* H, *d'une courbe gauche définie par huit points* 1, 2, ..., 8 (Problème IV, n° 342).

Soient, en effet, m un point quelconque du plan H, A et B deux droites conduites à volonté dans ce plan. Si l'on considère l'ellipsoïde

$$S \equiv 12\ldots8m,$$

le problème que l'on vient de résoudre (n° 353) permet d'en déterminer les deux traces a et α, b et β sur chacune des droites A, B et, par suite, de définir par cinq de ses points la trace

$$C_2 = ma\alpha b\beta$$

de cet ellipsoïde sur le plan H. La même construction, répétée pour un second ellipsoïde

$$S' \equiv 12\ldots8m',$$

fournirait de même cinq points de sa trace

$$C'_2 \equiv m' a' \alpha' b' \beta'$$

sur le plan considéré; et *les traces sur le même plan de la courbe gauche proposée* 12...8 *se trouveraient aux points de rencontre des deux coniques précédentes.*

357. Problème IX. — *Étant donnés huit points et un plan tangent d'une surface du second ordre, construire le centre et les éléments principaux de la surface,* ou seulement *son point de contact sur le plan donné.*

1). On sait que la section d'une surface du second ordre par l'un quelconque de ses plans tangents peut être :

Un système de deux droites réelles qui se croisent au point de contact, s'il s'agit d'une surface à courbures opposées, hyperboloïde à une nappe ou paraboloïde hyperbolique;

Une ellipse réduite à un point, le point de contact; ou, en d'autres termes, un système de deux droites imaginaires conjuguées se coupant en un point réel, s'il s'agit d'une surface à courbures de même sens, ellipsoïde ou hyperboloïde à deux nappes.

Or, la surface actuelle touchant le plan H et contenant les points 1, 2, ..., 7, 8, ainsi que la courbe gauche du quatrième ordre qu'ils déterminent, la section de cette surface par le plan H sera l'un des trois systèmes de deux droites (réelles ou imaginaires) que l'on peut mener par les traces de cette courbe sur ce plan.

On construira donc, comme précédemment (n°s 352, 356), les traces x, y, z, t de la courbe gauche (1 2 3 4 5 6 7 8) sur le plan H, ou deux des coniques qui se coupent suivant ces traces; et les sommets ξ, η, ζ du triangle conjugué commun à ces deux coniques seront les points de contact des trois surfaces répondant à la question.

Si les points x, y, z, t sont réels, ils donnent naissance à trois couples de droites réelles. Les points de concours

ξ, η, ζ, réels aussi, des deux droites de chaque couple, marquent les points de contact sur le plan H de *trois hyperboloïdes à une nappe*, qui forment les trois solutions du problème, et dont les droites de chaque couple font deux génératrices rectilignes.

Si les quatre points x, y, z, t communs aux deux coniques sont imaginaires, ils donnent lieu, comme on sait, à une couple de droites réelles et à deux couples de droites imaginaires conjuguées se coupant en un point réel. Les sommets ξ, η, ζ du triangle conjugué commun aux deux coniques sont encore réels et marquent encore les traces sur le plan H de trois surfaces répondant à la question : *un hyperboloïde à une nappe* dont les sécantes réelles font deux génératrices rectilignes, et *deux surfaces à courbures de même sens*, ellipsoïde ou hyperboloïde à deux nappes.

Enfin, si deux des quatre points x, y, z, t communs aux deux coniques sont réels, les deux autres étant imaginaires ; ils donnent lieu à une seule couple de sécantes réelles et à deux couples de sécantes imaginaires, non conjuguées, qui se coupent dès lors en des points imaginaires. Un seul des sommets du triangle conjugué $\xi\eta\zeta$ commun aux deux coniques est réel, et l'unique solution du problème est fournie par *un hyperboloïde à une nappe*.

2). Le point de contact déterminé, on a neuf points de la surface dont le centre et les éléments principaux peuvent dès lors être obtenus de bien des manières différentes. Mais les données spéciales du cas actuel, les constructions qu'il a fallu effectuer dans le plan tangent donné pour en obtenir le point de contact, permettent d'achever le problème plus simplement, comme il suit.

Les constructions déjà effectuées nous ont donné en effet, en même temps que le plan de contact, la *forme et la direction* de la section de la surface par le plan tangent donné et, par suite, la forme et la direction de toutes les sections parallèles. Il en résulte, la surface étant maintenant rapportée à l'octaèdre inscrit 12...56 par l'équation

$$(o)\qquad \sum_1^4 \lambda_1 P_1 Q_1 = o,$$

que sa trace sur un plan quelconque H′, parallèle au précédent, est connue de forme et de direction, et appartient d'ailleurs à la série triplement indéterminée des coniques contenues dans l'équation analogue

$$(1)\qquad \sum_1^4 \lambda_1 P'_1 Q'_1 = o.$$

Or toutes celles de ces courbes qui sont homothétiques à une conique donnée ont deux points communs, lesquels appartiennent à la droite unique et déterminée (nº 152, p. 157) que renferme l'équation (1), et qui sont fournis par les traces de cette droite sur l'une des courbes homothétiques de la série, telle que

$$(1')\qquad \sum_1^3 \lambda_1 P'_1 Q'_1 = o.$$

D'ailleurs cette dernière courbe, donnée de forme et de direction et conjuguée à trois couples de points connus (nº 151, p. 156), est déterminée. Il en est de même de ses traces m, m' sur la droite précédente, et la section de la surface par le plan H′ déjà donnée de forme et de direction, contient, en outre, chacun des points m, m'. Mais, si le plan sécant H′ a été conduit par l'un des points restants 7 ou 8, cette section contient aussi le point 7, ou le point 8, et se trouve complétement déterminée. On pourra donc construire, outre la section tangentielle H, deux autres sections H′, H″ parallèles à celle-là, et en déduire immédiatement le centre et trois diamètres conjugués de la surface.

358. *Observation.* — Nous venons de dire que les sections H, H′, H″ sont connues de forme et de direction : ce qui est évident et ne demande aucune explication dans le cas où la section tangentielle H se compose de deux droites réelles que l'on n'a plus qu'à transporter parallèlement à

elles-mêmes dans chacun des plans H' ou H'' pour avoir les directions asymptotiques des sections correspondantes. Si la section tangentielle se compose de deux droites imaginaires conjuguées, ou se réduit à une ellipse évanouissante E, on connaît encore non-seulement le centre h, mais aussi la forme de cette ellipse, laquelle est caractérisée par les directions, que l'on peut construire, de ses divers systèmes de diamètres conjugués. La fonction $E = o$ relative à cette ellipse étant, en effet, une combinaison linéaire des fonctions S, S′ relatives aux deux coniques auxiliaires qui en ont déjà fourni le centre h, on a identiquement

$$S + S' = E.$$

Les polaires d'un point quelconque m de la figure, par rapport aux trois courbes, donnent lieu à une identité analogue

$$P_s + P_{s'} \equiv P_e.$$

Ces polaires concourent en un même point m', et les droites hm, hm', menées de ces points au centre de l'ellipse E, font deux diamètres conjugués de cette courbe. Or, les coniques S, S′ étant connues, on peut, quel que soit le point m, construire le point m'. Donc, etc.

359. Problème X. — *Construire la direction des diamètres et les éléments principaux d'un paraboloïde défini par huit points.*

1). Tout paraboloïde étant tangent au *plan à l'infini*, la direction du *point à l'infini* suivant lequel se fait le contact et la direction des diamètres du paraboloïde se confondent. La première moitié du problème dépend donc de cette question que l'on vient de résoudre : « Étant donnés huit points et un plan tangent d'une surface du second ordre, construire le point de contact de la surface sur le plan donné; » le plan donné actuellement n'étant autre que le *plan à l'infini*.

On déterminera donc les traces, sur ce plan, de la courbe gauche 12345678, ou deux des cônes, de même sommet o dont les génératrices communes ox, oy, oz, ot aboutissent à ces traces et en marquent les directions.

Si ces quatre génératrices sont réelles, elles donnent naissance à trois couples de plans diagonaux réels, et les droites d'intersection $o\xi$, $o\eta$, $o\zeta$ des deux plans de chaque couple représentent les directions diamétrales de *trois paraboloïdes hyperboliques* répondant au problème et dont les plans directeurs coïncident avec les plans de chaque couple.

Si les quatre génératrices sont imaginaires, elles donnent lieu à une couple de plans réels et à deux couples de plans imaginaires conjugués se coupant en une droite réelle. Les arêtes $o\xi$, $o\eta$, $o\zeta$ du trièdre conjugué commun aux deux cônes donnent encore les directions diamétrales de trois paraboloïdes répondant au problème : *un paraboloïde hyperbolique* dont les deux plans réels représentent les plans directeurs, et *deux paraboloïdes elliptiques*.

Enfin, si deux des génératrices communes aux deux cônes sont réelles, les deux autres étant imaginaires; elles donnent lieu à une seule couple de plans réels et à deux couples de plans imaginaires non conjugués. Une seule des arêtes du trièdre conjugué commun aux deux cônes est réelle, et l'unique solution du problème est fournie par *un paraboloïde hyperbolique* dont les deux plans réels représentent encore les plans directeurs.

2). La direction des diamètres étant connue, nous pourrions regarder le paraboloïde comme défini par neuf points dont l'un situé à l'infini dans cette direction, et l'un des problèmes antérieurs nous permettrait d'en obtenir le plan tangent en chacun des points 1, 2, 3; soit T l'un de ces plans tangents. Par le point de contact correspondant 1 ou 2, ou 3, imaginons un plan X perpendiculaire à l'axe, ou à la direction des diamètres; et diminuons de moitié les ordonnées abaissées des divers points du plan T, normalement au second X. Réduites de la sorte, les extrémités de toutes ces nouvelles ordonnées appartiennent à trois nouveaux plans T_1, ou T_2, ou T_3, lesquels se coupent suivant le *sommet* du paraboloïde. C'est ce qui résulte de la situation du sommet par rapport au segment intercepté sur l'axe par un plan tangent quelconque et le plan perpendiculaire à l'axe mené par le point de contact. Mais c'est aussi un théorème connu, que toutes les sections planes d'un paraboloïde se projettent sur un plan perpendiculaire à l'axe suivant des courbes homothétiques. D'ailleurs, la projection de la section 123 est définie, comme cette section elle-même, par trois points et trois tangentes; et l'on peut construire les directions de ses axes principaux, parallèles aux *plans principaux* du paraboloïde.

Mais, comme les constructions qui nous ont fourni déjà la direction des diamètres nous peuvent fournir en même temps la forme commune et la commune direction des sections perpendiculaires à l'axe, nous pouvons aussi, comme au n° 2) du problème IX, déterminer complétement deux de ces sections et en déduire tous les éléments principaux du paraboloïde.

360. Problème XI. — *Étant donnés huit points situés d'une manière quelconque dans l'espace, faire passer par ces points un cône du second degré.*

On sait que ce problème admet généralement quatre solutions et que *les sommets des quatre cônes qui le résolvent coïncident avec les sommets d'un* tétraèdre conjugué commun *à toutes les surfaces du second ordre que l'on peut conduire par les huit points donnés,* ou par la courbe gauche qu'ils déterminent : proposition importante qui a paru d'abord dans le *Traité des Propriétés projectives,* et sur laquelle on peut consulter le bel ouvrage de M. G. Salmon (*A Treatise on the Analytic Geometry,* 1862, p. 93). Proposons-nous donc seulement de *construire les sommets des quatre cônes du second ordre que l'on*

26

sait devoir passer par la courbe gauche

$$C_4 = 12345678.$$

1). Pour cela, nous rappellerons d'abord que la section, par l'un quelconque de ses plans tangents, de toute surface du second ordre menée par la courbe précédente, se réduit à un système de deux droites contenant les sommets x, y, z, t du quadrangle déterminé dans cette courbe par le plan considéré (*fig.* 77). Ces deux droites, d'ailleurs, sont

Fig. 77.

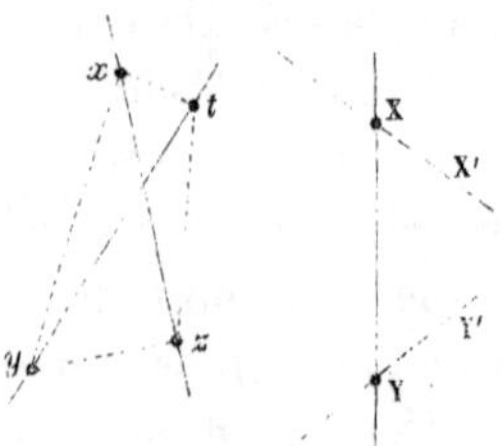

réelles et distinctes, et représentent les deux génératrices rectilignes comprises dans le plan tangent, s'il s'agit d'une surface réglée quelconque, hyperboloïde à une nappe, ou paraboloïde hyperbolique. Dans le cas spécial d'une surface conique, ces deux droites doivent se confondre en une seule suivant la génératrice de contact XY; et les sommets x et t, y et z du quadrangle précédent se confondent aussi deux à deux. En même temps les cordes xt, yz se changent en deux tangentes de la courbe gauche C_4, tangentes situées dans un même plan et dont la corde de contact XY contient le sommet de l'un des cônes cherchés.

Si l'on prend dès lors à volonté un point X sur la courbe gauche 12...78, la génératrice XY, issue de ce point, de l'un quelconque des quatre cônes du second ordre menés par cette courbe, devra la rencontrer en un deuxième point Y, tel que la tangente en ce point et la tangente au point de départ X se trouvent dans un même plan.

Or il est aisé de voir que chacune des tangentes XX'

d'une courbe gauche du quatrième ordre rencontre en général quatre autres tangentes (YY',...) de la même courbe et qu'il est facile de définir.

Que l'on imagine, en effet, un cône auxiliaire (X, C_4), ayant pour sommet le point X pris à volonté sur la courbe C_4 et cette courbe elle-même pour directrice. Un plan quelconque mené par le sommet X ne pouvant couper la directrice en plus de trois points (outre le point X), ni le cône lui-même en plus de trois génératrices; ce cône sera du troisième ordre, et sa trace sur un plan quelconque P une courbe du troisième degré C_3, que l'on peut définir par neuf de ses points : les projections 1',...,8' des points donnés 1,...,8 et la trace x sur le même plan de la tangente menée à la directrice par le point X. Or on sait construire un neuvième point X de la directrice et la tangente XX' en ce point (nos 332 et 344).

Actuellement, si une autre tangente YY' de la directrice s'appuie sur la première XX' (*fig.* 78), sa perspective yy',

Fig. 78.

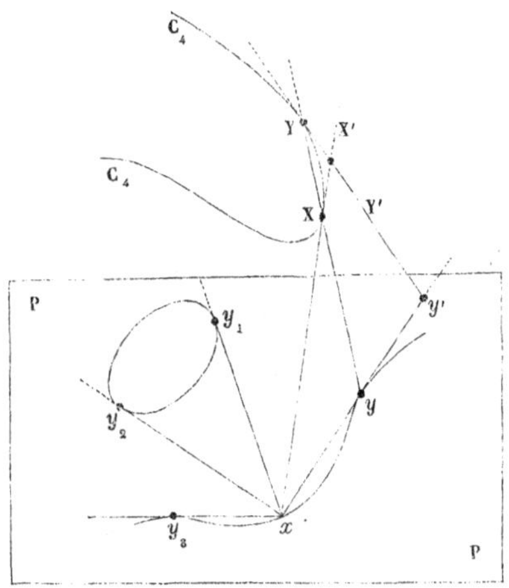

sur le plan P et suivant le point de vue X, sera tangente en y à la courbe C_3 et passera d'ailleurs par le point x. Or, par

26.

un point x d'une courbe du troisième degré, on peut, en général, mener à cette courbe, outre la tangente en ce point, quatre tangentes xy, xy_1, xy_2, xy_3; et l'on ne peut en mener un plus grand nombre. Et si l'on suppose le tracé de ces tangentes, ou la détermination de leurs points de contact y, y_1, y_2, y_3, chacune des droites menées de l'un de ces points au point X contiendra le sommet de l'un des quatre cônes que l'on cherche.

Les mêmes constructions recommencées avec un autre point ξ de la même courbe gauche C_4 fourniraient de même quatre nouvelles droites

$$\xi\eta,\ \xi\eta_1,\ \xi\eta_2,\ \xi\eta_3$$

issues de ce point et rencontrant une à une les précédentes

$$XY,\ XY_1,\ XY_2,\ XY_3,$$

suivant les sommets

$$S,\ S_1,\ S_2,\ S_3$$

des quatre cônes répondant à la question.

Telle serait donc une première solution théorique du problème. Sa construction effective suppose, comme on voit, *étant donnés neuf points d'une courbe plane du troisième degré* que l'on sache *construire, les quatre tangentes menées à cette courbe par l'un de ces points*, ainsi que *les points de contact de ces tangentes*.

2). Mais l'intervention d'une proposition antérieure permet de ramener le problème à des termes beaucoup plus simples, et de réduire toute la construction au tracé de deux coniques seulement.

Inscrivons, en effet, à la courbe gauche proposée 12...78 deux hexaèdres

$$H \equiv 1\,2\,3\,a\,4\,bcd,\quad H' \equiv 1\,2\,3\,a\,5\,b'c'd',$$

ayant une face commune $1\,2\,3\,a$, et dont la construction peut se réaliser par la règle et le compas (n° 348, p. 387).

La courbe gauche 12...78 étant située tout entière sur chacun des cônes cherchés, ceux-ci à leur tour seront circonscrits à chacun des hexaèdres H, H′; et leurs sommets devant appartenir (n° 304, p. 341) à chacune des *cubiques gauches* C_3, C'_3, *lieux géométriques des sommets des cônes du second ordre circonscrits à l'un ou l'autre de ces hexaèdres*; ces deux dernières courbes devront se couper en quatre points au moins, en cinq au plus, parmi lesquels se trouveront les sommets cherchés. Mais la seconde hypothèse se réalise seule ici. Nos deux courbes ayant, dans le point de concours O des diagonales de la face 123a commune aux deux hexaèdres H et H′, un premier point commun, étranger évidemment au problème principal, mais qui nous va conduire toutefois aux quatre points qui le résolvent.

Que l'on imagine, en effet, deux cônes auxiliaires *du second ordre* ayant pour sommet commun le point O, pour directrices respectives les deux cubiques gauches C_3, C'_3, et pour génératrices communes les droites $OS_1, \ldots, OS_4$ menées de ce point à ceux que l'on cherche. En vertu du théorème déjà indiqué (n° 304, p. 341), les droites menées, dans chacun des hexaèdres H, H′, du point O aux points de concours des premières diagonales de toutes les autres faces, fourniront cinq génératrices distinctes de chacun de ces cônes. On pourra donc construire les traces de ceux-ci sur un plan auxiliaire quelconque; et les droites menées du point O aux quatre points d'intersection des deux coniques résultantes iront couper l'une ou l'autre des deux cubiques gauches C_3, C'_3 en des points $S_1, \ldots, S_4$, que l'on peut déterminer par le seul emploi de la règle, et qui résolvent la question.

361. *Remarque I. — Étant donné le sommet x de l'un des quatre cônes précédents, on peut construire par le seul emploi de la règle le plan yzt des trois autres som-*

mets, ou le plan polaire du sommet x par rapport aux différentes surfaces de la série.

Soient, effectivement, $X = o$ le sommet de l'un des cônes du second ordre passant par les points donnés 1,..., 8, ou $P_1 \ldots P_8 = o$. Ce cône étant circonscrit à chacun des octaèdres 1...6, 2...7, 3...8, il existe, par rapport à chacun de ces octaèdres, un point X', ou X'', ou X''' conjugué au sommet de ce cône et défini par l'une des identités

$$\left.\begin{array}{l} \sum_1^6 \lambda_1 P_1^2 \equiv XX' \\ \sum_2^7 \lambda_2 P_2^2 \equiv XX'' \\ \sum_3^8 \lambda_3 P_3^2 \equiv XX''' \end{array}\right\} \text{(n° 267, p. 291).}$$

Les points X et X', X et X'', X et X''', conjugués deux à deux par rapport à toutes les surfaces du second ordre qui seraient circonscrites à l'un des octaèdres 1...6, ou 2...7, ou 3...8 (n° 171, p. 174), sont aussi conjugués par rapport à chacune des surfaces circonscrites au groupe total 12...78; et le plan polaire yzt du sommet X, par rapport à l'une quelconque de ces surfaces, n'est autre que le plan X'X''X''', que l'on sait construire (n°s 267 et 269). D'ailleurs les traces sur ce plan de l'une des cubiques gauches précédemment définies fourniraient les sommets restants y, z, t.

362. *Remarque II. — Étant donnés les sommets x et y de deux quelconques des quatre cônes* 12...8, *on peut construire* par la règle seulement *la droite qui réunit les deux autres sommets.*

§ IV. — *De quelques problèmes sur les cônes du second degré.*

363. Un plan transversal quelconque rencontrant une courbe gauche du quatrième ordre et un pentagone gauche inscrit à cette courbe suivant un quadrangle et un penta-

gone plans conjugués à une même conique C (n° 330, p. 371); si le plan transversal est tel (*fig.* 79), que les sommets x et y, z et t de ce quadrangle se confondent deux à deux, les droites *conjuguées* xt et yz se confondront en

Fig. 79.

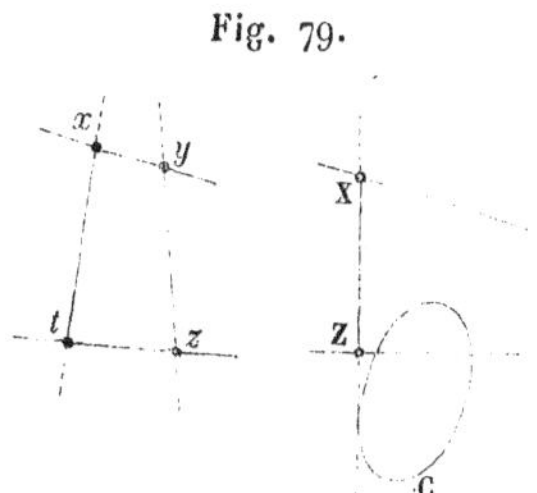

même temps suivant une même droite XZ; et cette dernière devant contenir son propre pôle par rapport à la conique C sera tangente à cette conique.

C'est ce qui se produit en particulier pour la section d'une courbe gauche C_4 par l'un quelconque des plans tangents à l'un des cônes du second ordre menés par cette courbe. La section correspondante du cône doit se réduire, en effet, à un système de deux droites coïncidentes formées de deux côtés opposés xt, yz du quadrangle déterminé dans la courbe par le plan sécant, et le système de ces côtés à une droite unique XZ qui touche la conique conjuguée au pentagone plan dérivé d'un pentagone quelconque inscrit à la courbe primitive. On a donc ce théorème :

Si l'on considère tous les cônes du second ordre menés en nombre infini par cinq points fixes 1, 2,..., 5 *tangentiellement à un plan donné, l'enveloppe* des génératrices de contact de ces cônes et de ce plan *est une conique :* la *conique conjuguée au pentagone gauche* 12... 5 ou *au pentagone plan dérivé de celui-là.*

364. On peut d'ailleurs établir directement ce théorème de la manière suivante.

Rapportons l'un quelconque des cônes dont il s'agit (*fig.* 80) à un trièdre variable (s, oGG′) formé du plan tangent donné soG, $A = 0$, d'un second plan tangent variable soG′, $B = 0$, issu d'une origine fixe o prise arbitrai-

Fig. 80.

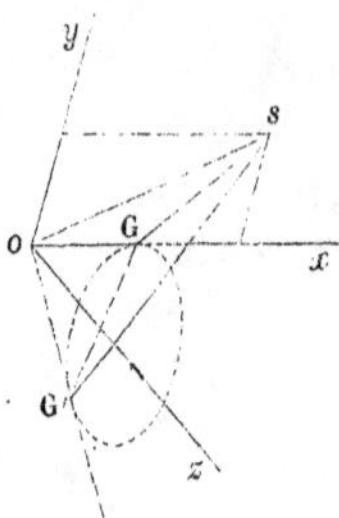

rement dans le premier, et enfin du plan sGG′, $X = 0$ mené par les génératrices de contact des deux précédents. L'équation correspondante de ce cône,

$$m.AB = X^2,$$

appliquée à chacun des points donnés 1, ..., 5, entraîne une suite d'égalités que l'on peut écrire

$$(0) \qquad m.B_1 = \frac{X_1^2}{A_1}, \ldots, \quad m.B_5 = \frac{X_5^2}{A_5};$$

et ces valeurs étant portées dans la relation

$$(1) \qquad \mu_1.B_1 + \mu_2.B_2 + \ldots + \mu_5.B_5 = 0,$$

à laquelle donnent lieu les distances de cinq points *déterminés* à un plan *quelconque* $B = 0$, il vient

$$(2) \qquad \mu_1 \frac{X_1^2}{A_1} + \ldots + \mu_5 \frac{X_5^2}{A_5} = 0:$$

ou encore, et après avoir fait passer dans les coefficients les nombres fixes $A_1, \ldots, A_5$ qui mesurent les distances des points $1, \ldots, 5$ au plan tangent donné $A = 0$,

$$(2') \qquad \sum_1^5 \lambda_1 X_1^2 = 0.$$

Telle est la relation entre les distances $X_1, \ldots, X_5$ des points donnés $1, \ldots, 5$ au plan mobile $X = 0$, ou l'équation tangentielle de son enveloppe, laquelle apparaît d'abord comme une surface du second ordre conjuguée au pentagone gauche $12\ldots5$. Mais, si l'on remarque que pour chacun des cônes considérés le plan $X = 0$ peut tourner d'une manière quelconque autour de la génératrice de contact $(0 = A = X)$ de ce cône et du plan tangent donné $A = 0$, ou autour de sa propre trace sur ce plan, on reconnaît aussitôt que l'équation $(2')$ doit définir, non l'enveloppe même du plan mobile $X = 0$, mais seulement celle de sa trace sur le plan donné $A = 0$. Cette enveloppe, ou la surface représentée par l'équation $(2')$, se réduit donc à une *conique,* située dans le plan tangent donné $A = 0$, et *conjuguée au pentagone gauche* $12\ldots5$, ou au pentagone plan qui aurait pour sommets successifs les traces des côtés successifs de celui-là sur le plan donné $A = 0$.

365. Problème XII. — *Déterminer le sommet d'un cône du second ordre défini par six points* $1, 2, \ldots, 6$ *et un plan tangent.*

La génératrice de contact oz du cône que l'on cherche et du plan tangent donné zox est tout d'abord désignée, par le théorème précédent, comme l'une des quatre tangentes communes à deux coniques (*) que l'on peut construire, situées l'une et l'autre dans ce plan, et respectivement con-

(*) Six points situés d'une manière quelconque dans l'espace donnant lieu à n pentagones gauches 12345, 23456, 34561, ..., ou à n pentagones plans ayant pour sommets successifs les traces, sur un plan quelconque, des côtés successifs des précédents : les coniques conjuguées aux n derniers pentagones sont inscrites à un même quadrilatère.

juguées aux pentagones gauches 12345, 23456 formés de cinq des points donnés, ou aux pentagones plans dérivés de ceux-là (*fig.* 81).

Fig. 81.

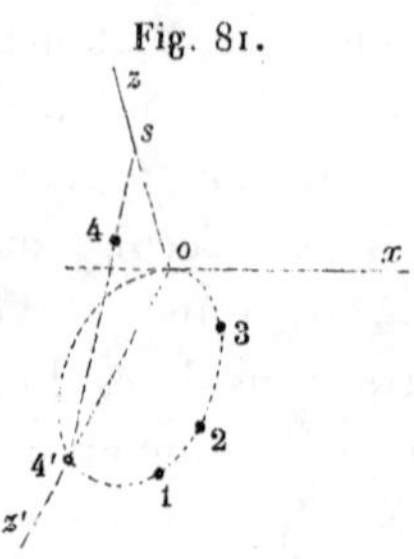

Une fois déterminées cette génératrice oz et sa trace o sur le plan 123, la position du sommet s en résulte d'une manière bien simple. L'on a, en effet, quatre points 1, 2, 3, o de la section du cône correspondant par le plan 123, et la tangente ox en l'un de ces points. Cette section est déterminée, et l'on peut construire sa deuxième trace 4' sur le plan mené par la génératrice oz et le point 4. Menant ensuite la droite indéfinie 44', le sommet cherché s se trouvera au point de rencontre de cette droite et de la génératrice oz.

Cette génératrice est d'ailleurs susceptible de quatre déterminations distinctes, et le problème proposé admet quatre solutions. Le problème du cylindre parabolique défini par six points est compris dans celui que l'on vient de résoudre.

366. Problème XIII. — *Déterminer le sommet d'un cône du second ordre défini par quatre points et deux plans tangents* ($AB = 0$).

La trace du cône sur le plan 123 (*fig.* 82) est déterminée, bien que de quatre manières différentes, par trois points 1, 2, 3 et deux tangentes oa, ob ; il ne reste donc plus qu'à mener par le quatrième point, 4, une droite qui s'appuie à la fois sur l'une des coniques $(1, 2, 3, a, b)$ que l'on vient de définir et sur la droite d'intersection os des deux plans tangents donnés. Les droites menées du point 4 à l'une ou à l'autre des deux traces $4'$ ou $4''$ du plan $(4, \overline{os})$

Fig. 82.

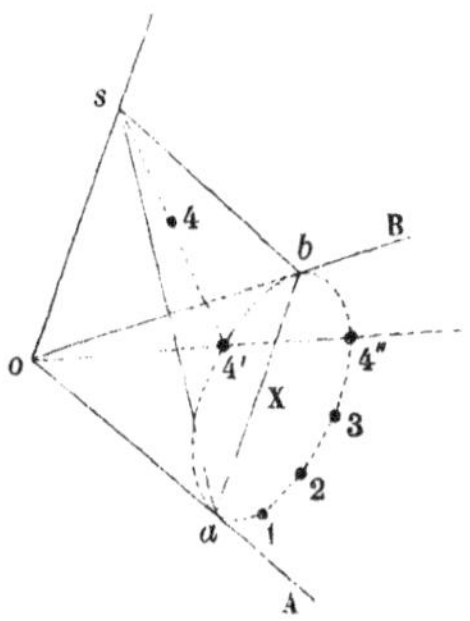

sur cette conique remplissent cette double condition ; et leurs traces sur la droite os sont les sommets de deux des cônes cherchés.

Le problème proposé admet donc 4×2 ou huit solutions distinctes.

Mais on peut procéder autrement et traiter à la fois le problème proposé et le problème plan auquel il se réduit.

Si l'on représente, en effet, par la seule équation

$$X^2 = \lambda . AB$$

le cône cherché, ou la conique qui en marque la trace sur le plan 123, on pourra, des égalités

$$X_1^2 = \lambda . A_1 B_1, \quad X_2^2 = \lambda . A_2 B_2, \quad X_3^2 = \lambda . A_3 B_3, \quad X_4^2 = \lambda . A_4 B_4,$$

résultant de la situation des points 1, 2, 3, 4 sur ce cône, des points 1, 2, 3 sur cette conique, déduire les proportions

$$\pm X_1 : X_2 : X_3 : X_4 = \sqrt{A_1 B_1} : \sqrt{A_2 B_2} : \sqrt{A_3 B_3} : \sqrt{A_4 B_4}.$$

Le plan ou la droite que l'on cherche $X = 0$ se trouvent donc définis par les rapports de leurs distances aux points

1 et 2, 1 et 3, 1 et 4, ou aux seuls points 1 et 2, 1 et 3; de telle sorte que l'on peut construire, bien que de deux manières différentes, à cause de l'ambiguïté des signes, leurs traces respectives sur chacune des droites 12, 13, 14, ou sur les seules droites 12 et 13. On aura donc ainsi 2.2.2 ou 8 déterminations distinctes du plan $X = o$ mené suivant les génératrices de contact des deux plans tangents donnés et du cône (1, 2, 3, 4) que l'on cherche; et seulement 2.2 ou 4 déterminations différentes de la corde de contact $X = o$ de la conique (1, 2, 3) et des deux tangentes données.

367. Problème XIV. — *Construire un cône du second degré défini par deux points et trois plans tangents* ou *une conique définie par trois tangentes et deux points* (*fig.* 83).

Fig. 83.

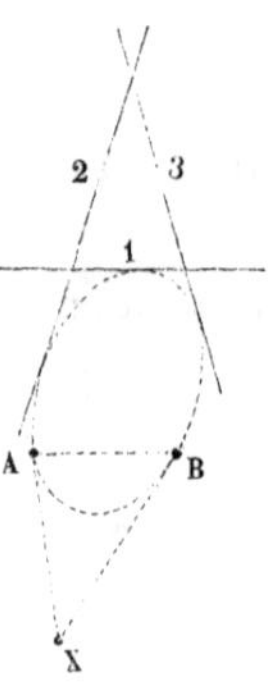

Cherchons le pôle $X = o$ de la corde qui réunit les deux points donnés $A.B = o$; et, à cet effet, appliquons l'équation *tangentielle* de la conique cherchée

$$X^2 = \lambda . AB$$

à chacune des tangentes données 1, 2, 3. L'élimination du paramètre λ entre les égalités résultantes

$$X_1^2 = \lambda . A_1 B_1, \quad X_2^2 = \lambda . A_2 B_2, \quad X_3^2 = \lambda . A_3 B_3$$

entraînant les proportions

$$\pm X_1 : X_2 : X_3 = \sqrt{A_1 B_1} : \sqrt{A_2 B_2} : \sqrt{A_3 B_3} :$$

on connaît les rapports des distances à deux quelconques des tangentes données 1, 2, 3 du pôle inconnu X, qui se trouvera dès lors au point d'intersection de deux droites susceptibles l'une et l'autre, à cause de l'ambiguïté des signes, de deux déterminations distinctes, et que l'on peut construire.

368. Problème XV. — *Déterminer le sommet d'un cône du second ordre défini par cinq points et une génératrice rectiligne.*

La question peut d'abord se traiter dans le plan, et l'intervention du théorème de Pascal permet de la réduire à ce problème connu susceptible, comme on sait, de deux solutions distinctes : *inscrire à un triangle donné un second triangle dont les côtés passent respectivement par trois points donnés.*

Mais au lieu de transporter dans le plan le problème proposé, qui est solide, on le résout plus simplement dans l'espace en observant que, assujettis à passer l'un et l'autre par les points 1, ..., 5 et à avoir une génératrice commune dans la droite donnée OZ, les deux cônes cherchés se couperont suivant une *cubique gauche*, laquelle, *devant passer par chacun des points* 1, ..., 5 *et s'appuyer en deux points* S, S' *sur la droite* OZ, se trouve entièrement déterminée. D'ailleurs, comme chacun des cônes ayant pour sommet l'un des points d'une cubique gauche, et pour directrice cette courbe elle-même, est du second ordre; on aura, dans les droites menées, de l'un quelconque des deux points S, S', à l'autre et aux points donnés 1, ..., 5, six génératrices d'un même cône du second ordre; dans ces points eux-mêmes, S, S', les sommets des deux cônes que l'on cherche. Le problème est donc ramené à *la recherche des deux traces* S, S′ *d'une droite donnée* OZ *sur une cubique gauche assujettie à s'appuyer en deux points sur cette droite et à passer en outre par cinq points donnés.* Or *les côtés d'un triangle* (1SS′) *inscrit à une cubique gauche, et ceux du quadrilatère* 2345 *déterminé par le plan de ce triangle dans un tétraèdre* (2345) *inscrit à la courbe, font sept tangentes d'une même conique* (n° 287, p. 323) : et l'on connaît ici le plan (1SS′) ou (1, OZ) de cette conique et cinq de ses tangentes qui sont les côtés du quadrilatère 2345 et la droite SS′ ou OZ. On pourra donc mener du point 1 à cette courbe deux nouvelles tangentes 1S, 1S′, et leurs traces sur la droite OZ fourniront les sommets des deux cônes répondant à la question.

CHAPITRE XII.

PROPRIÉTÉ DE NEUF PLANS ASSOCIÉS.

SOMMAIRE. — Des surfaces du second ordre inscrites à un même groupe de huit plans et de la développable du quatrième degré circonscrite à toutes ces surfaces. — Propriété de neuf plans associés quelconques, et translation du théorème corrélatif de celui de Desargues à la figure formée de neuf plans tangents d'une développable D_4. — Construction, à l'aide de ce théorème, d'un neuvième plan tangent à la surface et des éléments principaux d'un paraboloïde ou d'une conique, définis par huit plans tangents.

§ I. — *De la propriété de six tangentes d'une conique transportée à neuf plans tangents d'une développable de la quatrième classe.*

369. Un plan mobile étant rapporté à un système d'axes ox, oy, oz par une équation de la forme

$$(o) \qquad xX + yY + zZ = 1,$$

le mouvement de ce plan et la nature de la surface qu'il enveloppe dépendent uniquement de la forme de la relation que l'on voudra établir entre les paramètres X, Y, Z qui figurent dans son équation. Si cette relation est du premier degré, par rapport à ces paramètres, ou du second, ou du $n^{ième}$, l'enveloppe du plan mobile est de la première classe, ou de la seconde, ou de la $n^{ième}$, conformément au nombre 1, ou 2, ou n des plans que l'on peut mener, par une droite quelconque

$$o = xX_1 + yY_1 + zZ_1 - 1 = xX_2 + yY_2 + zZ_2 - 1,$$

tangentiellement à cette enveloppe.

Considérons en particulier le cas d'une enveloppe *de la*

seconde classe, et soit

$$(1)\quad \begin{cases} f(X, Y, Z) \quad \text{ou} \quad aX^2 + a'Y^2 + a''Z^2 + 2bYZ \\ \quad + 2b'ZX + 2b''XY + 2cX + 2c'Y + 2c''Z + d = 0 \end{cases}$$

la relation correspondante, *du second degré*, entre les paramètres X, Y, Z, ou l'*équation tangentielle* de la surface (Plucker). Si l'on exprime que cette surface touche chacun des huit plans donnés

$$xX_1 + yY_1 + zZ_1 = 1, \ldots, \quad xX_8 + yY_8 + zZ_8 = 1,$$

les égalités résultantes

$$f(X_1, Y_1, Z_1) = 0, \ldots, \quad f(X_8, Y_8, Z_8) = 0$$

permettent d'exprimer *linéairement* huit des coefficients indéterminés a, a', a'', b, ... en fonction des deux autres, a et a' par exemple. Ceux-ci restent seuls arbitraires, et, ces diverses expressions étant substituées dans l'équation (1), elle prend la forme

$$(1') \qquad aF(X, Y, Z) + a'F_1(X, Y, Z) = 0.$$

Toute surface de la seconde classe menée tangentiellement aux huit plans donnés touche donc en outre une infinité d'autres plans, savoir : tous les plans tangents communs aux deux surfaces représentées par les équations tangentielles

$$(2) \qquad F(X, Y, Z) = 0,$$

$$(3) \qquad F_1(X, Y, Z) = 0,$$

ou tous les plans tangents à la *développable* qui leur est circonscrite.

Le nombre des plans tangents communs à deux cônes concentriques du second ordre étant égal à quatre, par chaque point de l'espace on pourra mener quatre plans tangents communs aux surfaces (2), (3), ou quatre plans tangents à la *développable* qui leur est circonscrite et qui est dès lors de la *quatrième classe*. Huit plans tangents d'une telle développable la déterminent donc entièrement; et neuf quelconques de ces plans sont toujours *associés*, ou tels que toute surface du second ordre menée tangentiellement à huit d'entre eux touche d'elle-même le dernier. On a donc ce théorème :

Toutes les surfaces du second ordre que l'on peut inscrire à un groupe donné de huit plans s'inscrivent d'elles-mêmes à une développable de la quatrième classe, *laquelle touche à son tour chacun des huit plans donnés et se trouve déterminée par l'ensemble de ces plans.* En outre, *neuf plans tangents à une telle développable sont toujours* associés : *et leurs distances* $P_1 \ldots, P_9$ *à un point* quelconque *de l'espace satisfont à l'identité caractéristique* (n° 136, p. 138)

$$\sum_1^9 \lambda_1 P_1^2 \equiv 0.$$

370. Corollaire I. — *Un hexaèdre et un angle trièdre, circonscrits l'un et l'autre à une développable de la* quatrième classe, *sont toujours conjugués à un même cône du second ordre.*

371. Corollaire II. — *De même, un tétraèdre et un pentaèdre circonscrits à une telle développable* D_4, *sont toujours conjugués à une même surface du second ordre.*

372. Corollaire III. — Enfin si l'on suppose que quatre des neuf plans tangents considérés concourent en un même point, ce dernier théorème subsiste encore, mais avec une simplification qui permet de le considérer comme l'analogue du *théorème corrélatif de celui de Desargues.* Rapprochées l'une de l'autre, les deux proposi-

tions peuvent, en effet, s'énoncer ainsi :

Un quadrilatère circonscrit à une conique, et l'angle formé des tangentes menées à la courbe par un point quelconque, sont toujours conjugués à une même ellipse évanouissante : *un système de deux droites, réelles ou imaginaires, issues du point considéré.*

Un pentaèdre circonscrit à une développable de la quatrième classe, et l'angle solide tétraèdre formé des plans tangents menés à la surface par un point quelconque, sont toujours conjugués à un même ellipsoïde évanouissant : *un cône de second ordre, réel ou imaginaire, ayant pour sommet le point considéré.*

Toutes ces propositions s'établiraient d'ailleurs de la même manière que leurs corrélatives (n° 330, p. 371).

§ II. — *Applications des principes précédents.*

373. Problème I. — *Une développable de la quatrième classe étant définie par huit plans tangents* 1,...5, X, Y, Z, *mener à la surface un neuvième plan tangent par le point de concours de trois quelconques des proposés.*

Soient O ce point de concours, et XYZT l'angle solide tétraèdre formé, autour de ce point, par trois des plans donnés et celui que l'on cherche. Imaginons un pentagone gauche 12...5 ayant pour côtés successifs les intersections successives des plans 1, 2,...5 pris dans un ordre quelconque. Les plans des angles successifs de ce pentagone pouvant remplacer les plans 1,...5 avec lesquels ils coïncident, on verra, par le théorème précédent, que l'angle solide tétraèdre (O, XYZT) et le pentaèdre 1...5, ou le pentagone gauche qui le remplace, sont conjugués l'un et l'autre à un même cône du second ordre décrit autour du point O comme sommet : de telle sorte, en particulier, que le plan polaire *correspondant* de chacun des sommets du pentagone passe par le côté opposé. Il en résulte que si l'on coupe par un plan quelconque H l'angle solide XYZT, et que l'on fasse, sur le même plan et suivant le point de vue O, la perspective du pentagone gauche 1..5; le quadrilatère et le pentagone résultants, XYZT et 1'...5', seront conjugués à une même conique. Or la seule donnée du pentagone 1'...5', qui est entièrement connu, définit la conique conjuguée; et l'on peut déduire directement de ce seul pentagone le pôle d'une droite quelconque, comme on l'a vu déjà; ou la polaire d'un point donné (n° 332, p. 374). On déterminera donc, à l'aide du pentagone 1'...5', les polaires des points

X'.Y', Y'.Z';

et l'on aura, dans les traces respectives de ces polaires sur les droites,

Z', X',

deux points du dernier côté T' du quadrilatère X'Y'Z'T'; dans le plan mené par ces traces et le point de vue O, le neuvième plan tangent T que l'on voulait construire.

374. Problèmes II, III, IV. — *Une développable de la quatrième classe étant définie par huit plans tangents, construire les divers plans tangents que l'on peut mener à cette surface par un point pris à volonté dans l'espace, ou sur l'un des proposés, ou sur l'une de leurs droites d'intersection.*

Des considérations toutes semblables à celles qui ont été employées déjà dans les problèmes corrélatifs pour les courbes gauches du quatrième ordre s'appliqueraient encore aux problèmes actuels, comme à plusieurs de ceux qu'il nous reste à indiquer, et sur lesquels, par cette raison, nous n'insisterons pas autrement (n°s 338-342).

375. Problèmes V, VI. — *Une développable de la quatrième classe étant définie par huit plans tangents, construire la tangente à l'arête de rebroussement de la*

surface qui tombe dans l'un des proposés, *ainsi que le point de contact de cette tangente et de la courbe* (n°s 344-349, p. 382).

Scolie. — Il resterait à construire le *cercle osculateur* de l'arête de rebroussement; mais ce nouveau problème, quoique tout semblable à celui que nous avons résolu déjà pour les courbes gauches du quatrième ordre (n° 350, p. 389), n'en est aucunement le corrélatif; et les considérations que nous avons employées pour celui-là ne s'y appliquent plus. Comment y suppléer? Et si les considérations dont on parle ne sont plus d'aucun effet pour la détermination du cercle osculateur, ou de son rayon $\frac{ds}{\varepsilon}$, quel est du moins, pour l'arête de rebroussement de la surface actuelle, le rapport différentiel qu'elles nous permettent de déterminer? La réponse à cette dernière question est assez facile. Et comme l'un de nos théorèmes antérieurs sur les dépendances qui existent entre neuf plans tangents d'une même développable D_4 exprime que l'hexaèdre et le trièdre formés de neuf plans osculateurs de l'arête de rebroussement sont conjugués à un même cône du second ordre; on voit d'abord que le rapport différentiel susceptible d'être déterminé par ce théorème, lorsqu'on imagine que les trois faces du trièdre qui y figure tendent à se confondre, ne peut être que l'un de ceux auxquels donne naissance, dans une courbe gauche quelconque, la considération de trois plans osculateurs consécutifs. Et si l'on examine la question de plus près, on trouve enfin, entre tous ces rapports, celui que détermine réellement notre théorème, et qui n'est autre que le *quotient des deux courbures* de l'arête de rebroussement : ou le *rayon de courbure géodésique* de son *indicatrice sphérique*.

§ III. — *Construction des éléments principaux d'un paraboloïde ou d'une conique définis par huit plans tangents.*

376. Problème. — *Déterminer l'axe et le sommet d'un paraboloïde défini par huit plans tangents.*

La direction générale des diamètres résulte d'abord d'un théorème antérieur; et si l'on forme, avec les plans donnés, 1,...8, les trois hexaèdres 123456, 234567, 345678, l'axe radical des sphères conjuguées de ces hexaèdres représentera simultanément le lieu des centres de toutes les surfaces inscrites aux huit plans donnés et la direction des diamètres du paraboloïde inscrit (n°s 115, p. 109).

On sait d'ailleurs que la *sphère diagonale* d'un ellipsoïde quelconque et la sphère conjuguée d'un hexaèdre circonscrit sont toujours orthogonales (n° 117, p. 110); et si l'on imagine que l'ellipsoïde se transforme en un paraboloïde, on en conclut que le *plan diagonal de tout paraboloïde et la sphère conjuguée d'un hexaèdre circonscrit se coupent orthogonalement* : ou que ce plan contient le centre de cette sphère. Le plan des centres des trois sphères précédentes représente donc le *plan diagonal* du paraboloïde que l'on veut construire; et telle est d'ailleurs la définition de ce plan pour un paraboloïde quelconque, qu'il forme le *lieu géométrique des sommets de tous les trièdres trirectangles circonscrits* :

$$\text{(P)} \qquad \frac{y^2}{p} + \frac{z^2}{p'} = 2x,$$

$$\text{(P.D)} \qquad x = -\frac{p + p'}{2}.$$

On connaît donc *cinq plans tangents et le plan diagonal* du paraboloïde cherché, dont le sommet se trouvera dès lors au point de concours de trois plans que l'on peut construire, comme nous l'allons voir.

377. *Le lieu du sommet des paraboloïdes inscrits à un trièdre donné, et dont le plan diagonal est aussi donné, se réduit à un plan* que l'on peut déterminer de la manière suivante :

1). L'un de ces paraboloïdes étant rapporté d'abord à son axe ox et à ses plans principaux par l'équation ordinaire

$$\frac{y^2}{p} + \frac{z^2}{p'} = 2x,$$

on sait que l'un quelconque de ses plans tangents est défini par une équation de la forme

$$x \cos \alpha + y \cos \beta + z \cos \gamma = -\frac{p \cos^2 \beta + p' \cos^2 \gamma}{2 \cos \alpha}.$$

Il en résulte (en désignant par p, p' les demi-paramètres principaux d'un paraboloïde quelconque, par x, y, z les directions de son axe et des tangentes au sommet de ses paraboles principales) que la distance P du sommet du paraboloïde à l'un quelconque de ses plans tangents peut s'exprimer à l'aide de la formule suivante :

$$\text{(I)} \qquad p \cos^2 (\mathrm{N}, y) + p' \cos^2 (\mathrm{N}, z) = -2\mathrm{P} \cos (\mathrm{N}, x),$$

où N désigne la direction de la normale au plan tangent considéré.

Rapportons actuellement l'un quelconque des paraboloïdes précédents à trois axes rectangulaires quelconques ox, oy, oz dont le premier toutefois soit dirigé perpendiculairement au plan diagonal donné; et désignons par p, p' les demi-paramètres principaux de ce paraboloïde; par o, β, γ; o, β', γ' les cosinus directeurs des tangentes au sommet de ses deux paraboles principales; enfin par

$$\mathrm{P}_1 \mathrm{P}_2 \mathrm{P}_3 \equiv (a_1 x + b_1 y + c_1 z - p_1)(a_2 x + b_2 y + c_2 z - p_2) \times (a_3 x + b_3 y + c_3 z - p_3) = 0$$

les trois plans tangents donnés. D'après la formule (I), et

conformément à la notation actuelle, les distances P_1, P_2, P_3 du sommet du paraboloïde à ces plans tangents satisferont aux équations suivantes :

$$(1)\qquad p(b_1\beta + c_1\gamma)^2 + p'(b_1\beta' + c_1\gamma')^2 = -2a_1 P_1,$$

$$(2)\qquad p(b_2\beta + c_2\gamma)^2 + p'(b_2\beta' + c_2\gamma')^2 = -2a_2 P_2,$$

$$(3)\qquad p(b_3\beta + c_3\gamma)^2 + p'(b_3\beta' + c_3\gamma')^2 = -2a_3 P_3.$$

Et si, désignant par λ_1, λ_2, λ_3 trois coefficients dont les rapports soient définis par les deux conditions

$$(\lambda)\qquad \sum_1^3 \lambda_1 b_1^2 = \sum_1^3 \lambda_1 c_1^2,\quad \sum_1^3 \lambda_1 b_1 c_1 = 0,$$

on ajoute membre à membre les équations (1), (2), (3), respectivement multipliées par ces coefficients, il vient

$$(4)\qquad (p+p')\sum_1^3 \lambda_1 b_1^2 = -2\sum_1^3 \lambda_1 a_1 P_1.$$

Or *la somme $p + p'$ des demi-paramètres principaux est égale à deux fois la distance du sommet du paraboloïde au plan diagonal;* ou à deux fois l'abscisse x du sommet, si l'on suppose que le plan diagonal se confonde avec le plan des yz. On peut donc poser $p + p' = 2x$. Et *le lieu du sommet, rapporté au plan diagonal $x = 0$ et aux faces P_1, P_2, P_3 du trièdre donné, se trouve défini par l'équation suivante :*

$$(4')\qquad \sum_1^3 \lambda_1 a_1 P_1 + x\sum_1^3 \lambda_1 b_1^2 = 0.$$

Il ne reste donc plus qu'à construire le *plan* représenté par cette équation.

2). Or la trace de ce plan sur le plan diagonal $x = 0$ es définie par l'équation

$$(5)\qquad \sum_1^3 \lambda_1 a_1 (b_1 y + c_1 z - p_1) = 0.$$

Cette trace coïncide donc avec la polaire du point

$$(6)\qquad \frac{b_1 y + c_1 z - p_1}{a_1} = \frac{b_2 y + c_2 z - p_2}{a_2} = \frac{b_3 y + c_3 z - p_3}{a_3}$$

par rapport à la courbe

$$(7)\qquad \sum_1^3 \lambda_1 (b_1 y + c_1 z - p_1)^2 = 0.$$

D'ailleurs *le point* (6) *n'est autre que la trace,* sur le plan diagonal $x = 0$, *d'une parallèle à la direction générale des diamètres menée par le sommet* $P_1 . P_2 . P_3$ *du trièdre donné :*

$$(6')\quad \left\{ \begin{aligned} &\frac{P_1}{a_1} = \frac{P_2}{a_2} = \frac{P_3}{a_3}, \\ \text{ou}\quad &\frac{a_1 x + b_1 y + c_1 z - p_1}{a_1} = \ldots = \frac{a_3 x + b_3 y + c_3 z - p_3}{a_3}; \end{aligned} \right.$$

et il résulte de la forme de l'équation (7) associée à la définition des coefficients λ_1, λ_2, λ_3, que *la courbe* (7) *n'est autre que le* cercle conjugué *du triangle* $P'_1\, P'_2\, P'_3$ *déterminé par le plan diagonal dans le trièdre* $P_1 P_2 P_3$. On connaît donc déjà une droite du lieu géométrique des sommets de tous les paraboloïdes considérés, et ce plan sera déterminé si l'on peut en obtenir un nouveau point.

3). Cherchons pour cela le sommet du *paraboloïde de révolution* $\frac{y^2}{p} + \frac{z^2}{p} = 2x$ appartenant à la série considérée; et soient d'abord : $f\left(x = \frac{p}{2},\ y = 0,\ z = 0\right)$ le foyer de ce paraboloïde; fp la perpendiculaire abaissée de ce point sur l'un quelconque des trois plans tangents donnés P_1, P_2, P_3.

Le point p appartenant au plan tangent au sommet, $x = 0$, si l'on prolonge la perpendiculaire fp d'une quantité double $\overline{pm} = 2\overline{fp}$, le point m tombera sur le plan diagonal du paraboloïde, $x = -\frac{p+p'}{2} = -\frac{p+p}{2} = -p$. Donc, inversement, si de chacun des points m du plan diagonal qui est connu, on mène une ordonnée $\overline{mp}$ perpendiculaire à l'un des plans tangents donnés P_1 ou P_2 ou P_3; et que l'on prolonge cette ordonnée, à partir de ce dernier plan, d'une quantité pf égale à sa moitié, $pf = \frac{1}{2} mp$: le point f qui résulte de cette construction décrira un plan déterminé Π_1, ou Π_2, ou Π_3; et le foyer f du paraboloïde que l'on considère se trouvera au point de concours des trois plans Π_1, Π_2, Π_3. Quant au sommet cherché, il se trouvera sur la perpendiculaire abaissée du foyer sur le plan diagonal, et au tiers de cette perpendiculaire à partir du foyer.

378. *Étant donnés quatre plans tangents* $P_1, \ldots, P_4$ *et la direction* ox *des diamètres,* le calcul précédent permet encore d'obtenir le *lieu décrit par le sommet du paraboloïde.*

Les distances $P_1, \ldots, P_4$ d'un point du lieu aux plans donnés satisfont, en effet, aux quatre équations

$$(1)\qquad p(b_1\beta + c_1\gamma)^2 + p'(b_1\beta' + c_1\gamma')^2 = -2a_1 P_1,$$

$$(2)\qquad p(b_2\beta + c_2\gamma)^2 + p'(b_2\beta' + c_2\gamma')^2 = -2a_2 P_2,$$

$$(3)\qquad p(b_3\beta + c_3\gamma)^2 + p'(b_3\beta' + c_3\gamma')^2 = -2a_3 P_3,$$

$$(4)\qquad p(b_4\beta + c_4\gamma)^2 + p'(b_4\beta' + c_4\gamma')^2 = -2a_4 P_4.$$

Et si, désignant par $\lambda_1, \ldots, \lambda_4$ quatre coefficients homogènes définis par les conditions suivantes

$$(\lambda)\qquad 0 = \sum_1^4 \lambda_1 b_1^2 = \sum_1^4 \lambda_1 c_1^2 = \sum_1^4 \lambda_1 b_1 c_1,$$

on ajoute membre à membre les équations (1), ..., (4), respectivement multipliées par les nombres $\lambda_1, \ldots, \lambda_4$, il vient, pour le lieu décrit par le sommet du paraboloïde,

$$(5)\quad \sum_1^4 \lambda_1 a_1 P_1 = 0 \quad \text{ou} \quad \sum_1^4 \lambda_1 a_1 (a_1 x + b_1 y + c_1 z - p_1) = 0.$$

Il reste donc seulement à construire le plan représenté par cette équation.

2). Or si les quatre plans donnés $P_1, \ldots, P_4$ concourent en un même point ω, le plan (5) passe de même par le point ω ; et il est aisé d'en définir la trace sur un plan quelconque, tel que $x = 0$, perpendiculaire à la direction des diamètres. Cette trace

$$(6)\quad \sum_1^4 \lambda_1 a_1 P'_1 = 0, \quad \text{ou} \quad \sum_1^4 \lambda_1 a_1 (b_1 y + c_1 z - p_1) = 0,$$

coïncide effectivement avec la polaire du point

$$(7)\qquad x = 0, \quad \frac{P_1}{a_1} = \frac{P_2}{a_2} = \frac{P_3}{a_3} = \frac{P_4}{a_4},$$

par rapport à la courbe représentée dans le même plan par l'équation

$$(8)\quad \sum_1^4 \lambda_1 P_1'^2 = 0 \quad \text{ou} \quad \sum_1^4 \lambda_1 (b_1 y + c_1 z - p_1)^2 = 0.$$

D'ailleurs, *le point* (7) *n'est autre que la trace,* sur le plan $x = 0$, *d'une parallèle à la direction des diamètres menée par le point de concours* $P_1 \ldots P_4$ *des quatre plans donnés ;* et il résulte de la forme de l'équation (8) associée à la définition des coefficients $\lambda_1, \ldots \lambda_4$, que *la courbe* (8) *n'est autre que la* médiane *du quadrilatère déterminé par le plan* $x = 0$ *dans l'angle solide tétraèdre* $P_1 \ldots P_4$, ou la conique évanouissante formée de cette médiane et de la droite à l'infini (n° 231, p. 262). Les rayons vecteurs menés du pôle (7) à la polaire (6) se trouvent donc divisés en parties égales par la médiane. Donc, etc.

3). Si les plans donnés $P_1, \ldots, P_4$ sont quelconques, on pourrait encore, après avoir transporté l'un de ces plans, parallèlement à lui-même, au point de concours des trois autres, déterminer, par la construction précédente, la direction du plan des sommets; car cette direction est indépendante de la position absolue des plans $P_1, \ldots, P_4$. Mais le lieu général des sommets se peut aussi construire directement. Le plan (5) n'est autre, en effet, que le plan polaire du point

$$(7') \qquad \frac{P_1}{a_1} = \frac{P_2}{a_2} = \frac{P_3}{a_3} = \frac{P_4}{a_4},$$

par rapport à la surface

$$(8') \quad \sum_1^4 \lambda_1 P_1^2 = 0 \quad \text{ou} \quad \sum_1^4 \lambda_1 (a_1 x + b_1 y + c_1 z - p_1)^2 = 0.$$

Or *le point* (7') *n'est autre que le point à l'infini dans la direction ox des diamètres*, et il résulte de la définition des coefficients $\lambda_1, \ldots, \lambda_4$, associée à la forme de l'équation (8'), que la surface représentée par cette équation est un *paraboloïde hyperbolique déterminé, conjugué au tétraèdre* $P_1 \ldots P_4$, *et dont l'un des plans directeurs coïncide avec le plan* $x = 0$. La section de la surface (8') par un plan quelconque $x = \alpha$ parallèle au précédent n'est autre, en effet, que la *droite* unique et déterminée représentée par l'une des équations

$$(8'') \qquad \sum_1^4 \lambda_1 P_1'^2 = 0, \quad \sum_1^4 \lambda_1 (a_1 \alpha + b_1 y + c_1 z - p_1)^2 = 0;$$

ou la *médiane* M du quadrilatère intercepté dans le tétraèdre $P_1 \ldots P_4$ par le plan sécant considéré. La surface (8') ne diffère donc pas du paraboloïde déjà défini, et il suffit de tracer les médianes de trois pareils quadrilatères pour en obtenir trois génératrices distinctes M, M', M''. D'ailleurs, une fois ces génératrices obtenues, si l'on insère entre la première et la seconde, la seconde et la troisième, la troisième et la première trois segments rectilignes parallèles à la direction ox; les points milieux μ, μ', μ'' de ces segments appartiendront au plan polaire du *point à l'infini dans la direction ox,* par rapport au paraboloïde (8'): et le plan $\mu\mu'\mu''$ représentera le lieu géométrique des sommets de tous les paraboloïdes que l'on considérait d'abord.

Corollaire. — *Étant donnés six plans tangents et la direction générale des diamètres, on peut construire le sommet du paraboloïde par le seul emploi de la règle.*

379. On peut aussi déduire des mêmes données les *plans principaux* du paraboloïde. Mais comme cette recherche suppose la détermination préalable de l'un des cônes circonscrits, nous montrerons d'abord que, *dans tout paraboloïde, cinq plans tangents,* $P_1 \ldots P_5 = 0$ *et la direction des diamètres,* $0 = Y = Z$, *déterminent un nouveau plan tangent* $P = 0$, *issu du point de concours de trois quelconques des proposés, et que l'on peut construire* à peu de frais. Tous les paraboloïdes qui remplissent ces conditions admettent en effet *huit couples de plans conjugués communs,* distincts ou coïncidents, qui sont, en désignant par J le *plan à l'infini* représenté par l'équation symbolique $1 = 0$,

$$P_1^2, \ldots P_5^2, \quad J^2, \quad Y.J, \quad Z.J.$$

Tous ces paraboloïdes se trouvent donc inscriptibles à une même développable de la quatrième classe (n° 177, p. 179), et le quatrième plan tangent que l'on peut mener à cette dernière par le point de concours $P_1 P_2 P_3$ de trois des proposés sera commun à tous ces paraboloïdes. Or ce quatrième plan $P = 0$ est défini par l'identité

$$P^2 + \sum_1^5 \lambda_1 P_1^2 + J^2 + JY + JZ \equiv 0,$$

que l'on peut écrire, en remplaçant J par l'unité, et désignant par Y' un certain plan parallèle à la direction des diamètres,

$$P^2 + \sum_1^5 \lambda_1 P_1^2 \equiv Y + Z + 1 \equiv Y';$$

ou enfin

$$P^2 + \sum_1^5 \lambda_1 P_1^2 \equiv Y'.$$

Toutes les diagonales de l'hexaèdre partiellement indéterminé $PP_1 \ldots P_5$ appartiennent donc à un même plan (n° 245, p. 272), $Y' = 0$, lequel, contenant en particulier les points milieux des quatre diagonales issues du point de concours $PP_1P_2P_3$ des quatre premières faces, contiendra la parallèle, à la droite d'intersection P_4P_5 des deux dernières, menée à égales distances de cette droite et du point $PP_1P_2P_3$. Passant dès lors par une droite connue, parallèle en outre à la direction connue des diamètres, le plan médian Y' est déterminé et peut servir ensuite à la détermination du plan P que l'on cherche. Comme il doit contenir, en effet, le point milieu de chacune des diagonales

$$(P_1P_2P_4,\ P_5P_6P), \quad (P_1P_2P_5,\ P_3P_4P),$$

le *plan doublé* de ce plan Y' *suivant l'origine de la première de ces diagonales,* ou de la seconde, coupera l'arête opposée P_5P_6, ou P_3P_4, en un nouveau point p, ou p', du plan cherché $P = 0$, lequel passant déjà par le sommet du trièdre $P_1P_2P_3$ se trouve entièrement déterminé.

380. *Étant donnés six plans tangents et la direction Ox des diamètres,* on saura donc définir, par cinq de ses plans tangents, le *cône circonscrit* au paraboloïde suivant le point de concours O de trois quelconques des proposés. Et si l'on construit ensuite, relativement à ce cône, le plan polaire P de la direction Ox, la section du cône par un plan quelconque parallèle à celui-là sera parallèle et homothétique à la courbe de contact du cône et du paraboloïde. Cette section sera d'ailleurs définie

par cinq de ses tangentes; il en sera de même de sa projection sur un plan perpendiculaire à la direction Ox : et les *plans principaux* de la surface seront parallèles aux axes principaux, les *plans directeurs* aux asymptotes de cette projection. « Toutes les sections planes d'un paraboloïde se projettent en effet sur un plan perpendiculaire à l'axe, suivant des courbes homothétiques dont les axes principaux sont parallèles aux plans principaux, les asymptotes aux plans directeurs du paraboloïde. »

Mais on peut résoudre, dans l'espace même, le problème plan auquel nous venons de ramener la recherche des *plans principaux*.

Rapportons, en effet, le *cône circonscrit* précédent aux faces d'un *trièdre conjugué* $R_1 R_2 R_3$ que l'on peut déduire géométriquement de ses données premières; et soient :

$$\sum_1^3 \lambda_1 R_1^2 = 0$$

l'équation de ce cône ;

$$\sum_1^3 \lambda_1 R_1^2 + P^2 = 0 \quad \text{ou} \quad \frac{Y^2}{p} + \frac{Z^2}{p'} - 2X = 0$$

les deux formes équivalentes de l'équation du paraboloïde.

Ces deux formes, rapprochées l'une de l'autre, entraînent l'identité

$$\sum_1^3 \lambda_1 R_1^2 + P^2 + \frac{Y^2}{p} + \frac{Z^2}{p'} - 2X \equiv 0;$$

et celle-ci, après avoir transporté parallèlement à eux-mêmes, en un même point O, tous les plans qui y figurent, permet d'écrire identiquement

$$\sum_1^3 \lambda_1 R_1'^2 + P'^2 + \frac{Y'^2}{p} + \frac{Z'^2}{p'} \equiv 0.$$

Les plans qui suivent,

$$R'_1 R'_2 R'_3 P' Y' Z' = 0,$$

font dès lors six plans tangents d'un même cône du second ordre. On connaît d'ailleurs les quatre premiers de ces plans et la direction Ox, $o = Y = Z$, de l'intersection des deux autres. Les plans diamétraux conjugués du paraboloïde forment donc, autour de chacun de ses diamètres Ox, un *faisceau en involution*. Ce faisceau est défini par les deux couples de plans conjugués menés, de la droite Ox, aux arêtes opposées de l'angle solide tétraèdre $R'_1.R'_2.R'_3.P'$ formé de quatre premiers plans; et les *plans principaux* du paraboloïde, considérés seulement dans leur direction, coïncident avec les *plans conjugués orthogonaux;* les *plans directeurs,* s'il s'agit d'un paraboloïde hyperbolique, avec les *plans doubles* du faisceau précédent.

381. *Étant donnés un cône circonscrit et la direction des diamètres,* l'*axe* du paraboloïde appartient à un plan déterminé. C'est ce qui résulte de ce théorème : *dans tout paraboloïde, le sommet d'un cône circonscrit quelconque, la direction des diamètres et le centre d'une section déterminée dans ce cône par un plan perpendiculaire à cette direction, déterminent un plan qui contient l'axe du paraboloïde.*

382. On sait que *toutes les surfaces du second ordre que l'on peut inscrire à un même groupe de huit plans, ou à une même développable* D_4, *admettent un* tétraèdre conjugué commun *lequel est déterminé par les plans des* quatre coniques *qui font partie de la série considérée.* Proposons-nous donc seulement de *déterminer les plans des quatre coniques que l'on peut inscrire à un groupe donné de huit plans* $1, 2, \ldots, 8$, *ou à la développable* D_4 *qu'ils déterminent.*

1). On peut d'abord substituer, aux données du problème, les données équivalentes de deux octaèdres, circonscrits l'un et l'autre à la développable D_4, et ayant un sommet commun situé au point de concours 123 de trois des plans donnés (*fig.* 84). Construisant en effet, par le

Fig. 84.

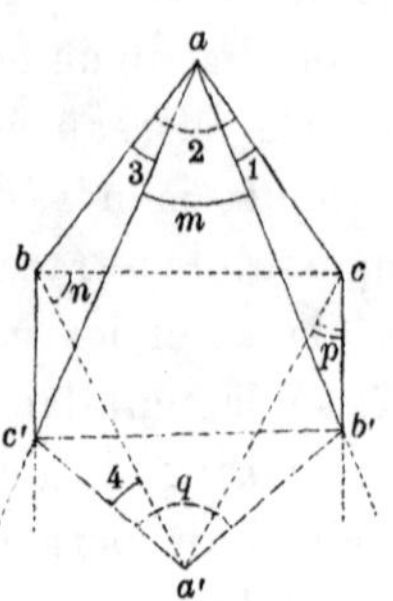

problème I (n° 373, p. 418), le quatrième plan tangent

$$m, \quad n, \quad p$$

que l'on peut mener à la développable D_4, par chacun des points

$$\dot{a} \text{ ou } 123, \quad \dot{b} \text{ ou } 234, \quad \dot{c} \text{ ou } 12n,$$

on obtiendra ainsi trois nouvelles faces d'un octaèdre

(O) $\qquad 123m4npq$

circonscrit à cette développable suivant sept de ses faces et par suite aussi suivant la huitième $a'b'c'$. Une construction semblable effectuée sur les plans 1, 2, 3, 5 fournirait de même un second octaèdre circonscrit

(O′) $\qquad 123m5n'p'q'$

ayant un sommet commun (123) avec le précédent et même angle solide tétraèdre (123m) en ce sommet.

2). Cette substitution réalisée, on voit que l'une quelconque des coniques cherchées est inscriptible à chacun des octaèdres précédents. Or on établirait, comme pour le problème corrélatif, que *le plan d'une conique mobile, continuellement inscrite à un octaèdre donné, roule sur une développable* cubique *déterminée, laquelle est tan-*

gente aux six plans distincts que l'on peut conduire, autour de chacun des sommets de l'octaèdre, *par les droites de rencontre des faces opposées de l'angle solide adjacent* (n° 304, p. 341).

3). Reprenons maintenant les octaèdres (O), (O′) du n° 1); et soient D_3, D'_3 les développables cubiques sur lesquelles roulent les plans des coniques inscrites à l'un ou à l'autre de ces octaèdres.

Les plans des quatre coniques que l'on cherche devant toucher chacune de ces développables, celles-ci devront admettre au moins quatre plans tangents communs. Mais on voit ici qu'elles en admettent cinq, savoir : les quatre plans cherchés $P_1, \ldots, P_4$, et le plan Π mené par les intersections des faces opposées de l'angle solide tétraèdre $123m$ commun aux deux octaèdres précédents. Or c'est justement à l'aide de ce plan Π que l'on peut déterminer les quatre autres.

Soient, en effet, C_2, C'_2 les deux coniques déterminées dans les surfaces D_3, D'_3 par le plan Π qui est tangent à l'une et à l'autre. Comme on connaît, indépendamment du plan Π, cinq plans tangents de chacune de ces surfaces, chacune de ces coniques C_2, C'_2 sera connue par cinq de ses tangentes. On pourra donc construire les quatre tangentes communes à ces courbes, ou les traces sur le plan Π des quatre plans $P_1, \ldots, P_4$ que l'on cherche et que l'on obtiendra enfin en menant, par chacune de ces traces, un plan tangent à l'une ou à l'autre des surfaces D_3, D'_3.

Remarque. — Le problème proposé dépend, en analyse, d'une équation du quatrième degré résoluble graphiquement par le tracé de deux coniques : et c'est à ce tracé que se ramène aussi la détermination des tangentes communes à deux de ces courbes. (Chasles, *Traité des Sections coniques*, p. 234.)

CHAPITRE XIII.

PROPRIÉTÉS GÉNÉRALES DES COURBES ET DES SURFACES DU SECOND ORDRE.

Sommaire. — De la propriété de dix points ou de dix plans tangents d'un ellipsoïde. — Du théorème de Desargues et de son analogue pour dix points d'une surface du second ordre. — Démonstration, tirée des mêmes principes, du théorème de Pascal et de celui de Carnot. — Propositions corrélatives et applications.

---

§ I. — *Propriété de six points d'une conique, de dix points d'un ellipsoïde.*

383. Une surface du second ordre étant déterminée par *neuf* conditions, *dix* points pris au hasard dans l'espace ne peuvent appartenir à une telle surface, s'ils ne sont accidentellement dans une certaine dépendance mutuelle. Et c'est l'expression géométrique de cette dépendance, ou l'une des expressions qu'elle comporte, qui devra constituer cette *propriété des dix points* dont l'importance était signalée, dès 1825, par l'Académie de Bruxelles ; un peu plus tard, et avec plus d'insistance, dans quelques pages de l'*Aperçu historique* que nous croyons devoir reproduire, parce que tout ce qu'elles nous apprennent sur l'état de la question, il y a trente ans, s'applique encore à son état actuel.

Voici ce qu'écrivait M. Chasles en 1837 :

« Une autre question, d'où dépendent aussi les progrès futurs de la théorie des surfaces du second ordre, est celle de l'analogie qui doit exister entre quelque propriété de ces surfaces, encore inconnue, et le célèbre théorème de Pascal sur les coniques. Ce théorème, abstraction faite des différentes transformations dont il est susceptible, et considéré uniquement sous la forme et l'énoncé qui lui sont propres, peut encore être envisagé sous deux aspects différents. On peut le regarder comme exprimant une relation générale et constante entre six points quelconques d'une conique, c'est-à-dire *un de plus* qu'il n'en faut pour déterminer cette courbe, ou bien comme exprimant une propriété générale d'une conique par rapport à un triangle tracé arbitrairement dans son plan, triangle formé, par exemple, par les côtés de rang impair de l'hexagone considéré dans le théorème de Pascal; et alors ce théorème exprime que trois des cordes comprises dans la conique entre les trois angles du triangle rencontrent respectivement les trois côtés opposés en trois points qui sont en ligne droite. D'après cela, on peut concevoir de deux manières, dans l'espace, l'analogue du théorème de Pascal. Ce sera, dans le premier cas, une propriété générale de *dix* points appartenant à une surface du second degré, c'est-à-dire *un point de plus* qu'il n'en faut pour déterminer une telle surface. Dans le second cas, ce sera une propriété générale résultant du système d'une surface du second ordre et d'un tétraèdre placé d'une manière quelconque dans l'espace.

» La première question, qui devait être la plus utile à l'avancement de la théorie des surfaces du second degré, avait été proposée par l'Académie de Bruxelles (année 1825); elle est restée sans solution. Au concours suivant l'Académie a donné plus de latitude au géomètre, en demandant simplement le théorème analogue, dans les surfaces du second degré, à celui de Pascal sur les coniques; ce qui comprenait la première question, et laissait en même temps toute liberté dans la manière d'envisager le théorème de Pascal et l'analogie qui pouvait exister sur ce point entre les surfaces et les courbes du second degré.

» Cette nouvelle question de l'Académie n'offrait point, comme la première, de grandes difficultés. Nous donnons dans la Note XXXII l'énoncé d'un théorème qui paraît la résoudre. Car il exprime une propriété générale d'un tétraèdre et d'une surface du second degré analogue à la propriété d'un triangle et d'une conique qui exprime le théorème de Pascal (*). Mais il y a loin de ce théorème à la relation générale de dix points quelconques d'une surface du second degré; et la recherche de cette relation est bien digne d'occuper l'esprit des géomètres. Sans doute que nous n'avons point encore tous les éléments nécessaires pour cette recherche : c'est une raison pour étudier sous tous les rapports, sous toutes les faces, les propriétés des surfaces du second degré. Aucune théorie, aucune découverte, quelque minime qu'elle paraisse d'abord, n'est à négliger; car, à défaut d'une application immédiate, chaque vérité partielle a au moins l'avantage d'être un anneau de la chaîne continue qui lie entre elles toutes les vérités de cette vaste théorie; et ce simple *anneau* est peut-être un *germe* de grandes découvertes que développeront rapidement les méthodes de généralisation de la Géométrie moderne.

» Peut-être ce serait une étude préparatoire utile pour parvenir à la relation de dix points d'une surface, de résoudre complétement, et dans tous les cas possibles, le problème où il s'agit de construire une surface du second degré assujettie à neuf conditions, qui sont de passer par des points et de toucher des plans. Ce problème mérite déjà

(*) « Quand les six arêtes d'un tétraèdre quelconque rencontrent une surface du second ordre en douze points, ces douze points sont trois à trois sur quatre plans dont chacun contient trois points appartenant aux trois arêtes issues d'un même sommet du tétraèdre : ces quatre plans rencontrent respectivement les faces opposées à ces sommets suivant quatre droites qui sont les génératrices d'un même mode de génération d'un hyperboloïde à une nappe. » (Extrait de la Note XXXII.)

par lui-même les efforts des géomètres. Cependant nous ne voyons encore que M. Lamé jusqu'à ce jour qui se soit occupé de l'un des cas généraux qu'il présente. Cet habile professeur a déterminé les éléments suffisants pour la construction de la surface du second ordre qui doit passer par neuf points donnés (*). Mais la discussion de la solution générale et l'examen de ses corollaires, et des cas particuliers qui s'y présentent, méritent de nouvelles recherches.

» Peut-être encore serait-il utile, avant d'aborder sérieusement la question des dix points d'une surface du second degré, de chercher la relation générale qui a lieu entre neuf points appartenant à la courbe gauche du quatrième degré, qui est l'intersection de deux surfaces du second degré quelconques? Huit points dans l'espace déterminent une telle courbe, il doit donc y avoir une relation constante entre ces huit points et un neuvième pour que ce dernier se trouve sur la courbe que déterminent les huit premiers.

» Ou bien faut-il encore chercher préalablement la relation qui a lieu entre sept points de la courbe gauche du troisième degré, qui est l'intersection de deux hyperboloïdes à une nappe qui ont une génératrice droite commune et qui est toujours déterminée par six points pris arbitrairement dans l'espace? Cette question n'offre pas les mêmes difficultés que les autres, et nous croyons l'avoir résolue. (Note XXXIII.)

» Peut-être, enfin, devrait-on, au lieu de prendre pour original et pour terme de comparaison le théorème de Pascal, faire les mêmes essais sur l'un des autres théorèmes qui expriment comme lui une propriété de six points d'une conique, et qui en sont des conséquences ou de simples transformations, comme nous l'avons fait voir dans la

(*) *Examen des différentes Méthodes*..., 1818: Problèmes, p. 57-69.

Note XV. Parmi ces théorèmes, nous avons pensé que celui que nous avons présenté comme expression différente de la propriété *anharmonique* des points d'une conique, pourrait, au moyen de trois transversales prises arbitrairement dans l'espace, conduire à la relation cherchée de dix points d'une surface du second degré. Nos premiers efforts ont été infructueux; cependant nous fondons encore quelque espoir sur ce même théorème, et nous désirons que l'on essaye d'en tirer quelque parti. » (*Aperçu historique*, p. 243 et suiv.)

384. Il est remarquable que dans cette analyse, autrement si complète, des diverses formes sous lesquelles on peut concevoir le théorème analogue à celui de Pascal, il ne soit rien dit de ses applications. On pourrait même croire, si l'on avait moins égard à l'ensemble qu'au passage où se fait cet ingénieux rapprochement du tétraèdre et du triangle, que la question est beaucoup moins d'une analogie réelle que d'une analogie apparente où l'on chercherait à suppléer par la similitude des mots aux différences des choses. L'objet essentiel du théorème de Pascal, ou de tout autre théorème capable du même rôle, ne serait-il pas de subordonner d'abord la situation de six points sur une même conique à la situation, sur une même ligne droite, de trois autres points déduits linéairement des premiers ; et si cet objet peut être rempli de plusieurs manières différentes, de choisir ensuite entre toutes celle qui se prête le mieux aux applications, et qui est d'ailleurs celle de Pascal? Bien qu'elles nous soient encore inconnues, les propriétés générales des courbes de degré supérieur se peuvent concevoir de la même manière, et ce serait encore transporter ce théorème aux courbes du troisième ordre que de subordonner la situation de dix points sur une telle courbe à la situation, sur une même conique, de six autres points déduits des premiers. De même encore pour les surfaces.

Mais on n'aurait pas l'analogue de ce théorème dans une proposition qui ferait dépendre la situation de dix points sur une même surface du second ordre, de la situation, sur un même plan, de quatre points déduits des premiers, si cette proposition ne se prêtait en outre à de semblables applications. C'est d'ailleurs une de ces analogies incomplètes que l'on rencontre d'abord, au moins quand on prend pour type le théorème de Pascal; car si l'on peut déduire, de dix points situés sur une surface du second ordre, un groupe de quatre points situés sur un même plan, le mode de déduction qui se présente le plus naturellement est tel qu'il se refuse à toute application.

Heureusement, le choix de ce théorème comme type de cette *propriété de dix points* que l'on cherche, n'est pas obligé. L'une quelconque des propriétés générales de six points d'une conique peut être prise, au même titre, pour terme de comparaison. Et si l'on choisit, en particulier, le théorème de Desargues, on trouve enfin, comme nous l'allons voir, cette première analogie véritable qui n'est pas seulement à la surface, mais au fond même des choses et dans leurs applications.

385. THÉORÈME DE DESARGUES.

Considérons six points

$$x.y.P_1.P_2.P_3.P_4 = 0$$

d'une conique,—l'identité (n° 129, p. 132)

$$ax^2 + by^2 + \sum_1^4 \lambda_1 P_1^2 \equiv 0$$

à laquelle donnent lieu leurs distances à une droite indéterminée, — et la *conique évanouissante* représentée par l'une ou l'autre des

THÉORÈME ANALOGUE A CELUI DE DESARGUES.

Considérons dix points d'une surface du second ordre : les six premiers, $P_1, \ldots, P_6$, quelconques; *les quatre autres x, y, z, t situés sur un même plan;* — l'identité (n° 129)

$$ax^2 + by^2 + cz^2 + dt^2 + \sum_1^6 \lambda_1 P_1^2 \equiv 0$$

à laquelle donnent lieu leurs distances à un plan indéterminé, — et la *surface évanouissante* représentée par l'une ou l'autre des équations tangentielles

(1) $ax^2 + by^2 = 0$,

(1') $\sum_1^4 \lambda_1 P_1^2 = 0$.

Il résulte d'abord de l'équation (1) et du nombre des points de référence x, y qui y figurent, que cette conique se réduit à un *système de deux points*, réels ou imaginaires, situés sur la droite xy qui réunit les points de référence et harmoniquement conjugués par rapport à ces points

$$\left(\frac{x}{y} = \pm\sqrt{\frac{-b}{a}}\right).$$

Mais il résulte aussi de la forme de l'équation (1') que cette conique évanouissante, ou le système de deux points auxquels elle se réduit, est conjugué au quadrangle $P_1 \ldots P_4$ déterminé par les quatre derniers points; de telle manière que les côtés opposés de ce quadrangle, ou les traces de ces côtés sur la droite xy, soient conjuguées deux à deux par rapport aux deux points du système.

On peut donc énoncer ce théorème (*fig.* 85).

équations tangentielles

(1) $ax^2 + by^2 + cz^2 + dt^2 = 0$,

(1') $\sum_1^6 \lambda_1 P_1^2 = 0$.

Il résulte d'abord de l'équation (1) et de la situation en un même plan des quatre points de référence x, y, z, t, que cette surface se réduit à une conique située dans le plan de ces points et conjuguée au quadrangle $xyzt$ qu'ils déterminent : de telle manière que deux côtés opposés quelconques de ce quadrangle soient conjugués par rapport à cette conique.

Mais il résulte aussi de la forme de l'équation (1') que cette courbe est également conjuguée à l'octaèdre $P_1 \ldots P_6$ déterminé par les six derniers points; de telle manière que les faces opposées de l'octaèdre, ou les traces des plans de ces faces sur le plan de la courbe soient conjuguées deux à deux par rapport à celle-ci.

On peut donc énoncer ce théorème (*fig.* 85).

Fig. 85.

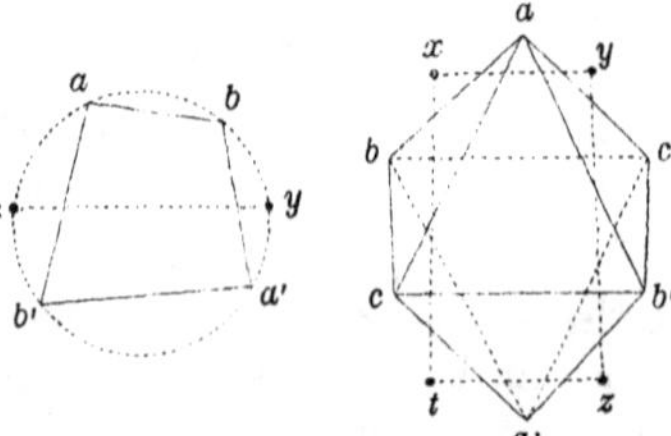

Une corde xy et un quadrila-

Un quadrangle plan *$xyzt$ et un*

tère $aba'b'$ étant inscrits à une conique, les extrémités de cette corde et ses traces sur les côtés opposés de ce quadrilatère font trois couples de points conjugués *par rapport à une même* ellipse évanouissante *qui se réduit à un* système de deux points *situés sur la corde donnée.*

octaèdre $abca'b'c'$ étant inscrits à une surface du second ordre, les deux couples de côtés opposés de ce quadrangle et les traces de son plan sur les faces opposées de cet octaèdre font six couples de droites conjuguées *par rapport à un même* ellipsoïde évanouissant *qui se réduit à une* conique *située dans le plan du quadrangle donné.*

386. *Autre démonstration.* — L'interprétation de certaines identités antérieures, associée à un emploi convenable de l'équation

$$(1) \qquad \sum_1^4 \lambda_1 P_1 Q_1 = 0$$

des surfaces du second ordre passant par six points donnés, ou circonscrites à l'un des octaèdres

$$P_1.Q_1. \times P_2.Q_2 \times P_3.Q_3 \times P_4.Q_4 = 0$$

qu'ils déterminent, fournit une seconde démonstration du théorème précédent.

Coupons, en effet, la surface (1) par un plan quelconque

$$(2) \qquad R = 0,$$

et soient

$$(3) \qquad X.Z = 0, \quad Y.T = 0$$

les côtés opposés d'un quadrilatère inscrit dans la courbe résultante. Si

$$(4) \qquad P'_1 \text{ et } Q'_1, \ldots, \quad P'_4 \text{ et } Q'_4$$

désignent les traces du plan considéré sur les faces opposées de l'octaèdre, la courbe [(1), (2)] pourra être représentée, dans son propre plan $R = 0$, par l'une ou l'autre des équations *équivalentes*

$$\text{(3')} \qquad XZ + YT = 0,$$

$$\text{(4')} \qquad \sum_1^4 \lambda_1 P'_1 Q'_1 = 0.$$

Or l'équivalence de ces équations entraîne l'identité

$$XZ + YT + \sum_1^4 \lambda_1 P'_1 Q'_1 \equiv 0;$$

et celle-ci (n° 157, p. 160) la conclusion que *les deux couples formées des côtés opposés du quadrangle inscrit que l'on considère, et les quatre qui résultent des traces de son plan sur les faces opposées de l'octaèdre font six couples de droites conjuguées par rapport à une même conique :* ce qui est le théorème précédent.

387. *Application. — Étant donnés neuf points d'une surface du second ordre,* on peut déduire de ce théorème la *construction* par points de la *section* déterminée dans la surface par le plan xyz de trois d'entre eux; la *tangente* de cette section, le *plan tangent* en l'un de ces points et, par suite, tous les *éléments principaux* de la surface.

1). Que l'on mène effectivement (*fig.* 86), par le point donné z, et dans le plan xyz, une droite quelconque zt; il s'agit d'obtenir le second point de rencontre t de cette

Fig. 86.

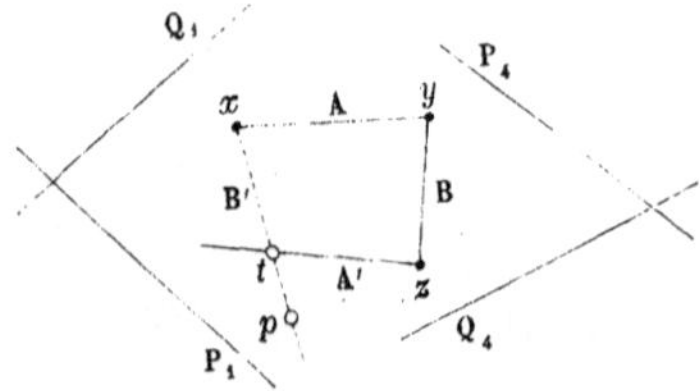

droite et de la surface; ou de construire le quatrième côté du quadrangle inscrit $\dot{x}\dot{y}\dot{z}\dot{t}$, ou $\overline{A}.\overline{B}.\overline{A'}.\overline{B'}$.

D'après le théorème précédent, les quatre couples de

droites

$$P_1.Q_1,\quad P_2.Q_2,\quad P_3.Q_3,\quad P_4.Q_4$$

qui résultent des traces, sur le plan xyz, des faces opposées de l'octaèdre défini par les six autres points donnés, et les deux couples

$$\overline{xy} \text{ et } \overline{zt}, \text{ ou A et A}', \quad \overline{yz} \text{ et } \overline{xt}, \text{ ou B et B}',$$

formées des côtés opposés du quadrangle $xyzt$, font six couples de droites conjuguées par rapport à une même conique. Si l'on construit dès lors

le pôle $\dot{p}$ du côté B,

par rapport à la conique conjuguée aux cinq couples de droites

$$P_1.Q_1,\ldots,\ P_4.Q_4,\ A.A';$$

on aura, dans la droite indéfinie,

$$\overline{px}, \text{ ou } \overline{tx}, \text{ ou B}',$$

menée de ce pôle au point x, le quatrième côté du quadrangle; et, dans la trace de cette droite sur le côté précédent A′, le point t qu'il s'agissait d'obtenir.

2.) Si l'on conçoit que le point t se rapproche indéfiniment du point x, la commune direction des droites xt ou xp sera remplacée, à la limite, par la tangente de la section en ce point. On obtiendra donc cette tangente en substituant, à cette transversale $\overline{zt}$, que l'on menait tout à l'heure arbitrairement par le point z, la corde $\overline{zx}$ elle-même, et réunissant au point x le pôle p' du côté yz par rapport à la conique conjuguée aux cinq couples de droites

$$P_1.Q_1,\ldots,\ P_4.Q_4,\ \overline{xy} \text{ et } \overline{zx}.$$

3). Soient enfin 1, 2,... 9 les points qui définissent une surface du second ordre. Le plan mené suivant les tangentes, au point 1, de chacune des sections 123, 124, sera tangent à la surface en ce point. On pourra donc obtenir successivement la section 123, le cône circonscrit à la surface suivant cette section, le diamètre aboutissant au sommet de ce cône, le centre et trois diamètres conjugués de la surface.

Remarque. — Le pôle de la droite B, par rapport à la conique conjuguée aux cinq couples

$$P_1 . Q_1, \ldots, P_4 . Q_4, AA',$$

se trouve au point de concours de toutes les droites $B' = 0$ définies par l'identité générale

$$\sum_1^4 \lambda_1 P_1 . Q_1 + \alpha . A . A' \equiv B . B' ;$$

ou seulement au point de concours des droites B'' et B''', que définissent les identités particulières

$$\sum_1^4 \lambda_1 P_1 Q_1 \equiv B . B'', \quad \sum_2^4 \lambda_2 P_2 Q_2 + \alpha . AA' \equiv B . B''',$$

et sur la construction desquelles nous aurons à revenir.

388. *Six points situés sur une conique étant séparés d'une manière quelconque en deux groupes égaux, les points de chaque groupe déterminent les sommets de deux* triangles *respectivement* conjugués *à une deuxième conique.*

Réciproquement, *les sommets de deux triangles respectivement conjugués à une première conique font six points d'une seconde conique* (Hesse).

Les six points considérés dans

Dix points d'une même surface du second ordre étant séparés en deux groupes égaux, les points de chaque groupe déterminent les sommets de deux pentagones gauches respectivement conjugués à une deuxième surface du second ordre.

Et si l'on sépare ces dix mêmes points en deux groupes inégaux composés, l'un de quatre points, l'autre de six : le tétraèdre et l'octaèdre, ayant pour sommets les points de chaque groupe, sont respectivement conjugués *à une autre surface du second ordre.*

Réciproquement, etc.

Les dix points considérés dans la

la proposition directe donnent lieu, en effet, à l'identité

$$(i) \qquad \sum_1^6 \lambda_1 P_1^2 \equiv 0,$$

et celle-ci aux équations équivalentes

$$(1) \qquad \sum_1^3 \lambda_1 P_1^2 = 0,$$

ou

$$(1') \qquad \sum_4^6 \lambda_4 P_4^2 = 0.$$

Dans la proposition réciproque, les équations (1) et (1′), données comme équivalentes, entraînent l'identité (i); et cette dernière, la situation, sur une même conique, des six points considérés.

proposition directe donnent lieu, en effet, à l'identité tangentielle

$$(i) \qquad \sum_1^{10} \lambda_1 P_1^2 \equiv 0,$$

et celle-ci à ces deux groupes d'équations équivalentes :

$$(1) \qquad \sum_1^5 \lambda_1 P_1^2 = 0$$

ou

$$(1') \qquad \sum_6^{10} \lambda_6 P_6^2 = 0;$$

$$(2) \qquad \sum_1^4 \lambda_1 P_1^2 = 0$$

ou

$$(2') \qquad \sum_5^{10} \lambda_5 P_5^2 = 0.$$

Dans la proposition réciproque, les équations (1) et (1′), ou (2) et (2′), données comme équivalentes, entraînent l'identité (i); et cette dernière, la situation, sur une même surface du second ordre, des dix points considérés.

389. *Remarque.* — En établissant la séparation de dix points d'une surface du second ordre en deux groupes de points harmoniquement conjugués par rapport à une autre surface du même ordre, le théorème précédent permettra peut-être d'appliquer, à la recherche de la *propriété des dix points* qui doit correspondre au théorème de Pascal, les ressources de cette théorie des pôles et polaires d'où l'on a tiré déjà tant de propositions *descriptives* du même ordre que celle dont il s'agit. C'est là, vraisemblablement, qu'est le nœud de la question; et il n'est pas impossible qu'elle ne dépende plus que d'un heureux emploi de cette théorie. C'est du moins ce que semble indiquer la transformation, déjà réalisée par M. Hesse, du théorème plan analogue dans celui de Pascal, et que voici :

Soient (*fig.* 87) a, b, c, a', b', c' six points d'une première conique, lesquels, séparés en deux groupes égaux,

Fig. 87.

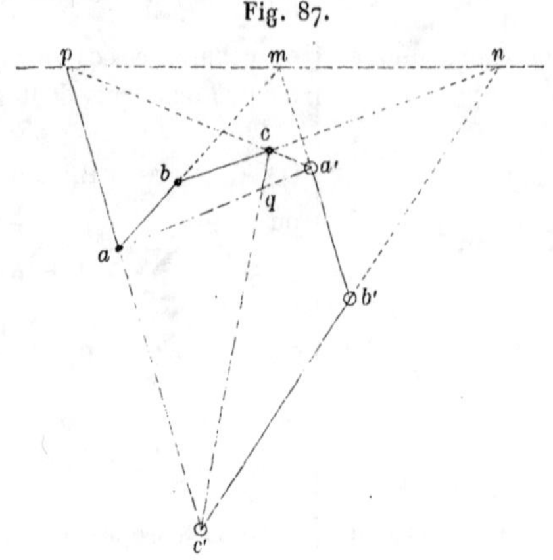

donnent naissance aux triangles

$$abc, \quad a'b'c'.$$

Nous savons, par l'un des théorèmes précédents, que ces triangles sont respectivement conjugués à une deuxième conique S'. Les points

$$\dot{m} = \overline{ab} \cdot \overline{a'b'}, \quad \dot{n} = \overline{bc} \cdot \overline{b'c'}$$

représentent donc, par rapport à une seconde conique S', les pôles respectifs des droites

$$\overline{cc'}, \quad \overline{aa'};$$

et, *la droite* $\overline{mn}$, qui les réunit, *la polaire* du *point de concours* de ces droites,

$$\dot{q} = \overline{cc'} \cdot \overline{aa'},$$

ou la polaire du point de concours *de deux côtés opposés* du quadrilatère $aa'cc'$. Or les sommets opposés

$$a \text{ et } c, \quad a' \text{ et } c'$$

de ce quadrilatère étant conjugués deux à deux relativement à la courbe S', il en est de même des points de concours

$$q = \overline{aa'} \cdot \overline{cc'}, \quad p = \overline{ca'} \cdot \overline{ac'}$$

de ses côtés opposés. La polaire de chacun de ces points q ou p passe par l'autre, et la polaire du point q, qui contient déjà les points m et n, contient aussi le point p. Les trois points

$$m = \overline{ab} \cdot \overline{a'b'}, \quad n = \overline{bc} \cdot \overline{b'c'}, \quad p = \overline{ca'} \cdot \overline{c'a}$$

se trouvent donc en ligne droite : et l'on voit qu'ils ne sont autres que les points de concours des côtés opposés de l'hexagone $abca'b'c'$, inscrit à la conique primitive S.

390. Le théorème de Desargues, comme on l'a vu déjà, suppose la séparation préalable des six points que l'on y considère en deux groupes composés l'un de quatre points, l'autre de deux; mais, une fois effectuée cette séparation, l'*ordre* de succession des points de chaque groupe demeure indifférent; il n'en est question ni dans l'énoncé ni dans la démonstration, et tout se passe symétriquement par rapport à tous les points d'un même groupe. Cette symétrie absolue se retrouve d'ailleurs dans chacune des équations

$$\sum_1^4 \lambda_1 P_1^2 = 0, \quad \sum_5^6 \lambda_5 P_5^2 = 0$$

résultant de l'identité à laquelle donnent lieu les six points considérés; et c'est pourquoi le théorème de Desargues se lit si aisément dans cette identité. Il n'en est pas tout à fait ainsi du théorème de Pascal; et comme les six points que l'on y considère se succèdent dans un ordre déterminé, il faudra, pour le déduire de l'identité fondamentale, défaire d'abord la symétrie absolue de cette dernière par rapport aux six points du système pour ne laisser apparaître à la fin que cette symétrie relative que présentent les sommets d'un hexagone. De là quelque chose d'artificiel dont il paraît difficile de débarrasser la démonstration, et qu'elle n'aurait pas cependant si elle était placée sur son véritable chemin. Ce chemin véritable ne serait-il pas ici de ne pas sortir de la symétrie, et, conservant l'identité fondamentale

$$\sum_1^6 \lambda_1 P_1^2 \equiv 0$$

sous sa forme naturelle, de montrer seulement que *s'il existe une relation linéaire et homogène entre les carrés des distances des sommets d'un hexagone à une droite quelconque, il existe aussi une relation linéaire et homogène entre les premières puissances des distances, à une droite quelconque, des trois points de concours des côtés opposés de cet hexagone?* Ce qui serait, au fond, le théorème de Pascal.

Mais, à défaut d'une démonstration aussi parfaite, ce théorème résulte encore si naturellement de notre identité qu'il suffit d'écrire celle-ci jusqu'au bout pour le faire apparaître. Si l'on prend, en effet, pour points de référence, les sommets $\alpha.\beta.\gamma = 0$ du triangle déterminé par les côtés pairs ou impairs, de l'hexagone 123456 (*fig.* 88), les

Fig. 88.

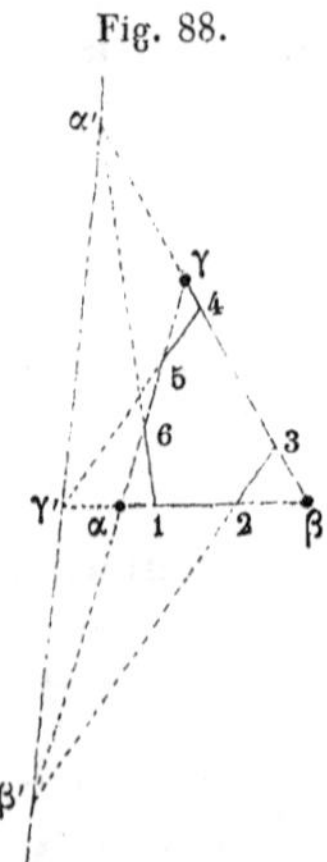

équations des sommets successifs de celui-ci pourront

s'écrire, conformément aux indications de la figure,

$$P_1 \equiv \alpha - m_1\beta = 0, \quad P_2 \equiv \alpha - m_2\beta = 0,$$
$$P_3 \equiv \beta - m_3\gamma = 0, \quad P_4 \equiv \beta - m_4\gamma = 0,$$
$$P_5 \equiv \gamma - m_5\alpha = 0, \quad P_6 \equiv \gamma - m_6\alpha = 0;$$

et telles seront aussi, abstraction faite de six coefficients numériques que l'on peut négliger, les distances de ces sommets à une droite quelconque, en fonction des distances α, β, γ des points de référence à la même droite. Or ces diverses valeurs étant substituées dans l'identité caractéristique $\sum_1^6 \lambda_1 P_1^2 \equiv 0$, l'élimination des multiplicateurs $\lambda_1, \ldots, \lambda_6$ entre les six équations obtenues en égalant à zéro les coefficients des termes en α^2, β^2, γ^2, $\alpha\beta$, $\beta\gamma$, $\gamma\alpha$, conduit à la formule

$$m_1 m_2 m_3 m_4 m_5 m_6 = 1:$$

c'est la relation segmentaire que l'on doit à Carnot (*Géométrie de position*, p. 437), et c'est aussi le théorème de Pascal. Les équations des points de concours α', β', γ' des côtés opposés de l'hexagone 1...6, ou $P_1 \ldots P_6 = 0$, sont effectivement

$$(\alpha') \qquad m_6 m_1 \beta = \gamma,$$
$$(\beta') \qquad m_2 m_3 \gamma = \alpha,$$
$$(\gamma') \qquad m_4 m_5 \alpha = \beta;$$

et leur produit, membre à membre, se réduit à l'*égalité*

$$m_1 m_2 m_3 m_4 m_5 m_6 = 1.$$

391. Mais, sans recourir au calcul et en renonçant au bénéfice des réductions qu'il amène quelquefois, on peut encore, par la seule interprétation de nos identités, obtenir une propriété descriptive de six points d'une conique, susceptible d'être transportée, à peu près dans les mêmes termes, à un groupe quelconque de huit points

associés. On a, en effet, les théorèmes suivants :

Les points centraux des trois divisions en involution déterminées, sur les côtés pairs (ou impairs) *d'un hexagone inscrit à une conique, par les traces de chacun de ces côtés sur les côtés opposés du quadrilatère ayant pour sommets les quatre sommets restants de l'hexagone, font toujours trois points en ligne droite.*

Car si l'on pose

$$\lambda_1 P_1^2 + \lambda_2 P_2^2 = A.A',$$
$$\lambda_3 P_3^2 + \lambda_4 P_4^2 = B.B',$$
$$\lambda_5 P_5^2 + \lambda_6 P_6^2 = C.C',$$

et que l'on substitue ces valeurs dans l'identité fondamentale

$$\lambda_1 P_1^2 + \ldots + \lambda_6 P_6^2 = 0,$$

elle devient

$$A.A' + B.B' + C.C' = 0,$$

ou encore

$$A.A' + B.B' = C.C'.$$

Il résulte de cette dernière identité que les segments rectilignes $\dot{A}\dot{A}'$, $\dot{B}\dot{B}'$, $\dot{C}\dot{C}'$ forment les trois diagonales d'un même quadrilatère complet $\dot{A}\dot{B}\dot{A}'\dot{B}'$. Les points-milieux de ces segments, ou de ces diagonales se trouvent donc en ligne droite. Or il est aisé de reconnaître, dans les extrémités de ces segments, les *points doubles;* dans leurs points-milieux, les *points centraux* des trois di-

Les points centraux des quatre divisions en involution déterminées, sur les côtés pairs (ou impairs) *d'un octogone gauche formé de huit points associés, par les traces de chacun de ces côtés sur les faces opposées de l'octaèdre ayant pour sommets les six sommets restants de l'octogone, font toujours quatre points situés sur un même plan.*

Car si l'on pose

$$\lambda_1 P_1^2 + \lambda_2 P_2^2 = A.A',$$
$$\lambda_3 P_3^2 + \lambda_4 P_4^2 = B.B',$$
$$\lambda_5 P_5^2 + \lambda_6 P_6^2 = C.C',$$
$$\lambda_7 P_7^2 + \lambda_8 P_8^2 = D.D',$$

et que l'on substitue ces valeurs dans l'identité (n° 279)

$$\lambda_1 P_1^2 + \ldots + \lambda_8 P_8^2 = 0,$$

elle devient

$$A.A' + B.B' + C.C' + D.D' = 0,$$

ou encore

$$A.A' + B.B' = C.C' + D.D'.$$

Il résulte de cette identité que les segments rectilignes $\dot{A}\dot{A}'$ et $\dot{B}\dot{B}'$, $\dot{C}\dot{C}'$ et $\dot{D}\dot{D}'$ forment les diagonales de deux quadrilatères gauches $\dot{A}\dot{B}\dot{A}'\dot{B}'$, $\dot{C}\dot{D}\dot{C}'\dot{D}'$ dont les côtés font huit génératrices rectilignes d'un même hyperboloïde. Le centre de cet hyperboloïde appartient donc à la médiane de chacun de ces quadrilatères; ces médianes se rencontrent, et les points-milieux des quatre diago-

visions en involution définies dans l'énoncé.

nales AA′, BB′, CC′, DD′ tombent dans un même plan. Or il est aisé de reconnaître, dans les extrémités de ces segments, *les points doubles;* dans leurs points-milieux, les *points centraux* des quatre divisions en involution définies dans l'énoncé.

On peut ajouter que *les circonférences décrites sur ces trois segments, comme diamètres, ont un même axe radical* (n° 233, p. 263).

On peut ajouter que *les sphères décrites sur ces quatre segments, comme diamètres, ont un même axe radical* (n° 108, p. 102).

§ II. — *Propriétés de six tangentes d'une conique; de dix plans tangents d'un ellipsoïde.*

392. Il nous reste enfin à déduire de nos identités le théorème corrélatif de celui de Desargues et la propriété correspondante des surfaces du second ordre.

Soient, à cet effet,

$$P_1P_2P_3P_4XY = o$$

six tangentes d'une conique. Écrivons l'identité (n° 129, p. 132)

$$aX^2 + bY^2 + \sum_1^4 \lambda_1 P_1^2 \equiv o$$

à laquelle donnent lieu leurs distances à un point quelconque, et considérons l'hyperbole évanouissante représentée par l'une ou l'autre des équations

$$(1) \qquad aX^2 + bY^2 = o,$$

$$(1') \qquad \sum_1^4 \lambda_1 P_1^2 = o.$$

Soient, à cet effet,

$$P_1 \ldots P_6 . X . Y . Z . T = o$$

dix plans tangents d'un ellipsoïde, les six premiers quelconques et *les quatre autres concourant en un même point*. Écrivons l'identité

$$aX^2 + bY^2 + cZ^2 + dT^2 + \sum_1^6 \lambda_1 P_1^2 \equiv o$$

à laquelle donnent lieu leurs distances à un point quelconque, et considérons l'hyperboloïde évanouissant représenté par l'une ou l'autre des équations

$$(1) \quad aX^2 + bY^2 + cZ + dT^2 = o,$$

$$(1') \qquad \sum_1^6 \lambda_1 P_1^2 = o.$$

Il résulte d'abord, de l'équation (1) et du nombre des axes de référence qui y figurent, que cette conique se réduit à un système de deux droites, réelles ou imaginaires, se croisant au point de concours des axes de référence et harmoniquement conjuguées par rapport à ces axes.

Il résulte d'abord, de l'équation (1) et de la collinéation des quatre plans de référence x, y, z, t, que cette surface se réduit à un cône ayant pour sommet le point de concours de ces plans et conjugué à l'angle solide tétraèdre qu'ils déterminent, de telle manière que deux arêtes opposées quelconques de cet angle solide soient conjuguées relativement à ce cône.

Mais il résulte aussi de la forme de l'équation (1'), que cette conique évanouissante, ou le système de deux droites auxquelles elle se réduit, est conjugué au quadrilatère $P_1 \ldots P_4$ formé des quatre dernières tangentes; de telle manière que les sommets opposés de ce quadrilatère soient deux à deux conjugués par rapport au système de ces droites. On a donc ce théorème (*fig.* 89) :

Mais il résulte aussi de la forme de l'équation (1'), que cette surface, ou le cône auquel elle se réduit, est conjugué à l'hexaèdre $P_1 \ldots P_6$ formé des six derniers plans; de telle manière que les sommets opposés de cet hexaèdre soient deux à deux conjugués par rapport à ce cône. On a donc ce théorème (*fig.* 89) :

Fig. 89.

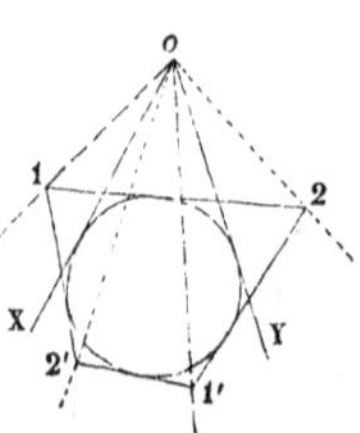

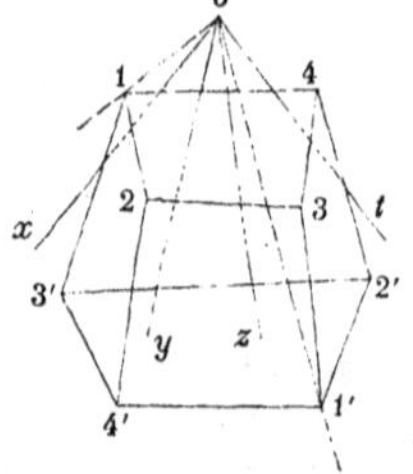

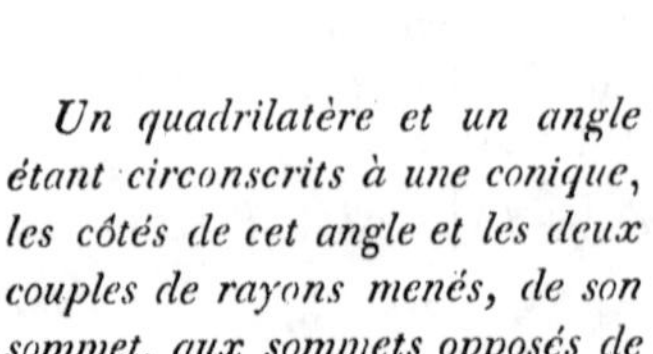

Un quadrilatère et un angle étant circonscrits à une conique, les côtés de cet angle et les deux couples de rayons menés, de son sommet, aux sommets opposés de ce quadrilatère, font trois couples

Un hexaèdre *et un* angle solide tétraèdre *étant circonscrits à une surface du second ordre, les arêtes opposées de cet angle solide et les quatre couples de rayons menés, de son sommet, aux sommets op-*

de droites conjuguées par rapport à une même hyperbole évanouissante qui se réduit à un *système de deux droites* issues du sommet de l'angle considéré.

posés de cet hexaèdre, font six couples de droites conjuguées par rapport à un même hyperboloïde évanouissant qui se réduit à un *cône du second ordre,* de même sommet que l'angle solide considéré.

393. *Application. — Étant donnés neuf plans tangents d'une surface du second ordre on peut déduire,* de ce théorème, *la construction d'un dixième plan tangent; celle du point de contact de l'un quelconque des proposés, et tous les éléments principaux de la surface.*

1). Soient $P_1, P_2, \ldots P_6$, X, Y, Z, les neuf plans donnés et

$$T, \quad \text{ou} \quad \widehat{xot}$$

un dixième plan que nous nous proposons de mener tangentiellement à la surface, par le point de concours o de trois d'entre eux, X, Y, Z, et suivant une droite ox, conduite à volonté dans l'un de ces plans $X = xoy$ (*fig.* 89). Il s'agit d'obtenir la quatrième arête ot de l'angle solide tétraèdre

$$X.Y.Z.T \quad \text{ou} \quad (o, xyzt).$$

Or les arêtes opposées de cet angle solide et les rayons menés, de son sommet o, aux sommets opposés $1, 1'; \ldots 4, 4'$ de l'hexaèdre $P_1 \ldots P_6$ déterminé par les six premiers plans, font six couples

$$(R) \qquad \overline{o1},\ \overline{o1'};\ldots;\ \overline{o4},\ \overline{o4'};\ \overline{ox} \text{ et } \overline{oz},\ \overline{oy} \text{ et } \overline{ot}$$

de droites conjuguées par rapport à un même cône du second ordre. L'arête inconnue $\overline{ot}$ appartiendra donc simultanément au plan donné tox, et au plan polaire, que l'on sait construire, de l'arête opposée $\overline{oy}$, par rapport à un cône défini par cinq couples de droites conjuguées.

2). Pour le second problème, et si l'on suppose que le contact du plan Z, ou xoz, et de la surface, se produise en quelque point de la droite inconnue *ot* (*fig.* 90), on verra que l'on peut regarder encore les droites

$$ox \text{ et } oz, \quad oy \text{ et } ot$$

comme les arêtes opposées d'un angle solide tétraèdre circonscrit à la surface et présentant d'ailleurs cette particularité que les plans de deux de ses faces consécutives (*zot* et *tox*) se confondent.

Fig. 90.

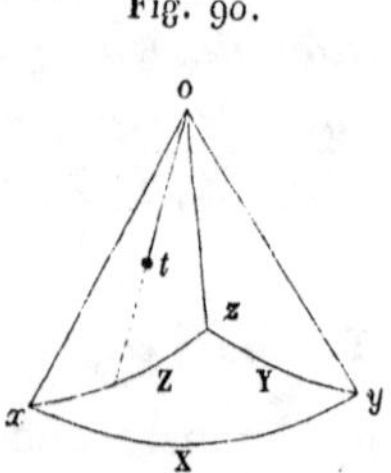

On aura donc encore, dans le système

$$\text{(R)} \qquad \overline{o1}, \overline{o1'}; \ldots; \overline{o4}, \overline{o4'}; \quad \overline{ox} \text{ et } \overline{oz}, \quad \overline{oy} \text{ et } \overline{ot},$$

six couples de droites conjuguées par rapport à un même cône du second ordre; et, dans la trace sur le plan *zox* du plan polaire de l'arête $\overline{oy}$ par rapport à ce cône, l'arête de contact $\overline{ot}$ du plan Z, ou *zox* : c'est-à-dire une première droite issue du point X.Y.Z et renfermant le point de contact *t* du plan Z et de la surface. Or les mêmes constructions, recommencées après l'échange des plans P_1 et X l'un dans l'autre, fourniraient de même une seconde droite issue du point P_1.Y.Z et contenant encore le point cherché.

Observation. — Une conique étant définie par cinq couples de points conjugués, on peut construire *la polaire d'un point quelconque par rapport à cette conique :* c'est ce que l'on verra dans le Chapitre suivant.

CHAPITRE XIV.

THÉORÈMES ET PROBLÈMES.

SOMMAIRE. — Des courbes de l'ordre $n-1$ contenues dans une forme homogène du $n^{ième}$ degré, et de quelques problèmes antérieurs. — Des quatre tangentes communes à toutes les coniques conjuguées à quatre couples de droites. — Détermination de la parabole définie par quatre couples de droites conjuguées et du paraboloïde conjugué à huit couples de plans. — Constructions diverses du cercle osculateur d'une conique définie par cinq conditions. — Théorèmes et problèmes sur les surfaces du second ordre. — Construction du neuvième point commun à toutes les courbes du troisième ordre menées par un même groupe de huit points.

§ I. — *Des courbes de l'ordre $n-1$ contenues dans une forme homogène du $n^{ième}$ degré.*

394. On a vu déjà les propriétés les plus remarquables du quadrilatère et du pentagone résulter d'une manière intuitive de la réduction au premier degré de l'une des formes quadratiques $\sum_1^4 \lambda_1 P_1^2 = 0$, $\sum_1^5 \lambda_1 P_1^2 = 0$. L'abaissement de certaines formes du troisième ou du quatrième degré au degré immédiatement inférieur semble comporter aussi de nombreux corollaires géométriques, mais dont le développement exigerait sans doute une connaissance plus approfondie des propriétés des courbes d'ordres supérieurs. Le point de départ de la méthode serait d'ailleurs compris dans le principe suivant : *toutes les courbes d'ordre $n-1$ contenues dans l'équation homogène du $n^{ième}$ degré*

$$\sum_1^{\nu} \lambda_1 P_1^n = 0$$

forment un faisceau. En particulier, *toutes les coniques contenues en nombre infini dans l'équation*

$$(1)\qquad \sum_1^6 \lambda_1 P_1^3 = 0$$

se coupent suivant un même groupe de quatre points; et *toutes les courbes du troisième degré contenues dans l'équation*

$$(2)\qquad \sum_1^7 \lambda_1 P_1^4 = 0,$$

suivant un même groupe de neuf points.

395. Pour donner au moins une application de ce théorème, considérons d'abord cinq droites quelconques $P_1 \ldots P_5 = 0$ et la conique déterminée définie par l'équation

$$(1)\qquad \sum_1^5 \lambda_1 P_1^3 = 0:$$

il sera facile de reconnaître que le centre de cette courbe coïncide avec le centre de la conique inscrite au pentagone $P_1 \ldots P_5 = 0$. Si l'on forme, en effet, les équations des diverses coniques contenant les points de contact des tangentes menées à la courbe (1) par les divers points du plan de la figure; on trouve, par un calcul facile, que toutes ces courbes de contact sont homothétiques entre elles, comme à la courbe cherchée (1); et l'on reconnaît que l'*axe radical* de deux quelconques de ces courbes passe premièrement par le centre de la conique (1), secondement par le point de concours de toutes les droites $\sum_1^5 \lambda_1 P_1^2 = 0$, ou (n° 86) par le centre de la conique inscrite au pentagone $P_1 \ldots P_5 = 0$. *Le centre de la conique dérivée cubiquement de cinq droites coïncide donc avec le centre de la conique inscrite au pentagone formé de ces droites.*

396. Si l'on considère, en second lieu, six droites quelconques $P_1 \ldots P_6 = 0$ et les six coniques dérivées de cinq

quelconques d'entre elles,

$$\sum_1^5 \lambda_1 P_1^3 = 0, \tag{1}$$

$$\sum_2^6 \mu_2 P_2^3 = 0, \ldots, \tag{2}$$

on verra, toutes ces courbes appartenant à un même faisceau (nº 394), que leurs centres font six points d'une même courbe du second ordre, lieu géométrique des centres des coniques menées par un même groupe de quatre points. Et si l'on a égard à ce que l'on vient de trouver touchant la position du centre de chacune de ces courbes, on aura ce théorème : *Les centres des coniques inscrites aux divers pentagones que l'on peut former avec six droites quelconques font six points d'une même conique.*

397. Il résulte enfin du calcul indiqué au nº 395, que la conique dérivée de cinq droites est homothétique à une autre, laquelle serait conjuguée au triangle formé de trois quelconques d'entre elles, et aurait pour centre le symétrique du point de concours des deux droites restantes par rapport au centre de la conique inscrite. Le cas où la conique dérivée se réduit à un cercle donne lieu à ce théorème : *Si* 1, 2,... 5 *désignent les côtés successifs d'un premier pentagone, et* 1′, 2′,... 5′ *les points de concours des hauteurs des cinq triangles* 345, 451,..., 234; *tous les sommets des deux pentagones* $\overline{1}\,\overline{2}\ldots\overline{5}$ *et* $\dot{1}'\dot{2}'\ldots\dot{5}'$ *seront symétriques deux à deux par rapport au centre de la conique inscrite au premier, aussitôt que deux de ces sommets* $\overline{1}\,\overline{2}$ *et* $\dot{1}'$ *offriront cette symétrie.*

§ II. — *De quelques problèmes plans antérieurs et de leur construction.*

398. Le *lieu des pôles d'une droite fixe* $P = 0$, *par rapport à toutes les coniques conjuguées à quatre couples*

données, ou la *droite* $X = o$ *que définit l'identité*

$$\sum_1^4 \lambda_1 P_1 Q_1 \equiv PX,$$

et dont la construction a été supposée plusieurs fois dans les Chapitres précédents, peut s'obtenir à peu de frais de cette manière.

L'identité qui sert de définition à la droite que l'on cherche donnant lieu aux équations équivalentes

$$(1) \qquad \lambda_1 P_1 Q_1 + \lambda_2 P_2 Q_2 = o,$$

$$(1') \qquad \lambda_3 P_3 Q_3 + \lambda_4 P_4 Q_4 + P.X = o,$$

les traces, sur la droite donnée $P = o$, de la courbe représentée par l'une ou l'autre de ces équations, sont immédiatement assignables; car elles coïncident avec les points de commune intersection de cette droite et de deux coniques

$$(1) \qquad \lambda_1 P_1 Q_1 + \lambda_2 P_2 Q_2 = o,$$

$$(2) \qquad \lambda_3 P_3 Q_3 + \lambda_4 P_4 Q_4 = o,$$

respectivement circonscrites à deux quadrilatères donnés, et que détermine entièrement la condition que deux de leurs points de rencontre appartiennent à une droite connue $P = o$. Les points conjugués communs à deux divisions en involution, tracées sur cette droite, et définies respectivement par deux couples de points conjugués, nous fourniront dès lors ces deux points de rencontre; et la courbe (1) se trouvant définie par six de ses points, il en sera de même de la courbe identique (1'). Or si l'on désigne par 3, 4 et 0 les sommets des angles $P_3 Q_3$, $P_4 Q_4$ et PX; par 3', 4', 0' les points de concours des polaires de chacun de ces sommets par rapport aux deux angles restants, on sait que la courbe (1') est conjuguée aux trois couples $\dot{3}\dot{3}'$, $\dot{4}\dot{4}'$, $\dot{0}\dot{0}'$ (n° 151, p. 156). On pourra donc déduire des six points qui définissent la courbe (1') la polaire du point 3, ou $P_3 . Q_3$, par rapport à cette courbe; c'est-à-dire, un premier lieu géométrique du point conjugué 3′, lequel, appartenant aussi à la polaire de ce même point 3 par rapport à l'angle $P_4 Q_4$, se trouve déterminé. Déterminant de même le point 4′, on aura, dans 3 et 3′, 4 et 4′ deux couples de points harmoniquement conjugués par rapport aux côtés de l'angle PX; et l'on pourra déduire, des traces du premier côté de cet angle sur chacun des segments 33′, 44′, les traces analogues du second : ou deux points distincts de la droite X que l'on voulait construire. On traiterait de même le problème corrélatif.

Scolie. — Une conique étant définie par cinq couples de droites conjuguées, le pôle correspondant *d'une droite quelconque* $P = 0$ *est au point de concours de deux droites que l'on sait construire.*

399. Corollaire I. — *Toutes les droites* $X = 0$ *qui satisfont, en nombre infini, à l'identité*

$$\sum_1^5 \lambda_i P_i Q_i + PX \equiv 0$$

passent par un même point que l'on peut déterminer et qui n'est autre que le pôle de la droite $P = 0$ *par rapport à la conique conjuguée aux cinq couples de droites*

$$P_1 Q_1 \times \ldots \times P_5 Q_5 = 0.$$

400. Corollaire II. — *L'une des coniques contenues dans l'équation*

$$(1) \qquad \sum_1^3 \lambda_i P_i Q_i = 0$$

étant définie par la donnée complémentaire de deux de ses points, on peut *construire cette courbe par points* de la manière suivante :

Désignons par $P = 0$ la corde qui réunit les deux points donnés (*fig.* 91); par P_4 et Q_4 deux transversales indéfinies menées par chacun de ces points; enfin par $X = 0$ la

Fig. 91.

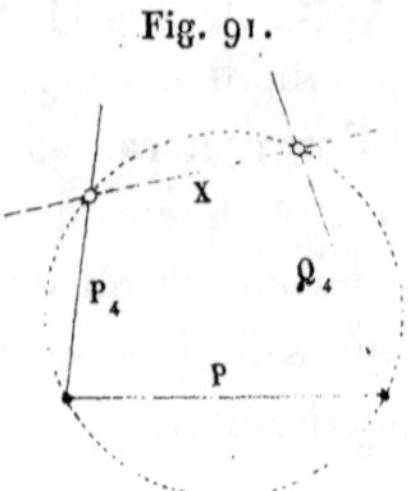

corde qui réunit les deux dernières traces de ces transversales sur la courbe. L'équation de celle-ci pouvant s'écrire

$$(1') \qquad \lambda_4 P_4 Q_4 + P.X = 0,$$

et les deux formes équivalentes (1), (1′) entraînant l'identité

$$(2) \qquad \sum_1^4 \lambda_i P_i Q_i + P.X \equiv 0;$$

on saura construire (n° 398, p. 457) la droite $X = 0$ définie par cette identité : et l'on aura deux nouveaux points de la courbe dans les traces de cette droite sur les transversales P_4 et Q_4.

401. Corollaire III. — *L'une des coniques contenues dans l'équation*

$$(1) \qquad \sum_1^4 \lambda_i P_i Q_i = 0$$

étant définie par la donnée complémentaire de trois de ses points a, b, c, on peut encore construire cette courbe par points.

Menons, en effet, par l'un des points donnés c, une

transversale cx, ou $Q_5 = 0$ (*fig.* 92); et soit x le second point de rencontre de cette transversale et de la courbe.

Fig. 92.

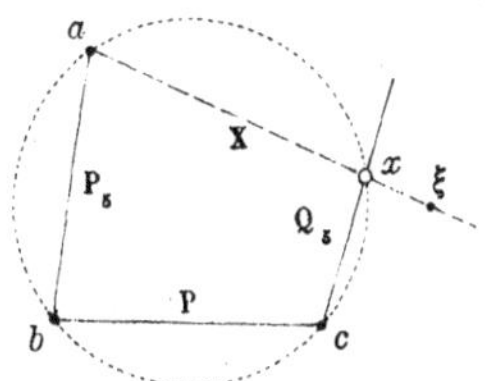

L'équation de cette dernière, rapportée aux côtés

$$ab,\ bc,\ cx,\ ax, \quad \text{ou} \quad P_5 P Q_5 X = 0,$$

du quadrilatère inscrit résultant, pourra s'écrire

$$(1') \qquad \lambda_5 P_5 Q_5 + PX = 0;$$

et comme les formes équivalentes (1), (1') entraînent l'identité

$$(2) \qquad \sum_1^5 \lambda_i P_i Q_i + PX = 0,$$

un problème déjà résolu (n° 399) permettra d'obtenir le point d'intersection ξ de toutes les droites X qui satisfont à cette identité; et le quatrième côté du quadrilatère inscrit $abcx$ sera connu par deux de ses points a et ξ.

402. Corollaire IV. — Une conique étant définie par un *triangle abc et deux couples de points conjugués* mm', nn'; nous avons regardé comme connues *les deux traces x, y de la courbe sur une droite quelconque* (n° 320, p. 354) Effectivement si l'on a égard aux cinq couples de points conjugués qui résultent des données de la question,

$$A.B,\ B.C,\ C.A; \quad M.M',\quad N.N',$$

on voit que les traces de la courbe sur une droite quelconque xy doivent satisfaire aux deux identités tangentielles

(1) $$AB + BC + CA + MM' \equiv aX^2 + bY^2,$$

(2) $$AB + BC + CA + NN' \equiv a'X^2 + b'Y^2.$$

Or si ayant pris arbitrairement sur la droite xy deux points quelconques ξ, ξ', on pose les identités auxiliaires

(3) $$aX^2 + bY^2 \equiv \dot{\xi}\dot{\eta},$$

(4) $$a'X^2 + b'Y^2 \equiv \dot{\xi}'\dot{\eta}';$$

les précédentes pourront s'écrire

(1') $$AB + BC + CA + MM' \equiv \dot{\xi}\dot{\eta},$$

(2') $$AB + BC + CA + NN' \equiv \dot{\xi}'\dot{\eta}';$$

et la construction corrélative de celle du n° 398, permettant de déterminer chacun des points η, η', on connaîtra deux segments rectilignes $\xi\eta$, $\xi'\eta'$ harmoniquement conjugués l'un et l'autre au segment formé des deux points X et Y que l'on cherche. Donc, etc. Telle serait du moins la construction pour le cas le plus général d'une *conique définie par cinq couples quelconques de points conjugués.* Mais, dans le cas actuel, trois de ces couples résultent des sommets d'un même triangle conjugué à la courbe, et cette circonstance permet de simplifier notablement la recherche des points auxiliaires η, η'. Écrivant, en effet, les identités (1') et (2') comme il suit :

(1'') $$AB + BC + CA \equiv MM' + \dot{\xi}\dot{\eta},$$

(2'') $$AB + BC + CA \equiv NN' + \dot{\xi}'\dot{\eta}',$$

on voit que le triangle $\dot{a}\dot{b}\dot{c}$ et le quadrilatère $\dot{m}\dot{\xi}\dot{m}'\dot{\eta}$ sont circonscriptibles à une même conique, et qu'il en est de même encore du triangle abc et du quadrilatère $\dot{n}\dot{\xi}'\dot{n}'\dot{\eta}'$. On connaît d'ailleurs cinq tangentes de chacune de ces coniques, et l'on peut mener à chacune d'elles, par les points

m, m' ou n, n', deux nouvelles tangentes, lesquelles se couperont respectivement aux points η ou η', qu'il s'agissait d'obtenir.

403. On sait que l'on peut construire par points, à l'aide du théorème de Desargues, une conique qui serait assujettie à passer par un point o donné explicitement, et par les quatre points de rencontre de deux coniques non tracées, mais définies l'une et l'autre par cinq points. Une transversale quelconque oo', issue du point donné o, coupe, en effet, les trois courbes suivant trois couples de points en involution, a, a'; b, b'; o, o'; et les cinq premiers de ces points déterminent le sixième. On peut donc, dans certains cas, utiliser les quatre points de rencontre de deux coniques, indépendamment du tracé de ces courbes; et c'est ce qui arrive toutes les fois que ces quatre points entrent d'une manière collective dans la question. S'il en est autrement, le tracé des deux courbes devient nécessaire; et l'on ne peut s'en dispenser que dans le cas où deux de leurs points d'intersection seraient connus *à priori* (*fig.* 93).

Fig. 93.

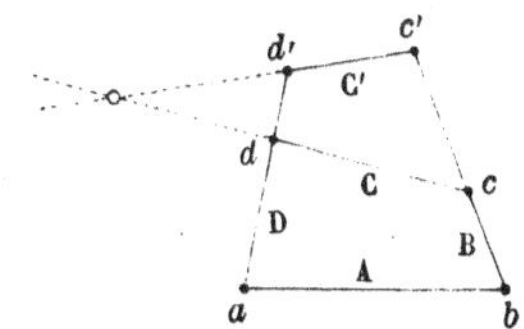

Les deux courbes étant rapportées, dans ce cas, aux côtés de deux quadrilatères inscrits, $abcd$ et $abc'd'$, par des équations de la forme

$$\text{(1)} \qquad AC + BD = 0,$$

$$\text{(2)} \qquad AC' + BD = 0,$$

on voit que ceux de leurs points de rencontre qui demeurent inconnus appartiennent à la droite

(3) $$C - C' = o,$$

laquelle est connue déjà par un de ses points : $o = C = C'$, ou $\overline{cd}.\overline{c'd'}$. Or on peut obtenir un second point de cette droite, $\overline{c_1 d_1}.\overline{c'_1 d'_1}$, à l'aide de deux nouveaux quadrilatères inscrits $abc_1 d_1$ et $abc'_1 d'_1$.

§ III. — *Des quatre tangentes communes à toutes les coniques qui admettent quatre couples communes de droites conjuguées.*

404. *Une série de coniques inscrites à un même triangle* $A.B.C = o$, *et conjuguées à un système donné de deux droites,* $PQ = o$, *admettent une* quatrième tangente commune que l'on peut construire, et qui n'est autre que la droite $X = o$ définie par l'une des identités suivantes (n° 175, p. 178) :

$$aA^2 + bB^2 + cC^2 + PQ \equiv X^2,$$
$$aA^2 + bB^2 + cC^2 - X^2 \equiv PQ.$$

Or il résulte de la dernière que les droites données P et Q divisent harmoniquement chacune des trois diagonales $a\alpha$, $b\beta$, $c\gamma$ de la figure formée du triangle $A.B.C$ et de la droite inconnue X (n° 231, p. 262). Les extrémités a et α, b et β, c et γ de ces diagonales se trouvent donc conjuguées deux à deux par rapport au système $P.Q = o$; et si l'on construit, relativement au système de ces droites, les polaires des divers sommets a, b, c du triangle donné, leurs traces respectives sur les côtés opposés de ce triangle fourniront trois points α, β, γ de la droite X.

405. *Une série de coniques ayant deux tangentes communes,* $o = A = B$, *et deux couples communes de droites conjuguées* $P_1Q_1 = o$, $P_2Q_2 = o$, *toutes ces courbes ont*

encore en commun deux nouvelles tangentes que l'on peut construire et qui sont fournies par les deux solutions que comporte l'identité suivante

$$(1) \qquad P_1Q_1 + P_2Q_2 \equiv aA^2 + bB^2 + X^2.$$

Le point de concours x des polaires du point $o = A = B$, par rapport à chacun des angles (P_1Q_1) ou (P_2Q_2), appartient donc, en premier lieu, à chacune des deux droites X_1 ou X_2 que l'on cherche et que définit cette identité. D'ailleurs, si l'on considère le triangle ayant pour sommets les points de concours des diagonales et des côtés opposés du quadrilatère $P_1P_2Q_1Q_2$, et que l'on désigne par A', B', C' les côtés de ce triangle, on aura identiquement

$$(2) \qquad P_1Q_1 + P_2Q_2 \equiv a'A'^2 + b'B'^2 + c'C'^2;$$

et si l'on remplace l'identité (1') par la suivante

$$(1,\ 2) \qquad a'A'^2 + b'B'^2 + c'C'^2 \equiv aA^2 + bB^2 + X^2,$$

on conclura de cette dernière que les droites

$$A',\ B',\ C',\quad A,\ B \text{ et } X$$

sont tangentes à une même conique : ou que les deux droites cherchées X_1 et X_2 coïncident avec les tangentes menées à une conique déterminée, par le point déjà déterminé x.

406. On peut encore obtenir par le seul emploi de la règle et du compas les *quatre tangentes communes à toutes les coniques qui admettent quatre couples communes de droites conjuguées,* lorsque deux de ces couples ont une droite commune.

Les tangentes cherchées ne sont autres, dans ce cas, que les différentes droites $X = o$ définies par l'une des identités

$$AB + AC + MM' + PP' + X^2 \equiv o,$$
$$MM' + PP' \equiv A(B + C) + X^2.$$

30

Or les équations équivalentes dans lesquelles se dédouble la dernière représentent une conique, circonscrite premièrement au quadrilatère MPM'P', tangente en outre à chacune des droites $A = o$ et $B + C = o$ (la première qui est donnée, la seconde qui n'est encore connue que par l'un de ses points $o = B = C$) et les touchant l'une et l'autre en deux points situés sur l'une des droites X que l'on cherche. Mais cette conique définie par quatre points et une tangente A, est susceptible de deux déterminations distinctes, auxquelles correspondent deux points de contact distincts, x_1 ou x_2, de la courbe sur sa tangente A. Prenant donc alternativement chacune de ces coniques et déterminant leurs points de contact respectifs ξ_1, ξ'_1 ou ξ_2, ξ'_2 sur les tangentes que l'on peut mener à l'une et à l'autre par le point $BC = o$; on aura, dans les droites

$$\xi_1 x_1 \text{ et } \xi'_1 x_1, \quad \xi_2 x_2 \text{ et } \xi'_2 x_2,$$

les quatre tangentes communes à toutes les coniques que l'on considérait d'abord.

407. Le cas d'une *série de coniques ayant un triangle conjugué commun,* $ABC = o$, *et une couple commune de droites conjuguées,* $PP' = o$, rentre dans le précédent : et les *quatre tangentes communes* à toutes les coniques de la série, ou les quatre déterminations de la droite $X = o$ définie par l'identité

$$AB + BC + CA \equiv PP' + X^2, \tag{1}$$

sont fournies par les cordes de contact de l'angle donné $\widehat{PP'}$ et de chacune des quatre coniques menées tangentiellement aux côtés de cet angle par les trois sommets du triangle ABC.

408. Si les droites conjuguées P et P' se confondent, l'identité précédente devient

$$AB + BC + CA \equiv \lambda P^2 + X^2. \tag{1'}$$

Les équations

$$AB + BC + CA = 0, \quad \lambda P^2 + X^2 = 0$$

représentent dans ce cas une seule et même conique, circonscrite encore au triangle ABC et composée de *deux droites harmoniquement conjuguées aux côtés de l'angle* PX. D'ailleurs comme ces deux droites doivent contenir les trois sommets de l'angle donné, l'une d'elles tombe nécessairement dans l'un des côtés A, ou B, ou C de ce triangle; la seconde réunissant le sommet opposé, BC, ou CA, ou AB à la trace de la droite $P = 0$ sur ce côté.

Si la droite $P = 0$ disparaît à l'infini, on retrouve ce théorème : *Toutes les paraboles conjuguées à un même triangle s'inscrivent d'elles-mêmes au* triangle médian *du proposé* (MENTION).

Le problème corrélatif se pourrait traiter de la même manière; mais il est inutile d'y appliquer le calcul : les seules définitions du pôle et de la polaire pouvant donner, *à priori*, tout ce que l'on cherche. On voit effectivement que si l'on connaît un triangle conjugué et un point de la courbe, on en connaît aussitôt trois autres points respectivement situés sur les droites qui vont du premier aux différents sommets du triangle donné.

409. *Scolie.* — *Les paraboloïdes conjugués à un tétraèdre donné s'inscrivent d'eux-mêmes à un groupe déterminé de sept plans qui sont : 1° les quatre plans conduits à égales distances de l'un des sommets du tétraèdre et de la face opposée; 2° les trois plans menés à égales distances de deux arêtes opposées du tétraèdre.* C'est ce que l'on voit aisément par la seule géométrie, et c'est aussi l'une des conséquences de l'identité (n° 179, p. 180)

$$AB + BC + AC + D(A + B + C) \equiv \lambda P^2 + X^2 \equiv \lambda + X^2.$$

410. Il nous reste à résoudre le problème général ou à déterminer les *quatre tangentes communes à toutes les co-*

niques conjuguées à quatre couples de droites AA',..., DD'.

Or les quatre droites de deux des couples données déterminant les côtés opposés d'un quadrangle $\dot{P}_1 \ldots \dot{P}_4 = 0$ conjugué à toutes les coniques de la série, toutes ces courbes sont comprises dans l'équation tangentielle (n° 260, p. 287)

$$(1) \qquad \lambda_1 P_1^2 + \ldots \lambda_4 P_4^2 = 0.$$

Mais comme elles admettent en outre deux autres couples de droites conjuguées communes, CC' et DD', il existe entre les paramètres $\lambda_1, \ldots, \lambda_4$ deux relations à l'aide desquelles on peut exprimer linéairement deux quelconques d'entre eux en fonction des deux autres. On a ainsi, par exemple,

$$\lambda_2 = a_2\lambda_1 + b_2\lambda_4, \quad \lambda_3 = a_3\lambda_1 + b_3\lambda_4,$$

et l'équation précédente pouvant s'écrire

$$(1') \quad \lambda_1(P_1^2 + a_2P_2^2 + a_3P_3^2) + \lambda_4(b_2P_2^2 + b_3P_3^2 + P_4^2) = 0,$$

on y reconnaît l'équation d'une série de coniques inscrites à un même quadrilatère, lequel a pour côtés les quatre tangentes communes aux deux courbes

$$(2) \qquad P_1^2 + a_2P_2^2 + a_3P_3^2 = 0,$$

$$(3) \qquad b_2P_2^2 + b_3P_3^2 + P_4^2 = 0.$$

D'ailleurs chacune de ces courbes se trouvant définie par un triangle conjugué et deux couples CC', DD' de droites conjuguées, un problème antérieur permet d'obtenir, par la règle et le compas, six tangentes de chacune d'elles (n° 407, p. 466). Leurs quatre tangentes communes, ou les quatre tangentes communes aux courbes de la série primitive, se trouvent donc déterminées virtuellement; et l'on peut définir d'une manière effective, par cinq de ses tangentes, celle de ces courbes qui serait assujettie à toucher une droite donnée.

Remarque I. — Si l'on ajoute alternativement aux quatre couples données AA',..., DD' la donnée complémentaire d'une tangente T ou T', on peut construire, comme *dans le problème corrélatif* (*n*° *402*), *autant de tangentes* que l'on veut de la courbe correspondante C ou C'; et cette construction n'exige que l'emploi de la règle et du compas. Il n'en est pas de même pour les tangentes communes à ces courbes, et, en dehors des cas d'abaissement que nous avons examinés, leur détermination exige, comme on sait, le tracé de deux coniques (CHASLES, *Traité des Sections coniques*, p. 234).

Remarque II. — La détermination des droites X définies par l'identité

$$(AA' + BB') + (CC' + DD') \equiv X^2$$

entraîne d'une manière évidente la solution de ce problème : *Circonscrire à deux quadrilatères donnés* ABA'B', CDC'D' *deux coniques qui aient entre elles un double contact.* La corde de contact des deux coniques cherchées n'est autre, en effet, que l'une quelconque des droites X; et ce nouveau problème, qui admet toujours quatre solutions, comporte les mêmes réductions que le précédent.

§ IV. — *Détermination des éléments principaux de la parabole conjuguée à quatre couples de droites, du paraboloïde défini par huit couples de plans conjugués.*

411. Il résulte de l'identité

$$\sum_1^3 \lambda_1 P_1 Q_1 \equiv X^2 + Y^2 - c$$

à laquelle donne lieu le cercle associé de trois couples de droites (n° 151, p. 156), et où X, Y désignent deux droites rectangulaires quelconques menées par le centre de ce cercle, que *trois couples formées de six droites quelconques, et deux droites* rectangulaires *quelconques menées par le centre du* cercle associé *des six droites, font toujours trois couples de droites conjuguées et deux tangentes à une même parabole* (n° 157, p. 160). Et comme dans toute parabole le point de concours de deux tangentes rectangulaires appartient à la directrice, on peut dire d'une manière équivalente que *les directrices de toutes les paraboles conjuguées à trois couples de droites se croisent au centre du cercle associé de ces droites*. De là ce théorème : *La directrice de la parabole conjuguée aux quatre couples* $P_1Q_1 = 0, \ldots, P_4Q_4 = 0$ *coïncide avec le lieu des centres de tous les cercles contenus dans l'équation*

$$\sum_1^4 \lambda_1 P_1 Q_1 = 0;$$

et les centres des cercles associés de trois quelconques des quatre couples données, que l'on sait construire, font quatre points de cette directrice.

412. La directrice connue, il reste à déterminer le sommet de la courbe. Regardant, à cet effet, la parabole précédente comme partiellement définie par la direction de ses diamètres $Y = \lambda$ et les deux seules couples P_1Q_1, P_2Q_2 ; cherchons d'abord le *lieu géométrique des sommets de toutes les paraboles conjuguées à deux couples de droites données, et dont les diamètres conservent une direction donnée*, $Y = 0$; ou seulement, et par rapport à la même série de courbes, le *lieu géométrique des pôles d'une droite fixe*, $X = 0$, *perpendiculaire à cette direction*.

D'après un théorème antérieur (n° 160, p. 162), et parce que toutes les paraboles en question admettent quatre couples communes de droites conjuguées, distinctes ou coïncidentes, savoir :

$$P_1Q_1 = 0, \quad P_2Q_2 = 0, \quad cY = 0, \quad c^2 = 0,$$

ce dernier lieu est rectiligne et n'est autre que la droite

$X' = 0$ définie par l'identité

$$\lambda_1 P_1 Q_1 + \lambda_2 P_2 Q_2 + cY + c^2 \equiv XX'$$

que l'on peut écrire, en posant $cY + c^2 \equiv - Y'$ et désignant par Y' un diamètre dont la position absolue demeure indéterminée,

$$(1) \qquad (\lambda_1 P_1 Q_1 + \lambda_2 P_2 Q_2) - XX' \equiv Y'.$$

Les courbes suivantes

$$(2) \qquad \lambda_1 P_1 Q_1 + \lambda_2 P_2 Q_2 = 0,$$

$$(3) \qquad XX' = 0$$

sont dès lors *homothétiques;* leur corde commune à distance finie, ou leur *axe radical,* $Y' = 0$, est donné de direction; et tandis que les diamètres relatifs, dans les deux courbes, à une même direction de cordes, sont simplement parallèles, *leurs diamètres relatifs à la direction particulière* Y' *se confondent.* Or le premier de ces diamètres est déterminé, comme l'hyperbole (2) à laquelle il appartient : *hyperbole circonscrite au quadrilatère* $P_1 P_2 Q_1 Q_2$ *et dont l'une des asymptotes* $X = \lambda$ *est connue de direction.* On aura donc, *dans ce diamètre,* que l'on peut construire par le seul emploi de la règle, le diamètre correspondant de la courbe (3), $XX' = 0$; c'est-à-dire une *droite déterminée passant d'elle-même par le point* $0 = X = X'$. Or *ce point,* qui n'est autre que la trace de la droite X sur le lieu X' des pôles de cette droite par rapport à toutes les paraboles que l'on considérait d'abord, *représente* le point de contact de cette droite et de l'une de ces courbes, ou le *sommet de l'une de ces paraboles.*

De là ce théorème : *Le lieu des sommets des paraboles conjuguées à deux couples de droites données* $0 = P_1 Q_1 = P_2 Q_2$, *et dont les diamètres conservent une direction invariable* $Y = 0$, *coïncide avec le diamètre conjugué à cette direction pour une hyperbole qui serait cir-*

conscrite au quadrilatère $P_1P_2Q_1Q_2$ *et dont l'une des asymptotes serait perpendiculaire à la direction donnée.*

Le sommet de la *parabole conjuguée à quatre couples de droites* résulte immédiatement de ce théorème.

413. *Remarque I.* — *Une série de paraboles de même directrice étant conjuguées à deux droites données,* $PQ = 0$, *toutes ces courbes s'inscrivent d'elles-mêmes à un angle droit déterminé que l'on peut construire.* Et cette remarque fournit une autre construction de l'un des problèmes précédents.

414. *Remarque II.* — Enfin une dernière détermination de la parabole définie par quatre couples de droites conjuguées résulterait de la recherche du *lieu décrit par le foyer d'une parabole conjuguée aux trois couples de droites* $P_1P'_1$, $P_2P'_2$, $P_3P'_3$. On trouve pour l'équation de ce lieu

$$\begin{vmatrix} P_1\cos 1' + P'_1\cos 1, & P_1\sin 1' + P'_1\sin 1, & \cos(1-1') \\ P_2\cos 2' + P'_2\cos 2, & P_2\sin 2' + P'_2\sin 2, & \cos(2-2') \\ P_3\cos 3' + P'_3\cos 3, & P_3\sin 3' + P'_3\sin 3, & \cos(3-3') \end{vmatrix} = 0;$$

et cette équation représente un *cercle* que l'on peut construire.

415. La détermination des éléments principaux du *paraboloïde défini par huit couples de plans conjugués* peut s'obtenir par des considérations toutes semblables. Écrivant en effet l'identité

$$\sum_1^6 \lambda_i P_i Q_i \equiv X^2 + Y^2 + Z^2 - c$$

à laquelle donne lieu la *sphère associée* de six couples de plans (n° 164, p. 167) et où X, Y, Z, désignent trois plans rectangulaires quelconques menés par le centre de cette sphère; on en conclut que *six couples formées de douze plans quelconques, et trois plans rectangulaires quelconques menés par le centre de la sphère associée des douze plans, font toujours six couples de plans conjugués et trois plans tangents à un même paraboloïde* (n° 169, p. 172). Et comme dans tout paraboloïde $\frac{y^2}{p} + \frac{z^2}{p'} = 2x$ le point de concours de trois plans tangents rectangulaires appartient au *plan diagonal* $x = -\frac{p+p'}{2}$, on peut dire d'une manière équivalente que *les plans diagonaux de tous les paraboloïdes qui admettent six couples de plans conjugués communs se croisent au centre de la sphère associée de ces plans.* Or on sait construire le centre de cette sphère (n° 167, p. 170), on saura donc déterminer par trois de ses points le *plan diagonal* du paraboloïde défini par huit couples de plans conjugués.

416. Pour en obtenir le *sommet* nous regarderons le paraboloïde comme partiellement défini par les quatre couples $P_1Q_1, \ldots, P_4Q_4$ et la direction ox de ses diamètres, direction qui résulte du plan diagonal que l'on vient d'obtenir; et nous chercherons d'abord le *lieu géométrique des sommets de tous les paraboloïdes conjugués à quatre couples de plans donnés, et dont les diamètres sont donnés de direction*; ou seulement, et par rapport à la même série de surfaces, *le lieu géométrique des pôles d'un plan fixe*, $X = 0$, *perpendiculaire à cette direction* : problème généralisé de celui du n° 378, et qui pourrait se traiter d'une manière analogue. Mais quoique la solution que nous avons donnée de celui-là paraisse suffisamment simple, elle exige cependant une certaine préparation et laisse subsister entre les données du problème et le résultat un intervalle que le calcul est obligé de remplir. Nous allons voir que l'on peut supprimer cet intervalle et passer, sans aucun calcul, de l'énoncé du problème à la construction dans la-

quelle il se résout. Il suffit pour cela d'utiliser celui de nos théorèmes antérieurs qui définit le lieu du pôle d'un plan fixe par rapport à toutes les surfaces conjuguées à sept couples de plans (n° 169, p. 172). Les paraboloïdes actuels admettent, en effet, sept couples de plans conjugués communs qui sont, en désignant par $c = 0$ le plan à l'infini, par Y et Z deux plans conduits à volonté parallèlement à la direction ox des diamètres,

$$P_1Q_1 = 0, \ldots, \quad P_4Q_4 = 0, \quad cY = 0, \quad cZ = 0, \quad c^2 = 0.$$

Le lieu du pôle du plan X par rapport à tous ces paraboloïdes coïncide donc avec le plan X′ défini par l'identité

$$(1) \qquad \sum_1^4 \lambda_1 P_1 Q_1 + cY + cZ + c^2 \equiv XX'$$

que l'on peut écrire, en désignant par Y′ un plan indéterminé, parallèle à la direction ox, et posant $cY + cZ + c^2 \equiv Y'$,

$$(1') \qquad \sum_1^4 \lambda_1 P_1 Q_1 + XX' \equiv Y'.$$

Les deux surfaces

$$(2) \qquad \sum_1^4 \lambda_1 P_1 Q_1 = 0,$$

et

$$(3) \qquad XX' = 0$$

sont donc homothétiques; leurs plans diamétraux, relatifs à une même direction de cordes, sont parallèles entre eux, quelle que soit cette direction; et si elle tombe dans le *plan radical* des deux surfaces, $Y' = 0$, les plans diamétraux correspondants se confondent. Or le plan Y′ est parallèle à à la direction ox. Les plans diamétraux conjugués à cette direction se confondent donc en un seul pour les deux surfaces (2) et (3). Mais le premier de ces plans est déterminé comme le *paraboloïde hyperbolique* (2) auquel il appartient : paraboloïde *associé au groupe* ($P_1Q_1, \ldots, P_4Q_4$) *et dont l'un des plans directeurs*, $X = o$, *est connu de direction*. On aura donc, *dans ce plan diamétral*, que l'on peut construire par la règle et le compas, l'un des plans diamétraux de la surface (3), $XX' = o$: c'est-à-dire *un plan déterminé passant de lui-même par la droite* $o = X = X'$. Or *cette droite*, qui n'est autre que la trace du plan X sur le lieu X' des pôles de ce plan par rapport à tous les paraboloïdes que l'on considérait d'abord, *représente* le lieu des points de contact de ce plan et d'une série de ces surfaces : ou *le lieu particulier des sommets de tous ceux de ces paraboloïdes qui touchent le plan* X. D'ailleurs le plan diamétral qui contient ce lieu est déterminé et ne dépend que de la direction du plan X, laquelle est invariable, non de la position absolue de ce plan. Et l'on en conclut enfin que *le lieu général des sommets de tous les paraboloïdes conjugués aux quatre couples* $P_1Q_1 = o, \ldots, P_4Q_4 = o$, *et dont les diamètres conservent une direction donnée, coïncide avec le plan diamétral conjugué à cette direction, pour un paraboloïde hyperbolique défini par une équation de la forme*

$$\sum_1^4 \lambda_i P_i Q_i = o, \tag{2}$$

et dont l'un des plans directeurs ($X = o$) *serait perpendiculaire à la direction donnée.*

Si les quatre couples $P_1Q_1, \ldots, P_4Q_4$ coïncidaient avec les quatre couples de plans qui résultent des faces opposées d'un octaèdre, le paraboloïde (2) serait circonscrit à cet octaèdre. Dans tous les cas, on en peut obtenir autant de génératrices rectilignes qu'il en faut pour la construction du plan diamétral qui résout le problème. La section du paraboloïde (2) par un plan quelconque $X = \lambda$ parallèle à celui des plans directeurs qui est donné, coïncide effectivement avec la *droite* définie par l'équation

$$(2') \qquad \sum_1^4 \lambda_1 P'_1 Q'_1 = 0$$

et que l'on sait construire (n° 152, p. 157). Construisant dès lors trois de ces droites, ou trois de ces génératrices; inscrivant ensuite entre la première et la seconde, la seconde et la troisième, la troisième et la première, trois segments rectilignes ab, cd, ef parallèles à la direction ox : on n'aura plus qu'à déterminer les points-milieux m, n, p de ces segments, et le plan mnp résoudra le problème.

§ V. — *Constructions diverses du cercle osculateur d'une conique définie par cinq conditions.*

417. La détermination du cercle osculateur, dans les courbes du second ordre, a été obtenue déjà de bien des manières différentes, et qui remplissent très-suffisamment l'objet du problème, considéré dans ses rapports avec la Mécanique. Peut-être en est-il autrement au point de vue de la seule Géométrie. Car, sans dire rien de la multitude des solutions indirectes que l'on en connaît, les meilleures d'entre les autres ne paraissent pas géométriquement irréprochables : ou la construction y laisse à désirer; ou le mode d'invention, généralement emprunté de l'analyse cartésienne, et réduit dès lors à une vérification. La méthode suivante paraîtra peut-être exempte de ces défauts. Purement élémentaire, puisqu'elle est fondée sur la seule notion des sécantes communes à deux coniques, elle est aussi exclusivement analytique. Et la simplicité des constructions qu'elle fournit, la facilité avec laquelle elle les peut modifier, dans chaque cas, suivant les différentes données du problème, montrent une fois de plus les ressources singulières de l'analyse, même dans ce genre de travaux que les analystes ont le plus évités, pour lesquels ils nous renvoient d'ordinaire à la Géométrie ; et que l'Analyse, presque toujours, exécuterait mieux, plus rapidement et à moins de frais.

418. Lemme fondamental. — *L'équation d'une courbe du second ordre étant*

$$(o) \qquad S = 0,$$

l'équation du cercle osculateur *de la courbe, en l'un quelconque de ses points, sera de la forme*

$$(1) \qquad S + T.T' = 0;$$

$T = 0$ *désignant la tangente au point d'osculation, et* $T' = 0$ *une certaine droite issue de ce point.*

Deux courbes du second ordre osculatrices en un point admettent, en effet, un système unique de sécantes communes, composé de la tangente au point d'osculation et de la corde menée de ce point, qui compte pour trois, au quatrième point de rencontre des deux courbes.

419. Problème I. — *Étant donnés quatre points d'une conique et la tangente en l'un d'eux, construire le cercle osculateur correspondant.*

Soient $ABCD = 0$ le quadrilatère ayant pour sommets les quatre points donnés, et $T = 0$ la tangente au point d'osculation $o = A = B$ (*fig.* 94). Les équations respectives de la courbe et du cercle étant ici

$$(S) \qquad mAC + nBD = 0,$$

et

$$(S') \qquad mAC + nBD + TT' = 0,$$

où T' désigne une droite menée, sous une direction inconnue, par le point d'osculation o, ou par le point de commune rencontre des trois droites $o = A = B = T$: il s'agit de construire celui des cercles, contenus dans l'équation (S′), qui est tangent en o à la droite T.

Or si l'on substitue, par la pensée, aux coefficients déterminés m, n et à la droite *inconnue* T′ qui figurent dans l'équation (S′), des coefficients arbitraires et une droite *mobile*, issue de la même origine o que la précédente, et tournant d'une manière continue autour de cette origine : le cercle osculateur ne sera plus que l'un des *cercles contenus*, en nombre infini, *dans l'équation* (S′), considérée sous ce nouveau point de vue; mais il participera de la propriété qui leur est commune et qui est telle qu'*ils passent tous par les deux mêmes points.*

Soient, en effet,

$$T_1 T_2 T_3 = 0$$

trois positions *quelconques* de la droite mobile T′, et

$$S_1 S_2 S_3 = 0$$

les cercles déterminés qui leur correspondent, conformément à l'équation (S′); on aura identiquement

$$S_1 \equiv m_1 AC + n_1 BD + TT_1,$$
$$S_2 \equiv m_2 AC + n_2 BD + TT_2,$$
$$S_3 \equiv m_3 AC + n_3 BD + TT_3;$$

et l'on en déduit, quels que soient les multiplicateurs employés,

$$\lambda_1 S_1 + \lambda_2 S_2 + \lambda_3 S_3 \equiv m AC + n BD + T(\lambda_1 T_1 + \lambda_2 T_2 + \lambda_3 T_3).$$

Mais les droites T_1, T_2, T_3 concourant en un même point, on peut disposer des rapports arbitraires $\lambda_1 : \lambda_2 : \lambda_3$ de telle sorte que l'on ait identiquement

$$\lambda_1 T_1 + \lambda_2 T_2 + \lambda_3 T_3 \equiv 0.$$

La relation précédente devient ainsi

$$\lambda_1 S_1 + \lambda_2 S_2 + \lambda_3 S_3 \equiv m AC + n BD :$$

identité impossible — les sommets du quadrilatère quelconque ABCD n'étant pas supposés appartenir à un même cercle — si chacun de ses deux membres ne se réduit séparément à zéro. On a donc, en même temps que $o = m = n$,

$$\lambda_1 S_1 + \lambda_2 S_2 + \lambda_3 S_3 \equiv o.$$

Et cette identité exprime que les trois cercles S_1, S_2, S_3 se coupent suivant les deux mêmes points. Tous les cercles de la série (S′) et le cercle osculateur qui en fait partie ont donc un même axe radical; leurs centres se trouvent distribués sur une même ligne droite, et il suffirait d'obtenir deux points de cette droite, ou les centres de deux des cercles de la série, pour être en état de construire le centre du cercle osculateur et ce cercle lui-même.

Or si l'on fait alternativement

$$n = o \quad \text{ou} \quad m = o$$

dans l'équation (S′), il résulte, de la situation du point o sur chacune des droites A, B, T, T′, T″, que les cercles correspondants

$$(1) \qquad S_1 \equiv m\,AC + TT' = o,$$

$$(2) \qquad S_2 \equiv n\,BD + TT'' = o$$

ont trois de leurs points en évidence, savoir :

Pour le premier, le point simple γ ou $C.T = o$, et le point *double* $A.T$ ou $A.T' = o$, qui n'est autre que le point d'osculation o, suivant lequel ce premier cercle *touche* la droite A;

Fig. 94.

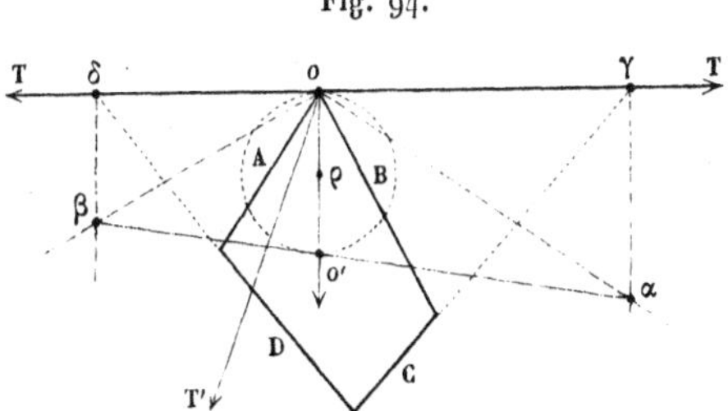

Pour le second, le point simple δ ou $D.T = o$, et le point *double* B.T ou $B.T' = o$: ce dernier se confondant encore avec le point d'osculation suivant lequel ce second cercle *touche* la droite B.

Le problème est donc résolu, et l'on a cet énoncé :

Une conique étant définie par un quadrilatère inscrit $\bar{A}\bar{B}\bar{C}\bar{D}$ *et la* tangente *en l'un des sommets* $\bar{A}\dot{}\bar{B}$ ou *o de ce quadrilatère; pour obtenir le* cercle osculateur *de la courbe au point o, on mènera de ce point des perpendiculaires aux côtés adjacents* $\bar{A}$ *et* $\bar{B}$, *respectivement limitées, en* α *et* β, *à des perpendiculaires élevées sur la tangente par les traces de cette dernière sur les côtés opposés* $\bar{C}$ *et* $\bar{D}$. *Menant ensuite la droite* $\alpha\beta$, *le segment* $\overline{oo'}$ *intercepté par cette droite sur la* normale *au point considéré o, représentera le diamètre du cercle osculateur.* La solution donnée par M. Chasles (*Traité des Sections coniques*, p. 49) suppose la construction de la formule suivante :

$$A\rho = Ac . \frac{Ba . Ba'}{Ca . Ca'} . \frac{\overline{CA}^2}{BA . Bc}.$$

420. *Remarque I.* — Il résulte des différences auxquelles donne lieu la représentation analytique de l'axe radical de deux cercles, considérés dans le plan ou sur la sphère, que l'analyse précédente n'est pas directement applicable à la construction du cercle osculateur d'une conique sphérique. Toutefois, par une singularité digne de remarque, la conclusion légèrement modifiée de cette analyse demeure vraie, sur la sphère comme dans le plan. Et cette même construction, qui nous fournissait tout à l'heure le diamètre oo' du cercle osculateur d'une conique plane, recommencée sur la sphère pour une conique définie par les mêmes éléments, nous fournirait encore le petit axe $\overset{\frown}{oo'}$ d'une *ellipse sphérique droite* (ou *capable d'un angle droit*), *osculatrice en o à la courbe proposée.* C'est ce qu'on aperçoit bien aisément à l'aide d'une projection centrale de la figure :

le point de vue étant placé au centre de la sphère, et le plan du tableau n'étant autre que le plan tangent mené par le point o autour duquel se fait la construction. D'ailleurs si l'on considère l'*ellipse sphérique droite* décrite sur la *base* $\widehat{oo'}$, et qui n'est autre que le *segment capable d'un angle droit* $o\mathrm{M}o'$ *s'appuyant sur cette base*, les plus simples propriétés des triangles sphériques rectangles permettent d'en déterminer le cercle osculateur pour l'un ou l'autre des points o, o'. On trouve ainsi, en désignant par R le rayon de ce cercle,

$$\operatorname{tang}\widehat{oo'} = 2\operatorname{tang}\mathrm{R}.$$

Tel est donc aussi, pour la conique sphérique que l'on considérait d'abord, le rayon du cercle osculateur en fonction de l'arc $\widehat{oo'}$ défini par la construction indiquée; et la même construction, effectuée dans le plan, s'y traduit par la relation analogue

$$\overline{oo'} = 2\mathrm{R}.$$

421. *Remarque II.* — Les formules connues

$$\mathrm{R} = \frac{a^2 b^2}{p^3}, \quad \operatorname{tang}\mathrm{R} = \cos^3\rho\,\frac{\operatorname{tang}^2 a\,.\operatorname{tang}^2 b}{\sin^3 p}\ (*)$$

se peuvent aussi déduire de la construction précédente, appliquée à un parallélogramme inscrit dont l'un des sommets serait au point d'osculation et dont les diagonales seraient dirigées suivant deux diamètres conjugués.

422. *Remarque III.* — Si les axes principaux de la courbe sont donnés de position, et que l'on connaisse en outre un de ses points m et la tangente correspondante; on substituera au parallélogramme dont on vient de parler un

(*) *Théorie nouvelle, géométrique et mécanique, des lignes à double courbure,* 1860, p. 44.

rectangle inscrit : et l'on verra (*fig.* 95) que *si, par les traces de la tangente donnée sur chacun des axes ox et oy, on mène à cette tangente des perpendiculaires res-*

Fig. 95.

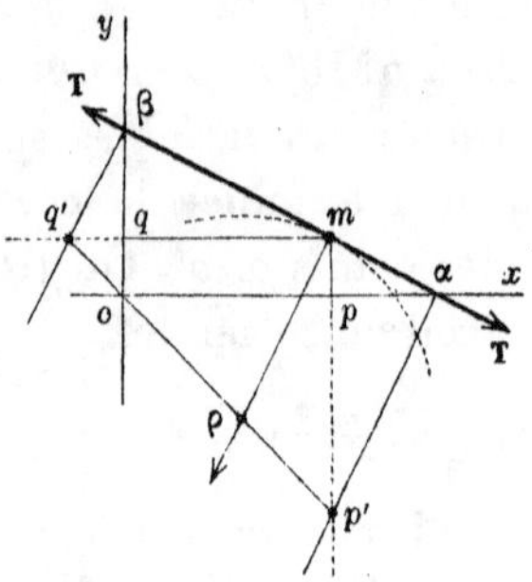

pectivement terminées en p' et q' à l'ordonnée $\overline{mp}$ *et à l'abscisse* $\overline{mq}$ *du point de contact, le centre du cercle osculateur en ce point appartiendra à la droite* $\overline{p'q'}$, *laquelle contient aussi le centre de la courbe.*

423. Problème II. — *Étant donnés l'un des foyers d'une conique et la directrice correspondante, construire le cercle osculateur en un point donné m de la courbe.*

Soient $T = 0$ la tangente au point donné, et $T' = 0$ une droite issue de ce point (*fig.* 96) : la courbe proposée S et le cercle osculateur S' que l'on cherche seront définis actuellement par les équations

$$(0) \qquad S \equiv X^2 + Y^2 - D^2 = 0,$$

$$(1) \qquad S' \equiv X^2 + Y^2 - D^2 + T.T' = 0,$$

où $D = 0$ désigne la directrice donnée et $X^2 + Y^2$ la fonction d'un cercle de rayon nul dont le centre est au foyer correspondant.

De la double équation (1) on tire d'abord l'identité

$$(1') \qquad S' - (X^2 + Y^2) \equiv - D^2 + T.T'.$$

Les équations équivalentes

$$(2) \qquad S' - (X^2 + Y^2) = 0,$$

$$(2') \qquad D^2 - T.T' = 0$$

représentent donc un seul et même *cercle* S'' — *inscrit dans l'angle* $\widehat{TT'}$ *suivant la corde de contact* $D = 0$, ainsi que cela résulte de l'équation (2') — et *ayant un même axe radical avec le cercle osculateur* que l'on cherche S' *et le foyer* F ($X^2 + Y^2 = 0$) *assimilé à un cercle de rayon nul :* c'est ce qui résulte de l'équation (2). Les trois cercles

$$S', \ S'', \ F$$

auront dès lors leurs centres en ligne droite. Mais le centre du troisième est au foyer donné F ; et il résulte de l'équation (2') que le centre du second S'' est au point de concours φ de la perpendiculaire abaissée du point donné m sur la

Fig. 96.

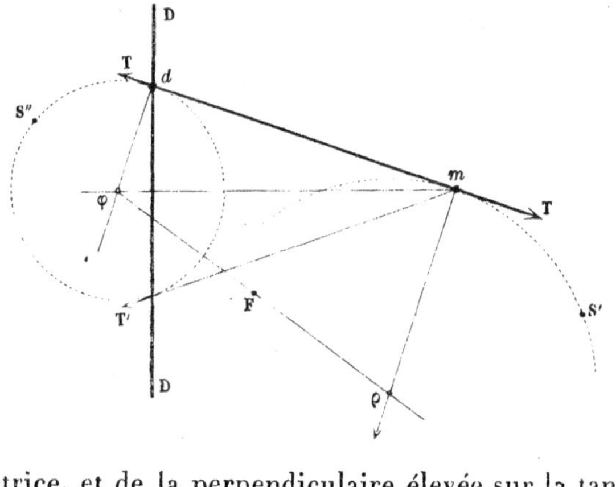

directrice, et de la perpendiculaire élevée sur la tangente donnée par la trace de cette tangente sur la directrice. Le centre du cercle osculateur S' se trouvera donc sur la droite résultante $\overline{F\varphi}$, et l'on peut énoncer ce théorème :

Le centre du cercle osculateur en un point quelconque m

d'une conique est situé sur la droite qui va, de l'un quelconque des foyers de la courbe, au point de concours de deux droites menées : la première par le point d'osculation m perpendiculairement à la directrice correspondante ; la seconde, perpendiculairement à la tangente au point d'osculation, par la trace de cette tangente sur la directrice.

424. Problème III. — *Étant donnés les asymptotes et un point d'une hyperbole, construire le cercle osculateur en ce point.*

La courbe donnée et le cercle que l'on veut construire ont actuellement pour équation

$$S \equiv XY + 1 = 0, \tag{0}$$

$$S' \equiv XY + 1 + TT' = 0; \tag{1}$$

et l'on déduit, de cette dernière, l'identité

$$S' - 1 \equiv XY + TT'. \tag{1'}$$

Les équations équivalentes

$$S' - 1 = 0, \tag{2}$$

$$XY + TT' = 0 \tag{2'}$$

représentent donc un seul et même cercle — concentrique

Fig. 97.

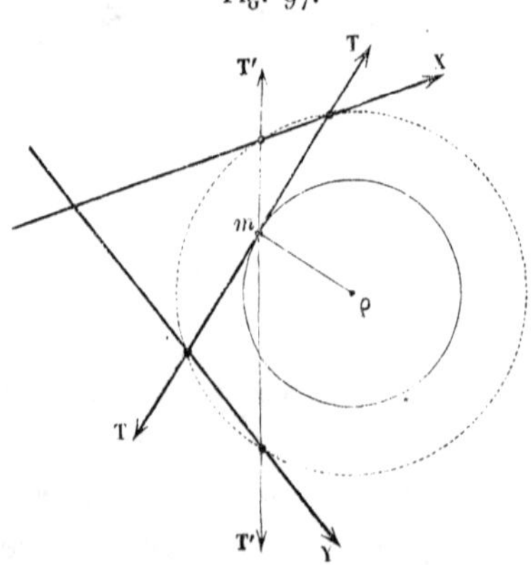

au cercle osculateur cherché S', en vertu de l'équation (2)

— et circonscrit, en vertu de l'équation (2'), au quadrilatère partiellement indéterminé

$$\overline{X}.\overline{T}.\overline{Y}.\overline{T'}.$$

Mais l'indétermination de ce quadrilatère disparaît devant la condition qu'il soit inscriptible. Son quatrième côté T', que l'on sait déjà devoir passer par le point d'osculation, est *antiparallèle* à la tangente T par rapport à l'angle des asymptotes ; et l'on a ce théorème (*fig.* 97) :

Le cercle osculateur en un point quelconque d'une hyperbole est concentrique au cercle qui passerait par les traces, sur les asymptotes, de la tangente au point d'osculation et d'une droite qui serait menée de ce point dans une direction antiparallèle à cette tangente par rapport à l'angle des asymptotes.

§ VI. — *Des angles solides conjugués à une sphère de rayon nul, et de quelques propriétés du quadrilatère sphérique.*

425. Soient

$$ABC = 0 \quad \text{et} \quad H = 0$$

les équations de quatre plans issus d'une même origine O ; les trois premiers de ces plans étant donnés, on peut disposer de la direction du quatrième de telle sorte que l'équation

$$\alpha A^2 + \beta B^2 + \gamma C^2 + \lambda H^2 = 0$$

représente une sphère de rayon nul ; et l'on a dès lors l'identité

$$(1) \qquad \alpha A^2 + \beta B^2 + \gamma C^2 + \lambda H^2 \equiv X^2 + Y^2 + Z^2.$$

Les équations équivalentes

$$(2) \qquad \alpha A^2 + \beta B^2 + \gamma C^2 = 0,$$

$$(2') \qquad X^2 + Y^2 + Z^2 - \lambda H^2 = 0$$

représentent donc une seule et même surface : un cône de

révolution conjugué au trièdre ABC et ayant pour sommet le point O, pour axe la perpendiculaire OO′ abaissée de ce point sur le plan H. La section de ce cône par l'un quelconque de ses plans cycliques, $H = h$, sera donc un cercle dont le centre devra se trouver sur l'axe OO′, puisqu'il s'agit d'un cône de révolution; et au point de rencontre des hauteurs du triangle résultant des traces du plan sécant sur les faces du trièdre ABC, puisque ce trièdre et ce cône sont conjugués. On conclut de là que l'*axe du cône* (2′) coïncide avec la *droite de commune intersection des trois plans-hauteurs du trièdre* ABC, et que le plan H capable de satisfaire à l'identité (1) est perpendiculaire à cette droite.

426. Soit, en outre, $H' = 0$ un plan quelconque parallèle au précédent, l'identité (1) entraînant la suivante

$$(1') \quad \begin{cases} 0 = \alpha A^2 + \beta B^2 + \gamma C^2 + \lambda H'^2 \\ \qquad \equiv (X - a)^2 + (Y - b)^2 + (Z - c)^2 - r^2, \end{cases}$$

la sphère représentée par l'une ou l'autre de ces équations sera conjuguée au tétraèdre ABCH′. *Tout tétraèdre dans lequel le plan de l'une des faces est perpendiculaire à la droite d'intersection des plans-hauteurs du trièdre opposé admet donc* une sphère conjuguée; *et ses quatre hauteurs se coupent en un même point.*

427. Soient encore $ABCD = 0$ les plans des faces d'un angle solide tétraèdre, et $\alpha\beta\gamma\delta = 0$ les plans menés par le sommet de cet angle perpendiculairement aux droites-hauteurs de chacun des trièdres BCD, CDA, DAB, ABC. La sphère de rayon nul ayant pour centre le sommet de l'angle solide considéré, étant définie par l'une quelconque des équations

$$(1) \qquad \dot{\alpha}^2 + \dot{B}^2 + \dot{C}^2 + \dot{D}^2 = 0,$$

$$(2) \qquad \dot{\beta}^2 + \dot{C}^2 + \dot{D}^2 + \dot{A}^2 = 0, \ldots,$$

où $\dot{\alpha}^2$ désigne un multiple quelconque du carré α^2; toutes ces équations sont deux à deux équivalentes. On a, par exemple, l'identité

$$\dot{\alpha}^2 + \dot{B}^2 + \dot{C}^2 + \dot{D}^2 \equiv \dot{\beta}^2 + \dot{C}^2 + D^2 + \dot{A}^2,$$

que l'on peut écrire

$$(3) \qquad \dot{A}^2 + \dot{B}^2 + \dot{C}^2 + \dot{D}^2 + \dot{\alpha}^2 + \dot{\beta}^2 \equiv 0;$$

et il résulte de celle-ci que les plans $ABCD\alpha\beta = 0$ sont tangents à un même cône du second ordre. *Les huit plans analogues* $ABCD \times \alpha\beta\gamma\delta = 0$ *font dès lors huit plans tangents d'un même cône du second ordre.* Et il est aisé de voir que ce cône est l'un de ceux dont l'entière détermination exige seulement la *donnée de quatre plans tangents,* et que nous dirons *inscriptibles,* parce qu'on peut leur circonscrire une infinité de trièdres trirectangles; comme il arrive ici pour le cône considéré.

Soient effectivement $\alpha\alpha' = 0$ un dièdre *droit, circonscrit* à ce cône, et $\alpha\alpha'\alpha'' = 0$ le trièdre *trirectangle* de même sommet construit sur ce dièdre. Si, entre les identités

$$(3') \qquad \dot{A}^2 + \dot{B}^2 + \dot{C}^2 + \dot{D}^2 + \dot{\alpha}^2 + \dot{\alpha}'^2 \equiv 0$$

et

$$(1') \qquad \dot{\alpha}^2 + \dot{B}^2 + \dot{C}^2 + \dot{D}^2 \equiv \alpha^2 + \alpha'^2 + \alpha''^2,$$

— auxquelles donnent lieu, d'une part, les six plans tangents $ABCD\alpha\alpha' = 0$ du cône considéré; de l'autre, les deux formes analytiques de la sphère de rayon nul ayant pour centre l'origine — on élimine le carré α'^2, l'identité résultante

$$\dot{A}^2 + \dot{B}^2 + \dot{C}^2 + \dot{D}^2 + \dot{\alpha}^2 + \dot{\alpha}''^2 \equiv 0$$

exprime le contact du sixième plan α'' et du cône; et celui-ci admet une infinité de trièdres trirectangles circonscrits, tels que $\alpha\alpha'\alpha''$. On a donc ce théorème :

Les côtés A, B, C, D *d'un quadrilatère sphérique quel-*

conque, et les quatre grands cercles α, β, γ, δ ayant pour pôles respectifs les points de concours des hauteurs des quatre triangles formés de trois quelconques des côtés de ce quadrilatère, sont tangents à une même conique sphérique, inscriptible *elle-même à une infinité de triangles trirectangles.*

Telle est d'ailleurs la proposition corrélative que :

Les points de concours des hauteurs de chacun des triangles formés des côtés d'un quadrilatère sphérique, pris trois à trois, et les pôles des côtés de ce quadrilatère font toujours huit *points d'une même conique sphérique* circonscriptible *à une infinité de triangles trirectangles.*

428. Corollaire I. — *Toute conique sphérique inscriptible à un triangle trirectangle, et inscrite à un triangle donné, touche d'elle-même le grand cercle ayant pour pôle le point de rencontre des hauteurs de ce triangle;*

Et toute conique sphérique, circonscriptible à un triangle trirectangle et circonscrite à un triangle donné, passe d'elle-même par le point de rencontre des hauteurs de ce triangle.

429. Corollaire II. — *Tout angle solide pentaèdre* ABCDE $=$ o *qui admet une sphère conjuguée, ou qui est tel, que les plans de ses diverses faces donnent lieu à l'identité*

$$(i) \qquad \dot{A}^2 + \dot{B}^2 + \dot{C}^2 + \dot{D}^2 + \dot{E}^2 \equiv X^2 + Y^2 + Z^2,$$

est circonscrit à un cône inscriptible; et quatre quelconques des faces de cet angle solide suffisent à la détermination de ce cône.

L'élimination de la fonction sphérique $X^2 + Y^2 + Z^2$ entre les identités (i) et

$$(1) \qquad \dot{\alpha}^2 + \dot{B}^2 + \dot{C}^2 + \dot{D}^2 \equiv X^2 + Y^2 + Z^2 \quad (\text{n}^\text{o}\ 427,\ \text{p.}\ 486)$$

entraîne, en effet, cette autre identité

$$(i') \qquad \dot{A}^2 + \dot{B}^2 + \dot{C}^2 + \dot{D}^2 + \dot{\alpha}^2 + \dot{E}^2 \equiv 0 :$$

ou la conclusion que le plan $E = 0$ est tangent au cône inscriptible que déterminent les quatre plans tangents A, B, C, D, et dont le contact avec le plan $\alpha = 0$ a été reconnu déjà (n° 427).

430. Théorème. — *Les dix plans menés par chacun des sommets d'un pentaèdre perpendiculairement à l'arête opposée concourent en un même point, et ce pentaèdre admet une sphère conjuguée*

$$(i) \quad 0 = \dot{A}^2 + \dot{B}^2 + \dot{C}^2 + \dot{D}^2 + \dot{E}^2 \equiv X^2 + Y^2 + Z^2 - r^2,$$

si les plans de ses faces sont parallèles à autant de plans tangents d'un même cône inscriptible.

Si, en effet, $A'B'C'D'E' = 0$ désignent les faces du pentaèdre, transportées parallèlement à elles-mêmes en un même point XYZ de l'espace, l'une quelconque des identités (i) ou

$$(i') \qquad \dot{A}'^2 + \dot{B}'^2 + \dot{C}'^2 + \dot{D}'^2 + \dot{E}'^2 \equiv X^2 + Y^2 + Z^2$$

entraîne l'autre; et la dernière, (i'), le théorème énoncé (Corollaire II).

431. On a vu déjà que tout hexaèdre $P_1 \ldots P_6 = 0$ admet une sphère conjuguée; *si l'hexaèdre est inscriptible, le plan radical de la sphère* circonscrite *et de la sphère* conjuguée *contient le centre de l'hyperboloïde qui aurait pour génératrices rectilignes les droites d'intersection*

$$P_1 P_4, \quad P_2 P_5, \quad P_3 P_6$$

des faces opposées de l'hexaèdre. Ces deux sphères ayant, en effet, pour équations

$$\sum_1^6 \lambda_1 P_1^2 = 0 \quad \text{et} \quad P_1 P_4 + P_2 P_5 + P_3 P_6 = 0,$$

leur plan radical $R = o$ satisfait à l'identité

$$\sum_1^6 \lambda_1 P_1^2 + P_1 P_4 + P_2 P_5 + P_3 P_6 \equiv R,$$

et représente, par suite, l'un des plans diamétraux d'une surface du second ordre *inscrite* à l'hexaèdre $P_1 \ldots P_6$ et *conjuguée* aux trois couples de plans $P_1 P_4$, $P_2 P_5$, $P_3 P_6$. D'ailleurs le point de contact de cette surface et de chacun des plans P_1, P_4 appartient à la fois à ce plan et à son conjugué P_4 ou P_1. Chacune des droites $P_1 P_4$, $P_2 P_5$, $P_3 P_6$ se trouve donc conjuguée à elle-même par rapport à la surface dont il s'agit : et celle-ci n'est autre qu'un hyperboloïde passant par chacune de ces droites (n° 168, p. 172).

§ VII. — *Théorèmes et problèmes divers sur les surfaces du second ordre.*

432. Problème I. — *Faire passer un cône du second ordre par un groupe donné de huit points situés, les trois premiers d'une manière quelconque dans l'espace, et tous les autres dans un même plan* (Lamé, *Examen des différentes Méthodes*, p. 57).

1). Supposons le problème résolu, et imaginons que le triangle 123 déterminé par les trois premiers points soit projeté, suivant le sommet du cône, sur le plan de la conique C déterminée par les cinq autres (*fig.* 98). Le triangle résultant 1″2″3″ se trouvera inscrit à cette conique, et ses différents côtés passeront par les traces respectives des côtés 12, 23, 31 du triangle primitif sur le plan de cette courbe. Réciproquement si, par ces traces 1′, 2′, 3′ que l'on connaît et qui sont d'ailleurs en ligne droite, on fait passer les côtés d'un triangle 1″2″3″ inscrit à la courbe C, les triangles 123 et 1″2″3″ ayant un *axe* auront par cela même un *centre d'homologie;* et le point de concours des droites de jonction de leurs sommets homologues représentera le sommet de l'un des cônes répondant à la question, ramenée de la sorte à ce problème de géométrie plane : *inscrire*

Fig. 98.

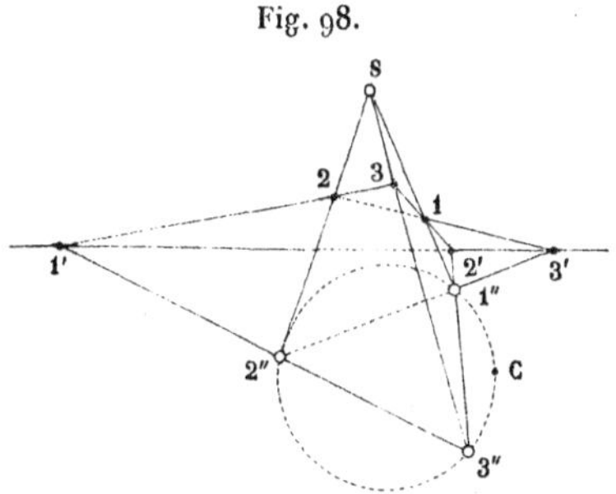

à une conique donnée un triangle dont les côtés passent respectivement par autant de points donnés, situés en ligne droite.

Telle est au fond la solution de M. Lamé, et l'on voit que le précepte de Desargues, si souvent rappelé de nos jours, et si rarement appliqué, y est oublié une fois de plus; mais oublié, peut-on dire, le plus heureusement du monde. Car si la Géométrie y perdait quelque chose, qu'il est aisé de lui rendre, l'analyse y devait gagner une première solution du problème des triangles pivotants inscrits à une conique (p. 58) : solution extrêmement remarquable, peu remarquée, sans doute parce qu'une sorte de divination qui y supplée à toutes les insuffisances de l'instrument cartésien, la rend difficile à suivre, même à la suite de l'auteur; mais qui soulève la question de savoir si tout sera bénéfice pour les géomètres dans les progrès de la Géométrie et le perfectionnement de ses méthodes, et s'ils n'y perdront pas les belles violences où les jette parfois un obstacle imprévu, qu'ils n'auraient garde d'emporter, comme ils font d'ordinaire, s'ils savaient d'avance qu'ils le peuvent tourner.

2). Revenons à notre problème, et puisque le cône que l'on cherche doit contenir la courbe C et chacun des points

1, 2, 3, observons que chacune des génératrices menées du sommet de ce cône aux points 1, 2, 3 devra s'appuyer sur cette courbe, et ce sommet appartenir à chacun des cônes de sommets respectifs 1, 2, 3 et de base commune C, ou à leur commune intersection. Or deux quelconques de ces cônes (1, C), (2, C) ayant une courbe d'entrée plane, leur courbe de sortie est plane également; et la détermination du plan qui la contient résulte aussitôt de la méthode ordinaire.

Si, en effet, par la trace 3′ de la droite des sommets sur le plan de la courbe de base C (*fig.* 99) on mène une transversale 3′*ab* rencontrant cette courbe aux points *a* et *b*; que l'on mène ensuite les génératrices 1*a* et 2*b* qui se coupent en *s*′, 1*b* et 2*a* qui se coupent en *s*: les points *s*, *s*′ obtenus de la sorte appartiendraient au plan de la courbe de sortie des deux cônes considérés. Mais il résulte de cette construction que la droite *ss*′ n'est autre que la polaire du point 3′ par rapport au système $(\overline{s'1a}, \overline{s'2b})$. La droite *ss*′ passe donc par les conjugués harmoniques du point 3′ par rapport aux deux

Fig. 99.

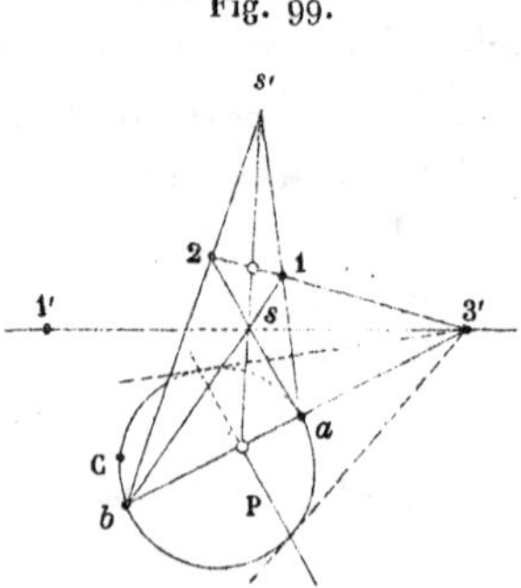

couples $(\dot{1}, \dot{2})$ et $(\dot{a}, \dot{b})$. Or le premier de ces points est fixe, le second se meut sur la polaire P du point 3′ par rapport à la courbe C; et tous les points *s*, *s*′ appartiennent au plan déterminé par la droite P et le conjugué harmonique du point 3′ par rapport au segment 12. Tel est donc le plan de la courbe de sortie des deux premiers cônes (1, C) et (2, C).

Le plan de la courbe de sortie de l'un de ces cônes et du troisième (3, C) s'obtiendrait de la même manière; et les points de rencontre de l'un quelconque d'entre eux et de la droite d'intersection des deux plans obtenus de la sorte fourniraient enfin les sommets S, S′ des deux cônes cherchés.

433. *Remarque I.* — Le lieu des sommets des cônes du second ordre passant par un point 1, ou 2, ou 3 et une conique donnés, est un cône ayant pour base cette conique et pour sommet le point donné. Les sommets des deux cônes que l'on veut conduire par la courbe C et les points 1, 2, 3 seront fournis dès lors par les deux points S′, S″ qui, associés à cette courbe, forment la commune intersection des trois surfaces coniques (1, C), (2, C), (3, C). Or le sommet S′ ou S″ de chacun des cônes cherchés doit appartenir — à la polaire relative à ce cône de la droite 1′2′3′ commune intersection du plan 123 et de celui de la courbe C — ou à la commune intersection des plans polaires des trois points 1′, 2′, 3′. D'ailleurs chacun de ces plans polaires est déterminé *par un point* — le conjugué harmonique du point 1′, ou 2′, ou 3′, par rapport au segment 23, ou 31, ou 12 — *et une droite :* la polaire du point 1′, ou 2′, ou 3′ par rapport à la conique C. La droite d'intersection de ces plans polaires est donc pareillement déterminée; et les traces de cette droite sur le cône de sommet 1, ou 2, ou 3 et de base C, déterminent les sommets des deux cônes cherchés.

Ces dernières considérations, ou leurs corrélatives, s'appliqueraient directement à la détermination du plan d'une *conique doublement inscrite à un cône et à un trièdre donnés.*

434. *Remarque II.* — Si l'on imagine (*fig.* 98) le plan 123 rabattu autour de la droite 1′2′3′ sur le plan de la

courbe C, on pourra effectuer dans celui-ci toutes les constructions que suppose le problème précédent, et en déduire, comme corollaire, la détermination bien connue du premier sommet d'un *triangle inscrit à une conique donnée et dont les côtés seraient assujettis à passer par trois points* 1', 2', 3' *situés en ligne droite.*

435. *Remarque III.* — Si l'on élargit un peu les données du problème précédent, lequel consistait en réalité à *faire passer un cône du second ordre par deux coniques ayant une corde commune,* on est conduit à cette première généralisation d'un théorème de Mœbius :

Une surface du second ordre étant assujettie à passer par deux ellipses *données* — lesquelles admettent une corde commune réelle ou idéale — *et par un point complémentaire* M, *cette surface est* — *un* ellipsoïde *si ce point est extérieur à l'un des deux paraboloïdes elliptiques qui passent par les deux courbes données et intérieur à l'autre* — *un* hyperboloïde, à une ou à deux nappes, *si le point* M *est extérieur aux deux paraboloïdes ou intérieur à l'un et à l'autre.*

Que si l'on voulait en outre spécifier celui des deux hyperboloïdes que peut définir le point mobile M, il est clair que l'on devrait distinguer d'abord chacune des situations possibles de ce point dans l'un des espaces angulaires compris entre les deux paraboloïdes précédents et les deux cônes du second ordre que l'on peut mener aussi par les deux ellipses données. Observant ensuite que la transition de l'*ellipsoïde* à l'*hyperboloïde à deux nappes* se fait toujours par un *paraboloïde elliptique ;* celle de l'*un* des deux *hyperboloïdes* à l'*autre* par un *cône :* on verrait que la surface définie par le point complémentaire M devient, d'ellipsoïde, hyperboloïde à deux nappes, ou inversement, toutes les fois que le point M traverse l'un des deux paraboloïdes de la série ; et que toutes les fois que ce point traverse l'un des deux cônes de la série, la surface devient, d'hyperboloïde convexe, hyperboloïde gauche, ou inversement.

436. *Remarque IV.* — Si l'on imagine une série de *coniques circonscrites à un quadrilatère convexe*, $ABCD = 0$, et que, considérant *celle de ces courbes qui se trouve définie par la donnée d'un point complémentaire* M_0, on la rapporte aux deux paraboles de la série

$$(1) \qquad Y^2 + X = 0,$$

$$(2) \qquad Z^2 + T = 0,$$

par l'équation évidente

$$(3) \qquad \frac{Y^2 + X}{Y_0^2 + X_0} = \frac{Z^2 + T}{Z_0^2 + T_0};$$

les directions asymptotiques de la courbe considérée se trouvent définies par l'équation

$$(4) \qquad \frac{Y^2}{Y_0^2 + X_0} = \frac{Z^2}{Z_0^2 + T_0},$$

et sont réelles ou imaginaires suivant que les nombres $Y_0^2 + X_0$ et $Z_0^2 + T_0$ sont de même signe ou de signes contraires. *Dans le premier cas, le point complémentaire* M_0 *est intérieur aux deux paraboles ou extérieur à toutes les deux, et la courbe qu'il détermine est une hyperbole; dans le second, le point* M_0, *intérieur à l'une des deux paraboles, est extérieur à l'autre, et la courbe qu'il détermine est une ellipse* (Moebius, *Der Barycentrische Calcul,* 1827, p. 382). C'est le théorème dont nous parlions tout à l'heure; et c'est encore, si l'on veut, une autre manière d'obtenir les *directions diamétrales des deux paraboles circonscrites au quadrilatère* $ABCD = 0$. Car si l'on rapporte les côtés opposés de celui-ci aux deux paraboles que l'on cherche, les identités résultantes

$$AC \equiv Y^2 + X + \lambda(Z^2 + T), \quad BD \equiv Y^2 + X + \mu(Z^2 + T)$$

deviennent, en négligeant la position absolue des droites qui y figurent pour ne voir que leurs directions,

$$A'C' \equiv Y'^2 + \lambda Z'^2, \quad B'D' \equiv Y'^2 + \mu Z'^2 :$$

et les directions diamétrales cherchées, $0 = Y' = Z'$, sont en évidence dans ces dernières (n° 273, p. 297).

437. *Remarque V.* — Imaginons de même une série de *surfaces du second ordre menées par un groupe donné de huit points, ou par la courbe gauche du quatrième ordre qu'ils déterminent,* C_4; et considérant *celle de ces surfaces qui se trouve définie par la donnée d'un point complémentaire* M_0, cherchons à en déterminer le *genre.*

1). *Si la courbe gauche* C_4 *admet d'abord des branches infinies*, le problème est aussitôt résolu ; et la série considérée ne contient que des *hyperboloïdes.*

2). Supposons donc *limitée de toutes parts* la *courbe gauche* donnée, ses traces sur le plan à l'infini seront alors imaginaires toutes les quatre ; et il résulte d'une proposition antérieure (n° 359, p. 400) que l'on pourra faire passer par cette courbe *deux paraboloïdes elliptiques réels* dont les équations, *rapportées*, si l'on veut, *à l'un de leurs plans diamétraux communs*, $Y = 0$, pourront s'écrire

$$Y^2 + Z^2 + X = 0, \tag{1}$$

$$Y^2 + V^2 + T = 0. \tag{2}$$

Celle des surfaces de la série qui passe par le point complémentaire M_0, rapportée à ces deux paraboloïdes, sera donc représentée par l'équation

$$\frac{Y^2 + Z^2 + X}{Y_0^2 + Z_0^2 + X_0} = \frac{Y^2 + V^2 + T}{Y_0^2 + V_0^2 + T_0}; \tag{3}$$

et le *cône asymptote* de cette surface, considéré en direction, par la suivante

$$\frac{Y^2 + Z^2}{Y_0^2 + Z_0^2 + X_0} = \frac{Y^2 + V^2}{Y_0^2 + V_0^2 + T_0}. \tag{4}$$

Or ce cône est réel ou imaginaire suivant que les nombres

$$Y_0^2 + Z_0^2 + X_0, \quad \text{et} \quad Y_0^2 + V_0^2 + T_0$$

sont de même signe ou de signes contraires : c'est-à-dire suivant que le point M_0 est semblablement ou diversement placé par rapport aux deux paraboloïdes de la série. On a donc ce théorème :

Une surface du second ordre étant assujettie à passer par un point M *et une courbe gauche du quatrième ordre,* limitée de toutes parts, *cette surface est : un* hyperboloïde *si le point* M *est intérieur à chacun des deux paraboloïdes elliptiques que l'on peut conduire par la courbe donnée, ou extérieur à chacun d'eux ; un* ellipsoïde, *au contraire, si le point* M *est extérieur à l'un de ces paraboloïdes et intérieur à l'autre.*

Dans le premier cas, la séparation en deux genres des hyperboloïdes, à une ou à deux nappes, qui peuvent correspondre alternativement au point M, exigerait, comme au n° 436, l'intervention des quatre cônes du second ordre que l'on peut conduire par la courbe gauche donnée.

438. Problème II. — *Étant donnés six points et l'un des plans directeurs,* Y = o, *d'un paraboloïde hyperbolique,* on peut en *déterminer autant de génératrices rectilignes que l'on veut* et déduire ensuite, de trois quelconques d'entre elles, les éléments principaux de la surface.

Soient, en effet,

$$(1) \qquad \sum_1^4 \lambda_1 P_1 Q_1 = 0$$

l'équation du paraboloïde rapporté à l'un des octaèdres construits sur les six points donnés 1, ..., 6 ; et

$$(2) \qquad \sum_1^4 \lambda_1 P'_1 Q'_1 = 0$$

la section déterminée dans la surface par un plan quelconque $Y = \lambda$ parallèle au plan directeur $Y = o$. Cette section devant se réduire à une droite, la droite unique et déterminée, définie par l'équation (2), représentera *une première génératrice rectiligne* de la surface. Or nous avons appris à construire la droite (2), et nous savons qu'elle ne diffère pas du lieu des centres des *coniques conjuguées* aux quatre couples $P'_1 Q'_1, \ldots, P'_4 Q'_4$, ou *aux quatre couples de droites* qui forment les traces du plan sécant employé sur les faces opposées de l'octaèdre 1...6 (n° 152, p. 157).

On peut d'ailleurs déterminer *à priori* le second plan directeur $Z = o$. L'identité

$$\sum_1^4 \lambda_i P_i Q_i \equiv YZ + X,$$

à laquelle donnent lieu les deux formes actuelles de l'équation du paraboloïde, exprime, en effet, que les faces opposées de l'octaèdre inscrit 1...6 et les deux plans directeurs, transportés parallèlement à leurs directions respectives autour d'un même point o, font cinq couples de plans conjugués à une infinité de cônes du second ordre. On pourra donc construire la trace, sur un plan auxiliaire quelconque, de celui de ces plans $Z = o$ qui demeure inconnu, comme on construit la droite $Z' = o$ définie par l'identité

$$\sum_1^4 \lambda_i P'_i Q'_i \equiv Y'Z' \quad (\text{n}^o\ 398,\ \text{p. } 457).$$

439. On parvient à une autre construction du problème précédent en formant d'abord avec cinq des points donnés un pentagone gauche 12...5 et rapportant ensuite la surface aux plans des angles successifs de ce pentagone, $P_1 P_2 \ldots P_5 = o$, à l'aide de l'équation

$$P_1 P_3 + P_2 P_4 + P_3 P_5 + P_4 P_1 + P_5 P_2 = o,$$

ou

$$(1) \qquad \sum_1^5 P_1 P_3 = o.$$

Car si l'on coupe actuellement le paraboloïde par un plan parallèle au plan directeur et issu du sixième plan donné, *la section résultante coïncidera* avec celle des droites $G' = 0$ définies par l'identité

$$(1') \qquad \sum_1^5 P'_1 P'_3 \equiv G',$$

qui passe par le sixième point, ou *avec la droite menée de ce sixième point au centre de la conique conjuguée au pentagone gauche* $P_1 \ldots P_5$ *ou au pentagone* plan $P'_1 \ldots P'_5$ (n° 155, p. 159). Et nous avons vu que le centre d'une conique définie par un pentagone conjugué est susceptible d'une construction très-simple (n° 182, p. 185).

440. L'explication géométrique de cette dernière construction est d'ailleurs évidente; car *tous les paraboloïdes qui ont en commun cinq points et un plan directeur,* $Y = 0$, *passent par une même courbe gauche du quatrième ordre* formée *de la droite à l'infini du plan directeur,* $0 = Y = c$, *et d'une cubique gauche passant par les points donnés et s'appuyant en deux points* i, i' *sur cette droite.* Les traces i, i', o de cette dernière courbe sur un plan quelconque $Y = \lambda$, parallèle au précédent, appartiennent par suite à tous les paraboloïdes considérés; et il résulte de la propriété de huit points

$$1, 2, \ldots, 5, \quad i, i', o$$

d'une cubique gauche, qu'il existe dans ce plan une conique doublement conjuguée au triangle $ii'o$ et au pentagone gauche $12\ldots5$ ou au pentagone plan dérivé de celui-là (n° 289, p. 325). Or les deux premiers sommets i, i' du triangle conjugué $ii'o$ étant à l'infini, son troisième sommet o se trouvera au centre de la conique correspondante : c'est-à-dire au centre même de la conique conjuguée au pentagone gauche $P_1 \ldots P_5 = 0$ ou au pentagone plan dérivé $P'_1 \ldots P'_5 = 0$.

441. Problème III. — *Un cylindre hyperbolique étant défini par cinq points* 1,..., 5 *et la direction* $Y = 0$ *de l'un de ses plans asymptotes*, la détermination des génératrices de ce cylindre résulte immédiatement du principe dont on vient de faire usage, associé à la propriété (n° 287, p. 323) de sept points de toute cubique gauche, et, en particulier, de celle qui se trouve définie par le groupe

(1) $$1, 2, 3, 4, 5 \text{ et } i, i',$$

où i, i' désignent deux points situés, dans des directions inconnues, sur la droite à l'infini du plan $Y = 0$. La courbe (1) appartient en effet aux deux cylindres que l'on cherche, et leurs génératrices seront connues de direction en même temps que les points i, i' de cette courbe.

Or on sait (n° 287, p. 323) que le triangle inscrit $5ii'$ et le quadrilatère $1'2'3'4'$ intercepté par le plan de ce triangle dans le tétraèdre inscrit 1234 sont toujours circonscriptibles à une même conique, laquelle est ici une *parabole* située dans le plan asymptotique issu du point 5 et inscrite à un quadrilatère connu $1'\ldots4'$. On mènera donc du point 5 à cette parabole deux nouvelles tangentes $5i$, $5i'$, et les droites résultantes fourniront les directions cherchées.

442. Problème IV. — *Un hyperboloïde à une nappe étant défini par six points, ou un octaèdre inscrit* 1...6, *et une génératrice rectiligne* G', si l'on mène par cette dernière un plan *quelconque* H' et que l'on construise la droite Γ', lieu géométrique des pôles de la précédente G' par rapport à toutes les coniques conjuguées aux quatre couples de droites qui résultent des traces du plan sécant employé sur les faces opposées de l'octaèdre 1...6 : la droite Γ' fera une *nouvelle génératrice* de la surface, et tous les éléments principaux de l'hyperboloïde pourront se déduire de deux déterminations successives de cette droite.

Toute section plane de l'hyperboloïde considéré,

$$\sum_1^4 P_1 Q_1 = 0,$$

est effectivement représentée par une équation de la forme

$$\sum_1^4 P'_1 Q'_1 = 0.$$

Les deux droites G', Γ', auxquelles se réduit la section actuelle, satisfont dès lors à l'identité

$$\sum_1^4 P'_1 Q'_1 \equiv G'.\Gamma',$$

et cette relation contient à la fois la définition que l'on vient de donner de la seconde génératrice Γ' (n° 160) et sa détermination graphique (n° 398, p. 457).

443. Mais on peut procéder d'une autre manière et prendre pour point de départ l'équation

$$\sum_1^5 P_1 P_3 = 0$$

de l'hyperboloïde rapporté aux plans des angles du pentagone gauche 1...5 formé de cinq des points donnés. La section $G'.\Gamma' = 0$ de l'hyperboloïde par le plan conduit suivant le sixième point et la génératrice donnée G', se trouve alors définie par l'identité

$$\sum_1^5 P'_1 P'_3 \equiv G'.\Gamma';$$

et l'on a par suite une nouvelle génératrice Γ' de la surface dans la droite menée, du sixième point, au pôle de la droite G' par rapport à une conique située dans le plan sécant et conjuguée au pentagone gauche $P_1 \ldots P_5$, ou au pentagone dérivé $P'_1 \ldots P'_5$ (n° 157, p. 160). Or le pôle d'une droite quelconque par rapport à une conique définie par un pentagone conjugué peut s'obtenir à l'aide d'une construction simple, qui n'exige que l'emploi de la règle (n° 332, p. 374).

Cette dernière solution du problème devient d'ailleurs évidente si l'on observe que *tous les hyperboloïdes ayant en commun cinq points et une génératrice rectiligne* G', *passent d'eux-mêmes par une même courbe gauche du quatrième ordre formée de la droite* G' *elle-même et d'une cubique gauche qui s'appuierait en deux points sur cette droite et passerait d'ailleurs par les cinq points donnés*. Il reste seulement à associer cette observation à la propriété de huit points d'une cubique gauche (n° 289, p. 325).

444. Problème V. — *Étant donnés sept points* 1, ..., 7 *et la direction d'une série de plans cycliques d'une surface du second ordre*, cette surface est déterminée et l'on peut en obtenir les *éléments principaux* à l'aide des considérations suivantes :

La surface que l'on veut construire, rapportée à l'octaèdre inscrit formé de six quelconques des points donnés, étant représentée par l'équation

$$\sum_1^4 \lambda_1 P_1 Q_1 = 0,$$

sa section par un premier plan H', parallèle à la direction donnée, et mené par le point 7, est un *cercle* C' que l'on peut définir par trois de ses points : le point 7 lui-même et deux autres points que l'on sait construire (n° 152, p. 157); car ils forment la commune intersection de tous les cercles, associés des quatre couples de droites interceptées par le plan H' sur les faces opposées de l'octaèdre, et contenus dans l'équation

$$\sum_1^4 \lambda_1 P'_1 Q'_1 = 0.$$

Si l'on coupe ensuite la surface par deux nouveaux plans

H'', H''' parallèles au précédent, on déterminera de même deux points et par suite un diamètre de chacune des sections cycliques résultantes : et la droite, menée du centre du premier cercle C', de manière à s'appuyer sur chacun de ces diamètres, représentera le lieu des centres de tous ces cercles ou le *diamètre conjugué des plans cycliques de la première série*.

Enfin, si par l'un quelconque des points donnés $1, \ldots, 6$ et deux quelconques des trois cercles C', C'', C''' maintenant déterminés, on fait passer deux sphères : leur commune intersection représentera, conformément à un théorème connu, l'un des *cercles de la seconde série*; et l'on pourra déterminer successivement le *diamètre, lieu des centres de tous ces nouveaux cercles*, le *centre de la surface*, l'un de ses *axes principaux*, etc.

Remarque. — Si les points donnés coïncident avec les sept premiers sommets d'un hexaèdre

$$P_1 Q_1 \times P_2 Q_2 \times P_3 Q_3 = o,$$

la construction précédente se simplifie encore; chacune des sections circulaires de la surface est immédiatement définie dans son propre plan par une équation de la forme

$$\sum_1^3 \lambda_1 P'_1 Q'_1 = o :$$

et l'on y reconnaît le *cercle associé* (que l'on sait construire) *des trois couples de droites*

$$P'_1 Q'_1, \quad P'_2 Q'_2, \quad P'_3 Q'_3$$

interceptées par le plan de la section sur les faces opposées de l'hexaèdre (n° 151, p. 157).

445. Problème VI. — *Étant donnés cinq points et les directions* H_1, H_2 *des deux séries de plans cycliques d'une surface du second ordre,* on peut en obtenir autant de *sections circulaires* que l'on veut, de l'une et de l'autre série, à l'aide des équations comparées

$$(1) \qquad \sum_1^5 \lambda_{13} P_1 P_3 = 0$$

et

$$(1') \qquad \mu H_1 H_2 - S = 0,$$

où $S = 0$ désigne une sphère actuellement inconnue, mais que l'on peut déterminer par dix de ses points. L'identité

$$(2) \qquad \sum_1^5 \lambda_{13} P_1 P_3 + \mu H_1 H_2 \equiv S$$

exprime, en effet, que la section de cette sphère par le plan $P_5 = 0$ est l'un des *cercles concourants* contenus dans l'équation

$$(2') \qquad \lambda_{13} P'_1 P'_3 + \lambda_{24} P'_2 P'_4 + \lambda_{14} P'_4 P'_1 + \mu H'_1 H'_2 = 0.$$

Or deux des cercles de la série (2′) sont susceptibles d'une construction immédiate, le premier

$$(2'_1) \qquad \lambda_{13} P'_1 P'_3 + \lambda_{24} P'_2 P'_4 + \lambda_{14} P'_4 P'_1 = 0,$$

qui correspond à l'hypothèse $\mu = 0$ et passe, d'une manière évidente, par chacun des points

$$P'_1 . P'_2, \quad P'_1 . P''_4, \quad P'_4 . P'_3;$$

le second

$$(2'_2) \qquad P'_1 (\lambda_{13} P'_3 + \lambda_{14} P'_4) + \mu H'_1 H'_2 = 0,$$

qui résulte de l'hypothèse $\lambda_{24} = 0$ et qui, devant être circonscrit au quadrilatère partiellement indéterminé

$$H'_1 . P'_1 . H'_2 . (\lambda_{13} P'_3 + \lambda_{14} P'_4),$$

détermine ce quadrilatère et se trouve par cela même déterminé. On aura donc, dans les points de rencontre de ces deux cercles que l'on peut construire, les deux points communs à tous les cercles de la série (2′), ou deux points de la section de la sphère S par le plan considéré, $P_5 = 0$. Et l'on pourra obtenir de la même manière dix points distincts de cette sphère, qui est dès lors déterminée et dont les traces sur les plans cycliques employés, $H_1 . H_2 = 0$, fourniront ensuite deux des sections circulaires de la surface.

446. Problème VII. — On a vu déjà qu'une surface du second ordre assujettie à passer par les huit sommets d'un hexaèdre est soumise à sept conditions seulement ; et c'est d'ailleurs par deux conditions complémentaires qu'on exprime qu'une telle surface est de révolution. On peut donc se proposer de *circonscrire à un hexaèdre donné*

$$P_1 Q_1 \times P_2 Q_2 \times P_3 Q_3 = 0$$

un ellipsoïde de révolution : problème déterminé susceptible, comme nous l'allons voir, de quatre solutions distinctes ; et dont la réalisation graphique suppose seulement le tracé de deux hyperboles équilatères définies chacune par quatre points, ou la détermination préalable des quatre points communs à deux coniques déterminées; tout le reste s'achevant ensuite par la règle et le compas.

1). Si l'on désigne par $X^2 + Y^2 + Z^2$ la fonction d'une sphère de rayon nul ayant pour centre le point XYZ, par $P = 0$ un plan quelconque perpendiculaire à l'*axe*, ou la direction générale des *sections circulaires de la surface que l'on cherche*, la question est seulement de satisfaire, par une convenable détermination du plan $P = 0$, à l'identité

$$(0) \qquad X^2 + Y^2 + Z^2 - r^2 - \lambda^2 P^2 \equiv \sum_1^3 \mu_i P_i Q_i ;$$

ou à la suivante

$$(1) \qquad X^2 + Y^2 + Z^2 - \lambda^2 P^2 \equiv \sum_1^3 \lambda_i P_i Q_i ,$$

dans laquelle on a retenu les mêmes lettres pour désigner les *plans* qui résultent de tous ceux de la figure primitive, *transportés parallèlement à eux-mêmes autour d'une même origine.* Mais l'identité (1) se dédoublant d'elle-même dans les équations équivalentes

(2) $$X^2 + Y^2 + Z^2 - \lambda^2 P^2 = 0,$$

(2') $$\sum_1^3 \lambda_1 P_1 Q_1 = 0,$$

celles-ci représentent un seul et même *cône, de révolution autour d'un axe perpendiculaire au plan cherché* $P = 0$, *et admettant trois couples connues de* rayons conjugués *ou de* points conjugués, *pris arbitrairement sur ces rayons,* lesquels ne sont autres que *les trois couples de droites associées des trois couples de plans concourants* P_1Q_1, P_2Q_2, P_3Q_3 (n° 151, p. 156). Le plan polaire d'un point quelconque de l'espace $(p_1.q_1, p_2.q_2, p_3.q_3)$, par rapport au cône (2'), ayant en effet pour équation

$$\sum_1^3 \lambda_1(p_1 Q_1 + q_1 P_1) = 0,$$

le plan polaire d'un point quelconque $0 = p_1 = q_1$, pris arbitrairement sur l'arête du dièdre formé des deux plans P_1, Q_1 de la première couple, passe par la droite d'intersection des plans polaires de cette même arête par rapport aux dièdres P_2Q_2, P_3Q_3 formés des plans des deux autres couples. Nous avons donc à résoudre d'abord, sur la sphère ou dans l'espace, le problème suivant :

Déterminer le pôle sphérique d'un petit cercle défini par trois couples de points conjugués.	*Déterminer l'axe d'un cône de révolution, de sommet donné, défini par trois couples de* rayons *ou de* points *conjugués.*

2). Soient *o* le *pôle*, *r* le *rayon sphérique* du petit cercle que l'on cherche, et $(\dot{1}, \dot{1}')$, $(\dot{2}, \dot{2}')$, $(\dot{3}, \dot{3}')$ les trois couples de points conjugués qui doivent suffire à sa détermination (*fig.* 100).

La propriété fondamentale des pôles et polaires appliquées au point 1 et à sa polaire $\widehat{1'pr}$, ou la seule considération du triangle rectangle $or1$, donne d'abord

$$\text{(I)} \qquad \tang^2 r = \tang o1 . \tang op.$$

Le triangle rectangle $op1'$ donne ensuite

$$\tang op = \tang o1' . \cos \hat{o};$$

et l'on en conclut

$$\tang^2 r = \tang o1 . \tang o1' . \cos \hat{o},$$

ou

$$\text{(I')} \qquad 1 + \tang^2 r = 1 + \tang o1 . \tang o1' . \cos \hat{o}.$$

Fig. 100.

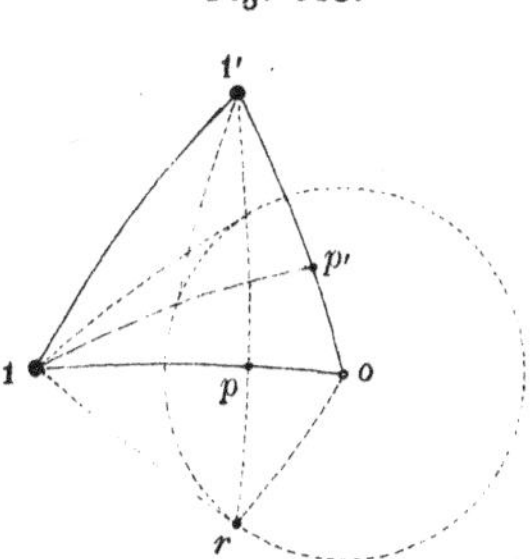

On a d'ailleurs, dans le triangle $o11'$,

$$\cos 11' = \cos o1 . \cos o1' + \sin o1 . \sin o1' . \cos \hat{o},$$

ou, en divisant par $\cos o1 . \cos o1'$,

$$\text{(2)} \qquad \frac{\cos 11'}{\cos o1 . \cos o1'} = 1 + \tang o1 . \tang o1' . \cos \hat{o}.$$

Comparant (I') et (2), on en déduit

$$\text{(I'')} \qquad \frac{\cos 11'}{\cos o1 . \cos o1'} = 1 + \tang^2 r,$$

et par suite

$$\text{(I)} \qquad \frac{\cos 11'}{\cos o1 . \cos o1'} = \frac{\cos 22'}{\cos o2 . \cos o2'} = \frac{\cos 33'}{\cos o3 . \cos o3'}.$$

Telle est, relativement aux trois couples données (1, 1′), (2, 2′), (3, 3′), la définition du pôle cherché *o*. Et si l'on observe que les cosinus des distances sphériques du pôle *o* aux points 1, 1′; 2, 2′; 3, 3′ mesurent les distances orthogonales Π_1, Π'_1; Π_2, Π'_2; Π_3, Π'_3 de ce même pôle aux plans des grands cercles de la sphère décrits autour de ces divers points comme pôles : on en conclut enfin la situation du point cherché *o* sur l'une quelconque des quatre génératrices communes aux trois cônes du second ordre définis par les équations suivantes

$$(\text{I}') \qquad \frac{\Pi_1 \Pi'_1}{\cos 11'} = \frac{\Pi_2 \Pi'_2}{\cos 22'} = \frac{\Pi_3 \Pi'_3}{\cos 33'}.$$

Or on connaît *à priori* quatre génératrices de chacun de ces cônes; ils appartiennent d'ailleurs à la classe de ceux que nous avons appelés *équilatères circonscriptibles* (parce qu'on peut leur inscrire une infinité de trièdres trirectangles); et dont la propriété est telle, qu'ils passent d'eux-mêmes par la *droite-hauteur* du trièdre formé de trois quelconques de leurs génératrices (n° 428, p. 488). On pourra donc définir, par cinq de leurs génératrices, chacun des cônes auxiliaires (I′), ou par cinq de leurs points chacune des coniques suivant lesquelles ils sont coupés par un plan auxiliaire quelconque. Et si l'on suppose ces coniques tracées, l'une quelconque des droites menées, de leurs points de rencontre, au sommet commun coïncidera avec la *droite-hauteur* du trièdre formé par les trois autres, et représentera l'axe même de l'un des cônes droits auxiliaires que l'on avait à déterminer; ou la direction de l'axe de l'une des surfaces de révolution que l'on considérait d'abord.

3). La direction de l'axe étant obtenue de la sorte, la section déterminée dans la surface par un plan H perpendiculaire à cette direction n'est autre que le cercle défini par l'équation

$$\sum_1^3 \lambda_1 P'_1 Q'_1 = 0,$$

ou le *cercle associé*, que l'on sait construire, *des trois couples de droites interceptées par le plan* H *sur les faces opposées de l'hexaèdre* (n° 151, p. 156). On aura donc, par le centre de ce cercle, un point de l'axe; par ce point, l'*axe* même de la surface ; enfin par les perpendiculaires abaissées sur sa direction, des divers sommets de l'hexaèdre, et rabattues dans un même plan méridien, autant d'ordonnées de la *section méridienne* qu'il est nécessaire pour sa complète détermination.

La direction de l'axe de l'ellipsoïde de révolution circonscrit à un hexaèdre peut donc, en résumé, s'obtenir de la sorte :

Les faces opposées de l'hexaèdre étant transportées parallèlement à elles-mêmes autour d'une même origine o, *suivant les plans* P_1 *et* Q_1, P_2 *et* Q_2, P_3 *et* Q_3, *on mène les droites*

$$o1, \qquad o2, \qquad o3,$$

intersections respectives des plans

$$P_1, Q_1; \qquad P_2, Q_2; \qquad P_3, Q_3;$$

et l'on construit les intersections respectives

$$o1', \qquad o2', \qquad o3',$$

des plans polaires des précédentes $o1$, $o2$, $o3$, *par rapport aux dièdres*

$$P_2Q_2 \text{ et } P_3Q_3, \quad P_3Q_3 \text{ et } P_1Q_1, \quad P_1Q_1 \text{ et } P_2Q_2.$$

Menant ensuite les plans

Π_1 et Π'_1	*respectivement perpendiculaires aux*	*droites*	$o1$ et $o1'$,
Π_2 et Π'_2	»	»	$o2$ et $o2'$,
Π_3 et Π'_3	»	»	$o3$ et $o3'$,

et circonscrivant à chacun des angles solides tétraèdres

$$\Pi_1\Pi_2\Pi'_1\Pi'_2, \quad \Pi_2\Pi_3\Pi'_2\Pi'_3 \quad \Pi_1\Pi_3\Pi'_1\Pi'_3$$

un cône équilatère circonscriptible : *l'une quelconque des génératrices communes aux trois cônes résultants marque la direction de l'axe de l'une des quatre surfaces qui répondent à la question.*

447. Problème VIII. — De semblables considérations s'appliqueraient encore à la recherche de l'*ellipsoïde de révolution mené par un groupe de sept points situés d'une manière quelconque dans l'espace.*

1). Si l'on rapporte effectivement la surface cherchée à l'octaèdre formé de six quelconques des points donnés, l'identité résultante

$$(1) \qquad \sum_1^4 \lambda_1 P_1 Q_1 \equiv X^2 + Y^2 + Z^2 - r^2 - \lambda P^2$$

pourra s'écrire, moyennant une transposition préalable de tous les plans qui y figurent,

$$(1') \qquad \sum_1^4 \lambda_1 P'_1 Q'_1 + \lambda P'^2 \equiv X'^2 + Y'^2 + Z'^2;$$

et l'équation

$$(2) \qquad \sum_1^4 \lambda_1 P'_1 Q'_1 + \lambda P'^2 = 0$$

représentera une sphère de rayon nul. On sait d'ailleurs qu'une somme de quatre rectangles est toujours réductible en une somme de quatre carrés, et que si $R'_1 \ldots R'_4 = 0$ *désignent les quatre plans tangents communs à tous les cônes conjugués aux quatre couples* $P'_1 Q'_1, \ldots, P'_4 Q'_4$, on peut poser identiquement (n° 172, p. 175)

$$\sum_1^4 \lambda_1 P'_1 Q'_1 \equiv \sum_1^4 \mu_1 R'^2_1.$$

On peut donc remplacer l'équation (2) par la suivante

$$(2') \qquad \sum_1^4 \mu_1 R'^2_1 + \lambda P'^2 = 0;$$

et celle-ci représentant toujours une sphère de rayon nul, on en conclut que le plan P' et les quatre $R'_1, \ldots, R'_4$ font cinq plans tangents d'un même cône équilatère inscriptible (nº 429). *Les plans cycliques* $P' = 0$ *de toutes les surfaces de révolution circonscrites à un octaèdre* $P_1Q_1 \times \ldots \times P_4Q_4 = 0$ *admettent donc un* cône directeur *qui n'est autre que le* cône équilatère inscriptible *défini par les quatre plans tangents* $R'_1, \ldots, R'_4$ *ou par les quatre couples de plans conjugués* $P'_1Q'_1, \ldots, P'_4Q'_4$. Le problème actuel se trouve donc résolu, et la recherche des *plans cycliques des quatre surfaces de révolution que l'on peut conduire par un groupe donné de sept points* ne dépend plus que de la construction des *plans tangents communs à deux cônes équilatères inscriptibles respectivement définis par quatre couples de plans conjugués,* tels que $P'_1Q'_1, \ldots, P'_4Q'_4$; ou seulement de la construction de chacun de ces cônes; et il est aisé de voir que cette dernière est comprise dans le problème précédent (nº 446, p. 505).

448. Problème IX. — *Étant donnés neuf points d'une surface du second ordre, construire le plan polaire correspondant d'un point quelconque o (fig. 101).*

Soient $A.B.C = 0$ le trièdre ayant pour arêtes les droites menées, du point o dont on cherche le plan polaire, à trois des neuf points a, b, c qui définissent la surface; et

$$AB + BC + AC + P\Pi = 0 \tag{1}$$

l'équation de cette dernière rapportée aux faces A, B, C et aux plans des triangles d'*entrée* et de *sortie*, $P = \Pi = 0$, du trièdre et de la surface. Il est clair que le problème sera résolu aussitôt que l'on aura déterminé le plan $\Pi = 0$ du triangle de sortie $\alpha\beta\gamma$. Rapprochant à cet effet, de l'équation (1), l'équation

$$\sum_1^4 P_1Q_1 = 0 \tag{1'}$$

de la surface rapportée à l'octaèdre que déterminent les six points demeurés jusqu'ici sans emploi parmi les neuf données du problème, on a l'identité

$$(2) \qquad \sum_1^4 P_1 Q_1 + AB + BC + AC + P\Pi \equiv 0;$$

et si l'on y fait

$$A = 0,$$

on a encore identiquement

$$(2') \qquad \sum_1^4 P'_1 Q'_1 + A'B' + P'\Pi' \equiv 0.$$

Les douze droites P'_1, $Q'_1, \ldots, P'_4$, Q'_4 ; A', B' ; P' et Π' font dès lors six couples de droites conjuguées par rapport à une même conique, et l'on aura un point de la droite Π', ou *un premier point du plan de sortie* $\Pi = 0$, dans le pôle

Fig. 101.

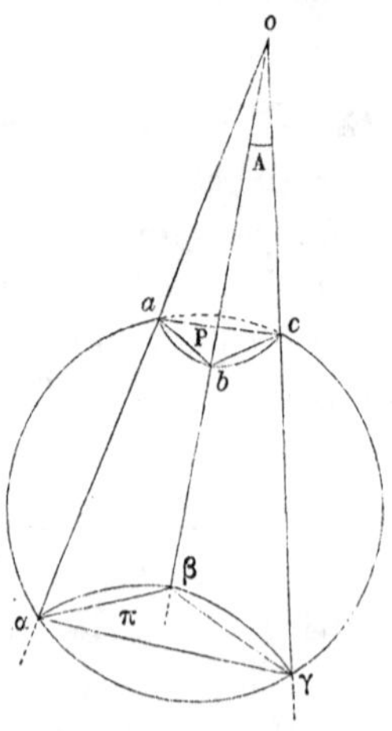

(que l'on sait construire) de la droite P' par rapport à une conique conjuguée aux cinq couples de droites $P'_1 Q'_1, \ldots,$ $P'_4 Q'_4$ et $A'B'$.

449. Problème X. — Étant donnés *six points d'un paraboloïde et la direction de ses diamètres : le plan qui touche la surface en l'un quelconque des points donnés* peut s'obtenir à l'aide des considérations suivantes.

Le paraboloïde étant rapporté alternativement à un système d'axes quelconques ox, oy, oz, et à l'octaèdre résultant des six points donnés, les équations qui en résultent

$$(1) \qquad S = 0,$$

$$(1') \qquad \sum_1^4 P_1 Q_1 = 0,$$

entraînent l'identité

$$\sum_1^4 P_1 Q_1 \equiv S,$$

que l'on peut écrire

$$(2) \qquad (P_1 Q_1 + P_2 Q_2) + (P_3 Q_3 + P_4 Q_4) \equiv S,$$

ou encore

$$(2') \qquad H + H' \equiv S;$$

en désignant par H, H′ les fonctions relatives à deux hyperboloïdes partiellement inconnus, mais déterminés et qui passent respectivement par les quatre côtés de l'un des quadrilatères gauches

$$P_1 . P_2 . Q_1 . Q_2, \quad P_3 . P_4 . Q_3 . Q_4.$$

Or il résulte de l'identité (2′) que les plans polaires d'un point quelconque par rapport aux trois surfaces H, H′ et S se coupent suivant une même droite,

$$P_h + P_{h'} \equiv P_s;$$

et cette remarque va nous permettre : premièrement de compléter la définition des deux hyperboloïdes H, H′; secondement de déterminer le plan polaire d'un point quelconque m du paraboloïde S, ou le plan tangent au paraboloïde en ce point.

1). Soit, en effet, i le *point à l'infini* qui représente la direction ox des diamètres. Le plan polaire de ce point, par rapport au paraboloïde, ne différant pas du *plan à l'infini*, $c =$ constante $= 0$: les plans polaires du même point, par rapport aux deux hyperboloïdes H, H', sont parallèles entre eux. Or le premier de ces plans contient les points-milieux de deux segments issus du point i, ou parallèles à ox, et respectivement limités aux côtés opposés du quadrilatère gauche $P_1P_2Q_1Q_2$; le second, les points-milieux de deux segments menés sous la même direction et limités de même aux côtés opposés du quadrilatère $P_3P_4Q_3Q_4$. On a donc, dans ces points-milieux, deux points; dans la droite qui les réunit, une droite de chacun de ces plans polaires; et dans les plans menés par chacune de ces droites parallèlement à l'autre, ces plans polaires eux-mêmes : ou deux plans diamétraux des deux hyperboloïdes dont les centres respectifs se trouveront dès lors aux points de rencontre de l'un de ces plans diamétraux et de la médiane du quadrilatère gauche correspondant $P_1P_2Q_1Q_2$, ou $P_3P_4Q_3Q_4$. D'ailleurs, une fois leur centre déterminé, on peut définir chacun des hyperboloïdes H, H' par trois génératrices du même mode de génération A, B, C, ou A', B', C' : les deux premières qui coïncident avec deux des côtés opposés du quadrilatère correspondant; la troisième, symétrique de l'un des deux autres côtés par rapport au centre de l'hyperboloïde.

2). Soit actuellement m un point quelconque du paraboloïde : les plans polaires de ce point par rapport aux deux hyperboloïdes se couperont suivant une droite située dans le plan tangent au paraboloïde en m, et qu'il suffira de déterminer. Or on peut déterminer trois points de chacun des plans polaires qui la contiennent. Et comme l'hyperboloïde H, par exemple, est défini par les trois génératrices A, B, C, si l'on mène, du point considéré m, trois droites qui s'appuient respectivement en

$$a \text{ et } b,\quad b_1 \text{ et } c_1,\quad c_2 \text{ et } a_2,$$

sur deux de ces génératrices

$$\text{A et B},\quad \text{B et C},\quad \text{C et A};$$

les conjugués harmoniques du point m, par rapport aux trois segments

$$ab,\quad b_1c_1,\quad c_2a_2,$$

détermineront le plan polaire de ce point par rapport à l'hyperboloïde H. Donc, etc.

450. Problème XI. — *Étant donnés un octaèdre circonscrit à une surface du second ordre et le point de contact de l'une de ses faces,* on peut déterminer le *point de contact de la face opposée* à l'aide des considérations suivantes.

L'équation *tangentielle* de la surface, rapportée aux sommets A, B, C, A′, B′, C′ de l'octaèdre circonscrit donné, étant (*fig.* 103)

$$(1)\qquad \alpha AA' + \beta BB' + \gamma CC' = 0,$$

l'équation du point de contact d'un plan tangent quelconque (a, b, c, a', b', c') sera, comme l'on sait (n° 45, p. 44),

$$(2)\quad \alpha(aA' + a'A) + \beta(bB' + b'B) + \gamma(cC' + c'C) = 0;$$

et si l'on applique alternativement cette équation : 1° à la face ABC ($0 = a = b = c$, a', b', c'); 2° à la face opposée A′B′C′ (a, b, c, $0 = a' = b' = c'$), on aura, pour les points de contact t et t' de chacune de ces faces,

$$(t)\qquad \alpha.a'.A + \beta.b'.B + \gamma.c'.C = 0,$$

$$(t')\qquad \alpha.a.A' + \beta.b.B' + \gamma.c.C' = 0.$$

D'ailleurs si, au lieu des points t, t', on considère seulement (*fig.* 102) leurs projections respectives θ ou θ', sur les arêtes opposées BC, B′C′ de l'octaèdre; il vient, en faisant $A = 0$ dans la première des équations précédentes, $A' = 0$ dans le seconde,

$$(\theta) \qquad \beta.b'.B + \gamma.c'.C = 0,$$

$$(\theta') \qquad \beta.b.B' + \gamma.c.C' = 0.$$

Soient actuellement TT′ la droite d'intersection des plans ABC, A′B′C′; et O, O′ les traces de cette droite sur les arêtes BC, B′C′. Comme la définition des points O, O′, rapprochée de celle des coefficients b, c, b', c' qui figurent dans les équations précédentes, entraîne, d'une part, les proportions

$$\frac{b'}{O'B'} = \frac{c'}{O'C'}, \quad \frac{b}{OB} = \frac{c}{OC};$$

que, d'autre part, les coordonnées B, C du point θ, celles

Fig. 102.

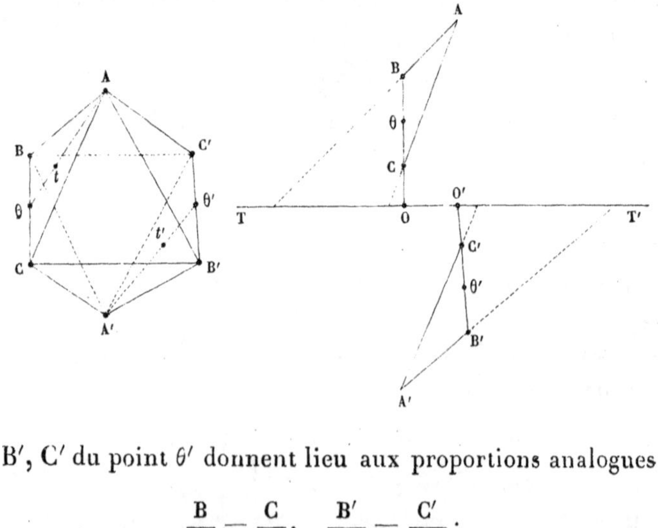

B′, C′ du point θ' donnent lieu aux proportions analogues

$$\frac{B}{\theta B} = \frac{C}{\theta C}, \quad \frac{B'}{\theta' B'} = \frac{C'}{\theta' C'};$$

ces coordonnées et ces coefficients pourront être remplacés, dans les équations (θ), (θ'), par les segments proportionnels qui leur correspondent. On a ainsi

$$(\theta_1) \qquad \beta . O'B' . \theta B + \gamma . O'C' . \theta C = o,$$

$$(\theta'_1) \qquad \beta . OB . \theta' B' + \gamma . OC . \theta' C' = o;$$

et l'on en déduit, par l'élimination du rapport $\beta : \gamma$,

$$\frac{OB . \theta' B'}{O'B' . \theta B} = \frac{OC . \theta' C'}{O'C' . \theta C},$$

ou enfin

$$\frac{OB : OC}{\theta B : \theta C} = \frac{O'B' : O'C'}{\theta' B' : \theta' C'}.$$

Les deux groupes de quatre points O, B, C, θ et O', B', C', θ' sont dès lors *homographiques*, et *les droites* OO', BB', CC', $\theta\theta'$ *font quatre génératrices d'un même hyperboloïde*. Or ce résultat renferme la solution du problème que l'on s'était proposé; ou la détermination, par le seul emploi de la règle, de celui des deux points t ou t' qui était inconnu.

451. *Remarque.* — On sait que *dans tout quadrilatère circonscrit à une conique, les deux premières diagonales du quadrilatère et la droite qui réunit les points de contact de deux de ses côtés opposés se coupent en un même point :* et cette propriété n'est d'ailleurs qu'un cas particulier du théorème de Brianchon. Le théorème que l'on vient d'établir et son corrélatif peuvent donc être regardés à leur tour comme des cas particuliers de ce théorème, ou de celui de Pascal, transportés aux surfaces du second ordre. Comment passer de là, ou d'ailleurs, au cas général? Et dans quels termes se fera ce passage? C'est ce qui est encore fort caché. S'il n'y fallait qu'une habileté et une pénétration infinies, les problèmes où s'exercent aujourd'hui quelques géomètres témoignent assez que tout serait

vite achevé. Mais il est présumable qu'il y faudra surtout infiniment de bonheur; et c'est ce que la plus profonde géométrie ne donne pas toujours. Ici, en effet, l'obstacle est tellement grave, que c'est à peine si on l'aperçoit. Ce n'est plus un problème défini, défendu par d'énormes complications, qu'il s'agit d'emporter ou de réduire. C'est une loi simple, que l'on suppose devoir régir la situation de dix points pris d'une certaine manière dans l'espace, et dont il faudra peut-être deviner premièrement la véritable expression, sous peine de l'ignorer toujours. Que des essais dans ce sens présentent aujourd'hui quelques chances de succès, l'extension qu'a déjà recue, dans cet Ouvrage, le théorème de Desargues, semble l'indiquer. Généralisé de la sorte, ce théorème y pourra intervenir utilement, soit par lui-même, soit par un préalable aplanissement (*reductio in planum*) des dépendances qu'il établit entre n points associés. Il n'est pas impossible, par exemple, que l'expression des dépendances descriptives qui doivent exister entre neuf points d'une courbe gauche du quatrième ordre ne se trouve dans l'expression encore inconnue des dépendances auxquelles donnent lieu un quadrangle et un pentagone conjugués à une même conique. Malheureusement la théorie de ces courbes, envisagées au point de vue de leurs propriétés descriptives les plus générales, est à peine ébauchée. Le théorème de Pascal, qui en est l'admirable commencement, en marque aussi la fin. Et non-seulement nous ne savons rien encore des propriétés analogues de six éléments *mêlés* d'une conique : points et tangentes, couples de droites ou de points conjugués, triangles inscrit et circonscrit; mais personne ne paraît avoir remarqué qu'il nous reste sur ce point quelque chose à apprendre.

452. Scolie. — Le rôle que peuvent remplir, dans l'étude des lieux géométriques de degré supérieur, les théorèmes généraux que nous avons donnés au Chapitre IV, mérite-

rait un examen spécial, qui ne sortirait pas du cadre de cet Ouvrage, et que nous nous proposons, en effet, d'entreprendre, dans la mesure doublement restreinte de nos lumières et de nos loisirs; mais où nous n'avons pu jusqu'ici entrer sérieusement. Nous nous bornerons dès lors, sur ce point, à montrer que notre théorème sur les groupes d'*éléments associés en nombre inférieur au nombre normal* permet de *construire à priori*, et sans aucune notion antérieure sur les propriétés des *courbes du troisième ordre, le neuvième point commun à toutes celles de ces courbes qui passent par un groupe donné de huit points.*

1). Soient, en effet,

$$1, 2, \ldots, 6 \quad \text{et} \quad \dot{a}, \dot{b}, \dot{z},$$

ou

$$P_1 . P_2 \ldots P_6 . A . B . Z = 0$$

un groupe de *neuf points associés suivant le module* 3, ou tels, que toute courbe du troisième ordre que l'on aura menée par huit d'entre eux, passe d'elle-même par le dernier. L'identité (n° 128, p. 130)

$$(1) \qquad \sum_1^6 \lambda_1 P_1^3 + \alpha A^3 + \beta B^3 + \gamma Z^3 \equiv 0,$$

à laquelle donnent lieu les distances de ces neuf points à une droite quelconque, se dédoublant dans les équations tangentielles équivalentes

$$(2) \qquad \alpha A^3 + \beta B^3 + \gamma Z^3 = 0,$$

$$(2') \qquad \sum_1^6 \lambda_1 P_1^3 = 0;$$

celles-ci représenteront une seule et même courbe de la troisième classe et du sixième degré : et les six tangentes menées à cette courbe par chacune de ses traces sur une droite quelconque $(a, b, z; p_1, \ldots, p_6)$ feront six tangentes d'une même conique, laquelle sera définie par l'une ou l'autre des équations équivalentes (n° 40, p. 36)

$$(3)\qquad \alpha a A^2 + \beta b C^2 + \gamma z Z^2 = 0,$$

$$(3')\qquad \sum_1^6 \lambda_1 p_1 P_1^2 = 0.$$

Or, si l'on considère, au lieu d'une droite quelconque (*fig.* 103), celle

$$0 = z = p_1,$$

qui réunit le point 1 au point cherché z; ces équations deviennent

$$(4)\qquad \alpha a_1 A^2 + \beta b_1 B^2 = 0,$$

$$(4')\qquad \sum_2^6 \lambda_2 p_2 P_2^2 = 0,$$

et représentent un même système de deux points m_1, n_1, ou $M_1 N_1 = 0$, satisfaisant à la double identité

$$(5)\qquad \alpha a_1 A^2 + \beta b_1 B^2 \equiv M_1 N_1,$$

$$(5')\qquad \sum_2^6 \lambda_2 p_2 P_2^2 \equiv M_1 N_1.$$

Il en résulte que les points m_1 et n_1, doublement conjugués au groupe $(\dot{a}, \dot{b})$ et à la conique (23456), seront fournis par les points conjugués communs à deux divisions en involution, tracées sur la droite ab (n° 157). D'ailleurs, ces deux points obtenus, les distances $\overline{m_1 a}$, $\overline{m_1 b}$ de l'un quelconque d'entre eux aux points de référence $\dot{a}$, $\dot{b}$ pourront remplacer, dans l'équation (4), les coordonnées courantes A, B; et l'on aura d'abord

$$(r_1)\qquad \alpha . a_1 . \overline{m_1 a}^2 + \beta . b_1 . \overline{m_1 b}^2 = 0;$$

a_1 et b_1 désignant les distances de la droite $\overline{z1}$ aux points a et b,

$$(\rho_1)\qquad a_1 : b_1 = \overline{a1'} : \overline{b1'}.$$

Substituant ensuite à la droite $\overline{z1}$ la droite $\overline{z2}$, on obtiendra par une construction semblable un nouveau point m_2 dont les distances aux points a et b vérifieront encore l'équation

$$(r_2) \qquad \alpha . a_2 . \overline{m_2 a}^2 + \beta . b_2 . \overline{m_2 b}^2 = 0;$$

a_2 et b_2 désignant cette fois les distances de la nouvelle droite $\overline{z2}$ aux points a et b,

$$(\rho_2) \qquad a_2 : b_2 = \overline{a2'} : \overline{b2'}.$$

Et si l'on élimine le rapport $\alpha : \beta$ entre les relations (r_1), (r_2), la relation résultante pourra s'écrire, en désignant par k un nombre connu,

$$\frac{a_1 : b_1}{a_2 : b_2} = k,$$

ou

$$(\mathrm{R}) \qquad \frac{\overline{a1'} : \overline{b1'}}{\overline{a2'} : \overline{b2'}} = k.$$

Le rapport anharmonique des quatre points a, b, $1'$, $2'$ est donc déterminé; il en est de même du rapport anharmonique des quatre droites za, zb, $z1'$, $z2'$; et, par un théo-

Fig. 103.

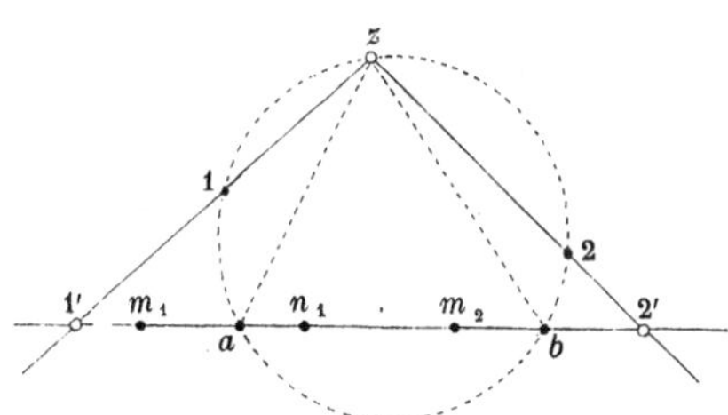

rème connu, *le point cherché z appartient à une première conique circonscrite au quadrangle $\dot{a}\dot{b}\dot{1}\dot{2}$* et que l'on peut construire.

Or si l'on recommence la construction précédente en conservant le groupe a, $\dot{b}$, $\dot{1}$ et substituant au point 2 le point 3, on trouvera de même que *le point cherché z appartient à une seconde conique déterminée, circonscrite au quadrangle* $\dot{a}\dot{b}\dot{1}\dot{3}$. Le problème est donc résolu et le neuvième point *z* est fourni par le quatrième point de rencontre de deux coniques déterminées auxquelles leur définition même assigne trois points communs.

M. Salmon indique, d'après le Dr Hart, une construction toute semblable, fondée sur des considérations toutes différentes (*Higher Plane Curves,* p. 168, n° 180).

FIN.

ERRATA.

Page 38, 7e ligne à partir du haut : *au lieu de* la tangente (a, b, c), *lire* la tangente (a_1, b_1, c_1).

Page 185, aux deux dernières lignes, *au lieu de* parallèles aux côtés opposés 3, 4, *lire* parallèles aux côtés réciproquement opposés 4, 3.

Pages 461-462 : le passage qui s'étend des *cinq* dernières lignes de la page 461, aux *quinze* premières de la page 462, contient quelques inadvertances, et doit être rétabli de cette manière :

« Effectivement, si l'on a égard aux cinq couples de points conjugués qu résultent des données de la question,

$$A.B, \quad B.C, \quad C.A; \quad M.M', \quad N.N';$$

et que, prenant sur la droite donnée xy un *premier* point quelconque ξ, on détermine, par la construction corrélative de celle du nº 398, chacun des points η, η' définis par les identités tangentielles

$$(1') \qquad AB + BC + CA + MM' \equiv \dot{\xi}\dot{\eta},$$

$$(2') \qquad AB + BC + CA + NN' \equiv \dot{\xi}\dot{\eta}' :$$

la droite $\eta\eta'$ représentera la polaire du point ξ par rapport à la conique considérée, et sa trace η_0 sur la droite donnée fournira un *premier* segment $\xi\eta_0$ harmoniquement conjugué aux deux points cherchés x et y. La même construction, répétée, en fournirait un second ; et l'on aurait ainsi deux segments rectilignes $\xi\eta_0$, $\xi'\eta'_0$ harmoniquement conjugués, l'un et l'autre au segment formé des deux points que l'on cherche. Donc, etc. ».

Paris. — Imprimerie de Gauthier-Villars, rue de Seine-Saint-Germain, 10.

www.ingramcontent.com/pod-product-compliance
Lightning Source LLC
LaVergne TN
LVHW011253110826
845149LV00001B/119
* 9 7 8 1 4 1 8 1 8 5 2 6 8 *